机械设计基础

赵 亮 主编

同濟大學出版社
TONGJI UNIVERSITY PRESS
·上海·

内 容 提 要

本书是为了适应职业院校教学改革的需要，由编者根据多年的教学经验编写而成的，以情境教学为载体，以设计任务为基本单元，采用项目化的形式展现了本课程所要求掌握的知识点。本书主要内容涵盖了五个方面，包括机械设计的基础知识：机器和机构、构件和零件、机械设计准则和常用工程材料简介、平面机构运动简图绘制和自由度计算；常用机构的设计：平面连杆机构和凸轮机构；机械连接设计：平键连接、螺纹连接；机械传动设计：V带传动、链传动、齿轮传动及齿轮系；轴系零部件设计：轴、轴承、联轴器与离合器；等等。

本书可作为高等职业院校机电类、机械类和近机械类专业基础课教材，也可作为工程技术人员和自学者的参考用书。

图书在版编目(CIP)数据

机械设计基础 / 赵亮主编. —上海：同济大学出版社，2021

ISBN 978-7-5765-0043-1

Ⅰ. ①机… Ⅱ. ①赵… Ⅲ. ①机械设计 Ⅳ. TH122

中国版本图书馆 CIP 数据核字(2021)第 267149 号

机械设计基础

赵　亮　主编

责任编辑 任学敏　**责任校对** 徐春莲　**封面设计** 陈益平

出版发行　同济大学出版社　www.tongjipress.com.cn
(地址：上海市四平路 1239 号　邮编：200092　电话：021-65985622)

经　销　全国各地新华书店、网络书店

印　刷　启东市人民印刷有限公司

开　本　787 mm×1092 mm　1/16

印　张　15.75

字　数　393 000

版　次　2021 年第 1 版

印　次　2021 年第 1 次印刷

书　号　ISBN 978-7-5765-0043-1

定　价　62.00 元

前　　言

本书是根据教育部制定的《高职高专教育机械设计基础课程教学基本要求》，并结合编者多年的教学经验编写而成的，主要适用于机电类、机械类、近机械类各专业的教学，参考学时数为60～80学时。

本书编排新颖，作者打破机械设计基础课程中知识点系统化设计的传统，以真实零部件作为载体设立学习情境，按照生产实际中的设计思路，对典型零部件进行相关设计；而将本课程应知应会的知识点穿插在具体的零部件设计中，设计中用到的工程力学知识则以知识链接的形式穿插其中；同时将载体中没有涉及的如间歇运动机构、蜗杆蜗轮、离合器、制动器等相关知识点，作为拓展知识供学生课余学习之用。

本书实践性强，遵循"以必需、够用为度"和"掌握概念、强化应用"的原则，对各种公式不做详细推导，例题和习题的编写更突出理论的应用性。本书具体的学时分配见下表：

学习情境	学习内容	参考学时		
		理论	实践	小计
综述	理解课程的研究对象和内容，分清机械、机器、机构、构件、零件的区别与联系	2		2
学习情境一 颚式破碎机机构设计	读懂平面机构运动简图并能够绘制，正确计算平面机构自由度	4	2	6
	熟悉平面连杆机构(四杆机构)的应用、特点、类型、运动特性，能够设计简单平面连杆机构	4	2	6
学习情境二 内燃机配气凸轮设计	熟悉凸轮机构的应用和分类，常用从动件的运动规律，并可以用图解法设计凸轮轮廓	5	1	6
	了解棘轮机构、槽轮机构的应用和工作原理	1	1	2
学习情境三 输送机带传动装置设计	熟悉V带传动的工作原理和工作能力分析；能够设计V带传动；了解带轮结构、传动的使用和维护	4	2	6
	熟悉平键连接的特点；正确设计平键连接	2		2
学习情境四 链传动设计	了解链传动的特点和设计方法	2		2

（续表）

学习情境	学习内容	参考学时		
		理论	实践	小计
学习情境五 输送机齿轮减速器典型零部件设计	掌握齿轮传动啮合原理及几何尺寸计算、齿轮设计准则	7	1	8
	根据轴的受载情况正确识别轴的类别；了解制造轴的主要材料及热处理方法；能够设计轴的结构并校核	6		6
	了解滚动轴承的特点和应用场合；掌握滚动轴承的类型、代号的含义	4		4
	掌握轮系的类型及轮系的传动比计算	3	1	4
学习情境六 输送机轴端连接装置设计	了解联轴器的种类和选择方法	2		2
	掌握螺纹的基本参数，会查阅相应国家标准，并进行螺栓连接设计	4		4
总计		50	10	60

本书是一部体现职业教育改革的教材，由于编者学识和经验有限，书中难免存在疏漏和欠妥之处，恳请读者批评指正。

编　者

2021年2月

目　　录

综　　述

一、机械认识

机械是机器和机构的总称。在生产和生活中,人们广泛地使用着各种类型的机械以减轻或代替人们的劳动,提高生产效率、产品质量和生产水平。常见的如自行车、缝纫机、洗衣机、电风扇、打印机、电动机、车床、飞机、火车等(图 0-1)。它们的构造、性能和用途等各不相同,但从机械的组成分析,又有共同点。

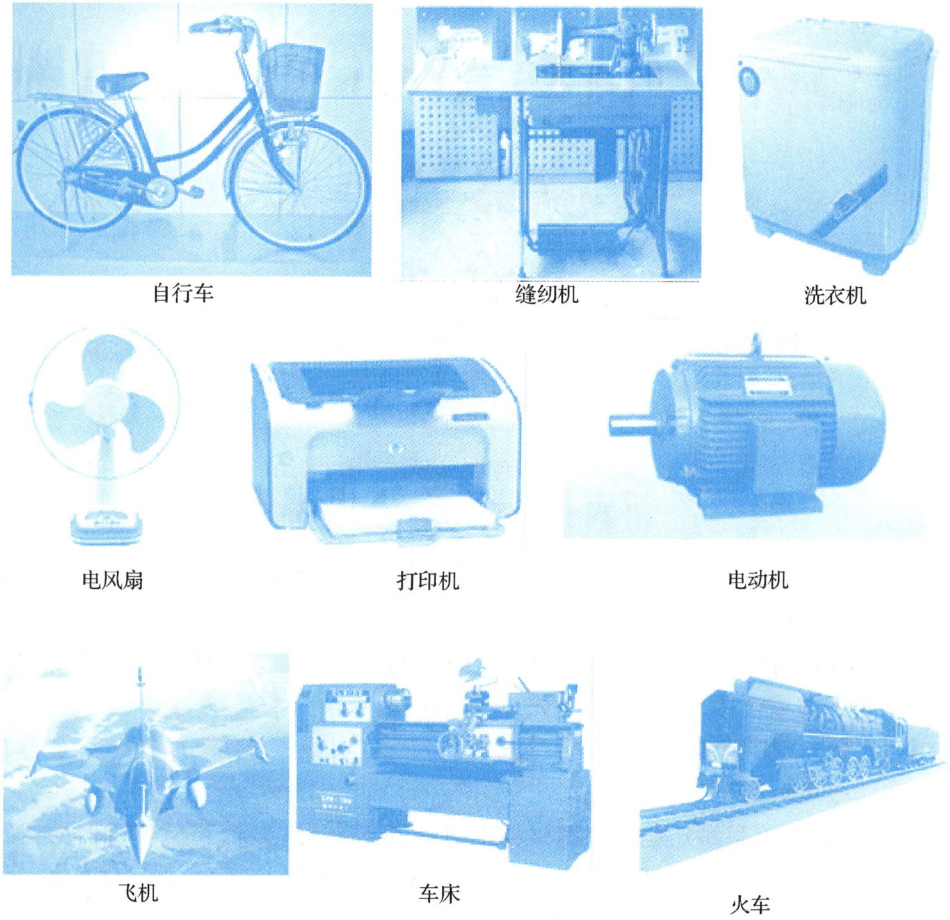

图 0-1　常用机械

1. 机器的组成和特征

机器种类繁多,各类机器的功用不同,工作原理和结构特点也不相同,但都具有三个共同的特征,即都是人为的实物组合,各实体之间具有确定的相对运动,能转换或传递能量、物料和信息。凡具备上述三个特征的实物组合就称为机器。

从图 0-2 中的轿车可以看出，一台完整的机器一般由动力部分、传动部分、执行部分、控制部分和支承及辅助部分组成。机器的组成如图 0-3 所示。

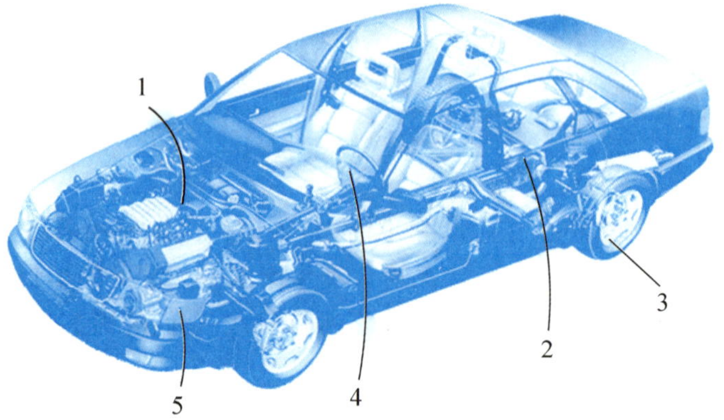

图 0-2 轿车的组成

1—动力部分：发动机；2—传动部分：离合器、变速箱、传动轴、差速器等；3—执行部分：车轮；4—控制部分：转向盘、排挡杆、制动器、油门等；5—支承及辅助部分：各类仪表、车灯、雨刷器等

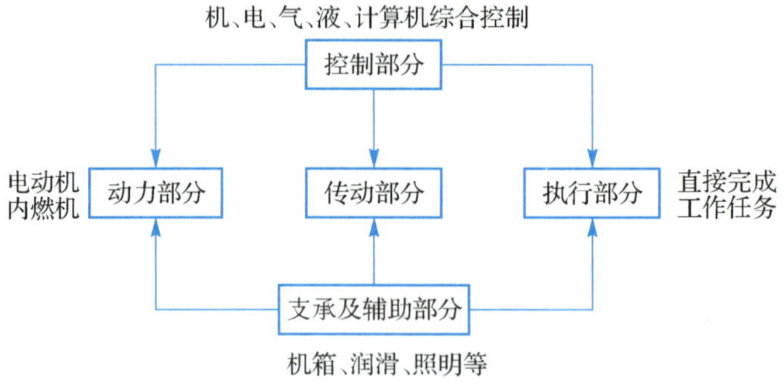

图 0-3 机器的组成框图

（1）动力部分。动力部分是机器工作的动力来源，它把其他类型的能量转换为机械能，以驱动机器各部分运动，如图 0-2 所示的发动机。

（2）传动部分。传动部分是指将动力部分的运动和动力传递给执行部分的中间环节部分，如图 0-2 所示的离合器、变速箱、传动轴、差速器等。

（3）执行部分。执行部分是指直接完成机器预定工作任务的部分，处于整个传动系统的终端，如图 0-2 所示的车轮。

（4）控制部分。控制部分是指控制机器的其他组成部分，显示和反映机器的运行位置和状态，控制机器正常运行和工作，并随时实现或终止机器的各种预定动作的部分，如图 0-2 所示的转向盘、排挡杆、制动器、油门等。

（5）支承及辅助部分。支承及辅助部分是指起支承机器及辅助机器完成预定工作任务的部分，如图 0-2 所示的各类仪表、车灯、雨刷器等。

从上述各组成部分分析，能不能将动力部分和执行部分直接相连接而免去传动装置呢？从结构上看这样简化了机器组成，降低了成本，但由于动力部分速度较高，而执行部分速度较低，或执行部分运动不是旋转运动等原因，通常不直接把原动机（动力部分）的动力传给工作（执行）部分，而是通过不同的传动装置（传动部分）来转换。因此，传动部分在机器中的作用是：改变速度（增速、减速、调速）；传递运动及改变运动形式；传递动力。传动装置有机械传动、电力传动、液压传动、气压传动等多种形式。常见的机械传动分类如图 0-4 所示。

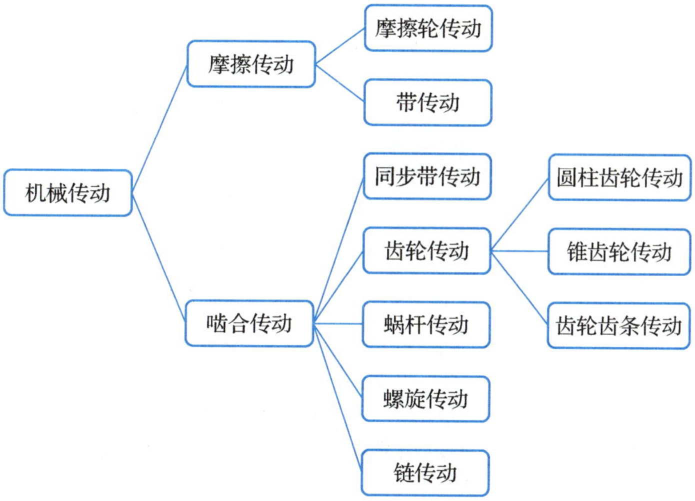

图 0-4　常见的机械传动分类

按照用途不同可把机器分为动力机器、工作机器和信息机器，见表 0-1。

表 0-1　机器类型及应用

类　　型	特　　点	应用举例
动力机器	用以实现其他形式的能量与机械能间的转换	电动机、内燃机等
工作机器	用来做机械功或搬运物品	各类机床、起重机、运输车辆等
信息机器	用来获取或变换信息	照相机、打印机、计算机、复印机等

2. 机构的组成和特征

机构是用来传递运动和力或实现某种特定运动的可动装置。如图 0-5 所示的单缸内燃机中，曲柄滑块机构将活塞的直线往复运动转换为曲柄的转动，而凸轮机构则将凸轮轴的转动转换为气阀杆的直线往复运动，确保了内燃机能够有规律地进气、排气。带传动机构、齿轮机构则用来传递转动。

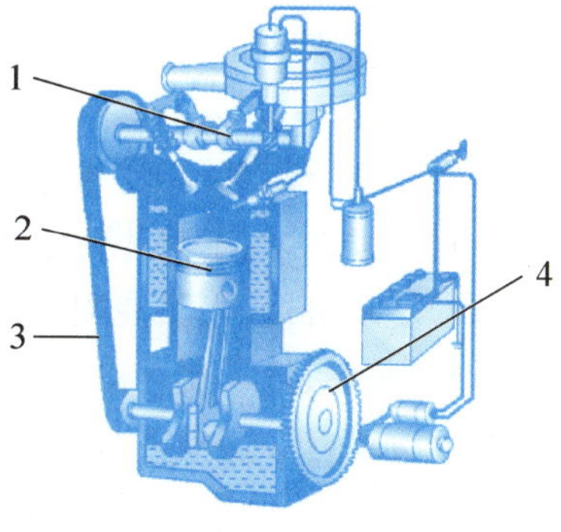

图 0-5　单缸内燃机结构

1—凸轮机构；2—曲柄滑块机构；3—带传动机构；4—齿轮机构

机构和机器有区别，主要体现在以下两个方面。

（1）机构只是一个构件系统，而机器除构件系统外，还包含电气、液压等其他系统。

（2）机构只用来传递运动和力，而机器除传递运动和力外，还具有变换或传递能量、物料和信息的功能。

因此,机器是由机构组成的,而机构却不能像机器一样实现能量转换。若仅从结构和运动的观点来看,机器与机构之间并无区别,所以二者统称为机械。

3. 零件和构件

零件是指机器中不可拆的单元,即制造单元。如图 0-6 所示内燃机连杆上的连杆盖、螺栓等。

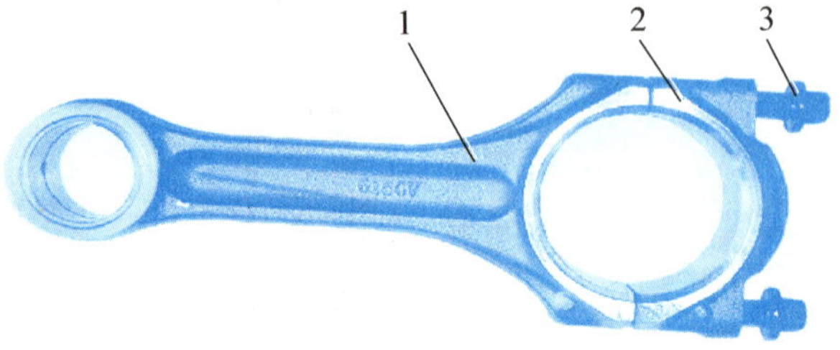

图 0-6 内燃机连杆

1—连杆体;2—连杆盖;3—螺栓

构件是指机构中的运动单元体,可以是一个零件,如图 0-5 所示内燃机中的曲轴;也可以是多个零件的组合体,如图 0-7 所示的活塞和连杆以及滚动轴承等。构件有时也称“组件”。

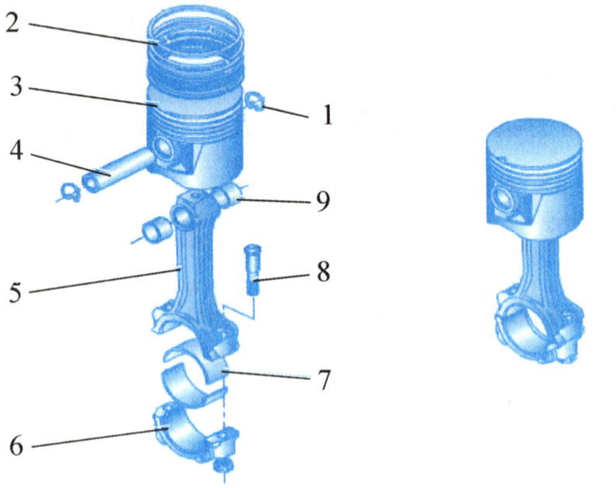

图 0-7 活塞连杆组

1—活塞销卡环;2—活塞环;3—活塞体;4—活塞销;5 连杆;6—连杆盖;7—连杆轴瓦;8—连杆螺栓;9—连杆衬套

零件可分为两类:一类是通用零件,常用于各种机器,如齿轮、轴、螺栓、螺母、弹簧等;另一类是专用零件,用于某些特定类型的机器,如内燃机的曲轴、汽轮机的叶片等。

对于复杂机器,为了装配、运输和维修方便,总装前常把一起协同工作的零件先组装在一起,如减速器、汽车变速器等,称为部件。

综上所述,机械、机器、机构、构件、零件之间的关系如图 0-8 所示。

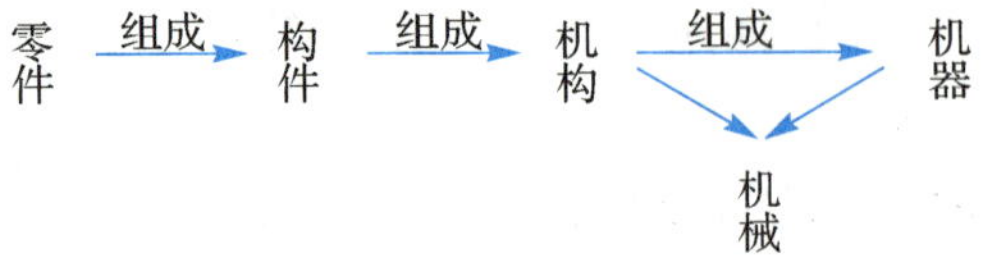

图 0-8 机械组成关系

二、机械设计

机械设计是指设计人员按照机器应具有的功能要求进行调查、分析、研究、构思、计算、实验和决策，并将结果用图样和文字形式表达出来的创造性工作过程。通常先进行机器的总体设计，然后再进行零件设计。

1. 机械设计的基本要求

机械产品的类型很多，但基本要求大致相同，主要包括以下五个方面。

1）预定功能要求

一般机械产品的预定功能要求包括运动性能、动力性能、基本技术指标及外形结构等方面。

设计机械产品的基本出发点是实现预定功能要求。为此，必须正确选择机械的工作原理、机构的类型和机械传动方案。

2）安全可靠与强度、寿命要求

设计的机械必须保证在预定的工作期限内能够可靠地工作，防止个别零件的破坏或失效而影响正常运行。为此，应使所设计的机器零件结构合理并满足强度、刚度、耐磨性、振动稳定性及其寿命等方面的要求。

3）经济性要求

设计机械产品时，应考虑在实现预定功能和保证安全可靠的前提下，尽可能做到经济合理、投入的费用少、工作效率高且维修简便等。

由于机械产品的经济性是一个综合指标，它与设计、制造和使用等各方面有关。为此，设计者需要注意良好的工艺性与合理的选材，尽可能实现“三化”（零件标准化、部件通用化、产品系列化），以最大限度地提高经济效益。

4）操作、防护和环境保护要求

设计的机械产品要力求操作方便，最大限度地减少工人操作时的体力消耗和脑力消耗，同时设置完善的安全防护及保安装置、报警装置、显示装置等，保护操作者的安全。要把环境保护提高到一个重要位置，降低机器噪声，净化废气、废液，去除灰尘，使对环境的污染尽可能小。

5）其他特殊要求

某些机器还有一些特殊要求。例如，机床应能在规定的使用期限内保持精度；经常搬动的机器（如塔式起重机、钻探机等），要求便于安装、拆卸和运输；食品、药品、纺织等行业的机械有不得污染产品的要求；等等。

总之，必须根据所要设计的机器的实际情况，分清应满足的各项要求的主、次程度，且尽量做到结构上可靠、工艺上可行、经济上合理，切忌简单照搬或乱提要求。

2. 机械设计的一般程序

1）提出和制订产品设计任务书

首先应根据用户的需要与要求，确定所要设计机器的功能和有关指标，研究分析其实现的可能性，然后确定设计课题，制定产品设计任务书。

2）总体设计

根据设计任务书，进行调查研究，了解国内外有关的技术经济信息。分析有关产品，参阅有关技术资料，并充分了解用户意见、制造厂的技术设备及工艺能力等。在此基础上确定实现预定功能的机械工作原理，拟订总体设计方案，进行运动和动力分析，从工作原理上论证设计任务的可行性，必要时对某些技术经济指标做适当修改，然后绘制机构简图。同时可进行液压、电气控制系统的方案设计。

3）技术设计

在总体方案设计的基础上，确定机械各部分的结构和尺寸，绘制总装配图、部件装配图和零件图。为此，必须对所有零件（标准件除外）进行结构设计，并对主要零件的工作能力进行计算，完成机械零件设计。

机械零件的设计是本课程研究的主要内容之一，其设计步骤如下：

（1）根据机械零件的使用要求，选择零件的类型与结构。

（2）根据机械的工作要求，分析零件的工作情况，确定作用在零件上的载荷。

（3）根据零件的工作条件，考虑材料的性能、供应情况、经济因素等，合理选择零件的材料。

（4）根据零件可能出现的失效形式，确定计算准则，并通过计算确定零件的主要尺寸。

（5）根据零件的主要尺寸和工艺性、标准化等要求进行零件的结构设计。

（6）绘制零件工作图，制定技术要求。

以上这些内容可在绘制总装配图、部件装配图及零件图的过程中交错、反复进行，同时进行润滑设计。然后编写设计说明书、有关的技术文件、外购件的明细表等。

4）样机的试制和鉴定

设计的机械是否能满足预定功能要求，需要进行样机的试制和鉴定。样机制成后，可通过生产运行，进行性能测试，然后便可组织鉴定，进行全面的技术评价。

5）产品的正式投产

在样机的试制与鉴定通过的基础上，才可能进行产品的正式投产。

将机械产品的全套设计图纸（总装图、部装图、零件图、电气原理图、液压传动系统图、安装地基图、备件图等）和全套技术文件（设计任务书、设计计算说明书、试验鉴定报告、零件明细表、产品质量标准、产品检验规范、包装运输技术条件等）提交产品定型鉴定会评审。只有在评审通过后，才能由有关部门下达任务，进行批量生产。

3. 机械零件的失效形式及设计准则

1）机械零件的主要失效形式

机械零件在预定的时间内和规定的条件下，不能完成正常的功能称为失效。机械零件的失效形式主要有以下四种。

（1）整体断裂。零件在受拉、压、弯、剪和扭等外载荷作用时，由于危险截面上的应力超过零件的强度极限而发生的断裂，或者零件在受变应力作用时，危险截面上发生的疲劳断裂均属此类。例如螺栓的断裂、齿轮齿根的折断等。

（2）过大的残余变形。如果作用于零件上的应力超过了材料的屈服极限，零件将产生残余变形。例如机床上夹持定位零件的过大残余变形，会降低加工精度；高速转子轴的残余挠曲变形，将增大不平衡度，并进一步引起零件的变形。

（3）零件的表面破坏。零件的表面破坏主要是腐蚀、磨损和接触疲劳。腐蚀是发生在金属表面的一种电化学或化学侵蚀现象。腐蚀的结果是使金属表面产生锈蚀，从而使零件表面遭到破坏。磨损是两个接触表面在作相对运动的过程中表面物质丧失或转移的现象。腐蚀、磨损和接触疲劳都是随工作时间的延长而逐渐发生的失效形式。

(4) 破坏正常工作条件引起的失效。有些零件只有在一定的工作条件下才能正常地工作。例如带传动只有在传递的有效圆周力小于临界摩擦力时才能正常地工作，如果破坏了这个条件，则将发生打滑。

2) 机械零件的设计准则

为了保证所设计的机械零件能安全、可靠地工作。在进行设计工作之前，应确定相应的设计准则。不同的零件或相同的零件在差异较大的环境中工作，都应有不同的设计准则。设计准则的确定应该与零件的失效形式紧密地联系起来，一般有以下设计准则。

(1) 强度准则。强度准则就是指零件中的应力不得超过允许的限度。为了使零件在工作中不发生断裂，必须使零件在工作中满足以下设计准则：

$$\sigma \leqslant [\sigma] \tag{0-1}$$

或

$$\tau \leqslant [\tau] \tag{0-2}$$

其中，σ 和 τ 分别是零件工作时的正应力和剪应力；$[\sigma]$ 和 $[\tau]$ 分别是零件材料的许用正应力和许用剪应力。

(2) 刚度准则。刚度是指零件在载荷作用下抵抗弹性变形的能力。若零件刚度不够，将产生过大的挠度或转角而影响机器正常工作，例如若车床主轴的弹性变形过大，会影响加工精度，为了使零件具有足够的刚度，设计时必须满足下面的设计准则：

$$y \leqslant [y],\ \theta \leqslant [\theta],\ \varphi \leqslant [\varphi] \tag{0-3}$$

其中，y，θ，φ 分别为零件工作时的挠度、偏转角和扭转角；$[y]$，$[\theta]$，$[\varphi]$ 分别为零件的许用挠度、许用偏转角和许用扭转角。

(3) 寿命准则。机械零件应有足够的寿命。影响零件寿命的主要因素有腐蚀、磨损和疲劳。但至今还没有提出实用且有效的腐蚀寿命计算方法。因此也无法列出腐蚀寿命的计算准则。而磨损的计算目前也没有简单、可靠的定量计算方法。因此，只能采用条件性的计算。至于疲劳寿命，通常是算出使用寿命时的疲劳极限来作为计算的依据。

(4) 振动稳定性准则。机器中存在着很多周期性变化的激振源，例如，齿轮的啮合、滚动轴承中的振动、弹性轴的偏心转动等。当某一零件本身的固有频率与上述激振源的频率重合或成整倍数关系时，这些零件就会发生共振，致使零件破坏或机器工作情况失常等。所谓振动稳定性，就是指在设计时要使机器中受激振作用的各零件的固有频率与激振源的频率错开。例如，令 f 代表零件的固有频率，f_p 代表激振源的频率，则通常应保证如下的条件：

$$0.85f > f_p \text{ 或 } 1.15f < f_p$$

如果不能满足上述条件，则可用改变零件及系统的刚性、改变支承位置、增加或减少辅助支承等办法来改变 f 值。也可把激振源与零件隔离，使激振的周期性改变的能量不能传递到零件上去，或者采用阻尼以减小受激振动零件的振幅，都可以改善零件的振动稳定性。

(5) 可靠性准则。满足强度和刚度要求的一批相同的零件，由于零件的工作应力是随机变量，故在规定的工作条件下和规定的使用期限内，并非所有的零件都能实现规定的功能，零件在规定的工作条件下和规定的使用时间内实现规定功能的概率称为该零件的可靠度。可靠度是衡量零件工作可靠性的一个特征量，不同零件的可靠度要求是不同的。设计时应根据具体零件的重要程度选择适当的可靠度。

4. 机械零件常用材料及选用原则

材料的选择是机械零件设计中非常重要的环节。随着工程实际对机械及零件要求的提高，以及材料科学的不断发展，材料的合理选择愈来愈成为提高零件质量、降低成本的重要手段。

1) 机械零件常用材料

(1) 金属材料。在各类工程材料中，金属材料（尤其是钢铁）使用最广。据统计，在机械制造产品中，钢铁材料占 90%以上。钢铁之所以被大量采用，除了由于它们具有较好的力学性能（如强度、塑性、韧性等）外，还因价格相对便宜和容易获得，而且能满足多种性能和用途的要求。在各类钢铁材料中，由于合金钢的性能优良，因而常常用来制造重要的零件。

除钢铁以外的金属材料均称为有色金属。在有色金属中，铝、铜及其合金的应用最多。其中，有的具有质量小的优点，有的具有导热和导电性能好等优点，通常还可用于有减摩及耐腐蚀要求的场合。

(2) 高分子材料。高分子材料按特性通常可分为塑料、橡胶及纤维等类型。高分子材料有许多优点。如原料丰富，可以从石油、天然气和煤中提取，获取时所需的能耗低；密度小，平均只有钢的 1/6；在适当的温度范围内有很好的弹性；耐蚀性好等。但是，高分子材料也有明显的缺点，如：容易老化，其中不少材料阻燃性差，总体上讲、耐热性不好。

(3) 陶瓷材料。作为工程结构陶瓷材料，有以 Si_3N_4 和 SiC 为主要成分的高温结构陶瓷，有以 Al_2O_3 为主要成分的刀具结构陶瓷。陶瓷材料的主要特点是硬度极高、耐磨、耐腐蚀、熔点高、刚度大以及密度比钢铁低等。目前，陶瓷材料已应用于密封件、滚动轴承和切削刀具等零件中。陶资材料的主要缺点是比较脆，断裂韧度低，价格昂贵，加工工艺性差等。

(4) 复合材料。复合材料是由两种或两种以上具有明显不同的物理和力学性能的材料复合制成的，不同的材料可分别作为材料的基体相和增强相。增强相起着提高基体相的强度和刚度的作用，而基体相起着使增强相定型的作用，从而使复合材料获得单一材料难以达到的优良性能。复合材料的主要优点是有较高的强度和弹性模量，而质量又特别小；但也有耐热性差、导热和导电性能较差的缺点。

2) 机械零件材料的选用原则

从各种各样的材料中选择出合用的材料，是一项受多方面因素制约的工作。在本书后面的学习情境中，将分别介绍各种零件适用的材料和牌号。以下介绍金属材料在选用时需考虑的内容。

(1) 载荷、应力的大小和性质。应在充分了解材料的力学性能的前提下，考虑零件的强度。脆性材料原则上只适用于制造在静载荷下工作的零件。在有冲击荷载作用的情况下，应以塑性材料作为主要使用的材料。而且金属材料的性能一般可通过热处理加以提高和改善，因此，要充分利用热处理的手段来发挥材料的潜力。

(2) 零件的工作情况。零件的工作情况是指零件所处的环境特点、工作温度、摩擦磨损的程度等。例如，在湿热环境下工作的零件，其材料应有良好的防锈和耐腐蚀的能力，可选用不锈钢、铜合金等。

(3) 零件的尺寸及质量。零件尺寸及质量的大小与材料的品种及毛坯制取方法有关。用铸造材料制造毛坯时，一般可以不受尺寸及质量大小的限制；而用锻造材料制造毛坯时，则须注意锻压机械及设备的生产能力。此外，零件尺寸和质量的大小还和材料的强重比有关，应尽可能选用强重比大的材料，以便减小零件的尺寸和质量。

(4) 零件结构的复杂程度及材料的加工可能性。结构复杂的零件宜选用铸造毛坯，或用板材冲压出结构件后再经焊接而成。结构简单的零件可用锻造法制取毛坯。对材料工艺性的了解，在判断加工可能性方面起着重要的作用。

(5) 材料的经济性。材料的经济性主要考虑以下几方面因素：材料本身的相对价格，材料的加工费用，材料的利用率，节约稀有材料等。当用价格低廉的材料能满足使用要求时，就不应选择价格高的材料。制定合理加工工艺、尽量节省工时、提高材料利用率，减少稀有材料的用量。

(6) 材料的供应状况。选材时还应考虑当时当地材料的供应状况。为了简化供应和贮存的材料品种，对于单件小批制造的零件，应尽可能地减少同一部机器上使用的材料品种和规格。

【知识拓展】

零件的标准化、系列化和通用化

1. 标准化和标准零部件

节能灯的灯泡坏了，到任何商店买一个新的来，不管哪家企业生产的，只要是同一型号，其螺纹口都能配上；手电筒的电池失效了，买来新的同号电池，装上都能用。我们购买某些商品，只需知道型号，买回就能用，这是因为这些商品都是标准化产品。

机械的类型成千上万，但各种机械中都包含很多功能相同的通用零部件。将通用零部件的结构、尺寸、材料、参数和性能等指标加以统一规定，称为零部件的标准化。

常见的标准化零件有螺钉、螺母、螺栓、垫圈、键、V带、密封圈等。常见的标准化组件有滚动轴承、链条、联轴器等。常见的标准化部件有电动机、减速器、气泵、液泵等。在机械设计中，凡是标准零部件，都不必自行设计，而是查手册选购标准件。大工业生产中实行的标准化，在提高效率、加速技术进步和提高人们生活质量方面所做的贡献，是难以估量的。

结构形状固定、部分尺寸参数符合国家标准的通用零件称为常用件。常见的常用件有齿轮、弹簧等。

2. 系列化与通用化

每种标准零部件，其尺寸均按一定规律从小到大、性能指标按一定的要求从低到高组成多种型号和规格，就是标准零部件的系列化。产品也按系列化的要求进行设计生产。例如，液晶显示器的尺寸有17，19，21，22，…(英寸数)这样的系列。另外，自行车按车轮直径、轴承按内外径和宽度、电动机按功率形成系列等。这都是产品系列化的例子。

一件产品内部或产品之间尽量采用统一规格、同一型号的零部件，以减少零部件的种类，便于制造、管理、使用、更换及维修，这称为通用化。以家用电风扇为例，它上面各个部位有很多螺钉，如果采用同一规格尺寸，那么维修和清洗时就不需要更换工具，安装时也不必考虑逐一配对。因此，通用化的方式对生产厂家和用户都起到提高效率、降低成本的作用。

3. 机械设计中遵循“三化”原则的意义

标准化、系列化、通用化合称“三化”，实现“三化”的意义如下：

(1) 减轻设计工作量。标准零部件只需查手册选购，不必自己设计，可大大减轻设计工作量。

(2) 标准零部件成本低。标准零部件是由专业标准件厂大规模生产的，效率高、质量可靠、成本低。设计新产品采用标准零部件，可以共享标准零部件的生产高效率、低成本的优点。

(3) 便于维修维护。“三化”是设计应遵循的原则，也是国家的一项技术政策。与机械结构设计相关的标准有国家标准(GB)、行业标准(机械行业标准 JB)、地方标准和企业标准。出口产品要符合国际标准(ISO)。

思考与练习

简答题

1. 以家用洗衣机为例，分析现代机械的五个组成部分，并说明各部分的作用。

2. 用生活中的例子说明机构和机器的特征。

3. 什么是构件？什么是零件？它们有什么区别和联系？试举实例加以说明。

4. 试述机械零件失效、失效主要形式及机械零件设计准则的含义。

5. 指出下列机器的动力部分、执行部分、传动部分、支承部分、控制部分：①汽车；②自行车；③电风扇；④缝纫机。

学习情境一
颚式破碎机机构设计

情境描述

颚式破碎机俗称颚破，又名老虎口。由动颚和静颚两块颚板组成破碎腔，模拟动物的两颚运动而完成物料破碎作业。颚式破碎机广泛应用于矿山冶炼、建材、公路、铁路、水利和化工等行业中各种矿石与大块物料的破碎，如图 1-1 所示。本学习情境通过对颚式破碎机的结构分析，理解运动副的概念和分类，解决机构的运动简图绘制、判断机构是否具有确定的相对运动、计算机构的自由度、图解法设计平面连杆机构四个问题。

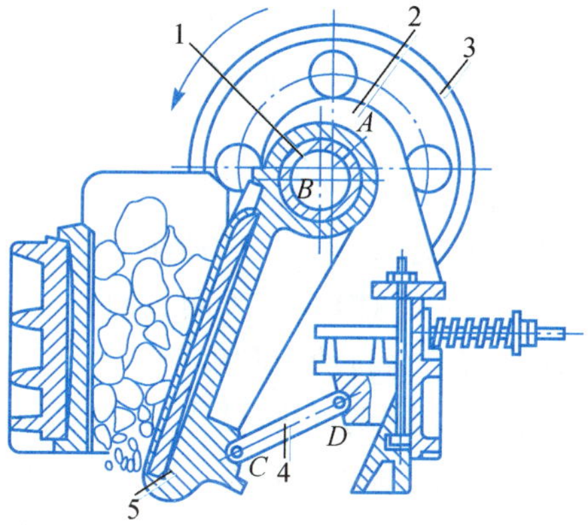

图 1-1 颚式破碎机

1—偏心轴；2—机架；3—带轮；4—肘板；5—动颚板

任务一 机构运动简图绘制

任务描述

实际机械的外形构造都很复杂。为了便于分析和研究，在工程中，常常采用简单线条和符号绘制机构运动简图来表示实际机械。作为工程人员，应当能够看懂机构运动简图，并熟悉机构运动简图的绘制方法。本任务要求对颚式破碎机中平面连杆机构的结构进行分析，绘制出机构的运动简图。

任务分析

如图 1-1 所示，颚式破碎机运动由电动机通过带轮输入，带轮和偏心轴固连在一起，偏心轴带动动颚板和肘板运动，机架起支撑作用。工作时，电动机提供了动颚板的动力，使动颚板能够实现往复的上下运动。要完成本任务，需要掌握运动副的概念及其符号、一般构件的表示方法、平面机构运动简图的绘制步骤等知识点。

相关知识

一、平面机构组成

1. 运动副

机构中的每个构件总是以一定的方式与其他构件相连。这种由两个构件直接接触而组成的可动连接称为运动副。例如，内燃机中活塞与连杆、活塞与气缸体的连接都构成了运动副。组成运动副的两构件在相对运动中可能参加接触的点、线、面称为运动副元素。显然，运动副也是组成机构的主要要素。

2. 运动副的分类

在平面运动副中，两构件之间的直接接触有三种情况：点接触、线接触和面接触。按照接触特性，通常把运动副分为低副和高副。

(1) 低副。两构件通过面接触组成的运动副称为低副。根据两构件间的相对运动形式，低副又可分为转动副和移动副。

① 转动副。两个构件之间只能做相对转动的运动副称为转动副，又称为铰链。图 1-2(a)所示的轴 2 和轴承 1 组成的转动副，其中一个构件是固定的，称为固定铰链。图 1-2(b)所示构件 1 和构件 2 也组成转动副，两构件都是活动的，称为活动铰链。例如，颚式破碎机中肘板与机架组成的转动副是固定铰链，动颚板与肘板所组成的转动副是活动铰链。

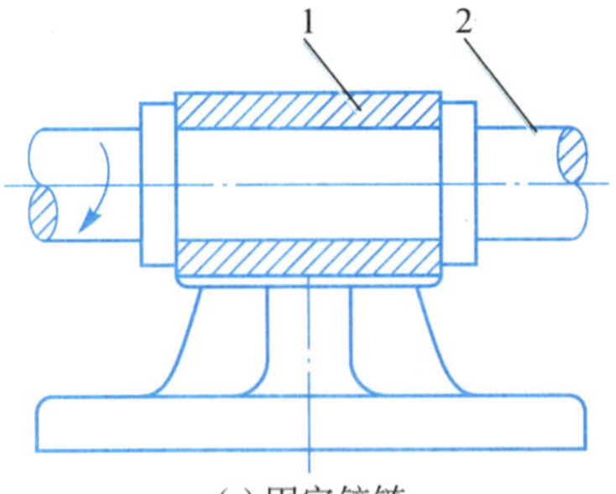

(a) 固定铰链

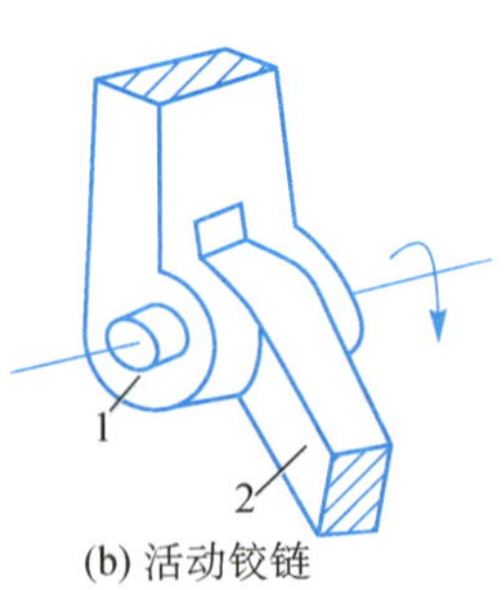

(b) 活动铰链

图 1-2　转动副

② 移动副。两个构件只能做相对直线移动的运动副称为移动副。图 1-3 中构件 1 和构件 2 组成的就是移动副。组成移动副的两个构件可能都是活动的，也可能有一个是固定的。

例如,内燃机中的活塞与气缸体所组成的移动副,气缸体是固定的。

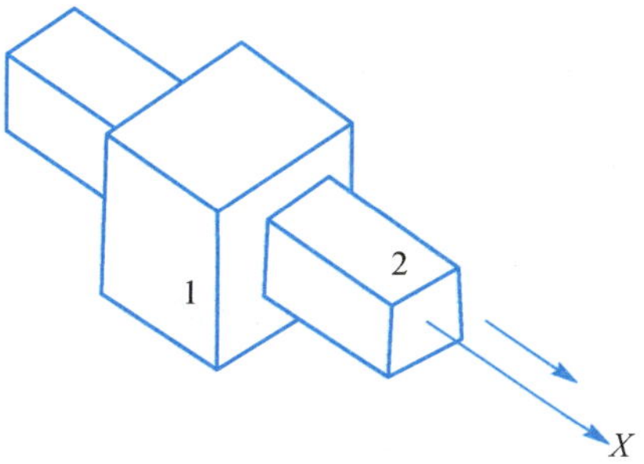

图 1-3　移动副

(2) 高副。两构件通过点或线接触组成的运动副称为高副。如图 1-4(a)所示的车轮 1 和钢轨 2、图 1-4(b)所示的凸轮 1 和从动杆 2、图 1-4(c)所示的齿轮 1 和齿轮 2 等连接都是平面高副。

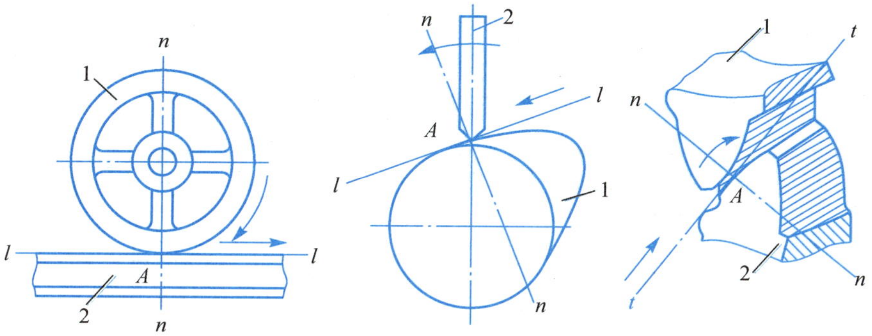

(a) 滚轮副　(b) 凸轮副　(c) 齿轮副

图 1-4　平面高副

此外在机械中还常采用图 1-5(a)所示的螺旋副和图 1-5(b)所示的球面副。螺旋副中的两构件作螺旋运动,即同时作转动和移动的合成运动。球面副中的构件 1 和构件 2 可绕空间坐标系中的三个轴作独立转动。由于这些运动副的两构件间的相对运动是空间运动,组成的运动副是空间运动副,不属于本书讨论范围。

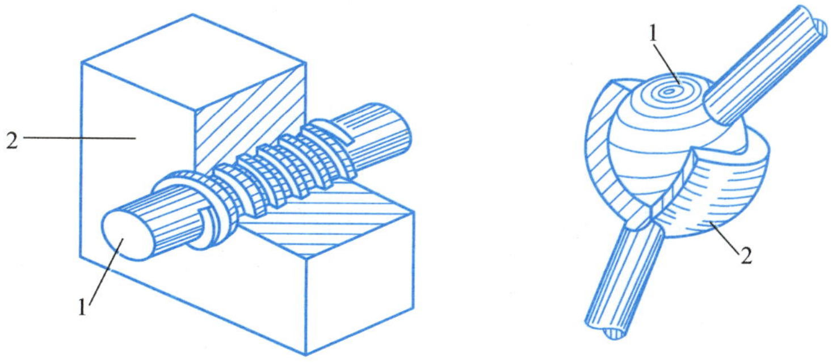

(a) 螺旋副　(b) 球面副

图 1-5　空间运动副

二、运动副的表示

为了便于表示运动副和绘制机构运动简图，运动副通常用简单的图形符号来表示(已有国家标准，见 GB/T 4460—2013)。表 1-1 为常用运动副符号(图中画有阴影线的构件代表固定构件)。

表 1-1 常用运动副符号

运动副名称	运动副符号	
	两运动构件构成的运动副	两构件之一固定时的运动副
转动副	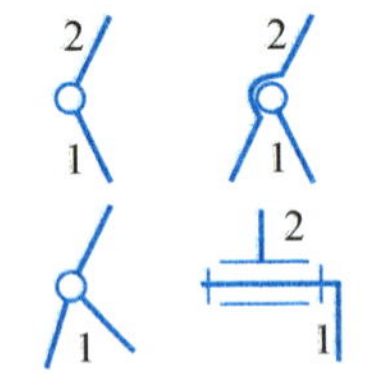	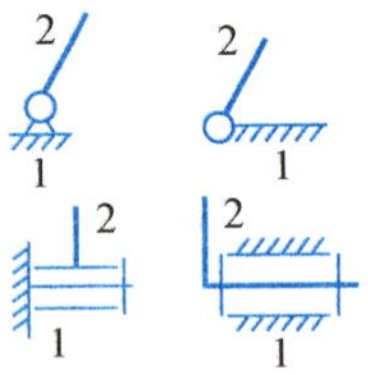
移动副	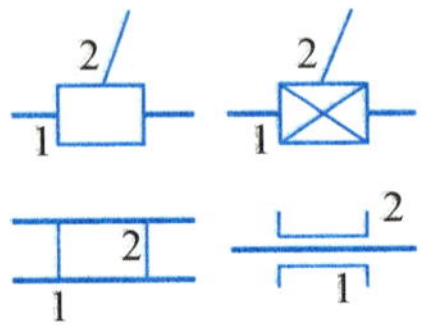	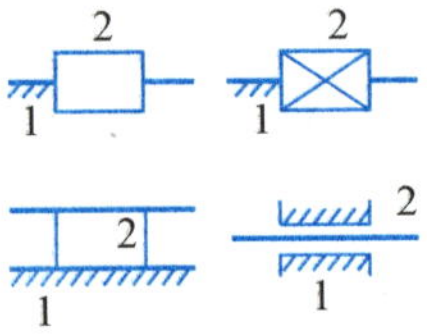
平面高副	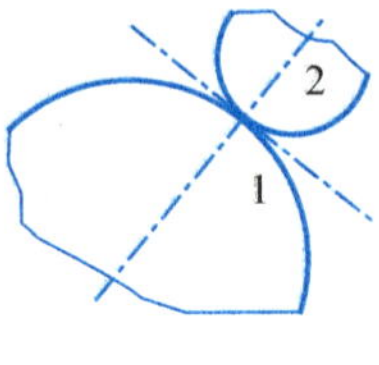	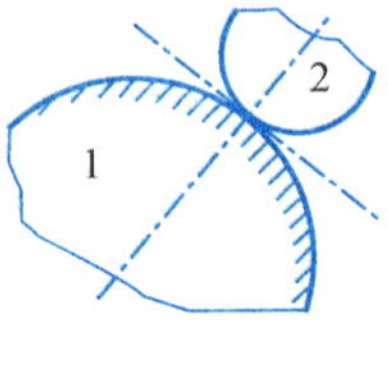
球面副及球销副	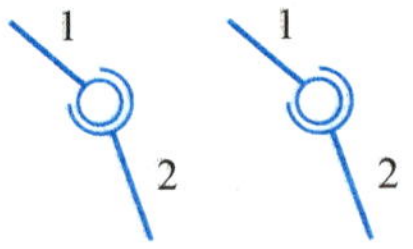	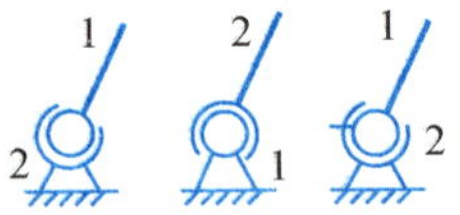
螺旋副	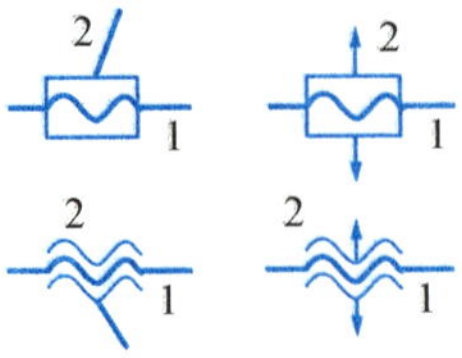	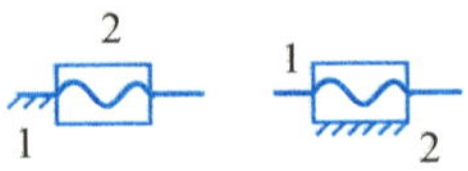

三、机构运动简图

机构中的构件按其运动性质可分为固定件、原动件和从动件三类。

(1) 固定件(机架)是用来支承活动构件的构件。例如，颚式破碎机中对偏心轴起支撑作用的机器外壳就是固定件，用以支撑偏心轴、肘板等活动构件。在分析机构中活动构件的运动时，常以固定件作为参考坐标系。

(2) 原动件是运动规律已知的活动构件，例如颚式破碎机中由带轮和偏心轴组成的构件。它的运动是由外界输入的，故又称为输入构件。

(3) 从动件是机构中随着原动件的运动而运动的其他活动构件。例如颚式破碎机中的动颚板和肘板等都是从动件。从动件中还有工作构件和其他构件之分，工作构件是指直接执行生产任务或最后输出运动的构件。

在任何机构中，总有一个构件被相对地看作固定件。例如，在研究发动机中的机构时，虽然气缸体是随汽车或拖拉机等运动的，但在分析时仍把气缸体看作固定件。在机构的活动构件中，必须有一个或几个原动构件，其余都是从动件。

由于机构各部分的运动是由其原动件的运动规律、该机构中各运动副的类型和机构的运动尺寸(确定各运动副相对位置的尺寸)来决定的，而与构件的外形(高副机构的运动副元素除外)、断面尺寸、组成构件的零件数目及固连方式等无关，所以在研究机构运动时，为了使问题简化，可不考虑构件的复杂形状和结构，仅用简单的线条和规定的运动副符号表示构件，并按一定的比例定出各运动副的相对位置。这种反映机构各构件间相对运动关系的简单图形称为机构运动简图。

只要根据机构的运动尺寸，按一定的比例尺定出各运动副的位置，就可以用运动副符号(表 1-1)、常用机构运动简图符号(表 1-2)及一般构件的表示方法(表 1-3)将机构的运动传递情况表示出来。机构运动简图保留了实际机构的运动特征，不仅简明地表达了实际机构的运动情况，还可以通过该图进行机构的运动分析和动力分析。

工程中，有时只需要表明机构运动的传递情况和构造特征，而不需要机构的真实运动情况，因此不必严格地按比例确定机构中各运动副的相对位置。这种不按比例所绘制的，只反映机构运动特征的图形称为机构运动示意图，也称机构简图。

平面机构运动简图的绘制可按以下步骤进行：

(1) 观察机构的运动情况，分析机构的具体组成，确定机架、原动件和从动件。

(2) 由原动件开始，根据相连两构件间的相对运动性质和运动副元素情况，确定运动副的类型和数目。

(3) 根据机构实际尺寸和图纸大小确定适当的长度比例尺 μ_l，按照各运动副间的距离和相对位置，以与机构运动平面平行的平面为投影面，用规定的线条和符号绘图。

$$\mu_l=\frac{\text{实际尺寸(m)}}{\text{图样尺寸(mm)}} \tag{1-1}$$

常用构件和运动副的简图符号及一般构件表示方法在《机械制图 机构运动简图用图形符号》(GB/T 4460—2013)中已有规定，表 1-2 列出了常用的机构运动简图符号，表 1-3 列出了一般构件的表示方法。

表 1-2　常用机构运动简图符号

机构	简图	机构	简图
在支架上的电机	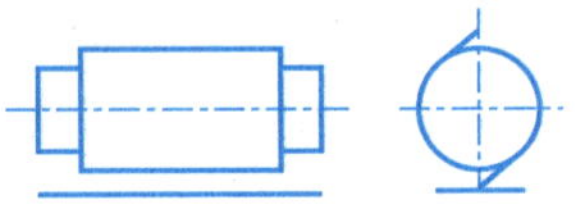	齿轮齿条传动	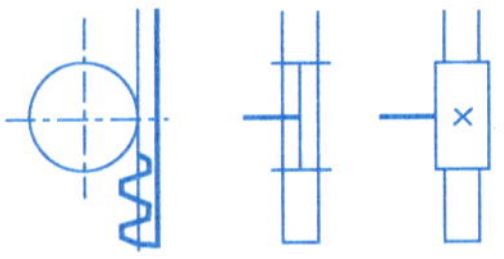
带传动	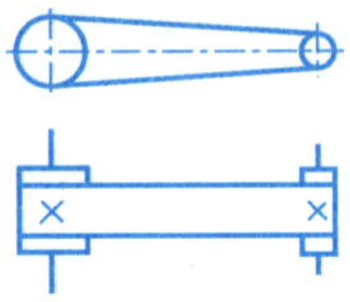	圆锥齿轮传动	
链传动	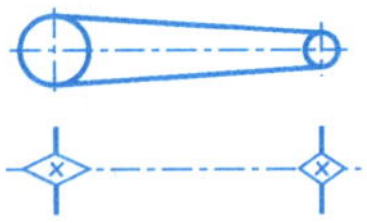	圆柱蜗杆传动	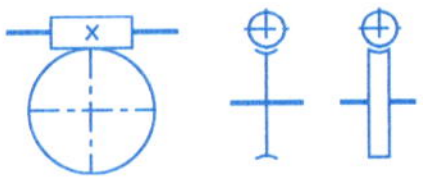
摩擦轮传动	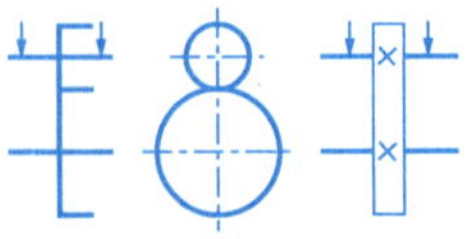	凸轮机构	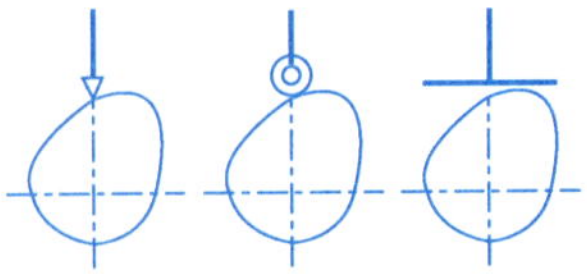
外啮合圆柱齿轮传动	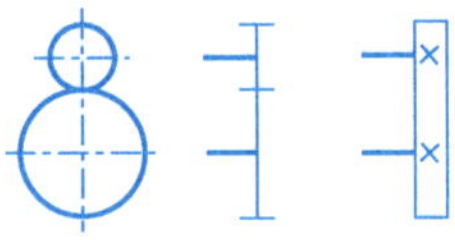	槽轮机构	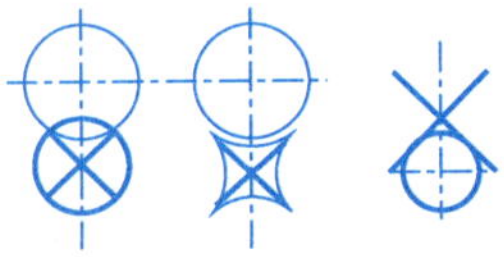 外啮合　内啮合
内啮合圆柱齿轮传动	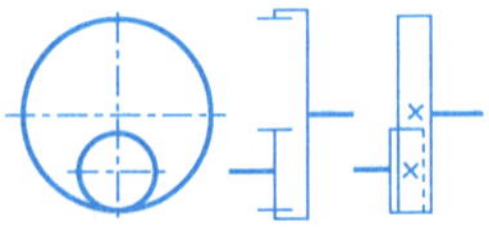	棘轮机构	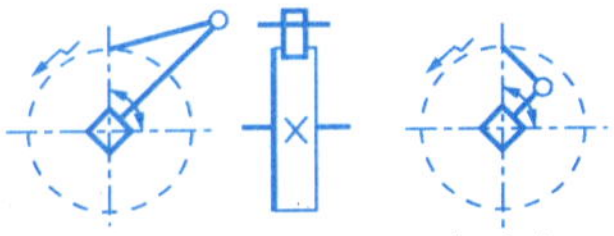 外啮合　内啮合

表 1-3　一般构件的表示方法

机构	简图
杆、轴类构件	
固定构件（机架）	 固定杆、轴　固定铰链杆　固定滑块　固定轴、杆　固定齿轮
同一构件	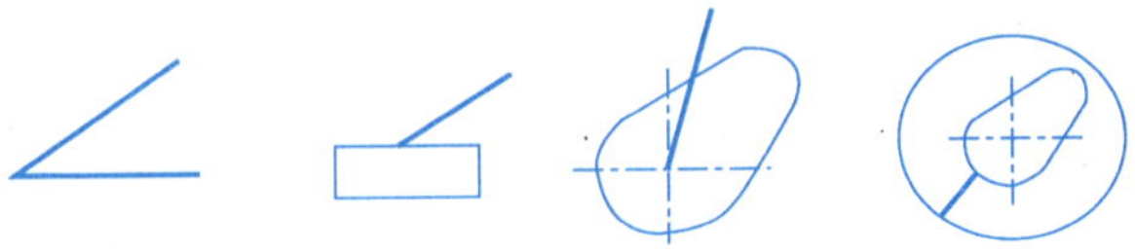 固连杆　固连滑块　固连杆凸轮　固连凸轮-齿轮

（续表）

机构	简图
两副构件	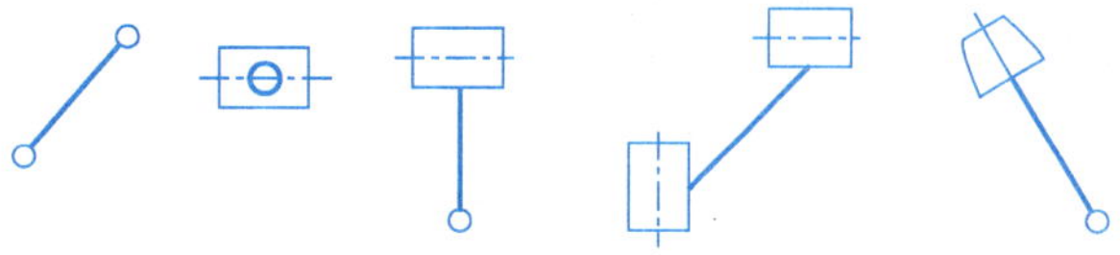 双转动副杆　转-移两副杆　双连滑块　转动-高副杆
三副构件	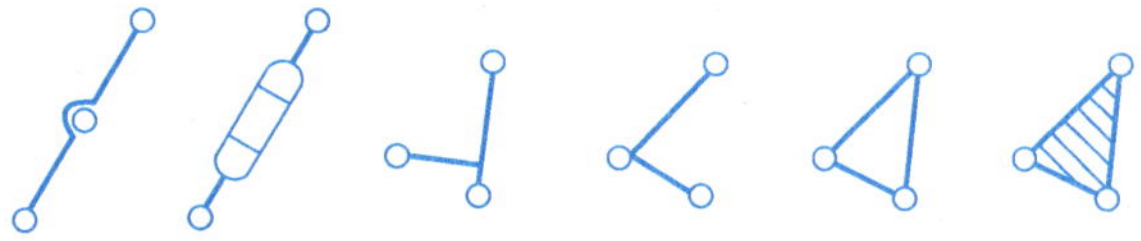

下面通过一个例子来说明运动简图的绘制过程。

例 1-1　试通过如图 1-6(a)所示牛头刨床执行机构的结构实物图，绘制如图 1-6(b)所示机构运动简图。

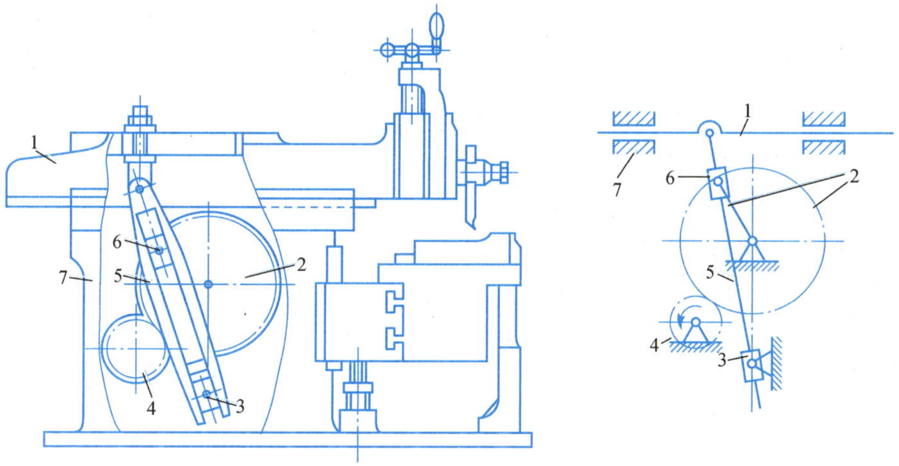

(a) 结构实物图　　(b) 运动简图

图 1-6　牛头刨床执行机构的结构

1—滑枕；2—大齿轮；3—摇块；4—小齿轮；5—导杆；6—滑块；7—机架

解　(1) 机构分析。牛头刨床执行机构由小齿轮、大齿轮、滑块、导杆、摇块、滑枕、机架 7 个构件组成，转动的小齿轮为原动件，移动的滑枕为工作构件。

(2) 确定运动副类型。原动件小齿轮 4 与机架 7 组成转动副 Z_1，小齿轮 4 与大齿轮 2 组成齿轮副 G_1；大齿轮 2 与机架 7 组成转动副 Z_2；滑块 6 通过销子与大齿轮 2 铰接成转动副 Z_3；滑块 6 与导杆 5 用导轨连接成移动副 Y_1；摇块 3 与机架 7 铰接成转动副 Z_4；摇块 3 与导杆 5 用导轨连接成移动副 Y_2；导杆 5 与滑枕 1 铰接成转动副 Z_5；滑枕 1 与机架 7 用导轨连接成移动副 Y_3。这里有 5 个转动副，即 $Z_1(4,7)$、$Z_2(2,7)$、$Z_3(2,6)$、$Z_4(3,7)$、$Z_5(1,5)$；3 个移动副，即 $Y_1(5,6)$、$Y_2(3,5)$、$Y_3(1,7)$，共 8 个低副，1 个高副 $G_1(2,4)$。

(3) 测量主要尺寸，计算长度比例尺和图示长度。经测量得：滑枕的导轨到摇块中心的高度 $l_h=1\ 000$ mm，大齿轮的中心高 $l_{h1}=540$ mm，滑块的回转半径 $l_r=240$ mm。设图样最大尺寸为 60 mm，则长度比例尺

$$\mu_1=\frac{l_h}{60}=\frac{1\ 000\ \text{mm}}{60\ \text{mm}}=16.7\approx 20=0.02\ \text{m/mm}$$

图示长度为
$$h=\frac{l_h}{\mu_1}=\frac{1}{0.02}=50\ \text{mm}$$

$$h_1=\frac{l_{h1}}{\mu_1}=\frac{0.54}{0.02}=27\ \text{mm}$$

$$r=\frac{l_r}{\mu_1}=\frac{0.24}{0.02}=12\ \text{mm}$$

(4) 绘制机构运动简图。按各运动副间的图示距离和相对位置，选择适当的瞬时位置，用规定的符号表示各运动副。用直线将同一构件上的运动副连接起来，并标上件号、铰链点名和原动件的运动方向，即绘制成机构运动简图，如图 1-6(b)所示。

任务实施

绘制机构运动简图

(1) 机构分析。如图 1-1 所示机器结构，该机器包含一个主要机构(曲柄摇杆机构)，由机架、偏心轴(又称曲轴)、动颚板、肘板 4 个构件组成。皮带轮和偏心轴看作一个构件，其作用是将外部输入的旋转运动转变成偏心轴绕点 A 的旋转运动。动颚板工作时可绕偏心轴的几何中心点 B 相对转动，肘板在 C、D 两点分别与动颚板和机架通过铰链连接。

(2) 确定所有运动副的类型和数目。从上述运动分析及图中可以看出，偏心轴为主动件，动颚板、肘板为从动件，机架为固定构件。各构件间均用转动副(共 4 个铰链)连接。

(3) 测量各运动副的相对位置尺寸。逐一测量出 4 个运动副中心点 A 与 B、B 与 C、C 与 D、D 与 A 之间的长度 l_{AB}、l_{BC}、l_{CD}、l_{DA}。

(4) 选定比例尺，用规定符号绘制运动简图。根据测量出的各运动副的位置尺寸，选择恰当的视图方向和合适的绘图比例。先确定偏心轴与机架之间转动副的位置，再绘制出肘板和机架之间转动副的位置，依次确定出各运动副的位置，并用规定的符号和线条绘制出各构件。

(5) 标明各构件序号，原动件、运动副字母符号等，得到的机构运动简图，如图 1-7 所示。

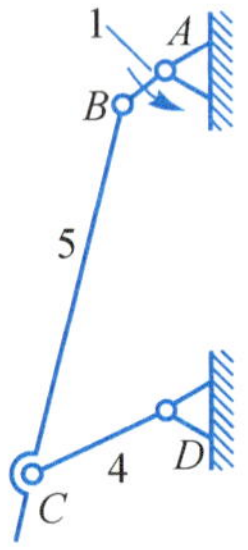

图 1-7 机构运动简图

任务总结

(1) 运动副。凡两构件直接接触而且具有确定相对运动的可动连接称为运动副。常用的平面运动副有转动副、移动副和高副。

(2) 机构运动简图。为了便于机构的设计与分析，可以不考虑那些与运动无关的构件外形和运动副的具体结构，仅用简单线条和符号表示构件及运动副，并按比例绘出各运动副的相对位置，这种表达机构组成和各构件相对运动关系的简明图形就是机构运动简图。

思考与练习

一、简答题

（1）何谓运动副？运动副是如何分类的？

（2）机构中的构件按照运动性质可分为哪几类？

（3）何谓机构运动简图？它有何用处？它能表示原机构哪些方面的特征？

二、作图题

（1）绘制如图1-8所示平面机构的机构运动简图。

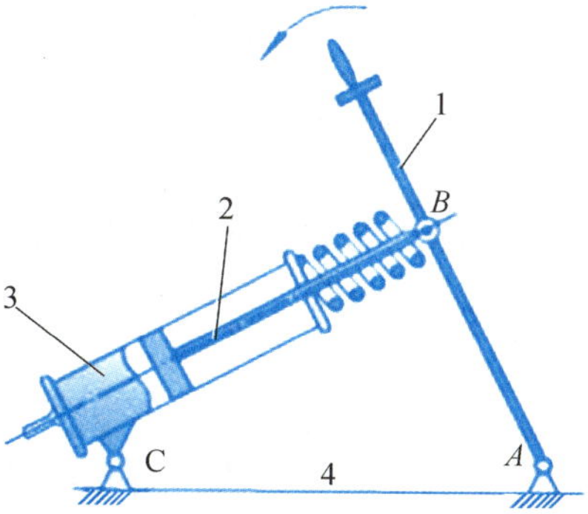

（a）手摇式打气筒

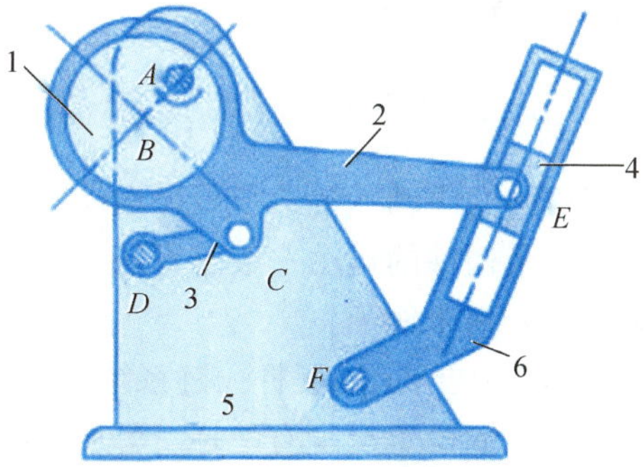

（b）偏心轮传动机构

图1-8　平面机构的机构运动简图

（2）图1-9所示为小型压力机的设计方案运动简图，试审核该图是否合理。如不合理，试绘制出合理的机构简图。

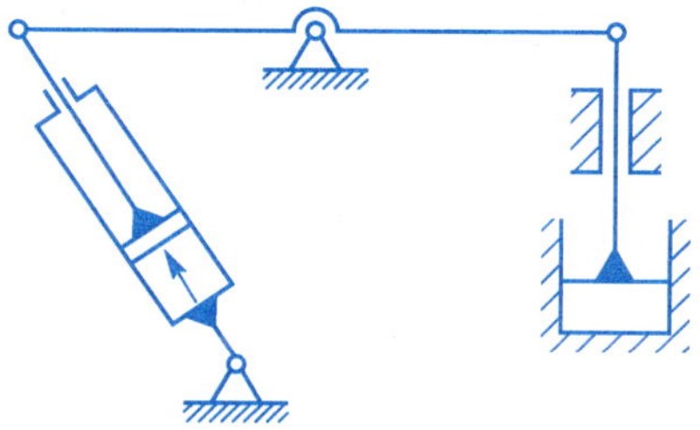

图1-9　小型压力机的设计方案运动简图

任务二　机构运动的确定性分析

任务描述

机构是用一定方式连接起来的构件系统，是用来传递运动和动力的。一般情况下，机构各构件之间必须有确定的相对运动。然而，构件用运动副任意连接是不一定具有确定运动的。那么，在什么条件下才具有确定的相对运动呢？这对分析现有机构或机构的创新设计是很重要的。本任务需要分析颚式破碎机平面连杆机构具有确定运动的条件。

任务分析

颚式破碎机平面连杆机构的运动简图如图 1-7 所示，该机构的原动件为构件 1，其运动规律已知。要完成本任务，需要知道机构具有确定运动的条件，并掌握平面机构自由度计算等知识点。

相关知识

一、机构具有确定运动的条件

当机构的原动件按给定规律运动时，为了能够按照设计要求进行运动的传递和变换，该机构的其余构件的运动一般也都应是完全确定的。在什么条件下机构会有确定的运动呢?下面先分析两个例子。

如图 1-10 所示的五杆铰链系统，若只给定一个独立运动参数，如构件 1 的角位移，此时构件 2、3、4 的位置至少有两种，运动并不能确定。若再给定另外一个独立的运动参数，如构件 4 的角位移，此机构其余构件的运动便完全确定了。如图 1-11 所示的四杆铰链系统，若只给定一个独立运动参数，如构件 1 的角位移，此时构件 2、3 的运动便完全确定了。若同时再给定另外一个独立运动参数，如构件 3 的角位移，则该机构无法运动。

在一个机构中，从动件是不能独立运动的，只有原动件才能独立运动，通常每个原动件只具有一个独立运动。机构具有确定运动时所必须给定的独立运动的数目称为机构的自由度，通常以 F 表示。由以上两个例子的分析可知，机构具有确定运动的条件是机构自由度数目与其原动件的数目相等。

在机构运动简图和机构示意图中，通常用箭头标识原动件。若机构的自由度与原动件数相等，就可判断该机构有确定的运动，否则没有确定的运动。

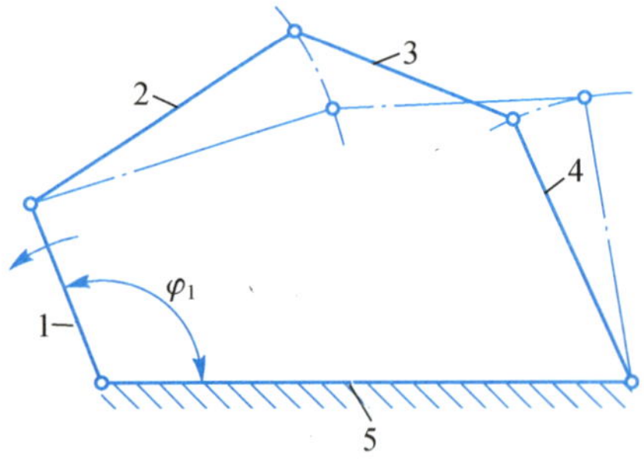

图 1-10 五杆铰链机构

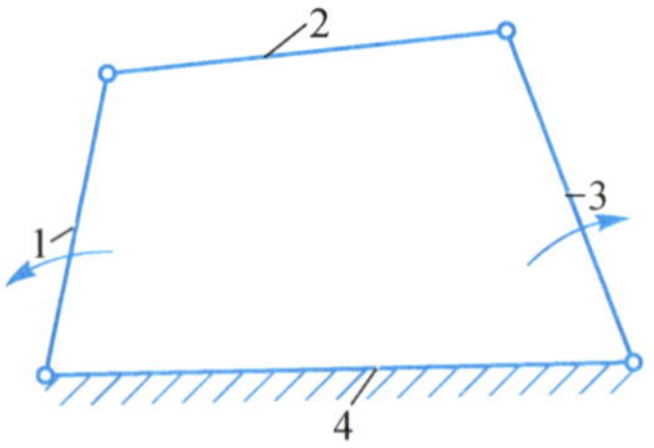

图 1-11 四杆铰链机构

二、平面机构的自由度计算

如上所述，若要使机构具有确定的运动，其原动件数目应该等于机构的自由度数目。下面分析如何计算机构的自由度。

一个构件在平面内自由运动时，具有三个独立的运动趋势。如图 1-12 所示，构件 2 可以在 xOy 平面内绕任意一点 A 转动，也可以沿 x 轴或 y 轴移动。显然，一个在平面内自由运动的构件有三个自由度。当两个构件连接构成平面运动副时，每个低副(转动副或移动副)提供两个约束，每个高副只提供一个约束。设一个平面机构中有 n 个活动构件(机架不是活动构件)，这些构件在未组合成运动副之前共有 $3n$ 个自由度。当各构件用运动副连接之后，设共有 P_L 个低副、P_H 个高副，它们将提供($2P_L+P_H$) 个约束，故平面机构的自由度为

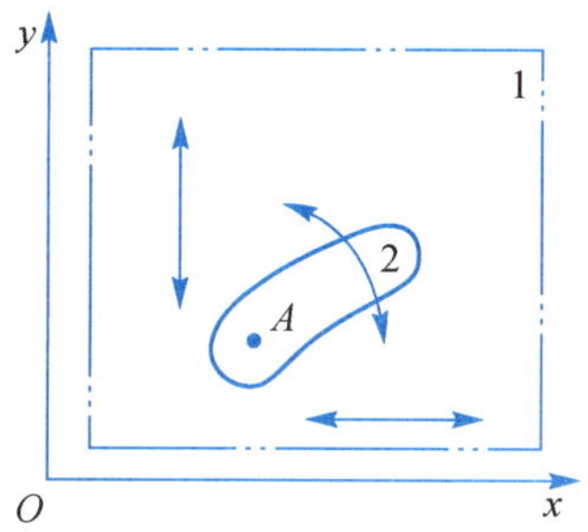

图 1-12　构件的自由度

$$F=3n-(2P_L+P_H) \tag{1-2}$$

例如，图 1-6 所示的牛头刨床执行机构共由 7 个构件组成 8 个低副和 1 个高副，活动构件数为 $n=6$，则该机构的自由度为 $F=3\times6-(2\times8+1)=1$。

1. 正确计算运动副数目

1) 复合铰链

3 个或更多的构件在同一处连接成同轴线的 2 个或多个转动副时，就构成了复合铰链，计算自由度时应按 2 个或多个转动副计算。如图 1-13(a)所示为一个六构件机构，其中构件 6 为机架，构件 1 为原动件。请注意 B 点处是由 2、3、4 三个构件构成的两个同轴转动副，如图 1-13(b)所示，构件 4 与构件 2 铰接构成转动副(4,2)、与构件 3 铰接构成转动副(4,3)，两转动副均绕轴线 B 转动。这个复合铰链计算自由度时应按 2 个转动副计算。若有 m 个构件以复合铰链相连接，则构成的转动副数目应为($m-1$) 个。在计算机构自由度时，应注意分析是否存在复合铰链。

2) 同一运动副

如果两构件在多处接触而构成运动副，且符合下列情况者，则为同一运动副，即只能算一个运动副。

(1) 转动副，且转动轴线重合。如图 1-14(a)所示，轮轴 5 与机架 6 在 A、B 两处形成转动副，其实两个构件只能构成一个运动副，这里应按一个运动副计算其自由度。

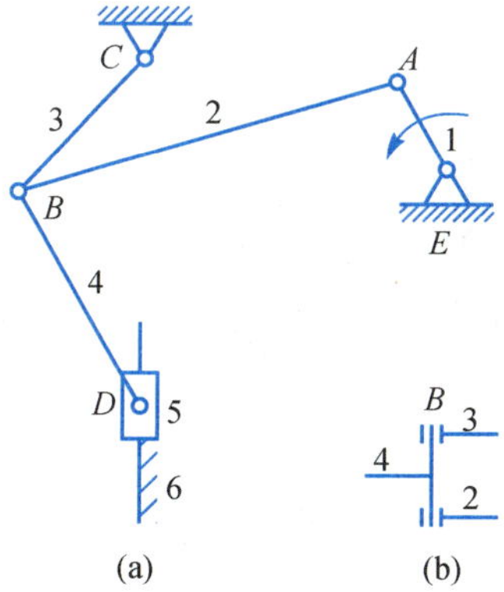

图 1-13　复合铰链

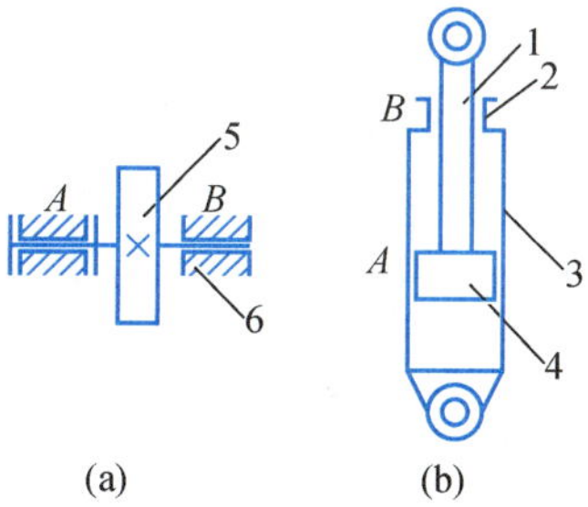

图 1-14　同一运动副

(2) 移动副,且移动方向彼此平行或重合。如图 1-14(b)所示,在液压缸的缸筒 3 与活塞 4、缸盖 2 与活塞杆 1 两处构成移动副,此两个构件也只能构成一个移动副。

(3) 平面高副,且各接触点处的公法线彼此重合。如图 1-15 所示,构件 2 和构件 3 在 B_1 和 B_2 两点形成高副,且两点的公法线在同一直线上,只能算作一个平面高副。

3) 复合平面高副

如果两构件在多处接触而构成平面高副,但各接触点处的公法线方向并不彼此重合,则为复合高副,相当于一个低副。图 1-16(a)相当于一个转动副,图 1-16(b)相当于一个移动副。

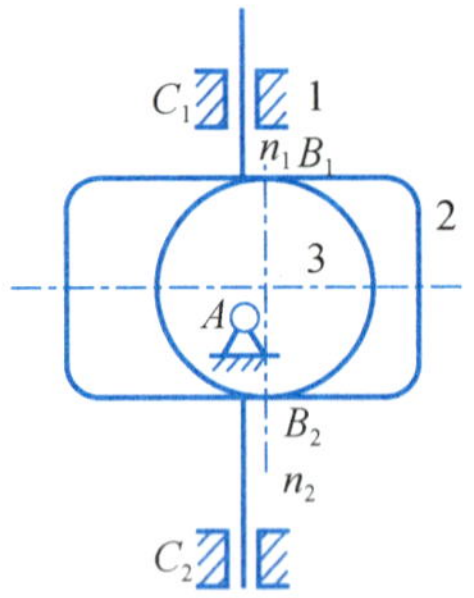

图 1-15　高副公法线重合

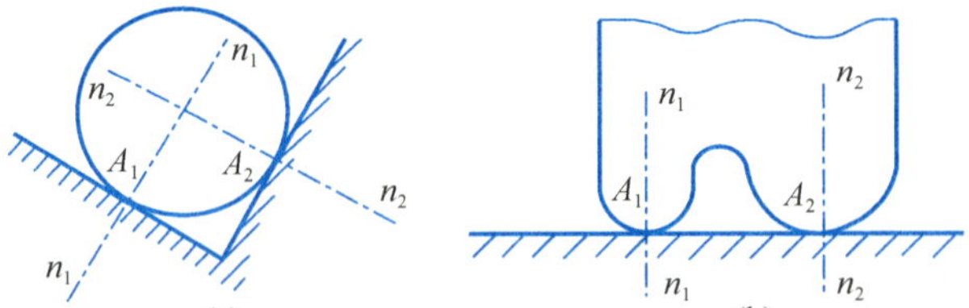

(a)　(b)

图 1-16　复合高副

2. 除去局部自由度

在有的机构中,某些构件的局部运动不影响其他构件的运动,称这种局部运动的自由度为局部自由度,用 F' 表示。在计算机构自由度时应当扣除局部自由度,则机构的实际自由度为

$$F = 3n - (2P_L + P_H) - F' \tag{1-3}$$

如图 1-17(a)所示为凸轮机构,随着主动件凸轮 1 的顺时针转动,从动杆 2 做上下往复运动,为了减少摩擦和磨损,在凸轮 1 和从动杆 2 之间加入滚子 3,应该注意到无论滚子 3 是否绕点 A 转动,都不改变从动杆 2 的运动,因而滚子 3 绕点 A 的转动属于局部自由度。又如,如图 1-17(b)所示为滚动轴承的结构示意图,为减少摩擦,在轴承的内外圈之间加入了滚动体 3,但是滚动体是否滚动对轴的运动毫无影响,滚动体的滚动也属于局部自由度。

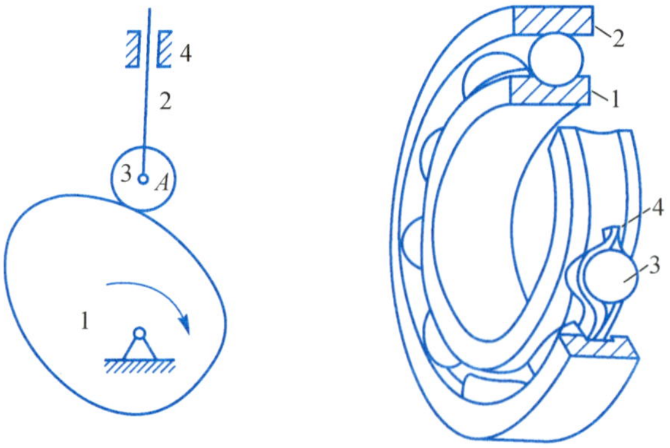

(a)　(b)

图 1-17　局部自由度

3. 除去虚约束

虚约束是指机构中某些运动副带入的对机构运动起重复约束作用的约束，以 p' 表示。在计算机构自由度时，应从机构的约束数中减去虚约束数目，机构自由度计算式为

$$F=3n-(2P_L+P_H-p')-F' \tag{1-4}$$

机构中的虚约束常在下列情况下发生。

(1) 轨迹重合。在机构中，如果用转动副连接的是两个构件上运动轨迹相重合的点，该连接将带入1个虚约束。如图1-18所示的椭圆仪机构就是这种情况(图中：$\angle CAD=90°$，$BC=BD$)。显然，转动副 C 所连接的 C_2、C_3 两点的轨迹重合，将带入一个虚约束。

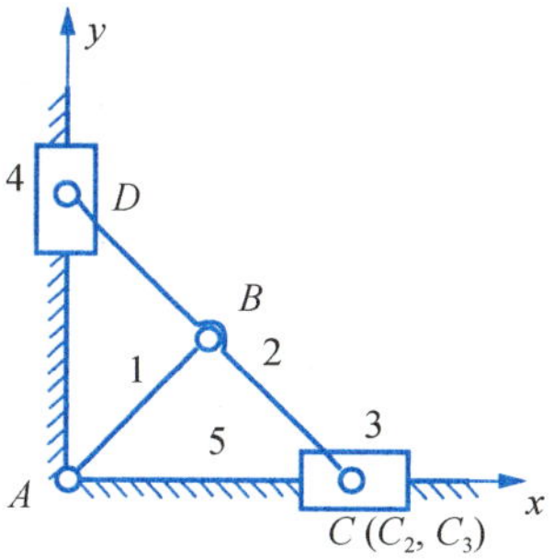

图 1-18　椭圆机构

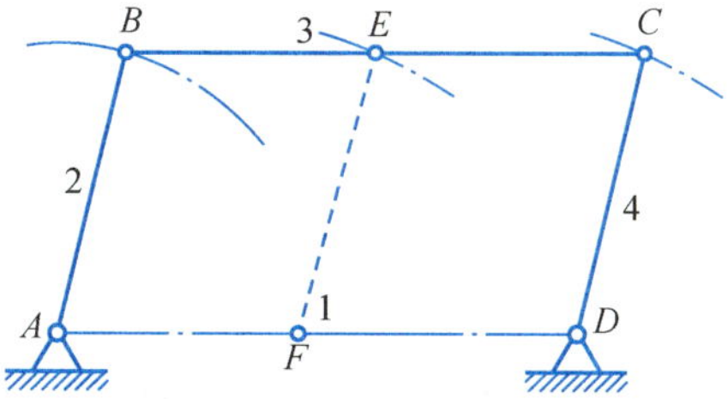

图 1-19　火车头驱动轮联动装置

(2) 用双副杆连接两构件上距离恒定不变的两点。在机构运动过程中，如果两构件上两点之间的距离始终保持不变，若用一双副杆将此两点相连，也将带入一个虚约束。如图1-19所示为火车头驱动轮联动装置示意图，它形成一个平行四边形机构，其中构件 EF 存在与否并不影响平行四边形 $ABCD$ 的运动。显然，构件 EF 和转动副 E、F 所连接的两点间的距离始终保持不变，故带入一个虚约束。

(3) 结构重复。在机构中，不影响机构运动传递的重复部分所带入的约束为虚约束。

若机构中重复部分的构件数为 n'，低副数为 P_L'，高副数为 P_H'，则重复部分所带入的虚约束数为

$$p'=2P_L'+P_H'-3n' \tag{1-5}$$

例如图1-20所示的轮系就属于这种情况。显然，从机构运动传递来看，仅有一个齿轮就可以了，而其余两个齿轮并不影响机构的运动传递，故带入了虚约束，且 $p'=2\times2+4-3\times2=2$。

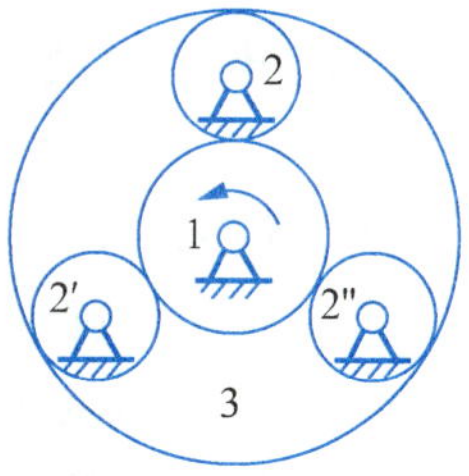

图 1-20　轮系

例 1-2　计算图1-21所示筛料机构的自由度。

解　(1) 工作原理分析。机构中标有箭头的凸轮6和曲轴1作为原动件分别绕点 F 和点 A 转动，迫使工作构件5带动筛子抖动筛料。

(2) 处理特殊情况。机构中存在三种特殊情况：①构件2、3、4在点 C 组成复合铰链，此处有两个转动副；②滚子7绕点 E 的转动为局部自由度；③构件8和9形成两处移动副，只能算作一个移动副。

(3) 计算机构自由度。机构有8个活动构件，8个转动副，2个移动副，1个高副，1个局

部自由度，即 $n=8$，$P_L=10$，$P_H=1$，按式(1-3)计算得

$$F=3\times 8-2\times 10-1-1=2$$

即机构自由度数为 2。

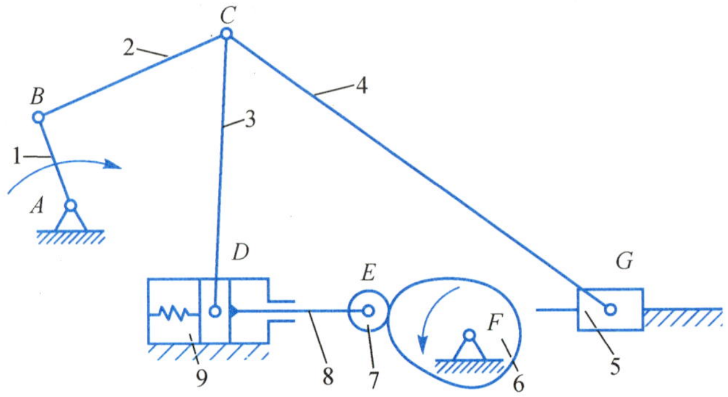

图 1-21 筛料机构

任务实施

如图 1-1 所示的颚式破碎机平面连杆机构，由 4 个构件组成，其中固定构件 1 个、活动构件 3 个，各构件间共有 4 个转动副，没有高副。根据式(1-2)可得

$$F=3n-(2P_L+P_H)=3\times 3-(2\times 4+0)=1$$

该机构原动件数为 1，自由度数为 1，所以机构具有确定的运动。

任务总结

(1) 机构具有确定运动的条件：机构自由度数与其原动件数相等。

(2) 机构具有确定运动时所必须给定的独立运动参数个数称为机构的自由度，平面机构自由度计算公式为 $F=3n-(2P_L+P_H-p')-F'$。计算机构自由度时应注意的事项：①正确计算运动副数目；②除去局部自由度；③去除虚约束。

思考与练习

一、简答题

1. 机构具有确定运动的条件是什么？
2. 当机构的原动件数小于或大于机构的自由度时，机构的运动将发生什么变化？
3. 如何计算平面机构的自由度？计算时要注意哪些事项？

二、计算题

计算图 1-22 所示各机构的自由度，并判断机构的运动是否确定(图中标有箭头的构件为主动件)。

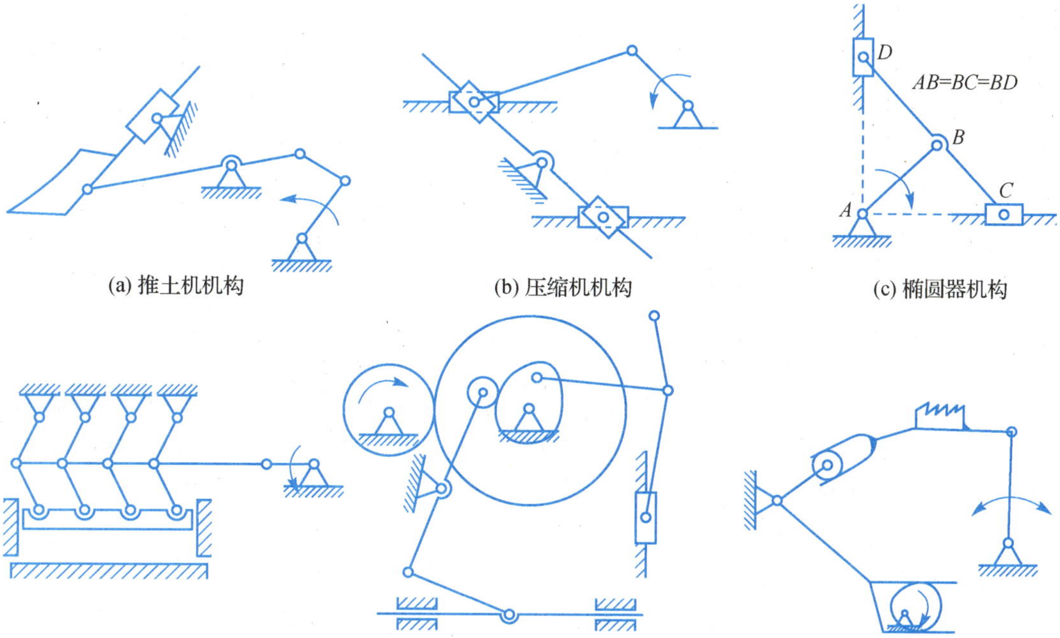

(a) 推土机机构　(b) 压缩机机构　(c) 椭圆器机构

(d) 压床机构　(e) 冲压机构　(f) 缝纫机机构

图 1-22　常见运动机构简图

任务三　平面连杆机构设计

任务描述

设计颚式破碎机。已知行程速比系数 $K=1.2$，肘板（摇杆 CD）的长度 $l_{CD}=300$ mm，肘板摆角 $\psi=35°$，$l_{AD}=320$ mm。设计颚式破碎机中曲柄摇杆机构，并确定曲柄 AB 和连杆 BC 的长度。

任务分析

平面连杆机构设计的基本问题是根据给定的要求选定机构的形式，确定各构件的尺寸，同时还要满足结构条件（如要求存在曲柄、杆长比恰当等）。本任务采用图解法设计颚式破碎机中的平面四杆机构，需要掌握四杆机构的组成和基本形式、运动特性以及图解法设计四杆机构的步骤等知识点。

相关知识

连杆机构是由若干个刚性构件（简称“杆”）用低副连接而成的，故又称为低副机构。各构件间的相对运动均在同一平面或平行平面内运动的连杆机构称为平面连杆机构。

连杆机构优点是不但能进行多种运动形式的转换，实现一些较为复杂的运动规律，而且由于低副为面接触，单位面积上的压力小，便于润滑，所以磨损较小，寿命长。又由于低副连接的接触表面为圆柱面或平面，所以制造简单，便于获得较高的精度。因此，平面连杆机构广泛用于各种机器设备、仪器仪表及日常生活中。

平面连杆机构的缺点是低副中存在间隙，会引起运动误差，难以精确完成较复杂的运动；在高速工作时会产生较大的惯性力和冲击力，因此连杆机构一般不适用于高速运动。

一、铰链四杆机构

平面连杆机构最常见的形式是平面四杆机构（4 个构件组成），而平面四杆机构的基本形式是铰链四杆机构，如图 1-23 所示。铰链四杆机构是由转动副将各构件的头尾连接起来的封闭四杆系统，并使其中一个构件固定。

1. 铰链四杆机构的组成

如图 1-23 所示，在铰链四杆机构中，被固定的构件称为机架，与机架直接铰接的构件 1 和构件 3 称为连架杆，不直接与机架铰接的构件 2 称为连杆。连架杆如果能做整周运动就称为曲柄，否则就称为摇杆。

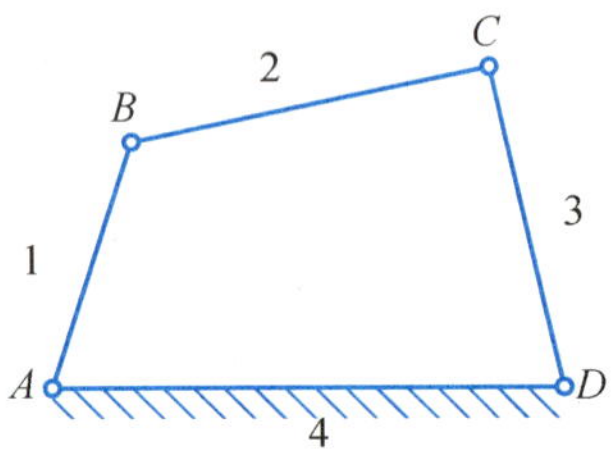

图 1-23　铰链四杆机构

2. 铰链四杆机构的基本形式

按两连架杆是曲柄还是摇杆的不同组合，可将铰链四杆机构分为以下三种形式：

(1) 曲柄摇杆机构。曲柄摇杆机构的特征是两个连架杆中一个是曲柄，另一个是摇杆。

如图 1-24 所示的搅拌机四杆机构，电动机带动曲柄 1 整周回转，搅拌爪与连杆一起做往复的摆动，爪端点 E 做轨迹为椭圆的运动，实现搅拌功能。

如图 1-25 所示的家用缝纫机四杆机构，脚踏 CD 往复摆动，通过连杆 BC 带动曲柄 AB 做整周转动。

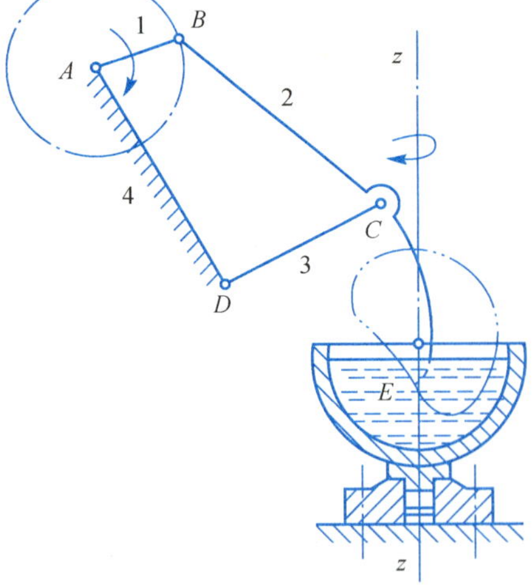

图 1-24　搅拌机四杆机构

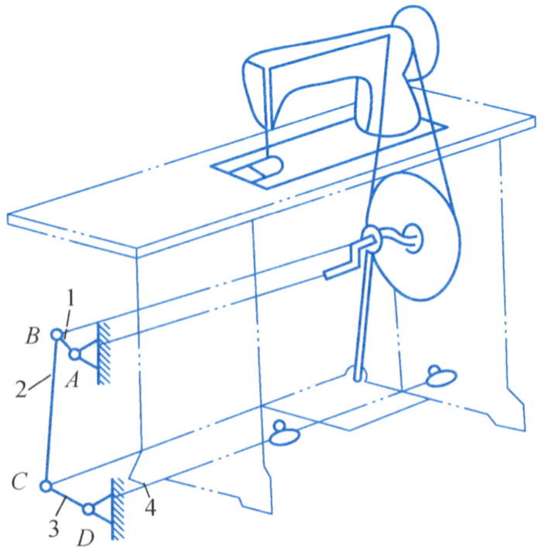

图 1-25　家用缝纫机四杆机构

（2）双曲柄机构。双曲柄机构的特征是两连架杆均为曲柄。

在双曲柄机构中，若两曲柄的长度不等，如图 1-26 所示，就必然有主动曲柄 AB 等速回转一周，从动曲柄 CD 变速回转一周，使筛子 E 具有适当的加速度，从而利用被筛物料的惯性达到分离物料的目的。

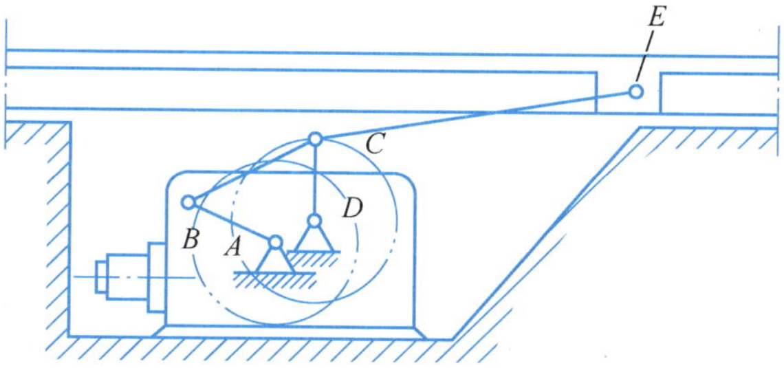

图 1-26　惯性筛机构

双曲柄机构有两种特例。一种特例是平行四边形机构，其特点是两连架杆等长且平行，连杆做平动。平行四边形机构的两曲柄转速相等。如图 1-27 所示，机车车轮联动机构正是利用同向等速这一特性。

双曲柄机构的另一种特例是反双曲柄机构。两个曲柄长度相等、转向相反，且连杆与机架的长度也相等的双曲柄机构，称为反双曲柄机构。如图 1-28 所示的车门启闭机构，两曲柄 AB、CD 反向等速，达到两车门同时开启和关闭的目的。

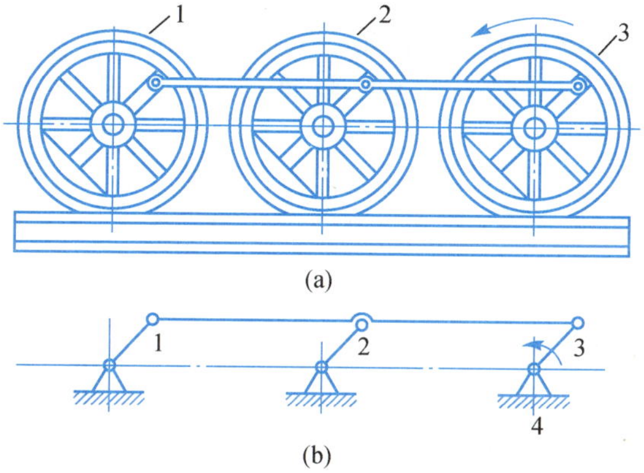

图 1-27　机车车轮联动机构

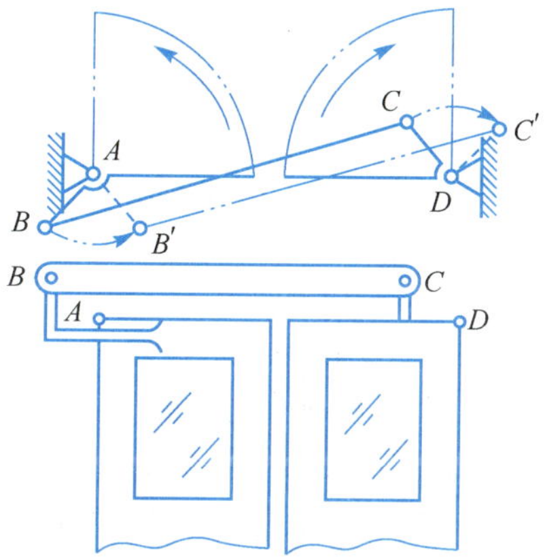

图 1-28　车门启闭机构

（3）双摇杆机构。双摇杆机构的特征是两个连架杆都为摇杆。

如图 1-29 所示的鹤式起重机，当 CD 杆摆动时，连杆 CB 上悬挂重物的点 M 在近似水平线上移动，使重物避免不必要的升降，以减少能量消耗。又如图 1-30 所示的风扇摇头机构，电动机安装在摇杆 4 上，铰链 A 处装有一个与连杆 1 固接在一起的蜗轮。电机转动时，电动机轴上的蜗杆带动蜗轮转动，迫使连杆 1 绕 A 点做整周转动，从而使连架杆 2 和 4 做往复摆动。

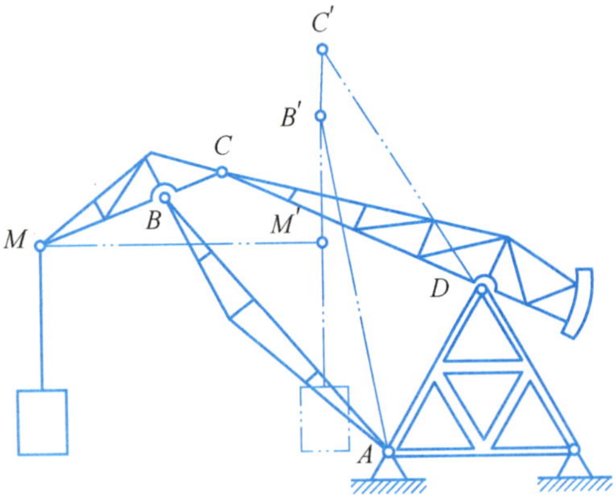

图 1-29　鹤式起重机

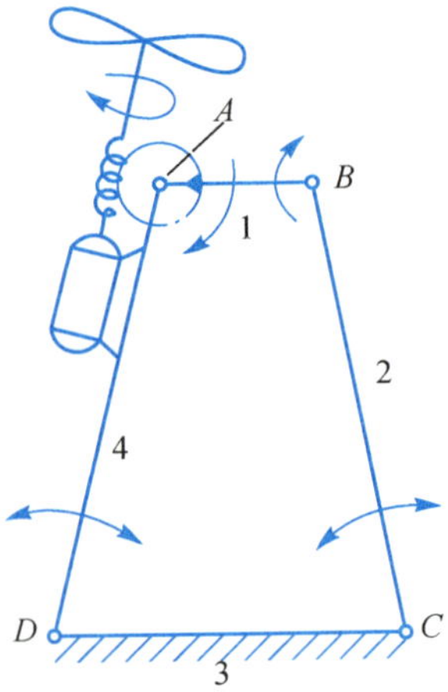

图 1-30　风扇摇头机构

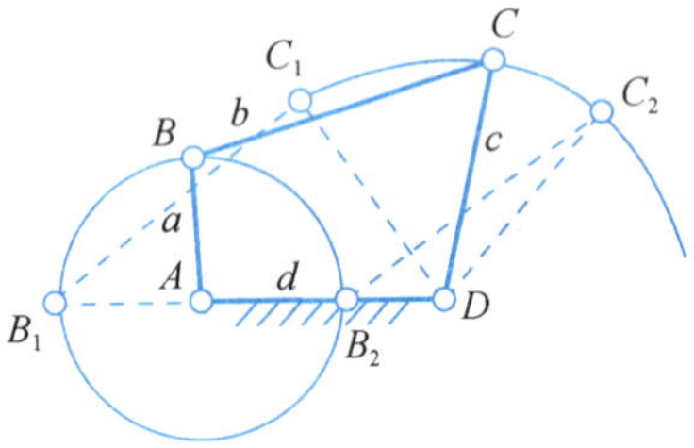

图 1-31　四杆机构存在曲柄

3. 曲柄存在的条件

如图 1-31 所示，设四杆机构各杆长度分别为 a、b、c、d，若要使 AB 杆成为曲柄，其必能够通过与机架 AD 共线的两个位置，在这两个位置处可分别得到 $\triangle DB_1C_1$ 和 $\triangle DB_2C_2$。由三角形的边长关系可得

$$a+d \leqslant b+c$$

$$b \leqslant (d-a)+c\text{，即 } a+b \leqslant c+d$$

$$c \leqslant (d-a)+b\text{，即 } a+c \leqslant b+d$$

将以上三式分别两两相加得

$$a \leqslant b,\ a \leqslant c,\ a \leqslant d$$

即 AB 杆为最短杆之一。

因此，曲柄存在需满足以下两个条件：

(1) 杆长条件。最短杆与最长杆长度之和≤其余两杆长度之和。

(2) 最短杆条件。连架杆或机架中至少有一个是最短杆。

根据曲柄存在条件可以得出推论：

(1) 当不满足杆长和曲柄存在条件时，得到双摇杆机构。

(2) 当满足杆长和曲柄存在条件时，选择不同的构件作为机架可得到以下不同的机构：

① 连架杆最短时得到曲柄摇杆机构。

② 机架最短时得到双曲柄机构。

③ 连杆最短时得到双摇杆机构。

例 1-3　铰链四杆机构 $ABCD$ 如图 1-32 所示，$AB=30$，$BC=50$，$CD=55$，$AD=20$。根据基本类型判别准则，说明分别以各杆为机架时其属于何种机构。

解　已知最短杆为 $AD=20$，最长杆为 $CD=55$，其余两杆 $AB=30$，$BC=50$。

最短杆和最长杆长度之和 $l_{\min}+l_{\max}=AD+CD=20+55=75$。

其余两杆长度之和 $AB+BC=30+50=80$。

$75<80$，即最短杆和最长杆长度之和<其余两杆长度之和，故满足曲柄存在的第一个条件。因此得出以下结论：

(1) 以 AB 或 CD 为机架，即最短杆 AD 为连架杆时，铰链四杆机构为曲柄摇杆机构。

(2) 以 BC 为机架，即最短杆 AD 为连杆时，铰链四杆机构为双摇杆机构。

(3) 以 AD 为机架，即最短杆为机架时，铰链四杆机构为双曲柄机构。

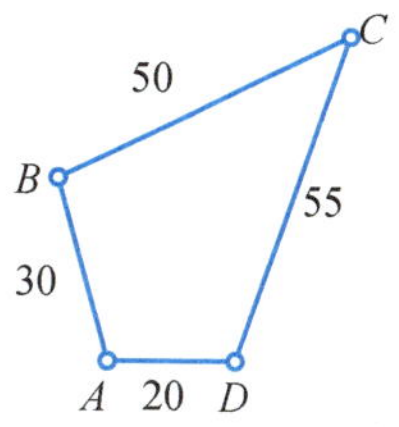

图 1-32　铰链四杆机构

二、铰链四杆机构的演化

在实际机械中，平面连杆机构的形式是多种多样的，但其中绝大多数是在铰链四杆机构的基础上发展和演化而成的。

(1) 扩大转动副，使转动副变成移动副。图 1-33(a)所示的曲柄摇杆机构中，现把杆 4 做成环形槽，槽的中心在点 D，而把杆 3 做成与槽配合的弧形滑块，如图 1-33(b)所示。将环形槽多余的部分去掉，尽管转动副的形状发生了变化，但其相对运动性质却完全相同。如果再将环形槽的半径增大到无穷大，那么环形槽变成直槽，机构演化成偏置曲柄滑块机构，曲柄回转中心点 A 到滑块运动轨迹之间的距离称为偏距，用 e 表示，如图 1-33(c)所示。如果点 A 与滑块运动轨迹在一条直线上，偏距为零，机构称为对心曲柄滑块机构。由于对心曲柄滑块机构结构简单，受力情况好，故在实际生产中得到广泛应用。因此，今后如果没有特别说明，本书所提到的曲柄滑块机构即指对心曲柄滑块机构。

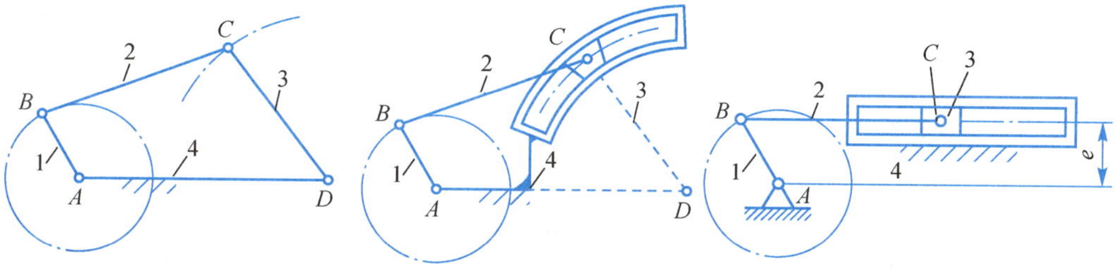

(a) 原始型　(b) 变型一　(c) 变型二

图 1-33　曲柄摇杆机构演化

同样，若将图 1-34(a)所示的对心曲柄滑块机构中的转动副 C 的半径扩大，使其超过杆 2 的长度，将杆 2 改成滑块 2 在环形槽 3 内绕点 C 转动[图 1-34(b)]，此时各构件的相对运动都没有发生变化。将转动副 C 的中心移到无穷远处，环形槽变成直槽，得到移动导杆机构，如图 1-34(c)所示。

若将转动副 B 的半径扩大，使之超过杆 1 的长度，杆 1 变成圆盘 1，则对心曲柄滑块机构演化成偏心轮机构，如图 1-34(d)所示。其偏心圆盘的偏心距 e 就是曲柄的长度。这种结构减少了曲柄的驱动力，增大了转动副的尺寸，提高了曲柄的强度和刚度，广泛应用于冲压机床、破碎机等承受较大冲击载荷的机械中。

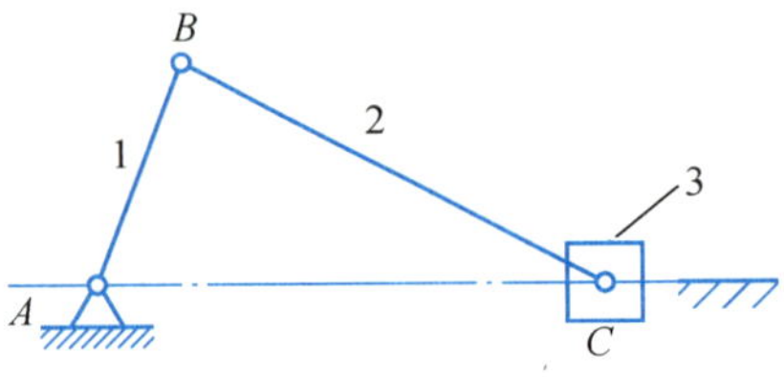

(a) 原始型

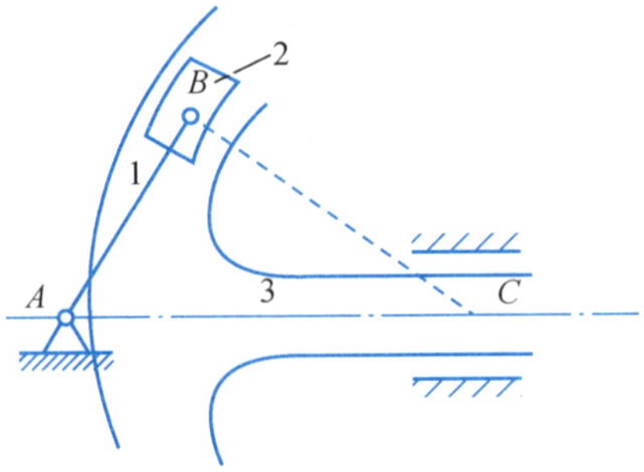

(b) 变型一

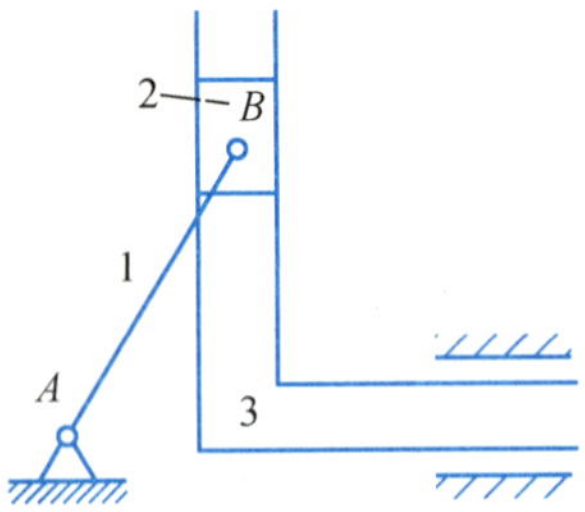

(c) 变型二

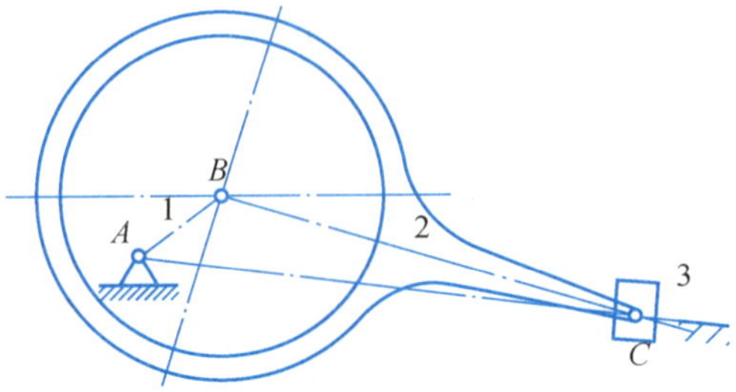

(d) 变型三

图 1-34　曲柄滑块机构的演化

曲柄滑块机构广泛应用于各种机械中，如活塞式内燃机、冲床等。如图 1-35(a)所示应用于内燃机的曲柄滑块机构，其中活塞相当于滑块。如图 1-35(b)所示为用于自动送料装置的曲柄滑块机构，曲柄每转一周活塞送出一个工件。

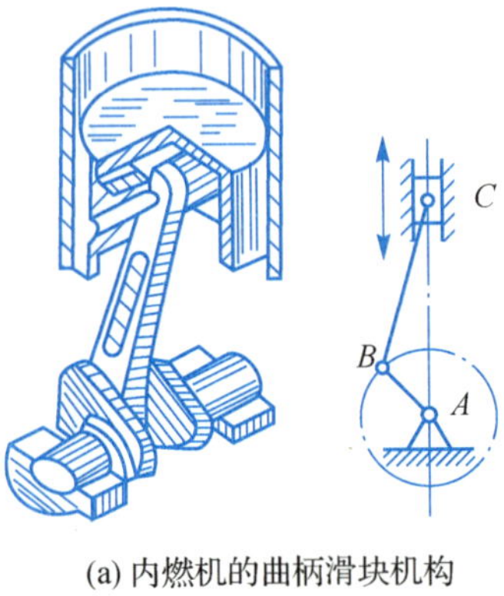

(a) 内燃机的曲柄滑块机构

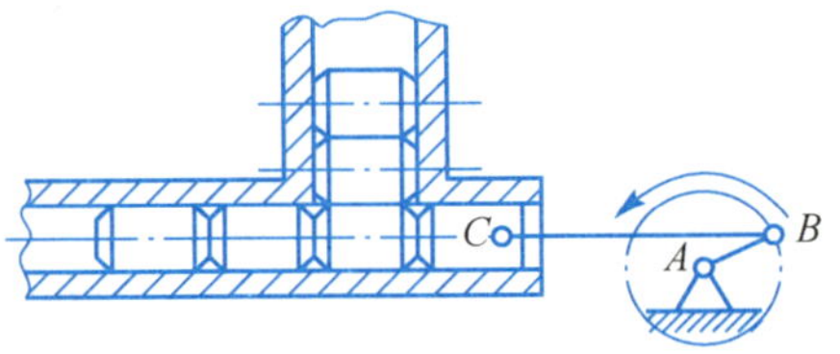

(b) 自动送料装置的曲柄滑块机构

图 1-35　曲柄滑块机构应用

(2) 选不同的构件作为机架。选取不同构件作为机架可得到不同的机构，这种演化方式称为机构的倒置。

曲柄滑块机构取不同的构件作为机架，可以得到不同的机构，如图 1-36 所示。当取构件 1 为机架，如图 1-36(a)所示，可得到导杆机构。若杆 1 长度小于杆 2 长度，杆 2 和杆 4 可分别绕固定轴 A 和固定轴 B 做整周转动，称为转动导杆机构，如图 1-36(b)所示；若杆 1 长度大于杆 2 长度，杆 4 只能绕固定轴 A 相对于机架 1 做往复摆动，称为摆动导杆机构，如图 1-36(c)所示。

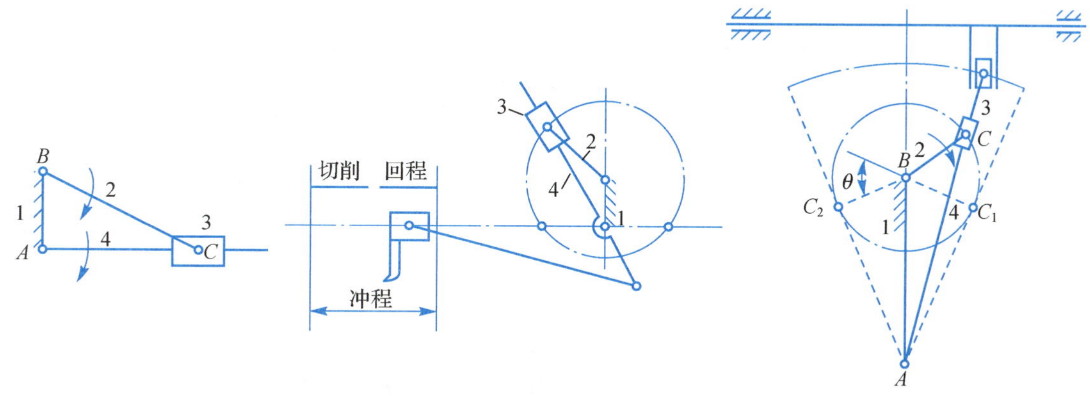

(a) 导杆机构　　(b) 转动导杆机构　　(c) 摆动导杆机构

图 1-36　机构的倒置示例(一)

当以构件 2 为机架，如图 1-37(a)所示，构件 1 变为绕固定轴 B 转动的曲柄，滑块 3 成为绕固定轴 C 做往复摆动的摇块，此机构称为曲柄摇块机构。插齿机中的驱动机构是它的应用实例，如图 1-37(b)所示。

当以构件 3 为机架，将演变为移动导杆机构，如图 1-38(a)所示。应用实例如手摇唧筒，如图 1-38(b)所示。

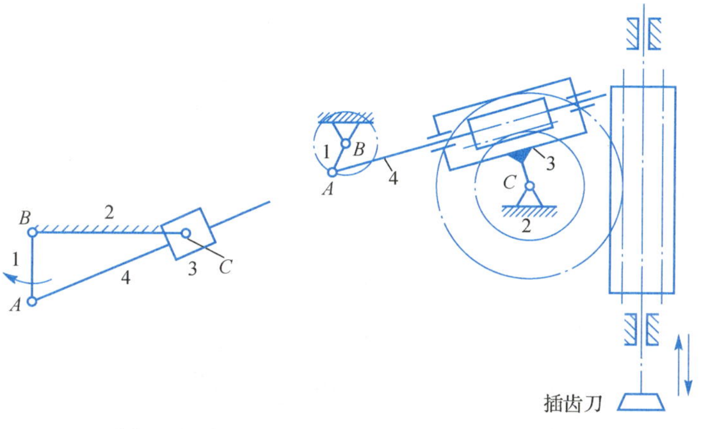

(a) 曲柄摇块机构　　(b) 插齿机中的驱动机构

图 1-37　机构的倒置示例(二)

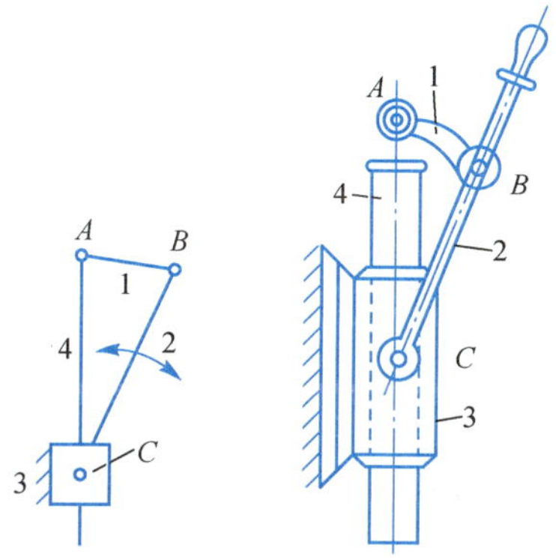

(a) 移动导杆机构　　(b) 手摇唧筒

图 1-38　机构的倒置示例(三)

(3) 以移动副代替转动副。如果以两个移动副代替铰链四杆机构中的两个转动副，便可得到三种不同形式的四杆机构。如图 1-39(a)所示的曲柄移动导杆机构(正弦机构)、图 1-40(a)所示的双转块机构和图 1-41(a)所示的双滑块机构。

图 1-39(b)所示的缝纫机刺布机构、图 1-40(b)所示的十字沟槽联轴节和图 1-41(b)所示的椭圆仪分别是它们的应用实例。铰链四杆机构及其主要演化形式见表 1-4。

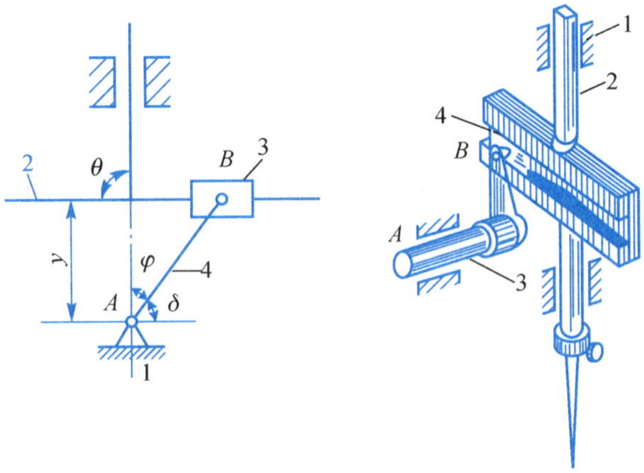

(a) 曲柄移动导杆机构（正弦机构）　　(b) 缝纫机刺布机构

图 1-39　曲柄移动导杆机构及其应用

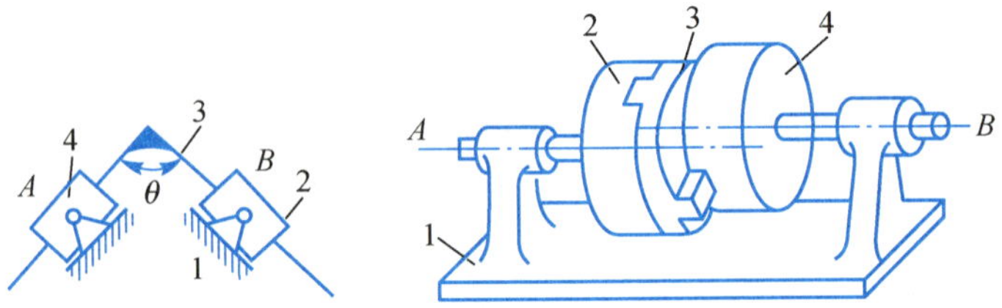

(a) 双转块机构　　(b) 十字沟槽联轴节

图 1-40　双转块机构及其应用

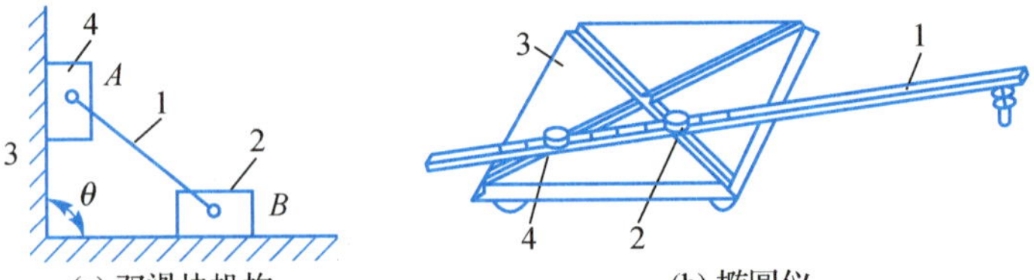

(a) 双滑块机构　　(b) 椭圆仪

图 1-41　双滑块机构及其应用

表 1-4　铰链四杆机构及其演化主要形式

固定构件	铰链四杆机构		含一个移动副的四杆机构（$e=0$）	
4	曲柄摇杆机构	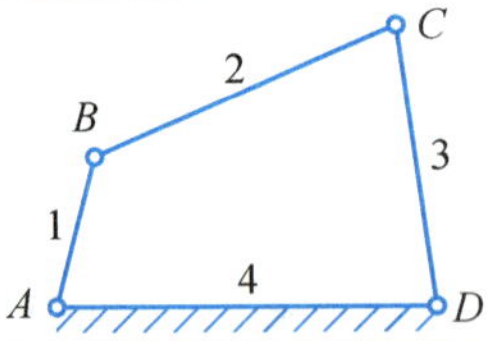	曲柄滑块机构	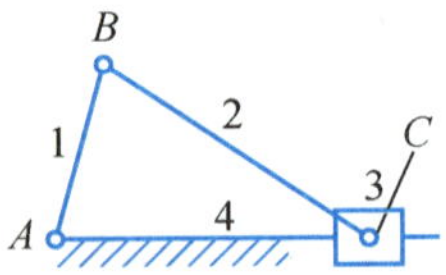
1	双曲柄机构	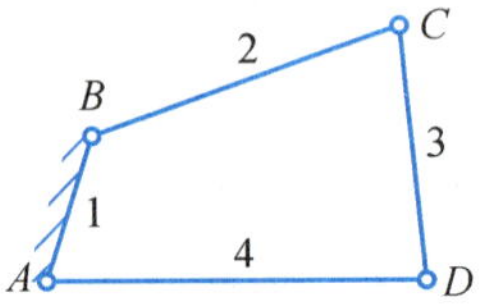	转动导杆机构	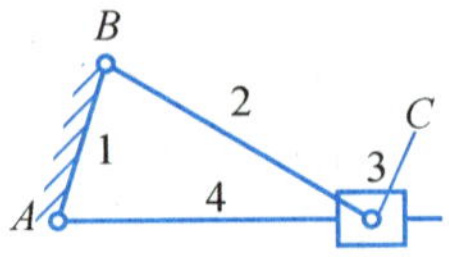

（续表）

固定构件	铰链四杆机构		含一个移动副的四杆机构（$e=0$）	
2	曲柄摇杆机构	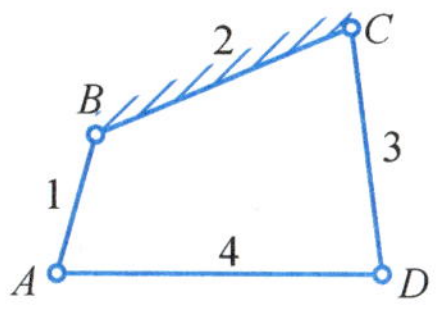	摇块机构，摆动导杆机构	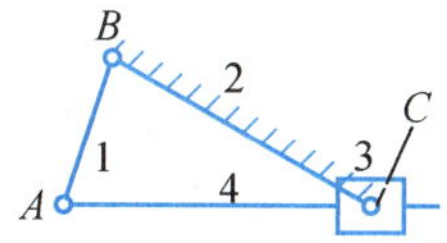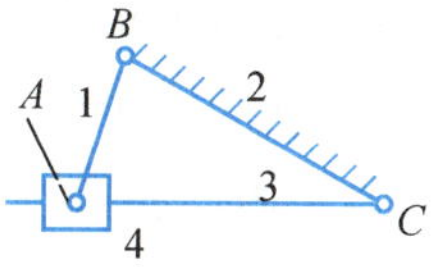
3	双摇杆机构	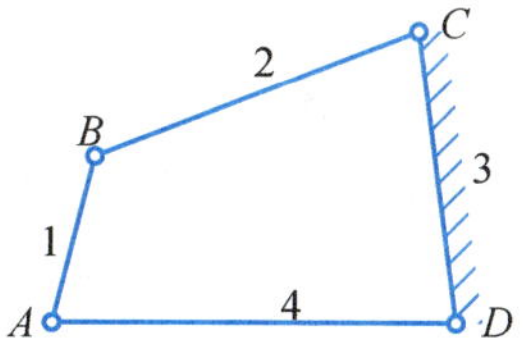	定块机构	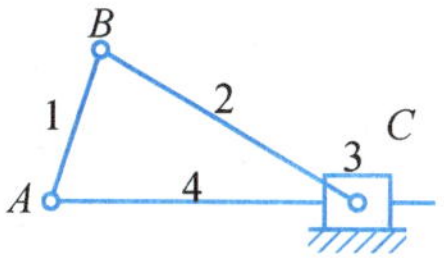

三、平面四杆机构的急回运动特性和行程速比系数

在图 1-42 所示的曲柄摇杆机构中，设曲柄 AB 为主动件。曲柄在转动过程中每周有两次与连杆重叠，分别为图示的 AB_1C_1 和 AB_2C_2 两位置。这时的摇杆位置 C_1D 和 C_2D 称为极限位置，简称极位。C_1D 与 C_2D 的夹角称为最大摆角。曲柄处于两极位 AB_1 和 AB_2 所夹的锐角 θ 称为极位夹角。设曲柄以等角速度 ω_1 顺时针转动，从 AB_1 转到 AB_2 和从 AB_2 转到 AB_1 所经过的角度分别为 $180°+\theta$ 和 $180°-\theta$，所需的时间为 t_1 和 t_2，相应的摇杆上点 C 经过的路线为弧 C_1C_2 和弧 C_2C_1，点 C 的线速度分别为 v_1 和 v_2，显然有 $t_1>t_2$，$v_1<v_2$。这种返回速度大于推进速度的现象称为急回特性，通常用 v_1 与 v_2 的比值 K 来描述急回特性，K 称为行程速比系数，即

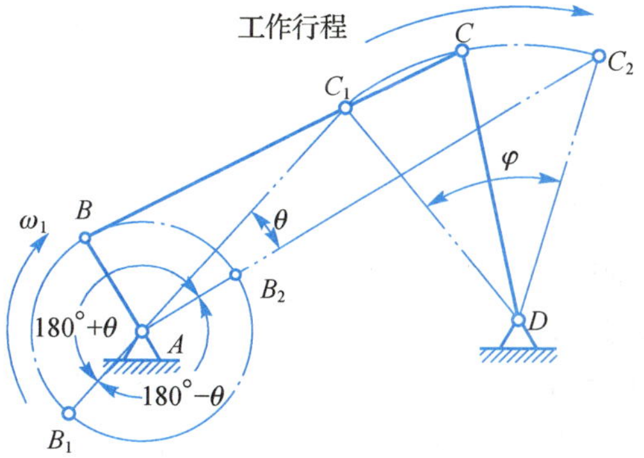

图 1-42　曲柄摇杆机构的运动特性

$$K=\frac{v_2}{v_1}=\frac{\widehat{C_2C_1}/t_2}{\widehat{C_1C_2}/t_1}=\frac{t_1}{t_2}=\frac{180°+\theta}{180°-\theta} \tag{1-6}$$

或

$$\theta=180^{\circ}\cdot\frac{K-1}{K+1} \tag{1-7}$$

可见，θ 越大，K 值就越大，急回特性就越明显。对心曲柄滑块机构中，$\theta=0$，所以没有急回特性；偏置曲柄滑块机构中，$\theta\neq0$，所以有急回特性。

在机械设计时可根据需要先设定 K 值，算出 θ 值，再由此计算得出各构件的长度尺寸。急回特性在实际应用中广泛用于单向工作的场合，使空回行程所用的非生产时间缩短，以提高生产率，如牛头刨床滑枕的运动。

四、平面四杆机构图解法设计

平面四杆机构的设计，主要是根据使用要求选定机构的形式，并确定机构中构件的尺寸。设计一般可以归纳为两类：一类是实现预期的运动规律，另一类是实现给定的运动轨迹。

四杆机构的设计方法有图解法、解析法和实验法三种。图解法直观、简便，但精确度不高；解析法精确但计算量大，结合计算机辅助设计，既精确，又迅速，是设计方法的新方向；实验法简便但不实用。这里只介绍图解法。

1. 按给定的连杆长度和位置设计平面四杆机构

例 1-4 已知连杆 BC 的长度和依次占据的三个位置为 B_1C_1、B_2C_2、B_3C_3，如图 1-43 所示。求满足上述条件的铰链四杆机构的其他各杆件的长度和位置。

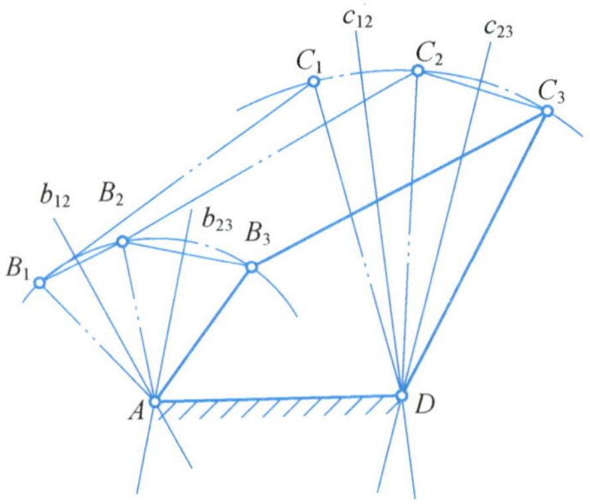

图 1-43 按连杆的三个给定位置设计平面四杆机构

解 分析：B 点的运动轨迹是由 B_1、B_2、B_3 三点所确定的圆弧，C 点的运动轨迹是由 C_1、C_2、C_3 三点所确定的圆弧，分别找出这两段圆弧的圆心 A 点和 D 点，此时机架 AD 已定，连架杆 CD 和 AB 也已定，即完成铰链四杆机构的设计。其具体作法如下：

(1) 确定比例尺，画出给定连杆的三个位置。实际机构往往要通过缩小或放大比例后才便于作图设计，应根据实际情况选择适当的比例尺。

(2) 连接 B_1B_2、B_2B_3，分别作直线段 B_1B_2 和 B_2B_3 的垂直平分线 b_{12} 和 b_{23}，此两垂直平分线的交点 A 即为所求 B_1、B_2、B_3 三点所确定圆弧的圆心。

(3) 连接 C_1C_2、C_2C_3，分别作直线段 C_1C_2 和 C_2C_3 的垂直平分线 c_{12}、c_{23} 并交于点 D，

D 点即为所求 C_1、C_2、C_3 三点所确定圆弧的圆心。

(4) 以 A 点和 D 点作为连架杆铰链中心，分别连接 AB_3、B_3C_3、C_3D(图中粗实线)即得所求铰链四杆机构。从图中量得各杆的长度再乘以比例尺，就可得到实际结构长度尺寸。

在实际工程中，有时只对连杆的两个极限位置提出要求，满足设计条件的四杆机构就会有很多种，这时应该根据实际情况提出附加条件。

2. 按给定的行程速比系数设计平面四杆机构

设计具有急回特性的平面四杆机构，一般是根据运动要求选定行程速比系数，然后根据机构极位的几何特点，结合其他辅助条件进行设计。

例 1-5　已知行程速比系数 K，摇杆长度 l_{CD}，最大摆角 ψ，请用图解法设计此曲柄摇杆机构。

解　设计的实质是确定铰链中心 A 点的位置，定出其他三杆的尺寸 l_{AB}、l_{BC} 和 l_{AD}。其设计步骤如下：

(1) 由行程速比系数 K 计算极位夹角 θ。由式(1-7)知

$$\theta=180^\circ\cdot\frac{K-1}{K+1}$$

(2) 任选固定铰链中心 D 点的位置，由摇杆长度 l_{CD} 和摆角 ψ，作出摇杆两个极限位置 C_1D 和 C_2D。

(3) 连接 C_1 和 C_2。作 $\angle C_1C_2O=90^\circ-\theta$，$\angle C_2C_1O=90^\circ-\theta$，$C_2O$ 与 C_1O 相交于 O 点，由图 1-44 可见，$\angle C_1OC_2=2\theta$。

(4) 作 $\triangle C_1OC_2$ 的外接圆，在此圆上任取一点 A 作为曲柄的固定铰链中心。连接 AC_1 和 AC_2，因同一圆弧的圆周角等于圆心角的一半，故 $\angle C_1AC_2=\angle C_1OC_2/2=\theta$。

(5) 极限位置处曲柄与连杆共线，故 $AC_1=l_2+l_1$，从而得曲柄长度 $l_1=(AC_2-AC_1)/2$。再以 A 点为圆心、以 l_1 为半径作圆，交 C_1A 的延长线于 B_1 点，交 C_2A 于 B_2 点，即得 $B_1C_1=B_2C_2=l_2$ 及 $AD=l_4$。完成的平面四杆机构如图 1-44 所示。

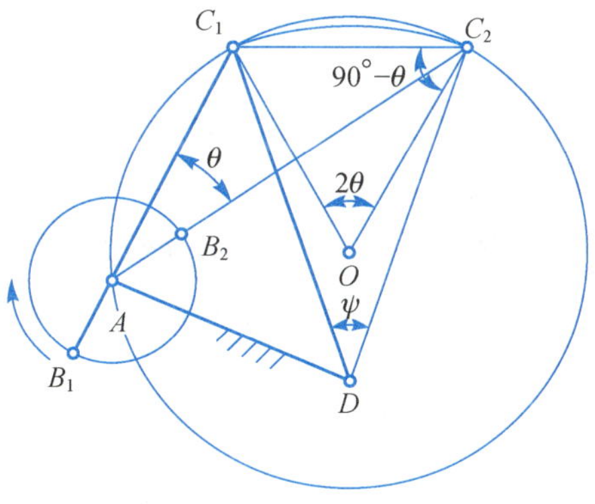

图 1-44　按行程速比系数设计的平面四杆机构

由于 A 点是$\triangle C_1OC_2$ 外接圆上任选的点，所以若仅按行程速比系数 K 设计，可得无穷多的解。A 点位置不同，机构传动角的大小也不同。如欲获得良好的传动质量，可按照最小传动角最优或其他辅助条件来确定 A 点的位置。

任务实施

如图 1-45 所示，颚式破碎机机构设计步骤如下：

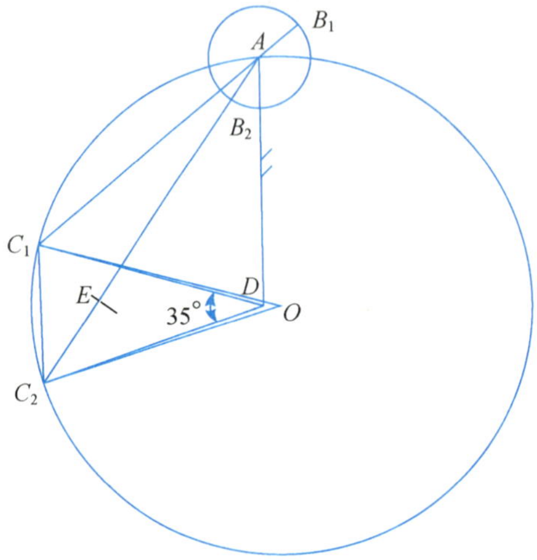

图 1-45 颚式破碎机机构设计图

(1) 选择合适的比例尺 $\mu_1=10$。

(2) 计算极位夹角 θ。由 $K=\frac{180°+\theta}{180°-\theta}$得

$$\theta=180°\cdot\frac{K-1}{K+1}=180°\times\frac{1.2-1}{1.2+1}=16.36°$$

(3) 任选一点作转动副的中心 D 点的位置，作$\angle C_1DC_2=\psi=35°$，$C_1D=C_2D=l_{CD}/\mu_1=30$ mm，连接 C_1C_2，作$\angle C_1C_2O=\angle C_2C_1O=90°-\theta$，$C_1O$ 和C_2O 相交于O 点。以 O 点为圆心、以 OC_1 为半径作圆，则 A 点在该圆上。已知 $AD=l_{AD}/\mu_1=32$ mm，以 D 点为圆心、以 32 mm 为半径作圆，求得 A 点。

(4) 连接 AC_1、AC_2，在 AC_2 上截取 AC_1 交于 E 点，以 A 点为圆心，C_2E 的一半为半径作圆，交 AC_2 于 B_2 点，交 AC_1 延长线于 B_1 点。

(5) 量取 $AB_1=6.59$ mm，$B_1C_1=43.79$ mm，所以 $l_{AB}=AB_1\mu_1=65.9$ mm，$l_{BC}=B_1C_1\mu_1=437.9$ mm，AB_1C_1D 即为颚式破碎机的曲柄摇杆机构。

任务总结

(1) 把刚性构件全部用低副(转动副和移动副)连接而成的机构称为连杆机构，若机构中各构件均在同一平面或平行平面内运动，则称为平面连杆机构。

(2) 铰链四杆机构全是由转动副连接而成的四杆机构，它是平面连杆机构的最基本的形式，由一个机架、两个连架杆和一个连杆组成。根据机构是否有曲柄、有多少曲柄、有多少转动副及哪个构件为机架可以把铰链四杆机构演化为多种类型。

（3）铰链四杆机构存在一个或两个曲柄的条件是最短杆与最长杆长度之和小于或等于其余两构件长度之和；曲柄（或机架）为最短杆。

（4）在四杆机构中，曲柄与连杆两次共线位置所夹的锐角称为极位夹角 θ。当 $\theta>0$ 时，机构有急回特性。机构从动件空回行程与工作行程平均速度之比称为行程速系数。K，K 与 θ 的关系为 $\theta=180^\circ\cdot\dfrac{K-1}{K+1}$。

（5）平面四杆机构的设计是本任务的一个难点。不同的设计任务和设计要求，应采用不同的设计方法。图解法直观，易理解，常用于解决给定位置的设计任务。

思考与练习

一、简答题

（1）铰链四杆机构按运动形式可分为哪三种类型？各有什么特点？试举出它们的应用实例。

（2）曲柄滑块机构主要用于什么场合？试举出一些例子。

（3）机构的急回特性有何作用？判断四杆机构有无急回特性的依据是什么？

二、计算题

（1）图 1-46 所示的铰链四杆机构中，各构件的长度已知，问分别以杆 a、b、c、d 为机架时，各得到什么类型的机构？

（2）铰链四杆机构中，已知各构件的长度：$l_{AB}=50$ mm，$l_{BC}=40$ mm，$l_{AD}=25$ mm。试问：

① 哪个构件做机架时机构为曲柄摇杆机构？

② 哪个构件做机架时机构为双曲柄机构？

③ 哪个构件做机架时机构为双摇杆机构？

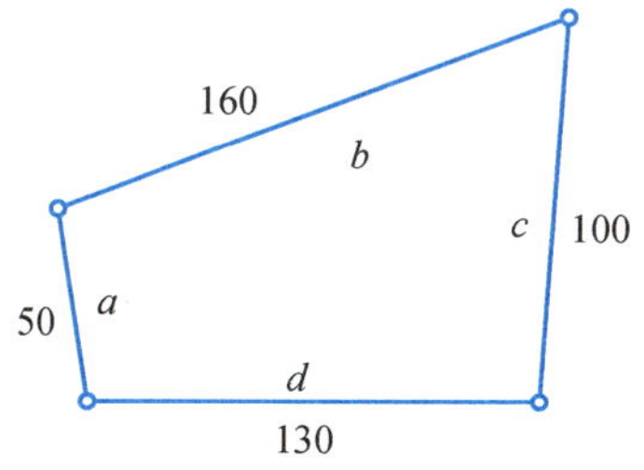

图 1-46　铰链四杆机构

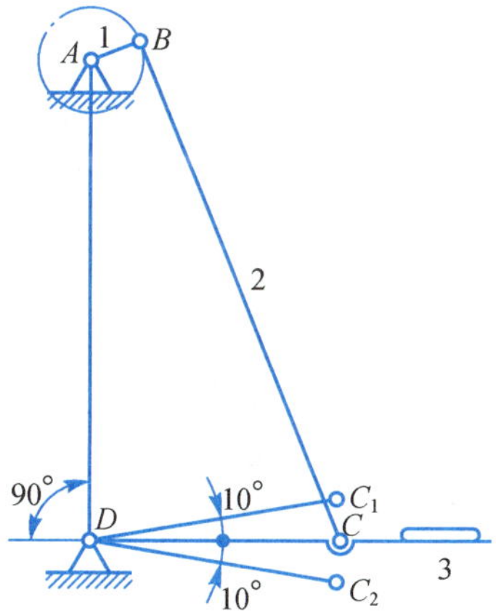

图 1-47　曲柄滑块机构

（3）图 1-47 所示为某机械踏板机构，设已知 $l_{CD}=500$ mm，$l_{AD}=1\ 000$ mm，踏板 3 在水平位置上下各摆动 10°，试确定曲柄 1 和连杆 2 的长度 l_{AB} 和 l_{BC}。

任务四　平面连杆机构动力特性分析

任务描述

已知颚式破碎机平面连杆机构的各杆长(已在任务三中确定),分析该机构的传力性能,计算最小传动角。

任务分析

在生产实际中往往要求连杆机构不仅能实现预期的运动规律,而且希望运转轻便、效率高。为了保证机构有较好的传力性能,通常用传动角来检验机构的传力性能,应控制机构的最小传动角在合理范围内。要完成本任务,需要掌握平面连杆机构的压力角、传动角、死点等相关知识。

相关知识

一、压力角和传动角

以下以一曲柄摇杆机构为例,在不计重力、惯性力和摩擦作用的前提下,分析其传力特性。如图 1-48 所示,主动曲柄的动力通过连杆作用于摇杆上的 C 点,驱动力 F 必然沿 BC 方向,将 F 分解为切线方向和法线方向两个分力 $\boldsymbol{F}_t$ 和 $\boldsymbol{F}_n$,切向分力 $\boldsymbol{F}_t$ 与 C 点的运动速度 v_C 同向。

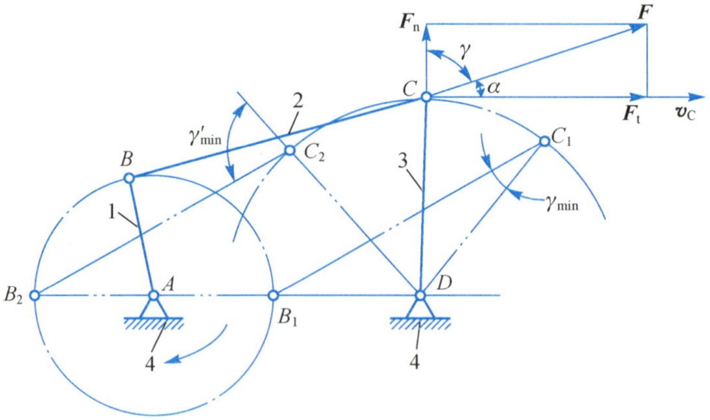

图 1-48　曲柄摇杆机构的压力角和传动角

由上图可知

$$F_t = F\cos\alpha \text{ 或 } F_t = F\sin\gamma$$
$$F_n = F\sin\alpha \text{ 或 } F_n = F\cos\gamma$$

α 角称为机构的压力角，即驱动力 F 与 C 点的速度 v_C 所夹的锐角。α 角随机构的位置变化而变化。它表明了在驱动力 F 不变时推动摇杆摆动的有效分力 F_t 的变化规律，α 越小，F_t 就越大。

压力角 α 的余角 γ 是连杆与摇杆所夹锐角，称为传动角。由于 γ 更便于观察，所以通常用来检验机构的传力性能。传动角 γ 随机构的不断运动而相应变化。为保证机构有较好的传力性能，应控制机构的最小传动角 γ_{min}。一般可取 $\gamma_{min} \geqslant 40°$，重载高速场合取 $\gamma_{min} \geqslant 50°$。曲柄摇杆机构的最小传动角出现在曲柄与机架共线的两个位置之一，如图 1-48 所示的 B_1 点或 B_2 点位置。若 AB、BC、CD、AD 杆长度分别为 a、b、c、d，则根据三角形几何关系得

$$\gamma_{min} = \angle B_1C_1D = \arccos\frac{b^2+c^2-(d-a)^2}{2bc} \tag{1-8}$$

$$\gamma'_{min} = \angle B_2C_2D = \arccos\frac{b^2+c^2-(d+a)^2}{2bc} \quad (\angle B_2C_2D < 90°) \tag{1-9}$$

或

$$\gamma'_{min} = 180° - \arccos\frac{b^2+c^2-(d+a)^2}{2bc} \quad (\angle B_2C_2D > 90°) \tag{1-10}$$

γ_{min} 和 γ'_{min} 中的较小者为最小传动角。

对于偏置曲柄滑块机构，设曲柄为主动件，滑块为工作件，传动角 γ 为连杆与导路垂线所夹锐角，如图 1-49 所示。最小传动角 r_{min} 出现在曲柄垂直于导路时的位置，并且位于与偏距方向相反一侧。对于对心曲柄滑块机构，即偏距 $e=0$ 的情况，显然其最小传动角 γ_{min} 出现在曲柄垂直于导路时的位置。

对以曲柄为主动件的摆动导杆机构，由于滑块对导杆的作用力始终垂直于导杆，其传动角 y 恒为 90°，即 $y=y_{min}=y_{max}=90°$，表明导杆机构具有最好的传力性能，如图 1-50 所示。

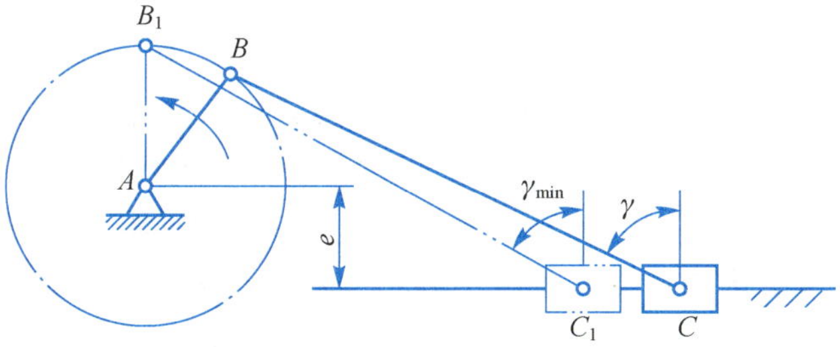

图 1-49　曲柄滑块机构的传动角

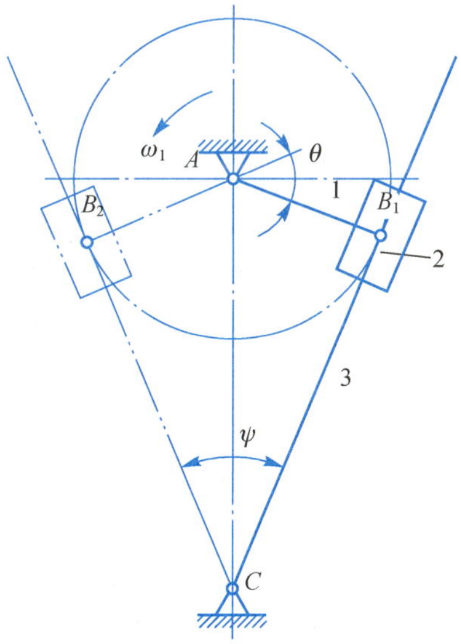

图 1-50　摆动导杆机构的传动角

二、死点

如图 1-51 所示的曲柄摇杆机构，摇杆 CD 为主动件，当从动曲柄 AB 与连杆 BC 共线时，出现压力角 $\alpha=90^\circ$，传动角 $\gamma=0^\circ$，此时连杆不能驱动从动件（曲柄 AB）工作，机构处于死点位置。

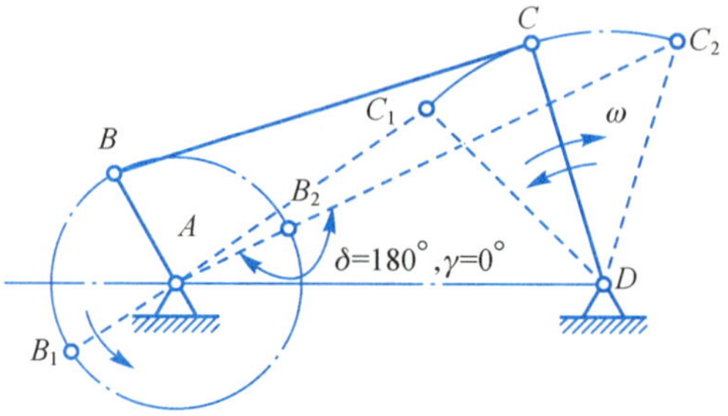

图 1-51 曲柄摇杆机构死点

四杆机构中是否存在死点，取决于从动件是否与连杆共线。例如，图 1-51 所示的曲柄摇杆机构，若改曲柄为主动件，则摇杆为从动件，因连杆 BC 与从动件 CD 不存在共线的位置，故不存在死点。

避免机构出现死点的常用措施有以下两种：

（1）利用机构错位排列的方法渡过死点。如图 1-52 所示的火车车轮联动机构。

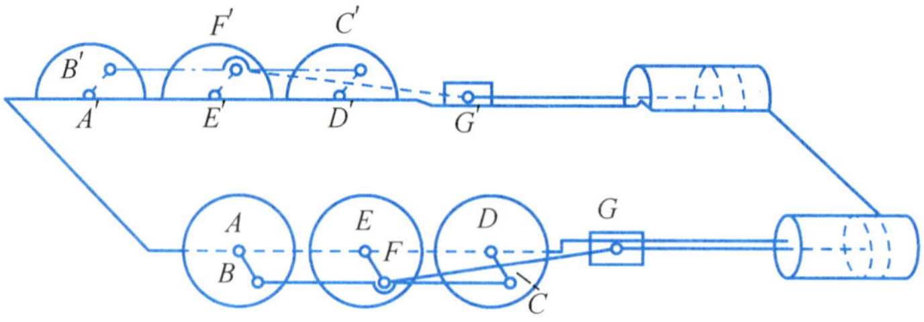

图 1-52 火车车轮联动机构

（2）靠飞轮的惯性渡过死点。如内燃机曲轴上的飞轮、家用缝纫机上的飞轮等。

工程上有时也利用死点来实现一定的工作要求，如图 1-53 所示的飞机起落架处于放下机轮的位置时，地面反力作用于机轮上使 AB 杆为主动件，从动件 CD 与连杆 BC 成一直线，机构处于死点，只要用很小的锁紧力作用于 CD 杆即可有效地保持着支撑状态。当飞机升空离地要收起机轮时，只要用较小力量推动 CD，因主动件改为 CD 杆，破坏了死点位置而轻易地收起机轮。图 1-54 所示的铣床快速夹紧机构，要求夹紧工件后夹紧反力不能自动松开夹具，因此将夹头构件 1 看成主动件，当连杆 2 和从动件 3 共线时，机构处于死点，夹紧反力 F_N 对摇杆 3 的作用力矩为零。这样，无论 F_N 有多大，也无法推动摇杆 3 而松开夹具。当我们用手搬动连杆 2 的延长部分时，机构的死点位置因主动件的转换而被破坏，所以我们能轻易地松开工件。还有汽车发动机盖、折叠桌、折叠椅、折叠雨伞等都是利用死点原理工作的。

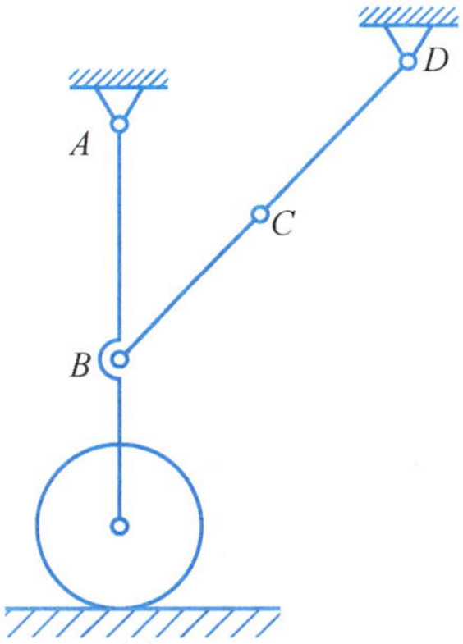

图 1-53　飞机起落架

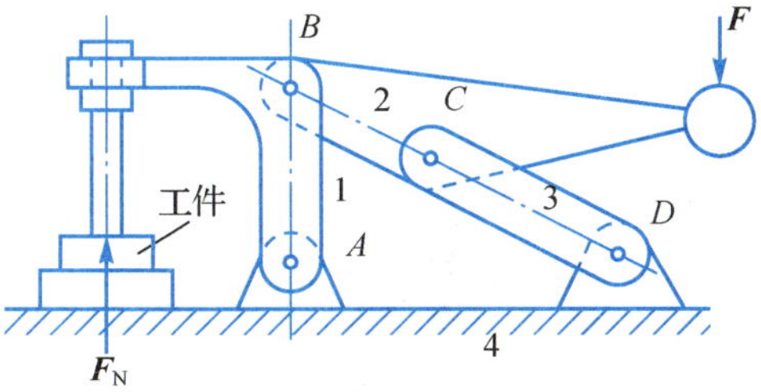

图 1-54　铣床快速夹紧机构

任务实施

图 1-7 所示的颚式破碎机平面连杆机构，其各个杆长度已在任务三中确定，即 $l_{AB}=65.9$ mm，$l_{BC}=437.9$ mm，$l_{CD}=300$ mm，$l_{AD}=320$ mm。当曲柄 AB 与机架 AD 两次共线时，由式(1-8)和式(1-9)得

$$\gamma_{\min}=\arccos\frac{b^2+c^2-(d-a)^2}{2bc}=\arccos\frac{437.9^2+300^2-(320-65.9)^2}{2\times437.9\times300}=34.55^\circ$$

$$\gamma'_{\min}=\arccos\frac{b^2+c^2-(d+a)^2}{2bc}=\arccos\frac{437.9^2+300^2-(320+65.9)^2}{2\times437.9\times300}=59.63^\circ$$

所以颚式破碎机平面连杆机构最小传动角为 $\gamma_{\min}=34.55^\circ<40^\circ$，动力传输性能较差，需要改进原设计。对于任务三中的已知参数，设定机架 AD 长度 $l_{AD}=310$ mm，其他条件不变，用图解法重新设计，得 $l_{AB}=79$ mm，$l_{BC}=316$ mm。重新计算最小传动角，得 $\gamma_{\min}=43.95^\circ>40^\circ$，此时颚式破碎机平面连杆机构具有良好的传动性能。

任务总结

(1) 从动件上一点的运动方向与力作用方向的夹角称为压力角，用 α 表示。压力角 α 的余角称为传动角，用 γ 表示。传力效果好坏与传动角(或压力角)有关。γ 越大，传力越好。一般可取最小传动角 $\gamma_{\min}\geqslant40^\circ$，重载高速场合取 $\gamma_{\min}\geqslant50^\circ$。

（2）在四杆机构中，当连杆与从动连架杆共线时，传动角 $\gamma=0°$。若机构在此位置启动，则不论驱动力多大也不能使机构运动，这个位置称为机构的死点。

思考与练习

一、简答题

（1）在曲柄摇杆机构中，当以曲柄为原动件时，机构是否一定无死点？为什么？

（2）在四杆机构中，极位和死点有何不同？

二、计算题

在前文如图 1-48 所示的曲柄摇杆机构 $ABCD$ 中，曲柄为主动件，已知曲柄长度 $l_{AB}=50$ mm，连杆长度 $l_{BC}=70$ mm，摇杆长度 $l_{CD}=80$ mm，机架长度 $l_{AD}=90$ mm，试用作图法求最小传动角。

学习情境二
内燃机配气凸轮设计

情境描述

如图 2-1 所示为内燃机配气凸轮机构，凸轮做等速回转，其轮廓将迫使从动件做往复直线运动，从而使气门开启和关闭（关闭是借助于弹簧的作用来实现的），以控制可燃物质进入气缸或废气的排出。本学习情境根据实际情况，选择性地解决凸轮传动机构典型零部件的设计，具体分为三个任务。

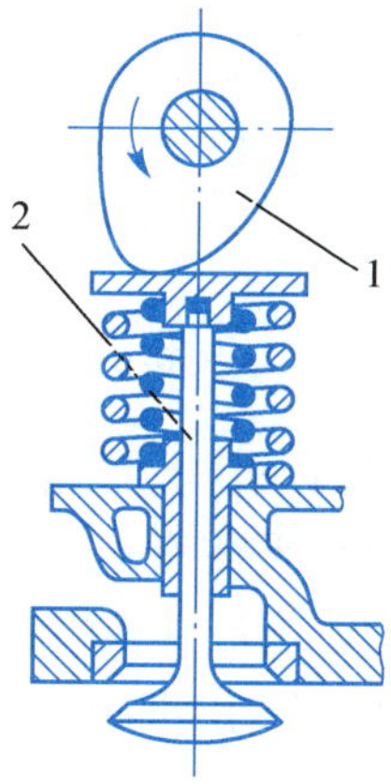

图 2-1　内燃机配气凸轮机构

1—凸轮；2—从动杆

任务一　凸轮机构认识

任务描述

通过学习凸轮基本知识，了解图 2-1 所示的凸轮机构属于哪种类型的凸轮机构。

任务分析

凸轮机构能将主动件的连续等速运动变为从动件的往复变速运动或间歇运动，不同类型的凸轮机构在结构上差异较大。要完成本任务，需要了解凸轮、从动杆各有哪些种类，从动杆有哪些运动方式，凸轮和从动杆保持高副的方式。

相关知识

在各种机器中，为了实现各种复杂的运动要求，经常用到凸轮机构，在自动化和半自动化机械中应用更为广泛。如图 2-2 所示为绕线机中用于排线的凸轮机构，当绕线轴 3 快速转动时，通过 45°斜齿轮副带动凸轮 1 缓慢地转动，通过凸轮轮廓与尖顶 A 之间的作用，驱使从动件 2 往复摆动，从而使线均匀地缠绕在轴上。

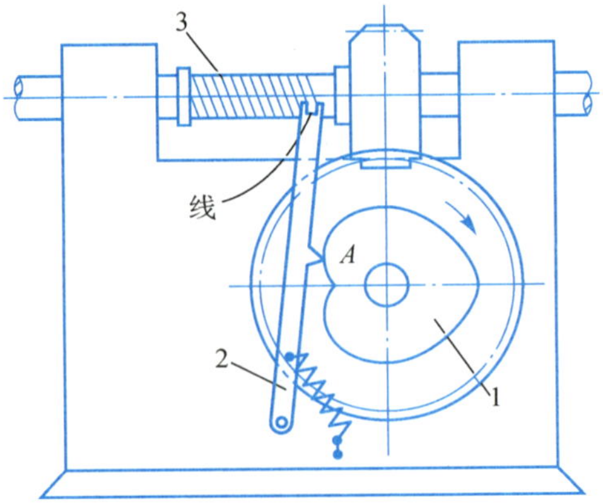

图 2-2　绕线机凸轮机构

如图 2-3 所示为应用于冲床上的凸轮机构。凸轮 1 固定在冲头上，当冲头上下往复运动时，凸轮驱使从动件 2 以一定的规律水平往复运动，从而带动机械手装卸工件。

如图 2-4 所示为自动送料凸轮机构。当带有凹槽的凸轮 2 转动时，通过槽中的滚子，驱使从动件 1 做往复移动。凸轮每回转一周，从动件即从储料器中推出一个毛坯，送到加工位置。

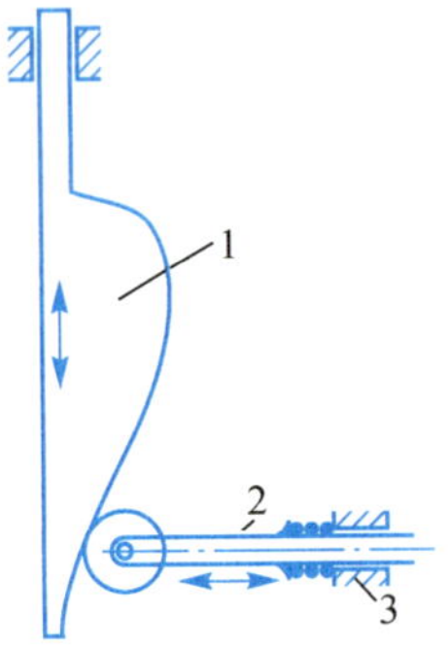

图 2-3　冲床装卸料凸轮机构

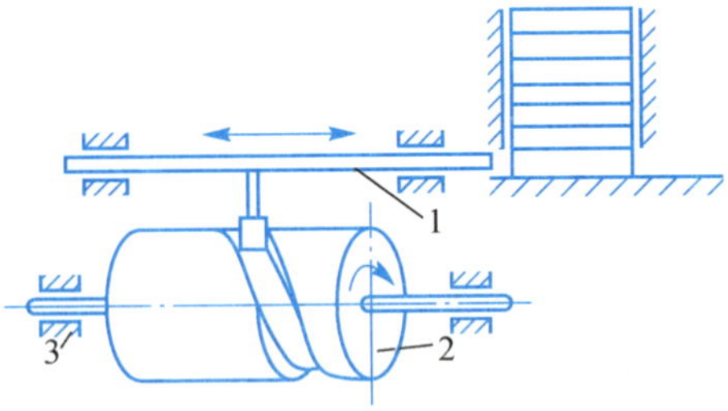

图 2-4　自动送料凸轮机构

一、凸轮机构的组成及特点

从以上的例子可以看出，凸轮机构主要由凸轮、从动件和机架三个基本构件组成。

凸轮机构的优点是只需设计适当的凸轮轮廓，便可使从动件得到所需的运动规律，并且结构简单、紧凑、设计方便。它的缺点是凸轮轮廓与从动件之间为点接触或线接触，易于磨损，通常多用于传力不大而需要实现特殊运动规律的场合。

二、凸轮机构的分类

1. 按凸轮的形状分类

按凸轮的形状分类，凸轮可分为盘形凸轮、移动凸轮和圆柱凸轮。

（1）盘形凸轮。如图 2-1、图 2-2 所示，这种凸轮是一个具有变化向径的盘形构件，当凸轮绕固定轴转动时，可推动从动件在垂直于凸轮轴的平面内运动。

（2）移动凸轮。如图 2-3 所示，当盘状凸轮的径向尺寸为无穷大时，则凸轮做往复移动，称为移动凸轮。当移动凸轮做直线往复运动时，将推动从动件在同一平面内做上下往复运动。有时，也可以将凸轮固定，而使从动件相对于凸轮移动（如靠模车削机构）。

（3）圆柱凸轮。如图 2-4 所示，这种凸轮是在圆柱端面上做出曲线轮廓或在圆柱面上开出曲线凹槽。当其转动时，可使从动件在与圆柱凸轮轴线平行的平面内运动。这种凸轮可以看成是将凸轮卷绕在圆柱上形成的。

前两类凸轮运动平面与从动件运动平面平行，称为平面凸轮机构；圆柱凸轮与从动件的相对运动为空间运动，称为空间凸轮。

2. 按从动件的形状分类

从动件和凸轮接触处结构和运动形式有多种，如图 2-5 所示。

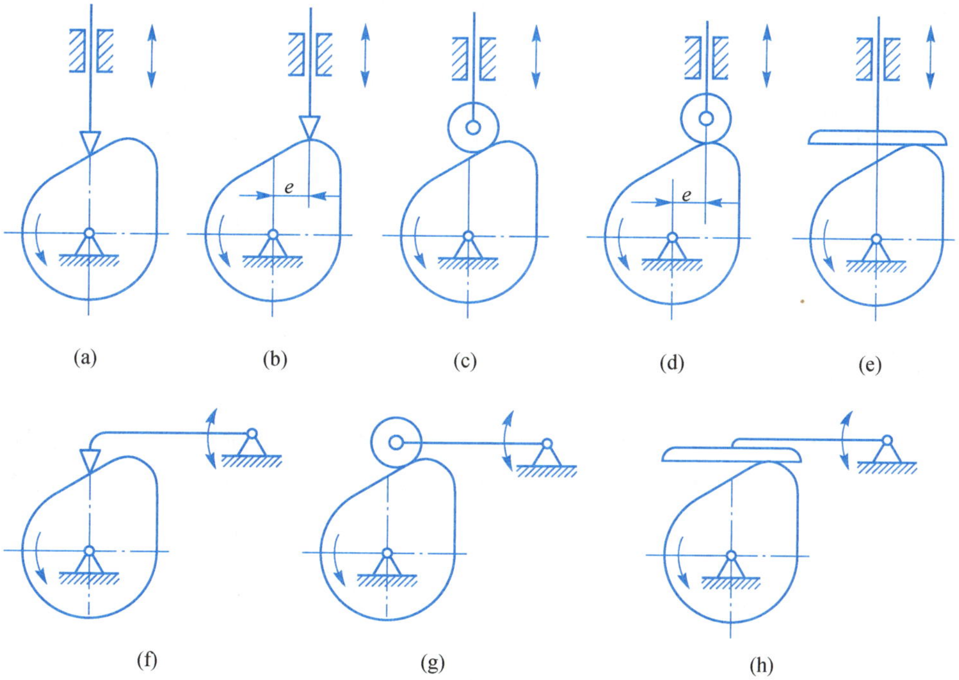

图 2-5　按从动件的形状和运动形式分类

按从动件与凸轮接触处结构形式的不同，从动件可分为以下三类：

（1）尖顶从动件。这种从动件结构简单，但尖顶易于磨损（接触应力很高），故只适用于传力不大的低速凸轮机构中，如图 2-5(a)、(b)、(f)所示。

(2) 滚子从动件。由于滚子与凸轮间为滚动摩擦，所以不易磨损，可以实现较大动力的传递，应用最为广泛，如图 2-5(c)、(d)、(g)所示。

(3) 平底从动件。这种从动件与凸轮间的作用力方向不变，受力平稳，在高速情况下，凸轮与平底间易形成油膜而减小摩擦与磨损。其缺点是不能与具有内凹轮廓的凸轮配对使用，也不能与移动凸轮和圆柱凸轮配对使用。如图 2-5(e)、(h)所示。

3. 按从动件的运动形式分类

按从动件的运动形式，从动件可分为直动从动件和摆动从动件。

(1) 直动从动件。做往复直线移动的从动件称为直动从动件。若直动从动件的尖顶或滚子中心的轨迹通过凸轮的轴心，则称为对心直动从动件，否则称为偏置直动从动件。从动件尖顶或滚子中心轨迹与凸轮轴心间的距离 e，称为偏距。如图 2-5(a)、(b)、(c)、(d)、(e)所示。

(2) 摆动从动件。做往复摆动的从动件称为摆动从动件，如图 2-5(f)、(g)、(h)所示。

4. 按凸轮与从动件保持高副接触的方法(锁合)分类

凸轮机构是通过凸轮的转动而带动从动件运动的，那么只有采用一定的方式、手段使从动件和凸轮始终保持接触，从动件才能随凸轮转动完成预定的运动规律。常用的方法有以下两种：

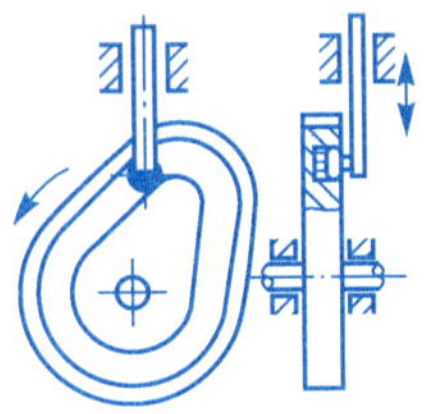

图 2-6　几何锁合的凸轮机构

(1) 力锁合。在这类凸轮机构中，主要利用重力、弹簧力或其他外力使从动件与凸轮始终保持接触，如图 2-1、图 2-2、图 2-3 所示的凸轮机构。

(2) 几何锁合。几何锁合也称形锁合，在这类凸轮机构中，依靠凸轮和从动件的特殊几何形状来保持两者的接触，如图 2-4、图 2-6 所示的凸轮机构。

将不同类型的凸轮和从动件组合起来，可以得到各种不同类型的凸轮机构。如图 2-5(a)可命名为对心直动尖顶从动件盘形凸轮机构。

任务实施

内燃机的配气机构多为盘形凸轮机构，属于高速凸轮机构，因此从动件(进气阀)形状应采用滚子或平底，多数采用传力或润滑性能更好的平底推杆。根据以上凸轮基本知识，图 2-1 所示的凸轮机构可命名为对心直动平底从动件盘形凸轮机构。

任务总结

通过执行本任务，了解了凸轮机构的组成及分类。

(1) 凸轮机构的组成。

凸轮机构由凸轮、从动件和机架三个基本构件组成。

(2) 凸轮机构的分类：

① 按凸轮的形状分为盘形凸轮、移动凸轮和圆柱凸轮三类；

② 按从动件形状分为尖顶从动件、流子从动件和平底从动件三类；
③ 按从动件的运动形式分为直动从动件和摆动从动件两类；
④ 按凸轮与从动件保持高副接触的方法分为力锁合和几何锁两类。

【知识拓展】

凸轮式自动车床是一种通过凸轮控制的自动加工车床，如图 2-7 所示。该自动车床装有 5 把刀、2 支钻或 1 支丝锥、1 支板牙，可同时进行钻孔、攻丝、板牙、压花等多种加工，无须手工操作，复杂零件可同步进行车外圆、球面、圆锥面、圆弧面、台阶、割槽、压花、钻孔、板牙、切割等工序，全过程一次装夹即可完成。

图 2-7　凸轮式自动车床

从加工速度和加工精度来看，凸轮式自动车床是仪表、钟表、汽车、摩托车、自行车、眼镜、文具、灯具、五金卫浴、电子零件、接插件、手机、家电、机电、军工等行业成批加工小零件的最佳选择。

思考与练习

(1) 凸轮机构是由哪些构件组成的？如何分类？
(2) 从动件与凸轮的接触形式有哪几种？
(3) 通常采用什么方法使凸轮与从动件间保持接触？

任务二　从动件的运动特性分析

任务描述

分析图 2-1 所示的凸轮机构从动件的运动特性。已知曲轴至凸轮轴的传动比 $i=2$。由于凸轮机构是由凸轮旋转或平移带动从动件进行工作的，所以设计凸轮结构时，首先就是要根据实际工作要求确定从动件的运动规律，然后依据这一运动规律设计出凸轮轮廓曲线。

任务分析

由于工作要求的多样性和复杂性，要求从动件满足的运动规律也是各种各样的。为了完成任务，需要了解凸轮机构常见从动件的运动规律。

相关知识

一、凸轮机构的工作原理及有关名词术语

如图 2-8(a)所示为一对心直动尖顶从动件盘形凸轮机构。其中，以凸轮最小向径 r_b 为半径，以凸轮的轴心 O 为圆心所作的圆称为凸轮的基圆。图示凸轮的轮廓由 AB、BC、CD 及 DA 四段曲线所组成，而且 AB 和 CD 两段为圆弧，A 点为基圆与凸轮轮廓的切点。如图所示，当从动件与凸轮轮廓在 A 点接触时，从动件尖端处于最低位置。当凸轮以等角速度 ω 沿顺时针方向转动时，从动件与凸轮轮廓线的 AB 段圆弧接触，此时从动件在最低位置静止不动，凸轮相应的转角 φ_{01} 称为近休止角（也称近休运动角）；当凸轮继续转动时，从动件与凸轮轮廓线的 BC 段接触，从动件将由最低位置 A 被推到最高位置 E，从动件的这一行程称为推程，凸轮相应的转角 φ_{02} 称为推程运动角。凸轮再继续转动，当从动件与凸轮轮廓线的 CD 段接触时，由于 CD 段是以凸轮轴心为圆心的圆弧，所以从动件处于最高位置静止不动，在此过程中凸轮相应的转角 φ_{03} 称为远休止角（也称远休运动角）。而后，在从动件与凸轮廓线 DA 段接触时，它又由最高位置 E 回到最低位置 A，从动件的这一行程称为回程，凸轮相应的转角 φ_{04} 称为回程运动角。从动件在推程或回程中移动的距离 h 称为从动件的行程。

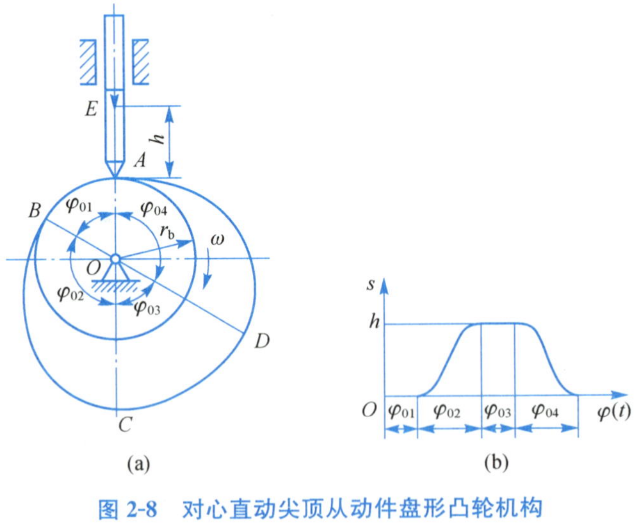

图 2-8 对心直动尖顶从动件盘形凸轮机构

如图 2-8(a)所示，当凸轮沿顺时针转动一周时，从动件的运动经历了四个阶段：静止、上

升、静止、下降。当凸轮继续回转时，从动件重复上述的运动循环。其位移曲线如图 2-8(b)所示，用从动件的位移 s 与凸轮转角 φ 的关系来表示。由于大多数凸轮做等速转动，转角与时间成正比，因此横坐标也代表时间 t。

二、从动件的运动规律

常用的从动件运动规律有等速、等加速等减速、余弦加速度、正弦加速度等运动规律。

1. 等速运动规律

等速运动规律指从动件的运动速度保持不变。从动件的运动方程为：

$$\begin{cases} s=\dfrac{h\varphi}{\varphi_{02}} \\ v=\dfrac{h\omega}{\varphi_{02}} \\ a=0 \end{cases}(\text{推程})，\quad \begin{cases} s=h\left(1-\dfrac{\varphi}{\varphi_{04}}\right) \\ v=\dfrac{-h\omega}{\varphi_{04}} \\ a=0 \end{cases}(\text{回程}) \tag{2-1}$$

如图 2-9 所示，速度线图为一水平直线，加速度为零，但在从动件运动的开始位置和终点位置的瞬时速度方向会突然改变，理论上其瞬时加速度趋于无穷大，在该瞬时作用在凸轮上的惯性力也趋于无穷大，致使机构产生强烈的冲击，这种冲击称为刚性冲击。因此，这种运动规律只适合在低速轻载的场合使用。

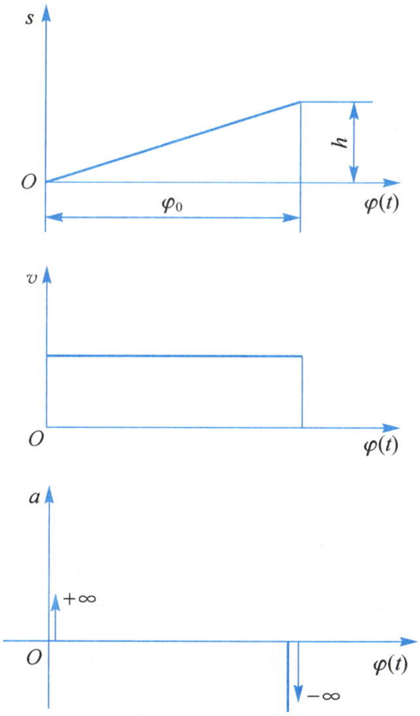

图 2-9 等速运动规律

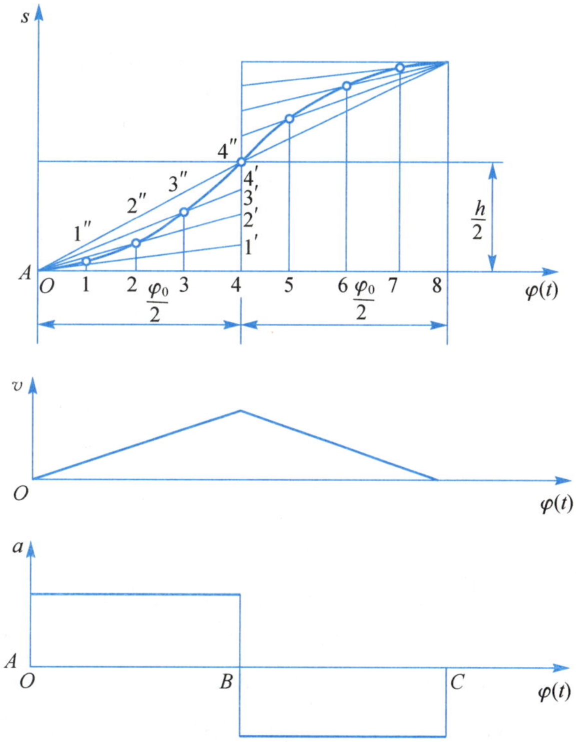

图 2-10 等加速等减速运动规律

2. 等加速等减速运动规律

等加速等减速运动规律指的是从动件在一个行程 h（此处的行程指推程或回程）的前半段 $h/2$ 过程做等加速运动，后半段 $h/2$ 过程做等减速运动，且加速度与减速度的绝对值相等（根据需要，二者也可以不相等）。从动件在推程阶段的运动方程为

$$\begin{cases} s=\dfrac{2h\varphi^2}{\varphi_{02}^2} \\ v=\dfrac{4h\omega\varphi}{\varphi_{02}^2} \\ a=\dfrac{4h\omega^2}{\varphi_{02}^2} \end{cases} \qquad \left(0\leqslant\varphi<\dfrac{\varphi_{02}}{2}\right) \tag{2-2a}$$

$$\begin{cases} s=h-\dfrac{2h(\varphi_{02}-\varphi)^2}{\varphi_{02}^2} \\ v=\dfrac{4h\omega(\varphi_{02}-\varphi)}{\varphi_{02}^2} \\ a=\dfrac{-4h\omega^2}{\varphi_{02}^2} \end{cases} \qquad \left(\dfrac{\varphi_{02}}{2}\leqslant\varphi<\varphi_{02}\right) \tag{2-2b}$$

从动件在回程阶段的运动方程为

$$\begin{cases} s=h-\dfrac{2h\varphi^2}{\varphi_{04}^2} \\ v=\dfrac{-4h\omega\varphi}{\varphi_{04}^2} \\ a=\dfrac{-4h\omega^2}{\varphi_{04}^2} \end{cases} \qquad \left(0\leqslant\varphi<\dfrac{\varphi_{04}}{2}\right) \tag{2-3a}$$

$$\begin{cases} s=\dfrac{2h(\varphi'_{04}-\varphi)^2}{\varphi'^2_{04}} \\ v=\dfrac{-4h\omega(\varphi'_{04}-\varphi)}{\varphi'^2_{04}} \\ a=\dfrac{4h\omega^2}{\varphi'^2_{04}} \end{cases} \qquad \left(\dfrac{\varphi'_{04}}{2}\leqslant\varphi<\varphi'_{04}\right) \tag{2-3b}$$

同时，由图 2-10 中可以看出，从动件在 A、B、C 三点，其加速度有突变，因而从动件产生的惯性力对凸轮将会产生冲击。由于这种运动规律中，加速度的突变是有限的，所造成的冲击也是有限的，故称为柔性冲击。由于柔性冲击的存在，具有这种运动规律的凸轮机构就不适宜做高速运动，而只适用于中低速、轻载的场合。

3. 余弦加速度运动规律

余弦加速度运动规律也称为简谐运动规律，其推程阶段的运动方程为：

$$\begin{cases} s=\dfrac{h\left[1-\cos\left(\dfrac{\pi\varphi}{\varphi_{02}}\right)\right]}{2} \\ v=\dfrac{\pi h\omega\sin\left(\dfrac{\pi\varphi}{\varphi_{02}}\right)}{2\varphi_{02}} \\ a=\dfrac{\pi^2 h\omega^2\cos\left(\dfrac{\pi\varphi}{\varphi_{02}}\right)}{2\varphi_{02}^2} \end{cases} \tag{2-4}$$

回程阶段的运动方程为

$$\begin{cases} s=\dfrac{h\left[1+\cos\left(\dfrac{\pi\varphi}{\varphi_{04}}\right)\right]}{2} \\ v=\dfrac{-\pi h\omega\sin\left(\dfrac{\pi\varphi}{\varphi_{04}}\right)}{2\varphi_{04}} \\ a=\dfrac{-\pi^2 h\omega^2\cos\left(\dfrac{\pi\varphi}{\varphi_{04}}\right)}{2\varphi_{04}^2} \end{cases} \tag{2-5}$$

从图 2-11 中可以看出，从动件按余弦加速度运动规律运动时，其速度曲线是一条正弦曲线，而加速度曲线按余弦运动规律变化。由于从动件在行程始末加速度做有限值突变，导致机构产生柔性冲击，适用于中、低速场合。

4. 正弦加速度运动规律

正弦加速度运动规律又称摆线运动规律，其推程阶段的运动方程为：

$$\begin{cases} s=h\left[\dfrac{\varphi}{\varphi_{02}}-\dfrac{\sin\left(\dfrac{2\pi\varphi}{\varphi_{02}}\right)}{2\pi}\right] \\ v=\dfrac{h\omega\left[1-\cos\left(\dfrac{2\pi\varphi}{\varphi_{02}}\right)\right]}{\varphi_{02}} \\ a=\dfrac{2\pi h\omega^2\sin\left(\dfrac{2\pi\varphi}{\varphi_{02}}\right)}{\varphi_{02}^2} \end{cases} \tag{2-6}$$

回程阶段的运动方程为

$$\begin{cases} s=h\left[1-\dfrac{\varphi}{\varphi'_{04}}+\dfrac{\sin\left(\dfrac{2\pi\varphi}{\varphi'_{04}}\right)}{2\pi}\right] \\ v=\dfrac{h\omega\left[\cos\left(\dfrac{2\pi\varphi}{\varphi'_{04}}\right)-1\right]}{\varphi'_{04}} \\ a=\dfrac{-2\pi h\omega^2\sin\left(\dfrac{2\pi\varphi}{\varphi'_{04}}\right)}{\varphi'^2_{04}} \end{cases} \tag{2-7}$$

从图 2-12 中可以看出，从动件按正弦加速度规律运动时，在全行程中无速度和加速度的突变，因此不产生冲击，适用于中、高速场合。

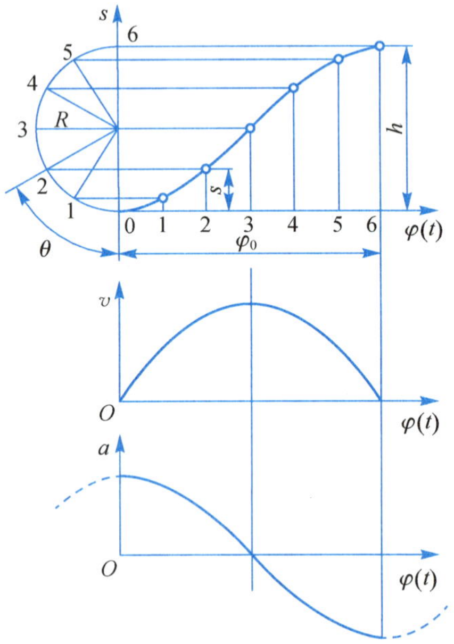

图 2-11 余弦加速度运动规律

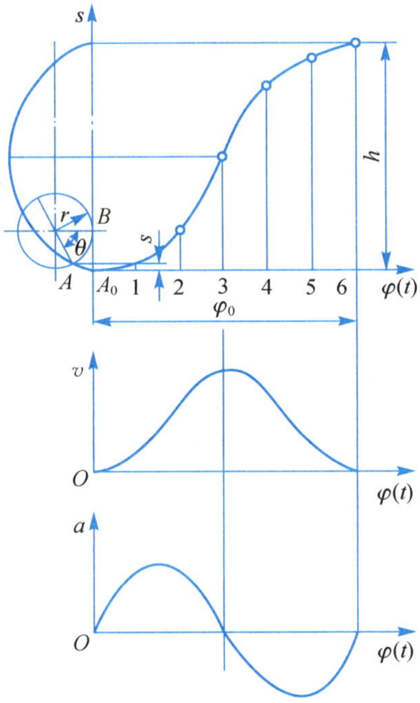

图 2-12 正弦加速度运动规律

从动件的运动规律应根据机器工作时的运动要求确定。如机床中控制刀架进刀的凸轮机构，要求刀架进刀等速，则从动件应选择等速运动规律，至于行程始末端，可以通过并接其他运动规律来消除冲击。对无一定运动要求，只需要从动件有一定位移量的凸轮机构，可只考虑加工方便，采用圆弧、直线等组成的凸轮轮廓。对于高速机构，应减小惯性力、改善动力性能，可选用正弦加速度运动规律或其他改进型的运动规律。

任务实施

四行程内燃机在一个周期内有进气、压缩、做功和排气四个行程，只有在进气行程中（活塞从上止点运动到下止点）进气阀才打开，这时对应的曲轴转角为 180°。为了进气充分，在活塞做进气行程开始时，进气门提前开启，一般曲轴提前角度为 10°～30°；而在活塞做进气行程结束时，因气缸内仍为负压，不希望立刻关闭进气阀，一般曲轴滞后角度为 40°～80°，因此在整个进气过程中，曲轴转角为 230°～290°。曲轴到凸轮的传动比为 2，因此凸轮转角为 115°～145°。设凸轮转角为 140°，其中推程和回程转角均为 70°。

由于是高速凸轮机构，所以应避免推杆受到刚性或柔性冲击，可以在推程和回程均采用正弦加速度运动规律。推杆行程取 2 mm。根据正弦推程运动方程式得到位移见表 2-1。

表 2-1　推杆推程位移

φ_{02}/(°)	0	10	20	30	40	50	60	70
s/mm	0.00	0.037	0.261	0.719	1.281	1.739	1.963	2.00

根据正弦回程运动方程式得到位移见表 2-2。

表 2-2　推杆回程位移

φ_{04}/(°)	0	10	20	30	40	50	60	70
s/mm	2.00	1.963	1.739	1.281	0.719	0.261	0.037	0.00

任务总结

通过执行本任务，学习了凸轮机构的工作原理及有关名词术语，从动件的运动规律等。

(1) 有关凸轮机构的名词术语：基圆、推程、远休、回程、近休、行程。

(2) 有关符号：基圆半径 r_0、近休止角 φ_{01}、推程运动角 φ_{02}、远休止角 φ_{03}、回程运动角 φ_{04}。

(3) 从动件的运动规律：

① 等速运动规律：存在刚性冲击，适用于低速轻载的场合。

② 等加速等减速运动规律：存在柔性冲击，适用于中低速、轻载场合。

③ 余弦加速度运动规律：存在柔性冲击，适用于中、低速场合。

④ 正弦加速度运动规律：无冲击，适用于中、高速场合。

思考与练习

一、简答题

(1) 等速运动规律和等加速、等减速运动规律各有何特点？

(2) 两个不同轮廓线的凸轮，是否可以使从动件实现同样的运动规律？为什么？

(3) 何谓刚性冲击？何谓柔性冲击？用什么方法可以避免刚性冲击？

二、判断题

(1) 凸轮机构从动件的运动规律是可按要求任意拟定的。　(　　)

(2) 等速运动规律中存在柔性冲击。　(　　)

(3) 余弦加速度运动规律既无刚性冲击又无柔性冲击。　(　　)

三、计算题

设计一凸轮机构，凸轮转动一周时间为 2 s。凸轮的推程运动角为 60°，回程运动角为 150°，近休止运动角为 150°。推杆的行程为 15 mm。试选择合适的从动件推程和回程运动规律，使其不产生刚性冲击。

任务三　凸轮轮廓设计

任务描述

设计高速、结构紧凑的配气凸轮机构。已知推杆的运动规律如任务二，内燃机曲轴转速 n=7 200 r/min。

任务分析

要完成任务，需要根据从动杆的运动规律，利用反转法设计凸轮轮廓。

相关知识

凸轮轮廓设计方法有图解法和解析法。图解法设计凸轮轮廓线，简单易行，而且直观，但误差较大，对精度要求较高的凸轮，如高速凸轮、靠模凸轮等往往不能满足要求。因此，凸轮轮廓线设计都以解析法为主，其加工也容易采用先进的加工设备，如线切割机、数控铣床及数控磨床等。但两种方法的基本原理都是相同的。

一、凸轮轮廓线设计方法的基本原理

设计凸轮轮廓线的基本原理是反转法。如图 2-13(a)所示为一对心直动尖顶从动件盘形凸轮机构，其中以 r_b 为半径的圆是凸轮的基圆，当凸轮以角速度 ω 绕轴心 O 等速回转时，将推动从动件运动。如图 2-13(b)所示为凸轮回转 φ 角时，从动件上升位移 s 的瞬时位置。

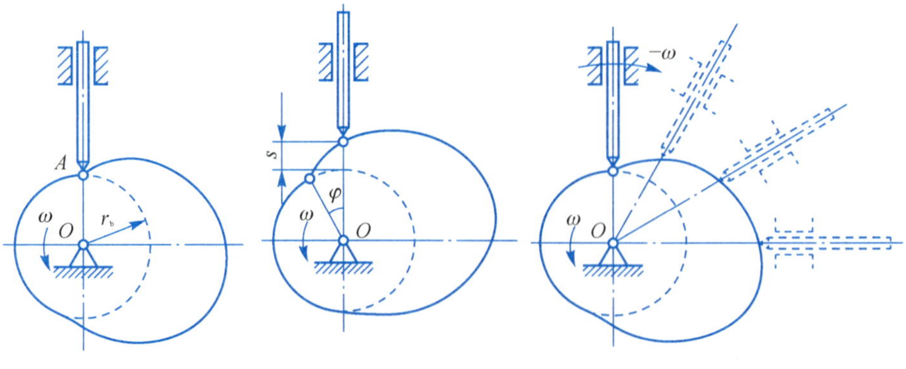

(a)　　(b)　　(c)

图 2-13　凸轮反转法原理

根据相对运动原理，假设给整个凸轮机构（凸轮、从动件、导路）加上一个与凸轮角速度 ω 大小相等、方向相反的公共角速度 $-\omega$，使其绕凸轮轴心 O 转动。可以知道凸轮与从动件间的相对运动关系并不发生改变，但此时凸轮将静止，而从动件则和机架一起以角速度 $-\omega$ 绕凸轮轴心 O 转动的同时又在其导轨内按预期的运动规律运动。由图 2-13(c)所示可知，从动件在复合运动中，其尖顶的轨迹就是凸轮轮廓线。

把原来转动着的凸轮看成静止的，而把原来静止的导路及原来往复移动的从动件看成为反转运动的这一原理，称为反转法原理。

二、用图解法设计凸轮轮廓线

当从动件的运动规律已经选定并作出了位移线图后，各种平面凸轮的轮廓曲线都可以用图解法求出，用图解法的依据为反转法原理。

1. 对心直动尖顶从动件盘形凸轮机构

若已知凸轮的基圆半径 $r_b=25$ mm，凸轮以等角速度 ω 逆时针方向回转。从动件的运动规律见表 2-3。

表 2-3　从动件的运动规律

序　　号	凸轮运动角 φ	从动件的运动规律
1	0°～120°	等速上升 $h=20$ mm
2	120°～150°	从动件在最高位置不动
3	150°～210°	等速下降 $h=20$ mm
4	210°～360°	从动件在最低位置不动

利用图解法设计凸轮轮廓线的作图步骤如下：

(1) 选取适当的比例尺 μ_l，根据运动规律画出位移线图，并以相同的比例尺取 r_b 为半径作圆。

(2) 作相应于推程的一段凸轮轮廓线。根据反转法原理，将凸轮机构按 $-\omega$ 进行反转，此时凸轮静止，而从动件绕凸轮顺时针转动。按顺时针方向先量出推程运动角 120°，再按一定的分度值（凸轮精度要求高时，分度值取小些，反之可以取大些）将此运动角分成若干等份，并在运动位移线图上确定各分点时从动件的位移 1′，2′，…，10′，如图 2-14(a)所示。

(3) 确定从动件在反转运动中所占据的每个位置。根据反转法原理，从 A 点开始，将运动角按顺时针方向按 12°一个分点进行等分，则各等分径向线 $O1$，$O2$，…，$O10$ 即为从动件在反转运动中所依次占据的位置。

(4) 确定从动件在复合运动中其尖顶所占据的一系列位置。根据图 2-14(b)所示数值 s，沿径向等分线由基圆向外量取，得到的点 1′，2′，…，10′，即为从动件在复合运动中其尖顶所占据的一系列位置。

(5) 用光滑曲线连接 A，1′，2′，…，10′，即得从动件升程时凸轮的一段轮廓线。

(6) 凸轮继续转过 30°时，由于从动件停在最高位置不动，故该段轮廓线为一段圆弧。以 O 为圆心，以 $O10'$为半径画一段圆弧 10′11′。

(7) 当凸轮再继续转过 60°时，从动件等速下降，其轮廓线可仿照升程轮廓线作图步骤进行。

(8) 当凸轮转过其余的 150°时，从动件静止，该段轮廓线又是一段圆弧。

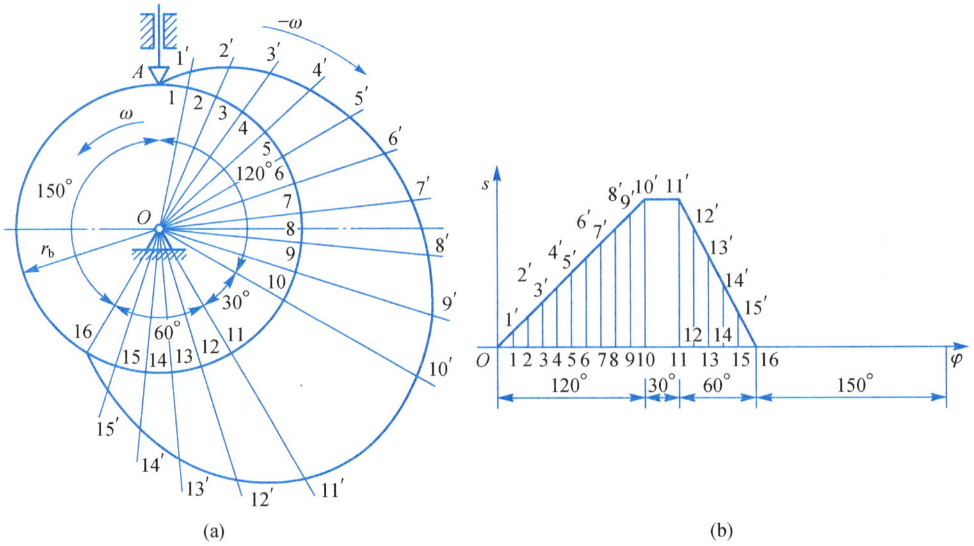

图 2-14　对心直动尖顶从动件盘形凸轮轮廓线设计

按以上作图法绘制的光滑封闭曲线即为凸轮轮廓线，如图 2-14(a)所示。

2. 对心直动滚子从动件盘形凸轮机构

对于对心直动滚子从动件盘形凸轮机构，凸轮转动时滚子(滚子半径 r_t)与凸轮的相切点不一定在从动件的位置线上，但滚子中心位置始终处在该线，从动件的运动规律与滚子中心一致，因此其轮廓线的设计需要分两步进行。

(1) 将滚子中心看作尖顶从动件的尖顶，按前述方法设计出廓线 β_0，这一轮廓线称为理论轮廓线。

(2) 以理论廓线上的各点为圆心、以滚子半径 r_t 为半径作一系列的圆，这些圆的内包络线 β 即为所求凸轮的实际轮廓线，如图 2-15 所示。

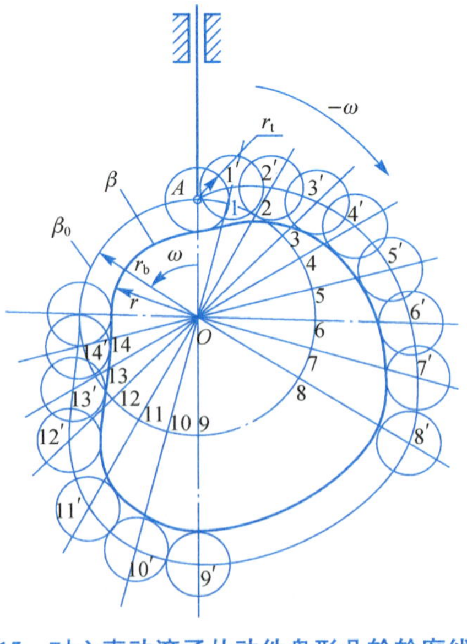

图 2-15　对心直动滚子从动件盘形凸轮轮廓线设计

3. 对心直动平底从动件盘形凸轮机构

如图 2-16 所示，在设计这种凸轮机构的轮廓线时，可首先将推杆导路的中心线与推杆平底的交点 A 视为尖顶推杆的尖顶，按前述方法绘出 A 在推杆复合运动中依次占据的位置 $1',2',\cdots$。然后再过 $1',2',3',\cdots$作一系列平底，最后作出这些平底的包络线，即为凸轮的实际轮廓线。

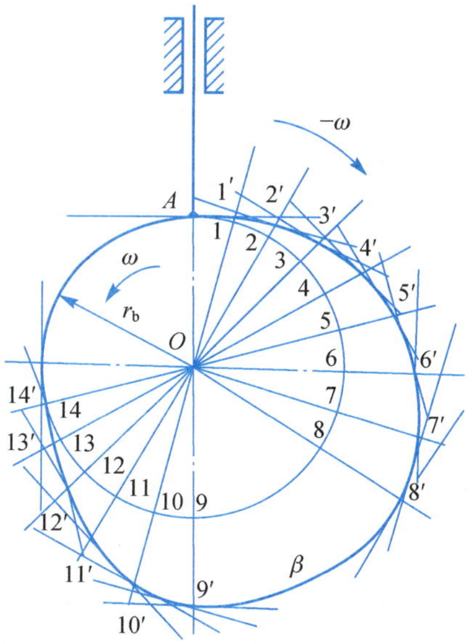

图 2-16　对心直动平底从动件盘形凸轮轮廓线设计

三、凸轮轮廓线设计的解析法

对于精度较高的高速凸轮、检验用的样板凸轮等需要用解析法设计其轮廓线，以适合数控机床加工。解析法主要采用解析表达式计算来确定凸轮轮廓，计算工作量大，一般采用计算机精确地计算出凸轮轮廓或刀具轨迹上各点的坐标。

如图 2-17 所示为偏置直动滚子从动件盘形凸轮机构。已知偏距 e、基圆半径 r_b 和从动件运动规律 $s=f(\varphi)$，凸轮以等角速度 ω 顺时针转动。以凸轮回转中心 O 为原点，垂直向上为 x 正方向，水平向左为 y 正方向，建立直角坐标系 xOy。当从动件的滚子中心从点 B_0 上升到点 B'时，凸轮转过的角度为 φ，根据反转法原理，将点 B'以 $-\omega$ 方向绕原点转过 φ，即得到凸轮轮廓线上对应点 B，其坐标为

$$\begin{cases} x=(s_0+s)\cos\varphi-e\sin\varphi \\ y=(s_0+s)\sin\varphi+e\cos\varphi \end{cases} \tag{2-8}$$

式中，s_0 为初始位置 B_0 点的坐标值，$s_0=\sqrt{r_b^2-e^2}$；s 为当凸轮转过角 φ 时从动件的位移，$s=f(\varphi)$。

而凸轮的实际轮廓线是滚子圆族的包络线，即实际轮廓线是理论轮廓线的等距线，两者之间的距离为滚子半径 r_t。由数学理论可知，实际轮廓线上的坐标点(x',y')的参数方程为

$$\begin{cases} x'=x\pm r_{t}\dfrac{dy/d\varphi}{\sqrt{(dx/d\varphi)^{2}+(dy/d\varphi)^{2}}} \\ y'=y\mp r_{t}\dfrac{dx/d\varphi}{\sqrt{(dx/d\varphi)^{2}+(dy/d\varphi)^{2}}} \end{cases} \tag{2-9}$$

式中,(x',y')为实际轮廓线上对应理论轮廓线上(x,y)点的坐标,点(x',y')与点(x,y)在同一法线上。

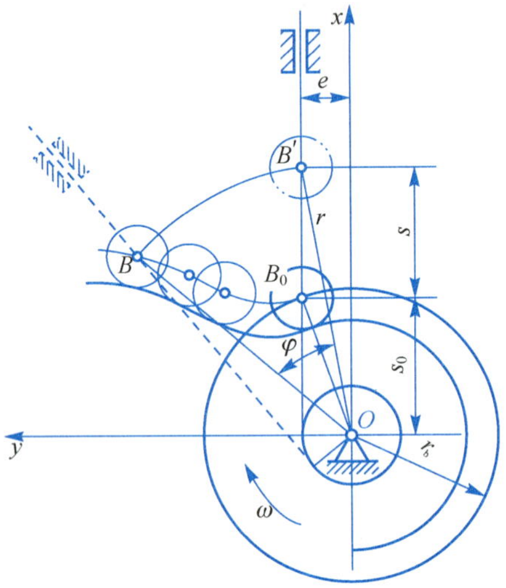

图 2-17 偏置直动滚子从动件盘形凸轮机构

四、凸轮机构基本尺寸的确定

1. 凸轮机构的压力角

如图 2-18 所示为偏置直动尖顶从动件盘形凸轮机构在推程的任一位置,此时从动件尖顶与凸轮在点 B 接触,Q 为作用在从动件上的载荷。当不考虑凸轮与从动件之间的摩擦时,凸轮给予从动件的作用力 F 是沿接触点 B 的法线 $n-n$ 方向,此力 F 可分解为沿从动件运动方向的有效分力 F_1 和垂直于从动件运动方向从而使从动件压紧导路的阻力 F_2,其大小分别为:

$$\begin{cases} F_1=F\cos\alpha \\ F_2=F\sin\alpha \end{cases} \tag{2-10}$$

式中,α 为从动件所受正压力方向(即接触点 B 的法线 $n-n$ 方向)与从动件上力作用点 B 的速度方向之间所夹的锐角,称为凸轮机构在图示位置时的压力角。由式(2-10)可知,

$$F_2/F_1=\tan\alpha \tag{2-11}$$

显然,压力角 α 越小,F_2/F_1 越小,力的利用程度越高,凸轮推动从动件运动就越容易;压力角 α 越大,F_2/F_1 越大,力的利用程度越低,凸轮推动从动件运动就费力。当 α 逐渐增大超过某一数值后,由阻力 F_2 引起的从动件与导路的摩擦阻力就会超过有效分力 F_1,此时无论凸轮给从动件的作用力 F 有多大,都不能使从动件运动,这种现象称为机构的自锁。在生产实际中,为了保证凸轮机构正常工作,不发生自锁,并且运转轻便灵活,效率较高,必须对压力

角加以限制，凸轮轮廓曲线上各点与从动件尖顶接触时的压力角一般是变化的，在设计时应使凸轮机构的最大压力角 α_{max} 不超过许用压力角$[\alpha]$，即 $\alpha_{max}<[\alpha]$。根据实际经验，在推程时，对于直动从动件通常取$[\alpha]=30°\sim38°$；对摆动从动件通常取$[\alpha]=40°\sim50°$。滚子接触润滑良好、支撑刚性较好时，取数据的上限，否则取下限。

若在回程时，从动件是在弹簧力或重力等的作用下返回，一般不会出现自锁，而且大多是空回行程，则回程许用压力角可以大一些，取 $[\alpha']=70°\sim80°$。

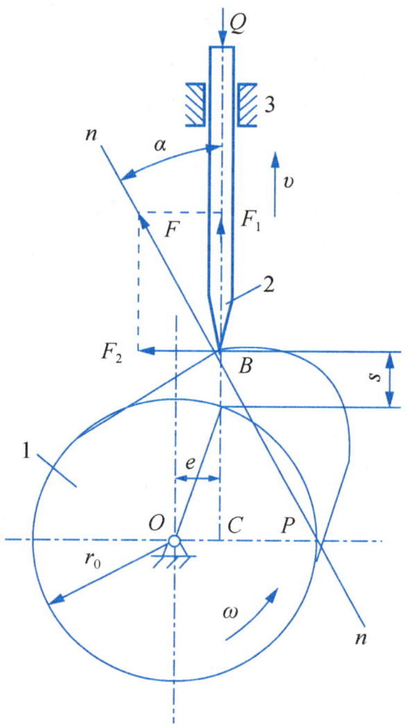

图 2-18　凸轮机构的压力角

2. 凸轮机构的基圆半径

在图 2-18 中，$n-n$ 是过凸轮与从动件接触点 B 的公法线，它与过凸轮回转中心 O 且垂直于从动件导路的直线相交于点 P，点 P 就是凸轮和从动件的相对瞬心。由瞬心的有关知识可知，$v_p=v=\omega l_{OP}$，从而有

$$l_{OP}=\frac{v}{\omega}=\frac{ds}{d\varphi} \tag{2-12}$$

又由图中 $\triangle BCP$ 可得

$$\tan\alpha=\frac{\left|\frac{ds}{d\varphi}-e\right|}{s+\sqrt{r_0^2-e^2}} \tag{2-13}$$

式中，r_0 为凸轮的基圆半径；s 为对应凸轮转角 φ 的从动件位移；e 为偏距。

由式(2-14)可知，在偏距一定，从动件运动规律已知的条件下，加大基圆半径 r_0，可减小压力角 α，从而改善机构的传力性能，但此时机构的尺寸将会增大。因此，在实际设计时，应该综合考虑。一般是满足凸轮机构的最大压力角不超过许用压力角(即 $\alpha_{max} < [\alpha]$) 的前提下,尽量选择较小的基圆半径,以便减小凸轮机构的尺寸。由式 2-11 可以导出基圆半径的计算公式:

$$r_0 \geqslant \sqrt{\left[\left(\frac{ds}{d\varphi} - e\right) / \tan[\alpha] - s\right]^2 + e^2} \tag{2-14}$$

但是,这样确定的凸轮基圆半径一般较小,还应根据具体结构进行调整。当凸轮与轴做成一体时,凸轮实际轮廓曲线的基圆半径应略大于轴的半径;当凸轮与轴分开做时,凸轮上要做出轮毂,此时凸轮实际轮廓曲线的基圆半径应略大于轮毂的半径。

式(2-13)中,偏距 e 为代数值,其正负号规定如下:如图 2-18 所示,当导路与瞬心 P 在凸轮回转中心 O 的同侧时,e 为正,可使压力角减小;反之,当导路与瞬心 P 在凸轮回转中心 O 的异侧时,e 为负,压力角将增大。因此,为了减小推程压力角,凸轮机构往往采用偏置结构,将从动件导路向推程相对速度瞬心的同侧偏置,但此时回程压力角增大了。具体设计时,应全面考虑,合理确定偏距 e。

3. 滚子从动件滚子半径的选择

一般情况下,应使滚子半径 r_r 小于理论廓线的最小曲率半径 ρ_{min}。而 ρ_{min} 的大小则可用解析法或作图法确定。凸轮工作廓线的最小曲率半径 ρ_{min},一般不应小于 1~5 mm。如果不能满足此要求,就应增大基圆半径或适当减小滚子半径;有时则必须修改推杆的运动规律,使凸轮工作廓线上出现尖点的地方代以合适的曲线。另外,滚子的尺寸还受其强度、结构的的限制,不能做得太小,通常取滚子半径 $r_r = (0.1 \sim 0.5) r_0$。

4. 平底推杆平底尺寸的确定

若平底两侧取同样长度,则从动件平底长度为 $2l$,其中

$$l = \left|\frac{ds}{d\varphi}\right|_{max} + (2 \sim 5)\text{mm} \tag{2-15}$$

式中,$\left|\frac{ds}{d\varphi}\right|_{max}$ 应根据推程和回程推杆的运动规律分别进行计算,取其最大值。

五、凸轮轮廓的加工方法

凸轮轮廓的加工方法通常有铣、锉削加工和数控加工两种。

(1) 铣、锉削加工。对于低速、轻载场合的凸轮,可以应用反转法原理在未淬火凸轮轮坯上通过图解法绘制出轮廓曲线,采用铣床或手工锉削的方法加工而成。必要时可进行淬火处理,用这种方法加工出来的凸轮,其变形难以得到修正。

(2) 数控加工。数控加工即采用数控线切割机床对凸轮进行加工,此种加工方法是目前常用的一种凸轮加工方法。加工时应用解析法,求出凸轮轮廓曲线的极坐标值(ρ,θ)并应用专用软件编程。此方法加工出的凸轮精度高,适用于高速、重载的场合。

任务实施

由任务一和任务二知道所设计的凸轮机构为盘形凸轮、平底推杆,凸轮机构从动件符合

正弦加速度运动规律。

1. 凸轮基本尺寸

平底推杆凸轮机构的基圆半径根据结构按下式计算：

$$r_b \geqslant C_{max} + (2\sim5)$$

式中，在正弦加速度运动规律时，计算得

$$C_{max} = \frac{2\pi h}{\varphi_{02}} - h\left(\frac{3}{4} + \frac{1}{2\pi}\right) = \frac{2\pi \times 2}{70 \times \frac{\pi}{180}} - 2 \times 0.909 = 8.47\ \text{mm}$$

代入基圆半径计算式得到 $r_b \geqslant 10.47\sim13.47$ mm，取 $r_b = 11$ mm。

2. 平底半径

平底半径 l 可按下式计算：

$$l = \frac{2h}{\varphi_{02}} + (2\sim5) = \frac{2\times2}{70\times\frac{\pi}{180}} + (2\sim5) = 5.27\sim8.27\ \text{mm}$$

取 $l = 7$ mm。

3. 凸轮轮廓线设计

凸轮轮廓线的图解法设计过程如图 2-16 所示，凸轮的立体图如 2-19 所示。

任务总结

本任务分析了盘形凸轮机构的设计方法、设计步骤及其基本尺寸的确定。通过本任务的学习，学生能够在实际的设计工作中掌握凸轮机构设计选用的知识和技能。

(1) 凸轮机构设计的基本步骤。选择凸轮机构类型；拟定从动件运动规律；确定凸轮机构的基本参数；设计凸轮轮廓线；设计凸轮机构的结构；绘制凸轮机构工作图。

(2) 设计注意事项。绘制凸轮轮廓线时，因采用的是反转法原理，所以绘制凸轮轮廓线时应沿 $-\omega$ 方向；滚子从动件凸轮机构的基圆是以理论轮廓线上的最小半径而作的圆。

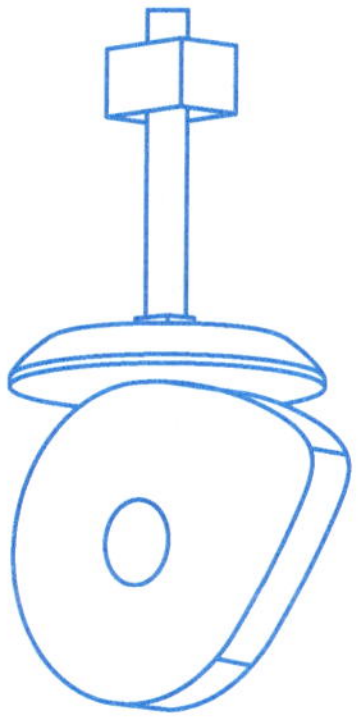

图 2-19　配气凸轮机构立体图

【知识拓展】

间歇运动机构

间歇运动机构是指将主动件的连续运动转换为从动件有规律的运动和停歇的机构。其主要用于机床、自动化设备和仪器中，实现原料送进、成品输出、制动、分度、转位、步进、擒纵、超越、换向或单向运动。

1. 棘轮机构

如图 2-20 所示为棘轮机构，该机构为轮齿式外啮合棘轮机构，由棘轮 1、棘爪 2、摇杆 3、止动爪 4、弹簧 5 和机架所组成。棘轮 1 固装在传动轴上，棘轮的齿可以制作在棘轮的外缘、内缘或端面上，而实际应用中以外缘上居多。摇杆 3 空套在传动轴上。

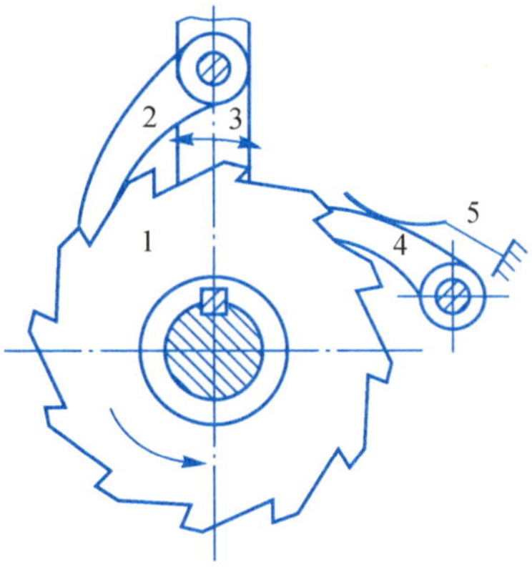

图 2-20 外啮合棘轮机构

当摇杆沿逆时针方向摆动时，棘爪 2 嵌入棘轮 1 上的齿间，推动棘轮转动。当摇杆沿顺时针方向转动时，止动爪 4 阻止棘轮顺时针转动，同时棘爪 2 在棘轮齿背上滑过，此时棘轮静止。这样，当摇杆往复摆动时，棘轮便可以实现单向的间歇运动。

在牛头刨床中，通过棘轮机构实现工作台间歇送料功能，如图 2-21 所示；在卷扬机中，通过棘轮机构实现制动功能，防止滚筒逆转重物坠落，如图 2-22 所示；在自行车中，以棘轮机构作为传动中的离合器，实现链条前进时带动后轴，链条停滞或后退时后轴超越的功能，如图 2-23 所示。

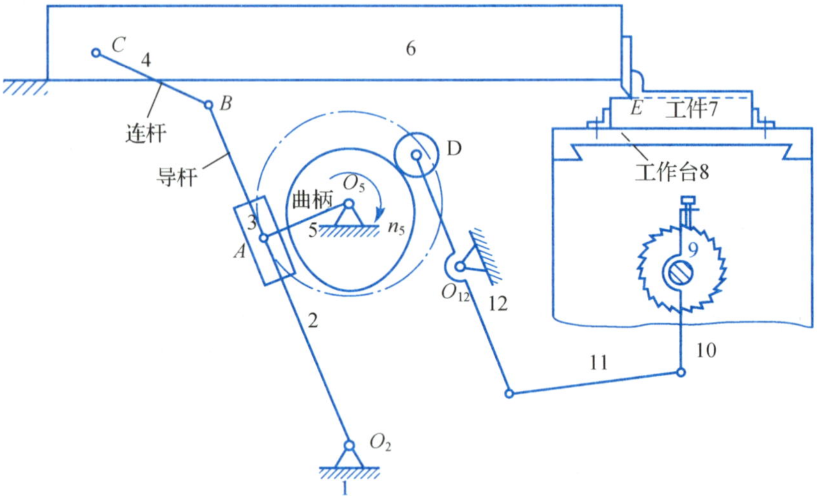

图 2-21 牛头刨床棘轮机构

图 2-22 卷扬机棘轮机构

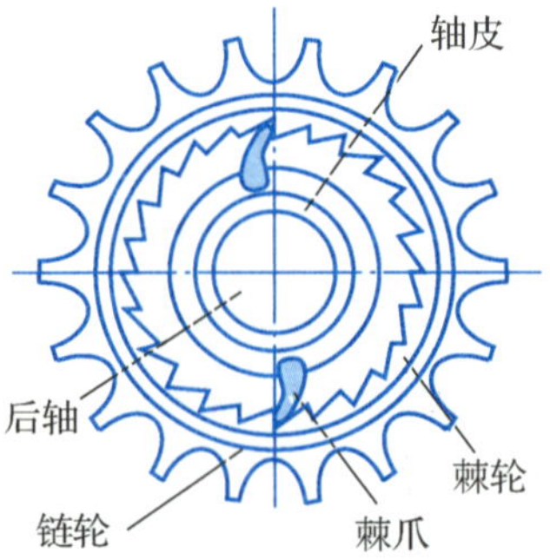

图 2-23 自行车棘轮机构

轮齿式棘轮机构结构简单、运动可靠，棘轮的转角容易实现有级的调节。但是这种机构在回程时，棘爪在棘轮齿背上滑过产生噪声；在运动开始和终了时，由于速度突变而产生冲击，运动平稳性差，且棘轮轮齿容易磨损，故常用于低速轻载等场合。

2. 槽轮机构

如图 2-24 所示为槽轮机构，当拨盘 1 以等角速度连续转动，拨盘上的圆销 A 未进入槽轮的径向槽时，槽轮 2 上的内凹锁止弧 $\widehat{nn}$ 被拨盘上的外凸锁止弧 $\widehat{mm'm}$ 卡住，槽轮静止不动。当拨盘上的圆销刚开始进入槽轮径向槽时，锁止弧 $\widehat{nn}$ 也刚好被松开，槽轮在圆销 A 的推动下开始转动。当圆销在另一边离开槽轮的径向槽时，锁止弧 $\widehat{nn}$ 又被卡住，槽轮又静止不动，直至圆销 A 再一次进入槽轮的另一径向槽时，槽轮不断重复上述的过程。该机构是一种典型的单向间歇传动机构。

槽轮机构一般用于转速不是很高的自动机械或仪器仪表中，实现转位功能或间歇送进。如图 2-25 所示的转塔车床转位装置和图 2-26 所示的电影放映卷片机构。

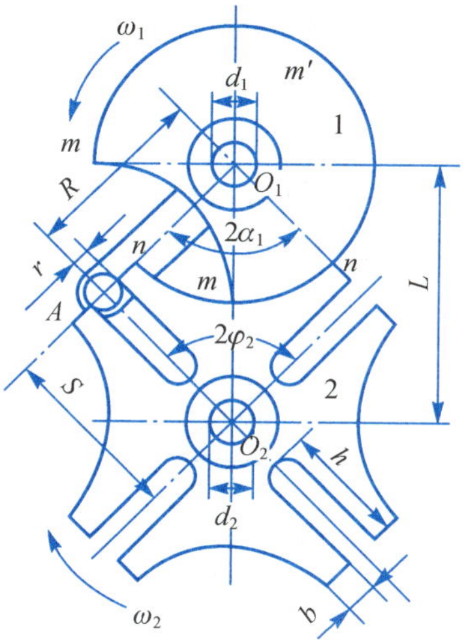

图 2-24　槽轮机构

1—拨盘；2—槽轮

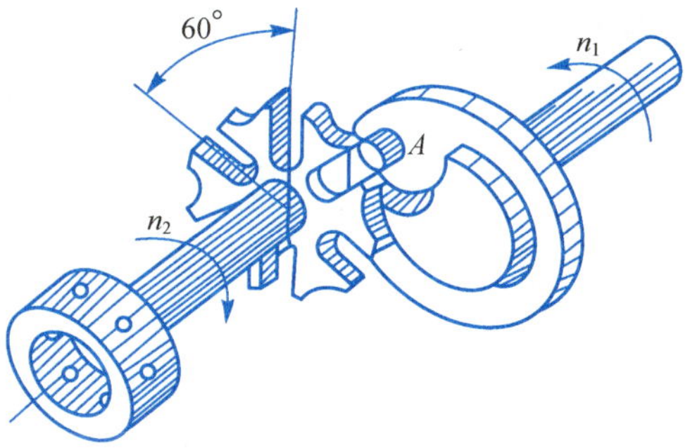

图 2-25　转塔车床转位装置

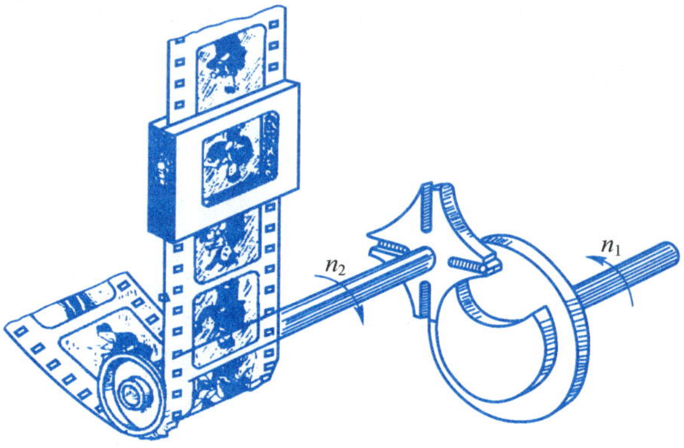

图 2-26　电影放映卷片机构

槽轮机构具有结构紧凑、制造简单、传动效率高并能较平稳地进行间歇转位的优点，但因圆销突然进入与脱离径向槽，传动存在柔性冲击，不适用于高速场合。槽轮机构的转角不能调节，故只能用于定转角的间歇机构中。

思考与练习

一、简答题

(1) 凸轮机构的基圆半径取决于哪些因素?

(2) 一滚子推杆盘形凸轮机构，在使用中发现推杆滚子的直径偏小，故改用较大的滚子，问是否可行? 为什么?

二、判断题

(1) 凸轮压力角指凸轮轮廓上某点的受力方向和其运动速度方向之间的夹角。 (　　)

(2) 凸轮机构的压力角越小，则其动力特性越差，自锁可能性越大。 (　　)

(3) 直动平底从动件盘形凸轮机构中，其压力角始终不变。 (　　)

三、作图题

(1) 用图解法求出图 2-27 中各凸轮从图示位置转到 B 点与从动件接触时凸轮的转角 φ_0(在图上标出来)。

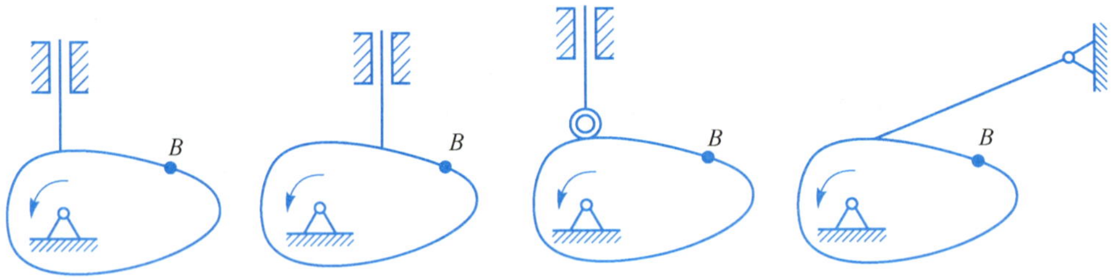

图 2-27　图解法求凸轮转角

(2) 设计一对心直动尖顶从动件盘形凸轮机构。已知凸轮顺时针匀速回转，凸轮基圆半径 $r_b=40$ mm，直动从动件的升程 $h=25$ mm，推程运动角 $\varphi_{02}=120°$，远休止角 $\varphi_{03}=30°$，回程运动角 $\varphi_{04}=120°$，近休止角 $\varphi_{01}=90°$，从动件在推程做等速运动，回程做匀加速匀减速运动。试用图解法绘制凸轮轮廓线。

学习情境三
输送机带传动装置设计

情境描述

如图 3-1 所示为带式输送机传动示意图。带式输送机由三部分组成:虚线框 1 为输送机带传动装置,虚线框 2 为输送机齿轮减速器装置,虚线框 3 为输送机传送带装置。

本学习情境主要解决带传动类型的选择,带传动装置中典型零件 V 带、带轮、键的设计及选用。

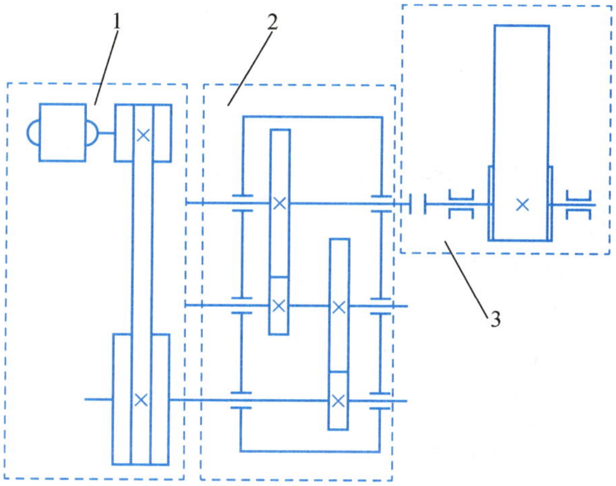

图 3-1　带式输送机传动示意图

1—带传动装置；2—齿轮减速器装置；3—传送带装置

任务一　带传动类型选择

任务描述

实际应用中的带传动类型有多种,本任务需要明确带式输送机带传动的类型及结构。

任务分析

完成本任务,需要掌握带传动类型、特点及应用,带传动的结构形式等知识点。

相关知识

一、带传动的组成和特点

1. 带传动的组成

如图 3-2 所示，带传动一般由主动轮、从动轮、紧套在两轮上的传动带及机架组成。当原动件驱动带轮（主动轮）转动时，带与带轮间摩擦力的作用使从动轮一起转动，从而实现运动和动力的传递。

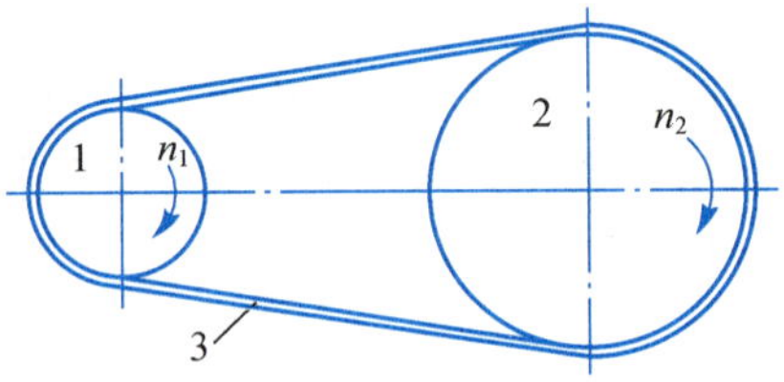

图 3-2　带传动的组成

1—主动轮；2—从动轮；3—传动带

2. 带传动的特点

鉴于带的材质及带传动的结构组成，其优、缺点如下：

(1) 带传动的主要优点。

① 适用于中心距较大的传动。

② 带具有弹性，可缓冲和吸振。

③ 传动平稳，噪声小，无油污染。

④ 过载时带与带轮间会出现打滑，可防止其他零件损坏，起安全保护作用。

⑤ 结构简单，便于加工和装配维修，成本低廉。

(2) 带传动的主要缺点。

① 传动的外廓尺寸较大。

② 由于带的滑动，因此瞬时传动比不准确，不能用于要求传动比精确的场合。

③ 传动效率较低，带的寿命短，传动中对轴的作用力较大。

带传动多用于原动机与工作机之间的传动，一般传递的功率 $P \leqslant 100$ kW；带速 $v=5\sim25$ m/s；传动效率 $\eta=0.90\sim0.95$；传动比 $i\leqslant7$。带传动中由于摩擦会产生电火花，故不能用于有爆炸危险的场合。

二、带传动的类型及应用

根据传动原理的不同，带传动主要可以分为两类：摩擦型带传动和啮合型带传动（图 3-3）。

1. 摩擦型带传动

摩擦型带传动通常由主动轮、从动轮和张紧在两轮上的环形传动带组成，由于带已被张紧，传动带在静止时已受到预紧力的作用，带与带轮之间的接触面间产生了正压力。当主动轮转动时，依靠带与带轮接触面之间的摩擦力，拖动传动带进而驱动从动轮转动，实现传动。

(1) 平带传动。如图 3-4(a)所示,平带截面形状为矩形,其工作面为内表面。常用的平带为橡胶帆布带。平带传动多用于两轴平行、转向相同、中心距较大的场合。

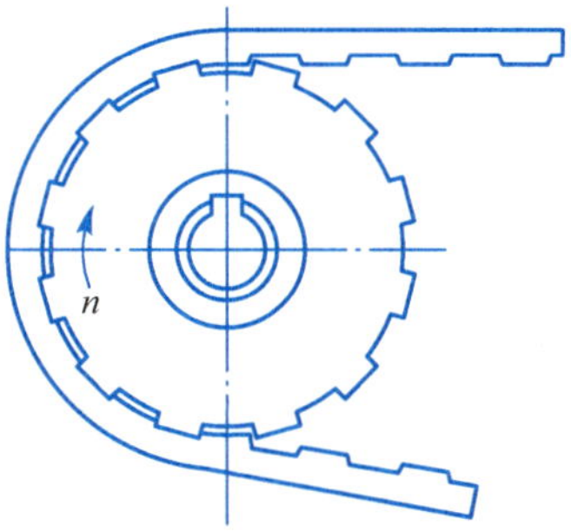

图 3-3 啮合型带传动

(2) V 带传动。V 带截面形状为梯形,其工作面为两侧面,如图 3-4(b)所示。V 带与平带相比,当量摩擦系数大,能传递较大的功率,且结构紧凑,在机械传动中应用最广。

(3) 多楔带传动。如图 3-4(c)所示,多楔带是在平带基体上由多根 V 带组成的传动带。多楔带能传递的功率更大,且能避免多根 V 带长度不等而产生的传力不均匀的缺点,故适用于传递功率较大且要求结构紧凑的场合。

(4) 圆带传动。圆带横截面为圆形,如图 3-4(d)所示。常用皮革或棉绳制成,用于小功率机械传动,如录音机、缝纫机、牙科医疗器械等。

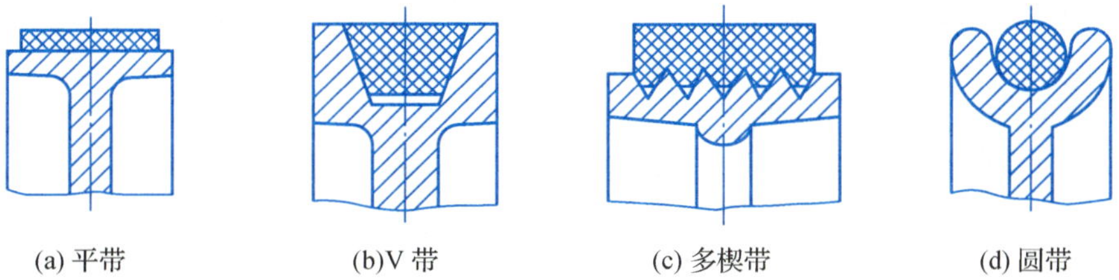

图 3-4 带的类型

2. 啮合型带传动

啮合型带传动即为同步带传动,它由主动同步带轮、从动同步带轮和套在两轮上的环形同步带组成。啮合型带传动依靠传动带与带轮上的齿相互啮合来传递运动和动力,如图 3-3 所示,具有传递功率大、传动比准确等优点,多用于汽车发动机、数控机床等要求传动平稳、传动精度较高的场合。

三、普通 V 带的结构和尺寸

普通 V 带都制成无接头的环形,其横截面由底胶层、抗拉层、顶胶层和包布层构成,如图 3-5 所示。各构成部分的成分及作用如下:

(1) 包布层由胶帆布制成,起保护作用。

(2) 底胶层由橡胶制成,当带弯曲时承受压缩。

(3) 顶胶层由橡胶制成,当带弯曲时承受拉伸。

(4) 抗拉层由抗拉强度较高的化学纤维组成,是承受载荷的主体,按结构不同分为帘布结构(由胶帘布组成)和线绳结构(由胶线绳组成)两种(图 3-5)。帘布结构抗拉强度高,一般用途的 V 带多采用这种结构。线绳结构比较柔软,弯曲疲劳强度较好,但拉伸强度低,常用于载荷不大,直径较小的带轮和转速较高的场合。

根据国家标准《带传动 普通带和窄带尺寸(基准宽度制)》(GB/T 11544—2012)的规定,普通 V 带按截面尺寸大小分为 Y,Z,A,B,C,D,E 七种型号(表 3-1)。

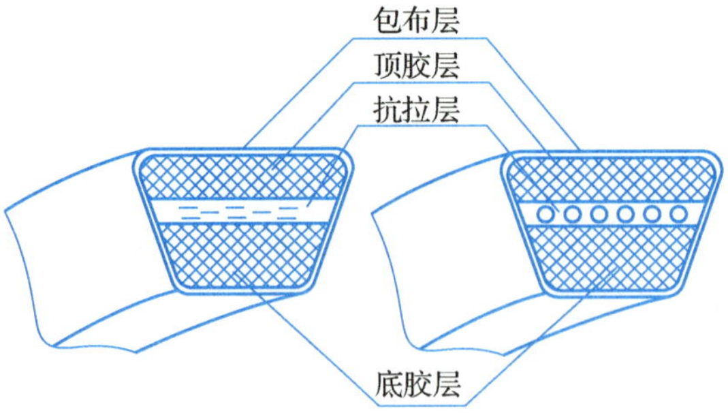

(a) 帘布结构　　(b) 线绳结构

图 3-5　普通 V 带的结构

表 3-1　普通 V 带的基本参数和尺寸

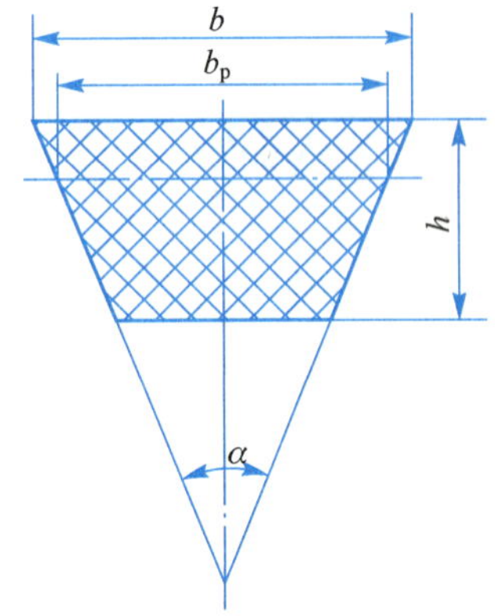

带　型	节宽 b_p/mm	顶宽 b/mm	高度 h/mm	质量 q /(kg·m^{-1})	楔角 α
Y	5.3	6	4	0.04	
Z	8.5	10	6	0.06	
A	11	13	8	0.10	
B	14	17	11	0.17	40°
C	19	22	14	0.30	
D	27	32	19	0.63	
E	32	38	23	0.92	

资料来源：摘自 GB/T 11544—2012。

V 带在规定张紧力下弯绕在带轮上时外层受拉伸变长，内层受压缩变短，两层之间存在一长度不变的中性层，沿中性层形成的面称为节面。节面的宽度称为节宽 b_p(表 3-1)，节面的周长为带的基准长度 L_d，带长修正系数为 K_L(表 3-2)。

表 3-2　普通 V 带的长度系列和带长修正系数 K_L

Y L_d	K_L	Z L_d	K_L	A L_d	K_L	B L_d	K_L	C L_d	K_L	D L_d	K_L	E L_d	K_L
200	0.81	405	0.87	630	0.81	930	0.83	1 565	0.82	2 740	0.82	4 660	0.91
224	0.82	475	0.90	700	0.83	1 000	0.84	1 760	0.85	3 100	0.86	5 040	0.92
250	0.84	530	0.93	790	0.85	1 100	0.86	1 950	0.87	3 330	0.87	5 420	0.94
280	0.87	625	0.96	890	0.87	1 210	0.87	2 195	0.90	3 730	0.90	6 100	0.96
315	0.89	700	0.99	990	0.89	1 370	0.90	2 420	0.92	4 080	0.91	6 850	0.99
355	0.92	780	1.00	1 100	0.91	1 560	0.92	2 715	0.94	4 620	0.94	7 650	1.01
400	0.96	920	1.04	1 250	0.93	1 760	0.94	2 880	0.95	5 400	0.97	9 150	1.05
450	1.00	1 080	1.07	1 430	0.96	1 950	0.97	3 080	0.97	6 100	0.99	12 230	1.11

（续表）

Y L_d	K_L	Z L_d	K_L	A L_d	K_L	B L_d	K_L	C L_d	K_L	D L_d	K_L	E L_d	K_L
500	1.02	1 330	1.13	1 550	0.98	2 180	0.99	3 520	0.99	6 840	1.02	13 750	1.15
		1 420	1.14	1 640	0.99	2 300	1.01	4 060	1.02	7 620	1.05	15 280	1.17
		1 540	0.54	1 750	1.00	2 500	1.03	4 600	1.05	9 140	1.08	16 800	1.19
				1 940	1.02	2 700	1.04	5 380	1.08	10 700	1.13		
				2 050	1.04	2 870	1.05	6 100	1.11	12 200	1.16		
				2 200	1.06	3 200	1.07	6 815	1.14	13 700	1.19		
				2 300	1.07	3 600	1.09	7 600	1.17	15 200	1.21		
				2 480	1.09	4 060	1.13	9 100	1.21				
				2 700	1.10	4 430	1.15	10 700	1.24				
						4 820	1.17						
						5 370	1.20						
						6 070	1.24						

资料来源：摘自 GB/T 13575.1—2008。

V 带的型号和基准长度都压印在胶带的外表面上，以供识别和选用。普通 V 带的标记由带型、基准长度和标准号组成。例如，B-2240，表示 B 型普通 V 带，带的基准长度为 2 240 mm。

四、普通 V 带轮的材料和结构尺寸

V 带轮是普通 V 带传动的重要组成零件，它必须具有足够的强度，但又要重量轻，质量分布均匀；轮槽的工作面对带必须有足够的摩擦力，又要减少对带的磨损。V 带轮通常采用铸铁 HT150 或 HT200 制造，其允许的最大圆周速度为 25 m/s。速度更高时，可采用铸钢或钢板冲压后焊接。塑料带轮的重量轻、摩擦系数大，常用于机床中。

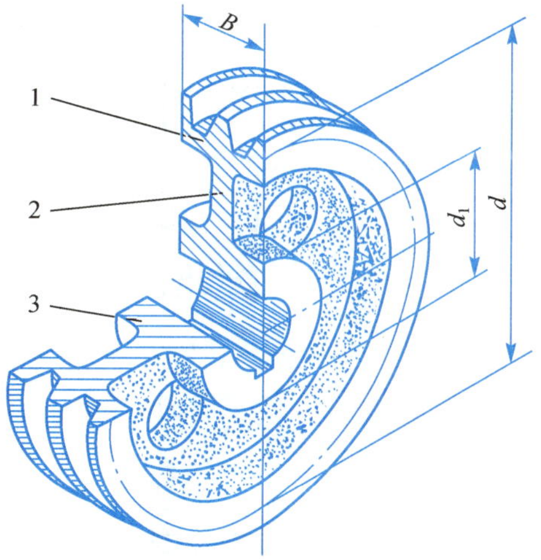

图 3-6　V 带轮的组成

1—轮缘；2—轮辐；3—轮毂

V 带轮一般由轮缘、轮辐（或腹板）和轮毂三部分组成，在轮缘处有相应的轮槽（图 3-6）。各种型号 V 带轮的轮槽的参数及尺寸见表 3-3。各种型号普通 V 带两侧面的夹角均为 40°，V 带绕在带轮上弯曲时，其截面变形使两侧面的夹角减小。为使 V 带能紧贴轮槽两侧，轮槽的楔角规定为 32°、34°、36°和 38°。V 带轮的基准直径系列尺寸见表 3-4。

表 3-3　各种型号普通 V 带轮的轮槽的参数及尺寸　　　　单位:mm

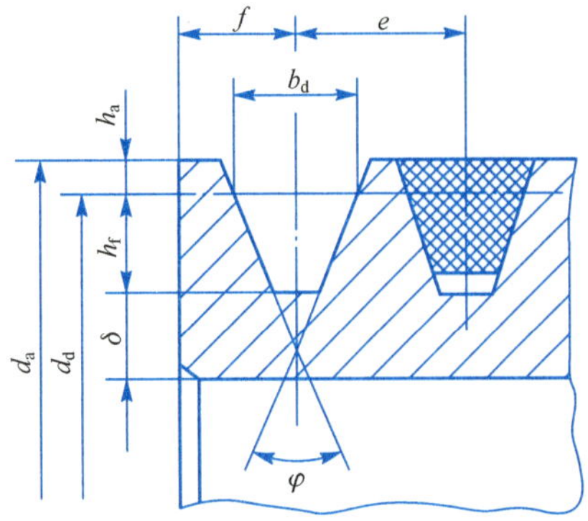

		槽型	Y	Z	A	B	C	D	E
		基准宽度 b_d	5.3	8.5	11	14	19	27	32
		基准线上槽深 h_{amin}	1.6	2.0	2.75	3.5	4.8	8.1	9.6
		基准线下槽深 h_{fmin}	4.7	7.0	8.7	10.8	14.3	19.9	23.4
		槽间距 e	8±0.3	12±0.3	15±0.3	19±0.4	25.5±0.5	37±0.6	44.5±0.7
		槽边距 f_{min}	6	7	9	11.5	16	23	28
		轮缘厚 δ_{min}	5	5.5	6	7.5	10	12	15
		外径 d_a	$d_a=d_d+2h_a$						
带轮槽角 φ	32°	基准直径 d_d	≤60	—	—	—	—	—	—
	34°		—	≤80	≤118	≤190	≤315	—	—
	36°		>60	—	—	—	—	≤475	≤600
	38°		—	>80	>118	>190	>315	>475	>600

表 3-4　V 带轮的基准直径系列　　　　单位:mm

28、31.5、35.5、40、45、50、56、63、71、75、80、85、90、95、100、(106)、112、(118)、125、132、140、150、160、(170)、180、200、(212)、224、(236)、250、(265)、280、(300)、315、335、355、(375)、400、(425)、450、(475)、500、(530)、560、(600)、630、(670)、710、(750)、800、(900)、1 000、1 060、1 120、1 250、1 400、1 500、1 600、(1 800)、2 000

注:括号内的直径尽量不用。

V 带轮的结构与齿轮结构相似,直径较小时,一般 $d_d \leqslant (2.5\sim3)d_0$($d_0$ 为轴的直径),可采用实心式[图 3-7(a)];中等直径 $d_d \leqslant 300$ mm 的带轮可采用腹板式[图 3-7(b)],且当 $d_d - d_1 \geqslant 100$ mm 时,可采用孔板式[图 3-7(c)];$d_d > 300$ mm 时,可采用轮辐式带轮[图 3-7(d)]。

(a) 实心式　　　　(b) 腹板式

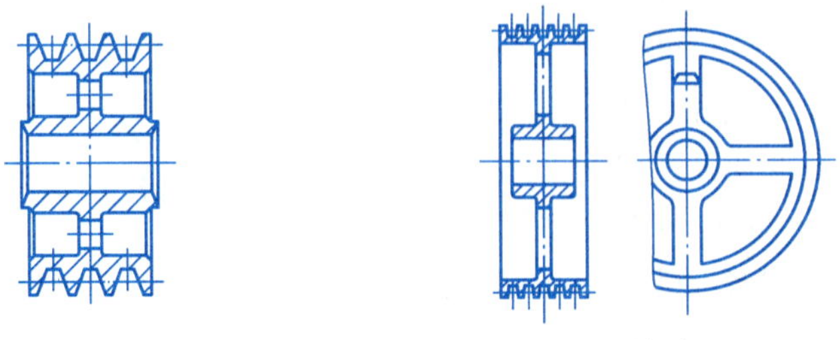

(c) 孔板式　　　　(d) 轮辐式

图 3-7　V 带轮的结构类型

任务实施

带式输送机中的带传动装置传递功率一般较大，所以选择 V 带传动。具体 V 带的型号及带轮的结构形式需要通过设计计算确定。

任务总结

带传动按照工作原理可分为摩擦型和啮合型带传动。其中，摩擦型传动带根据截面形状分为平带、V 带、多楔带、圆带。带传动结构简单，制造、使用、维护方便，成本低廉；具有过载保护能力；但有弹性滑动，传动比不准确，传动效率低。

思考与练习

(1) 带传动的类型有哪些？各有什么特点？

(2) 说明 V 带传动的优缺点。

(3) 在普通 V 带中，哪种型号带的截面最小？

任务二　V 带传动设计

任务描述

设计带式输送机传动装置中 V 带传动。根据带式输送机传动装置设计要求，原动机为三相异步电动机，电动机额定功率 P_N=7.5 kW，满载转速为=1 440 r/min，传动比为 2，中心距为 800 mm 左右，运输装置工作时有轻度冲击，两班制工作。

任务分析

完成本设计任务，需要掌握 V 带传动设计的方法和步骤，以及相关设计计算和各个参数的确定方法，包括带的型号、长度、根数、中心距、大小带轮直径及带轮结构尺寸等，并绘制带轮的零件图。此外，还要明确 V 带传动的张紧装置结构形式及维护。

相关知识

一、带传动的工作情况分析

1. 带传动的受力分析

【知识链接】

物体的受力分析

静力学主要研究的是物体在力系作用下的平衡问题。力系是指作用在同一物体或同一物体系上的一组力；平衡是指物体相对于地面保持静止或做匀速直线运动的状态。

1. 力的概念

力是物体间的相互机械作用，这种作用使物体的运动状态发生变化或使物体发生变形。力对物体的作用有两种效应：一是有使物体的运动状态发生改变的趋势，称为外效应或运动效应；二是有使物体发生变形的趋势，称为内效应或变形效应。

实践证明，力对物体的作用效果，取决于力的大小、方向和作用点，这称为力的三要素。

使 1 kg 质量的物体产生 1 m/s^2 加速度的力，在国际单位制中就定义为 1 N。力的常用单位为 N 或 kN。

力是一个不仅有大小还有方向的量，所以是一个矢量。力可以用一带箭头的线段来表示，线段的长度 AB 按一定的比例尺表示力的大小(图 3-8)；箭头指向表示力的方向；线段的起点或终点表示力的作用点；与线段重合的直线称为力的作用线。具有确定作用点的矢量称为定位矢量，不涉及作用点的矢量称为自由矢量。力是定位矢量，只表示力的大小和方向的矢量称为力矢。通常规定用黑体字母表示力，用普通字母表示力的大小。

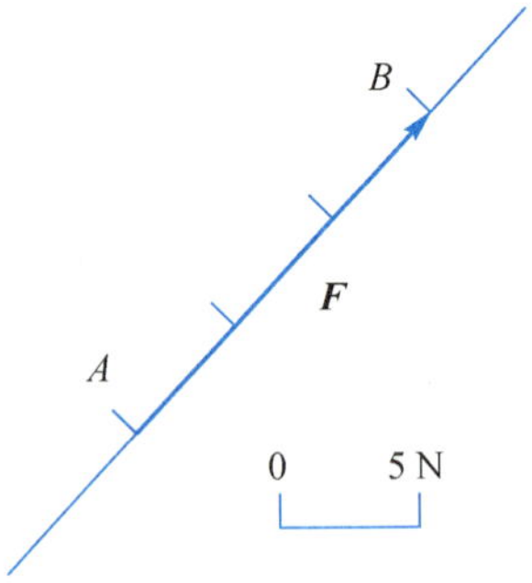

图 3-8　力的表示法

2. 力的性质

力的基本性质是人们在长期的生活和生产实践中积累的关于物体间相互机械作用性质的经验总结，其正确性已被实践反复证明，为大家所公认，所以也称静力学公理。

1) 性质 1(力的平行四边形法则)

作用于物体上同一点的两个力的合力也作用于该点，且合力的大小和方向可用这两个力为邻边所作的平行四边形的对角线来确定。力的平行四边形法则是力系合成的基础。

如图 3-9(a)所示，以 $\boldsymbol{F}_R$ 表示力 $\boldsymbol{F}_1$ 和力 $\boldsymbol{F}_2$ 的合力，表示为 $\boldsymbol{F}_R=\boldsymbol{F}_1+\boldsymbol{F}_2$，即作用于物体上同一点两个力的合力等于这两个力的矢量和。

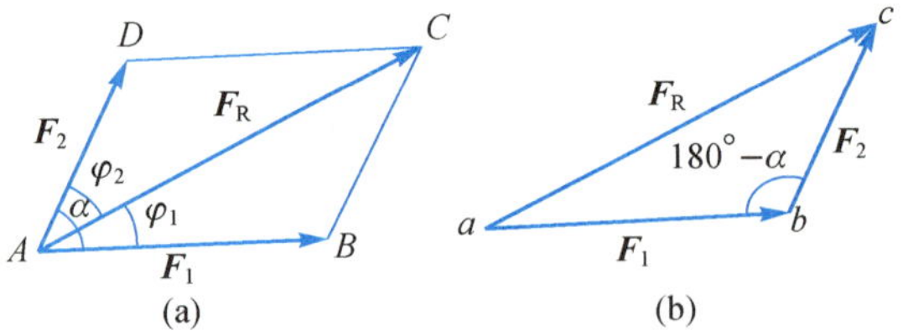

图 3-9　力的矢量合成

在求两个共点力的合力时，我们常采用力的三角形法则，如图 3-9(b)所示。从刚体外任选一点 a 作矢量 ab 代表力 $\boldsymbol{F}_1$，然后从 ab 的终点作矢量 bc 代表力 $\boldsymbol{F}_2$，最后连接起点 a 与终点 c 得到矢量 ac，则矢量 ac 就代表合力矢 $\boldsymbol{F}_R$。分力矢与合力矢所构成的三角形 abc 称为力的三角形。这种合成方法称为力的三角形法则。

2) 性质 2(二力平衡公理)

要使两个力作用的刚体平衡，必须要使这两个力的大小相等、方向相反且作用在同一直线上，这一性质称为二力平衡公理。它说明了作用在一个物体上的两个力的平衡条件。受两个力作用处于平衡的构件称为二力构件。工程上常遇到二力构件。根据性质3，二力构件上的两力必须沿二力作用点的连线，且等值、反向。

3）性质3（作用力与反作用力公理）

两物体间的相互作用力，总是大小相等、方向相反、沿同一直线，分别作用于该两物体上，这一性质称为作用力与反作用力公理。该性质揭示了力总是成对出现的，力在物体间相互作用的关系。

注意作用力与反作用力分别作用在两个物体上，而二力平衡的两个力作用在同一物体上。

4）性质4（加减平衡力系公理）

作用于物体上的任一已知力系中，增加或减去任一平衡力系，并不改变原力系对刚体作用的效应。这一性质称为加减平衡力系公理，它是力系等效代换的依据。

5）推论1（力的可传性）

作用于刚体上某点的力，可以沿着它的作用线移到刚体上任意一点，并不改变该力对刚体的作用效应（图3-10）。

6）推论2（三力平衡汇交定理）

由力的性质1和性质3容易证明，当刚体在三个力作用下处于平衡时，若其中两个力的作用线汇交于一点，则第三个力的作用线必通过该点，且此三个力的作用线共面（图3-11）。

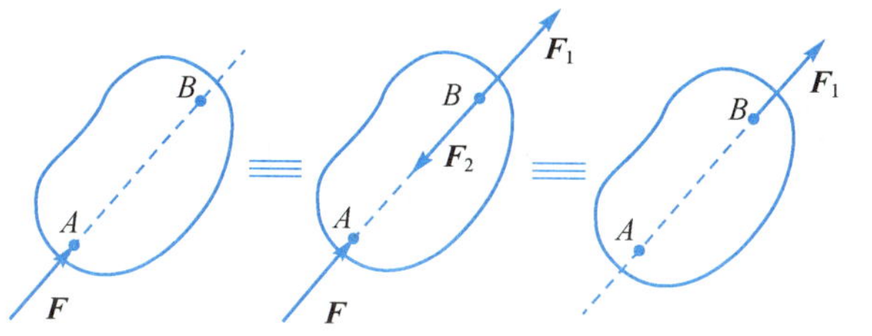

图3-10　力的可传性

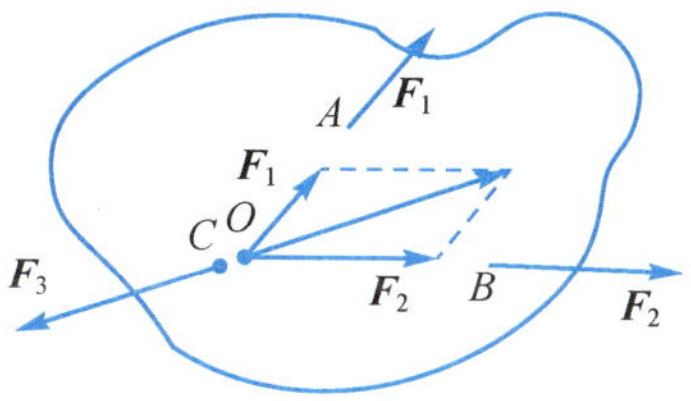

图3-11　三力平衡汇交定理

3. 约束与约束力

根据物体的运动是否受其他物体的限制，物体可分为自由体和非自由体。在空间可做任意运动的物体称为自由体，如飞机、火箭、空中的鸟等。如果物体的运动受到其他物体的限制，不能沿着某些方向运动的物体称为非自由体。如悬挂的重物，因为受到绳索的限制，其在某些方向不能运动而成为非自由体。这种阻碍物体运动的限制称为约束。约束通常是通过物体间的直接接触形成的。

既然约束阻碍物体沿某些方向运动，那么当物体沿着约束所阻碍的运动方向运动或有运动趋势时，约束对其必然有力的作用，以限制其运动，这种力称为约束力，又称约束反力，简称反力。约束力的方向总是与约束所能阻碍的物体的运动或运动趋势的方向相反，它的作用点就是约束与被约束物体的接触点，大小可以通过计算求得。

工程上通常把能使物体主动产生运动或运动趋势的力称为主动力或载荷，如重力、风力、水压力等。通常主动力是已知的，约束力是未知的，它不仅与主动力的情况有关，同时也与约束类型有关。下面介绍工程实际中常见的几种约束类型及其约束力的特性。

(1) 柔性约束。柔性约束是指由柔软而不计自重的绳索、链条、皮带等柔索对物体的约束。理想化条件：柔索绝对柔软、无重量、无粗细、不可伸长或缩短。由于柔索只能承受拉力，所以柔索的约束力作用于接触点，方向沿柔索的中心线而背离物体，为拉力，如图 3-12 所示。

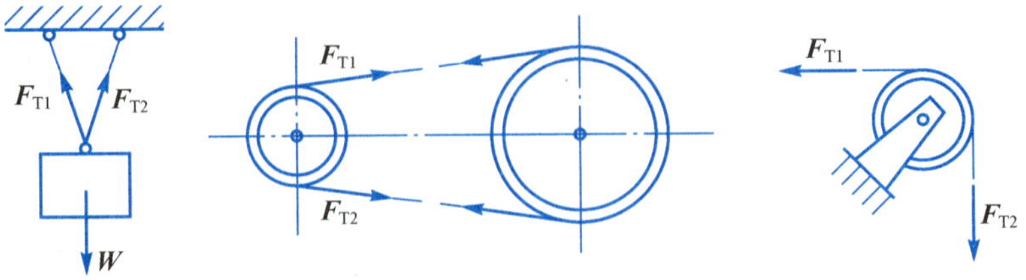

(a) 吊重　　(b) 带轮　　(c) 滑轮

图 3-12　柔性约束

(2) 光滑接触面约束。当物体接触面上的摩擦力可以忽略时，接触面即可看作光滑接触面，这时两个物体可以脱离开，也可以沿光滑面相对滑动，但沿接触面法线且指向接触面的位移受到限制。光滑接触面约束力作用于接触点，且沿接触面的公法线指向物体，为压力，如图 3-13、图 3-14 所示。

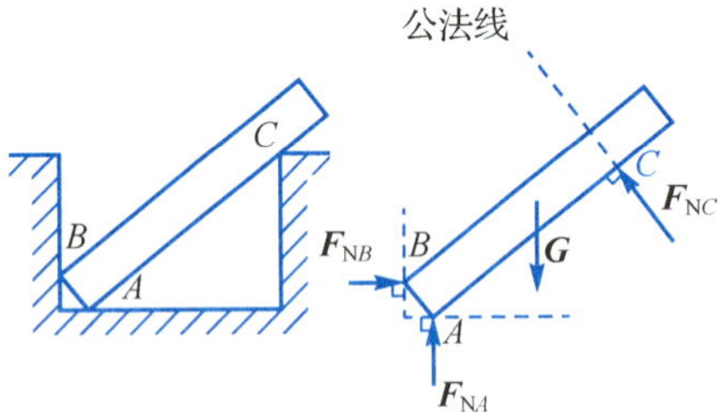

(a) 实况　　(b) 力图

图 3-13　杆件光滑接触面约束

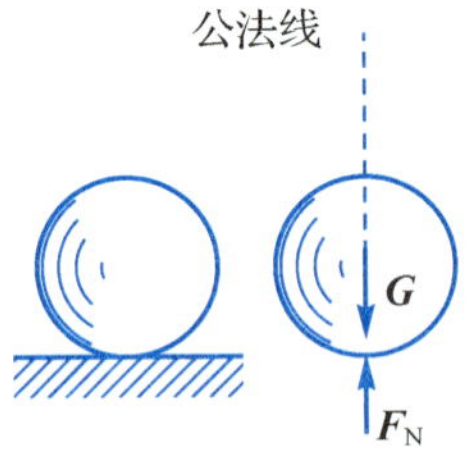

(a) 实况　　(b) 力图

图 3-14　球光滑接触面约束

(3) 光滑铰链约束。工程上常用销来连接构件或零件，这类约束只限制相对移动不限制转动，且忽略销与构件间的摩擦。若两个构件用销连接起来，这种约束称为铰链约束，简称铰链或中间铰，如图 3-15(a)所示。如图 3-15(b)所示为其简化表示。

当两个构件有沿销径向相对移动的趋势时，销与构件以光滑圆柱面接触，如图 3-15(c)所示，铰链约束的约束力作用在销钉与物体的接触点 D，沿接触面的公法线方向，使被约束物体受压力。但由于销与销孔壁接触点与被约束物体所受的主动力有关，一般不能预先确定，所以约束力 $\boldsymbol{F}_C$ 的方向也不能确定。因此，其约束力作用在垂直于销轴线平面内，通过销中心，方向不定。为计算方便，铰链约束的约束力常用两个过铰链中心、大小未知的正交分力 $\boldsymbol{F}_{Cx}$、$\boldsymbol{F}_{Cy}$ 来表示，如图 3-15(d)所示。两个分力的指向是假设的。

(4) 固定铰支座约束。用铰链连接的两个构件中，如果其中一个构件是固定在地面或

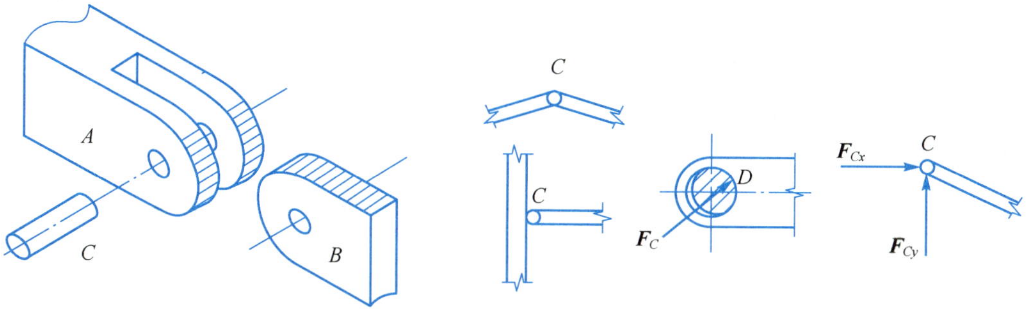

图 3-15　光滑铰链约束

机座上，那么这种约束称为固定铰支座约束，简称铰支座约束，如图 3-16(a)所示。固定铰支座约束与铰链约束完全相同。如图 3-16(b)所示为固定铰支座约束的几种简化表示。约束力常用过铰支座中心 A 的两个大小未知的正交分力 $\boldsymbol{F}_{Ax}$、$\boldsymbol{F}_{Ay}$ 来表示，如图 3-16(c)所示，两个分力的指向是假设的。

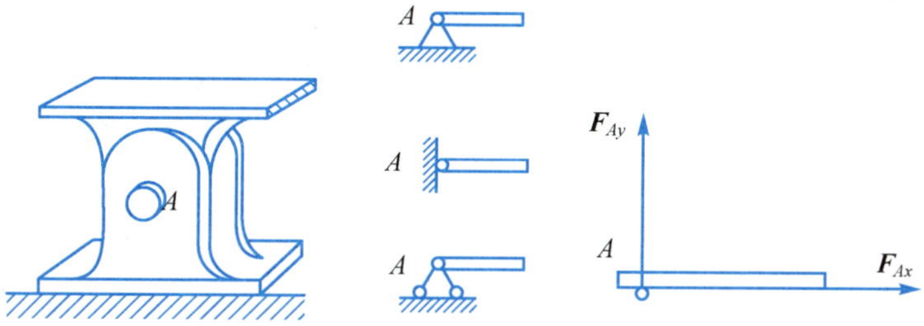

图 3-16　固定铰支座约束

(5) 活动铰支座约束。在固定铰支座和支承面间装上几个滚子，使支座可沿支承面移动，就构成了活动铰支座，又称辊轴支座，如图 3-17(a)所示。其简化表示形式如图 3-17(b)所示。这种约束只能限制物体沿支承面法线方向运动，而不能限制物体沿支承面移动和相对于销轴线转动，因此其约束力垂直于支承面，过销中心，指向可假设，如图 3-17(c)所示。

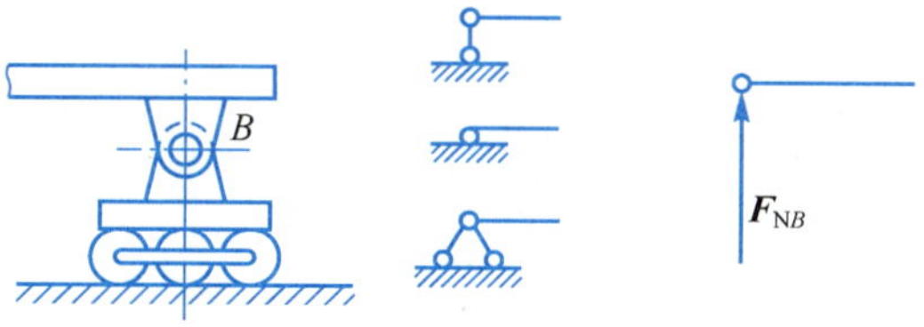

图 3-17　活动铰支座约束

(6) 固定端约束。将物体的一端插入一固定物体(如墙)中，使其既不能移动也不能转动，则物体所受的约束称为固定端约束[图 3-18(a)]。固定端约束在连接处具有较大的刚性，被约束的物体在该处被完全固定。固定端的约束力，一般用两个正交分力和一个约束力偶来代替，如图 3-18(b)所示。

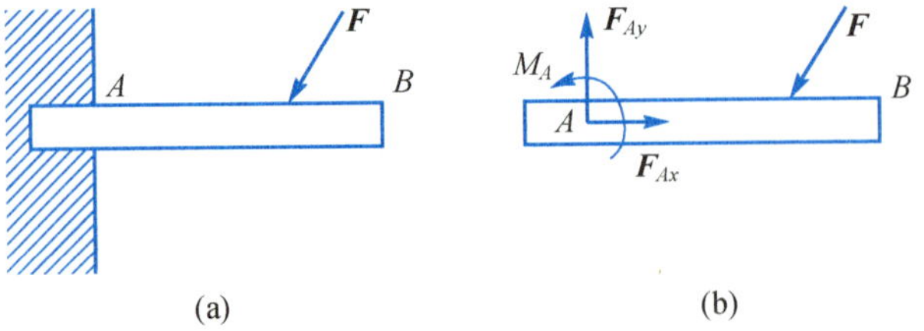

图 3-18 固定端约束

4. 受力分析与受力图

解决静力学问题时，首先要明确研究对象，再考虑它的受力情况，然后用相应的平衡方程去计算。工程中的结构与机构，大多是受一定约束的非自由刚体，为了清楚地表达出某个物体的受力情况，必须将它从与其相连接的周围物体中分离出来。分离的过程就是解除约束的过程。在解除约束的地方用相应的约束力来代替约束的作用，被解除约束后的物体称为分离体。在分离体上画出物体所受的全部主动力和约束力，此图称为研究对象的受力图。画受力图的基本步骤如下：

(1) 确定研究对象，取分离体。按问题的条件和要求，确定所研究对象（它可以是一个物体，也可以是几个物体的组合或整个系统），解除与研究对象相连接的其他物体的约束，用简单几何图形表示出其形状特征。

(2) 画主动力。在分离体上画出该物体所受到的全部主动力，如重力、风力、切削力、电磁力等。

(3) 画出约束力。在解除约束的位置，根据约束的不同类型，画出相应的约束力。

如研究对象是几个物体组成的物体系，还必须区分外力和内力。物体系内各物体间相互作用的力称为内力，物体与系外物体的相互作用力称为外力。随着所取系统的范围不同，某些内力和外力也会相互转化。画物体系受力图时，不画内力，因为内力总是成对出现，它不影响物体总体的平衡。分别画出物体系中各个物体的受力图，须注意它们相互作用的力必须相等、共线、反向。

受力图上所有力都应根据力的性质、约束的种类、作用点的位置标注相应的字母。对于作用力与反作用力标注的字母应协调。

例 3-1 水平梁 AB 用斜杆 CD 支撑，A、C、D 三处均为光滑铰链连接，如图 3-19(a)所示。梁上放置一重为 $\boldsymbol{G}_1$ 的电动机。已知梁重为 $\boldsymbol{G}_2$，不计杆 CD 自重，试分别画出杆 CD 和梁 AB 的受力图。

解 (1) 取 CD 为研究对象。由于斜杆 CD 自重不计，只在杆的两端分别受铰链的约束力 $\boldsymbol{F}_C$ 和 $\boldsymbol{F}_D$ 的作用，由此判断 CD 杆为二力杆。根据二力平衡公理，$\boldsymbol{F}_C$ 和 $\boldsymbol{F}_D$ 两力大小相等、沿铰链中心连线 CD 方向且指向相反。斜杆 CD 的受力如图 3-19(b)所示。

(2) 取梁 AB（包括电动机）为研究对象。梁 AB 所受的作用力包括：两个主动力 $\boldsymbol{G}_1$、$\boldsymbol{G}_2$，在铰链 D 处受二力杆 CD 给它的约束力 $\boldsymbol{F}'_D$，根据作用力与反作用力公理，$\boldsymbol{F}'_D=-\boldsymbol{F}_D$，在 A 处受固定铰支座的约束力，由于方向未知，可用两个大小未知的正交分力 $\boldsymbol{F}_{Ax}$ 和 $\boldsymbol{F}_{Ay}$ 表示。梁 AB 的受力如图 3-19(c)所示。

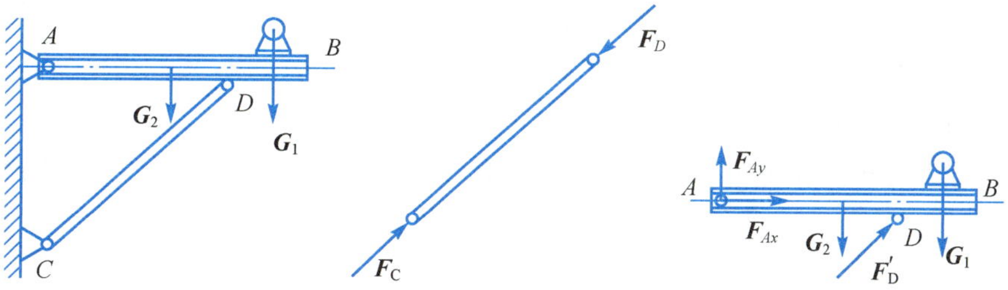

图 3-19　悬臂起重机受力图

例 3-2　简支梁两端分别为固定铰支座和活动铰支座，在 C 处作用一集中载荷 $\boldsymbol{P}$［图 3-20(a)］，梁重不计，试画梁 AB 的受力图。

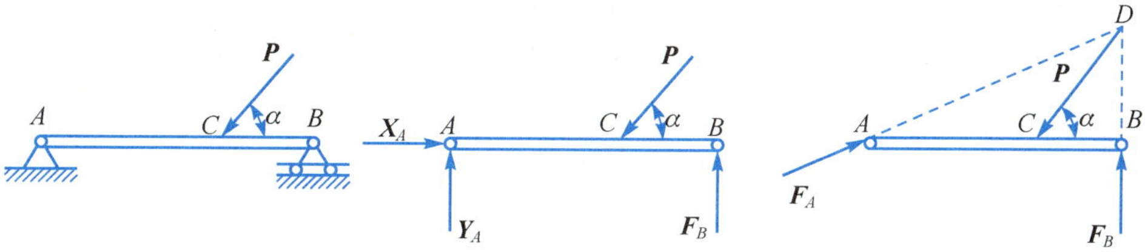

图 3-20　简支梁受集中载荷作用受力图

解　取梁 AB 为研究对象，取分离体。

方法一：作用于梁上的力有集中载荷 $\boldsymbol{P}$；活动铰支座 B 的反力 $\boldsymbol{F}_B$，作用方向铅垂向上；固定铰支座 A 的反力用过点 A 的两个正交分力 $\boldsymbol{X}_A$ 和 $\boldsymbol{Y}_A$ 表示，受力如图 3-20(b)所示。

方法二：由于梁受三个力作用而平衡，由三力汇交平衡定理可确定 $\boldsymbol{F}_A$ 的方向。用点 D 表示力 $\boldsymbol{P}$ 和 $\boldsymbol{F}_B$ 的作用线交点。$\boldsymbol{F}_A$ 的作用线必过交点 D，如图 3-20(c)所示。

V 带传动是利用摩擦力来传递运动和动力的，因此在安装时就要将皮带张紧，使皮带保持有初拉力 $\boldsymbol{F}_0$，从而在带和带轮的接触面上产生必要的正压力。当传动带没有工作时传动皮带两边的拉力相等，都等于初拉力 $\boldsymbol{F}_0$，如图 3-21(a)所示。

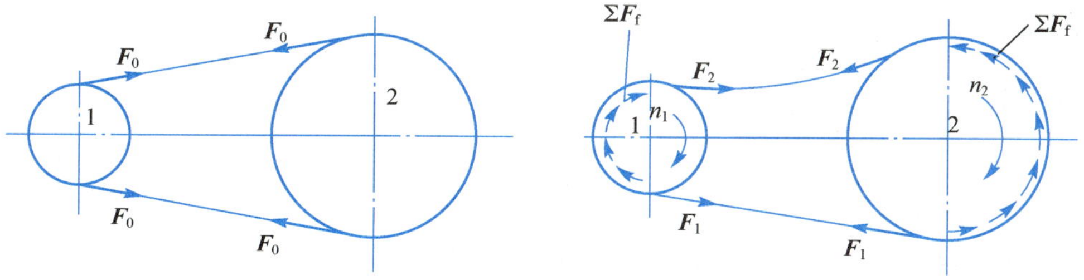

图 3-21　带传动的受力情况

当主动轮以转速 n_1 旋转时，由于传动带和带轮的接触面上的摩擦力作用，从动轮以转速 n_2 转动。主动轮作用在带上的力与 n_1 转向相同，而从动轮作用在带上的作用力与 n_2 相反。这就造成传动带两边的拉力发生变化，传动带进入主动轮的一边被拉紧，称为紧边，其拉力由 $\boldsymbol{F}_0$ 增大到 $\boldsymbol{F}_1$；传动带进入从动轮的一边被放松，称为松边，其拉力由 $\boldsymbol{F}_0$ 减小到 $\boldsymbol{F}_2$，如图 3-21(b)所示。传动带两边拉力之差为有效圆周力 $\boldsymbol{F}_e$。

取主动轮一边的传动带为分离体，设总摩擦力为 $\boldsymbol{F}_f$（也就是有效圆周力），则有

$$F_e \frac{D_1}{2}=F_1 \frac{D_1}{2}-F_2 \frac{D_1}{2}$$

即

$$F_e=F_f=F_1-F_2 \tag{3-1}$$

而传动带传递的功率为

$$P=\frac{F_e v}{1\ 000} \tag{3-2}$$

其中，D_1 为小带轮直径，单位为 mm；v 为带速，单位为 m/s。

如果认为带的总长不变，那么两边带长度的增减量应相等，相应拉力的增减量也应相等，可列出等量关系式为

$$F_1-F_0=F_0-F_2 \tag{3-3}$$

整理得出

$$F_0=\frac{1}{2}(F_1+F_2) \tag{3-4}$$

将式(3-1)代入式(3-4)中可得

$$\begin{cases} F_1=F_0+\dfrac{1}{2}F_e \\ F_2=F_0-\dfrac{1}{2}F_e \end{cases} \tag{3-5}$$

由式(3-1)至式(3-5)可以看出，$\boldsymbol{F}_1$ 和 $\boldsymbol{F}_2$ 的大小，取决于初拉力 $\boldsymbol{F}_0$ 及有效圆周力 $\boldsymbol{F}_e$；而 $\boldsymbol{F}_e$ 又取决于传递的功率 P 及带速 v。

显然，当其他条件不变且 $\boldsymbol{F}_0$ 一定时，摩擦力 $\boldsymbol{F}_f$ 不会无限增大，而有一个最大的极限值。如果所要传递的功率过大，使 $\boldsymbol{F}_e>\boldsymbol{F}_f$，带就会沿轮面出现显著的滑动现象，这种现象称为“打滑”，从而导致带传动不能正常工作，即传动失效。

2. 带传动的应力分析

【知识链接】

应　力

1. 内力的概念

构件工作中受到其他物体对它的作用力，称为外力。这些外力包括载荷、约束力、重力等。在外力作用下，构件发生变形时，构件的各质点间的相对位置改变而引起的附加内力，简称内力。内力随外力的改变而改变，但它的变化是有一定限度的，不能随外力的增大而无限地增大。当内力增大到一定限度时，构件就会被破坏，因此计算内力是进行构件强度、刚度和稳定性计算的基础。

2. **截面法**

截面法是已知构件外力确定内力的基本方法。就是假想用一截面把构件截成两部分，取其中一部分为研究对象，并以内力代替另一部分对研究对象的作用。根据研究部分内力与外力的平衡来确定内力的大小和方向。

如图 3-22 所示，已知杆件在外力 $\boldsymbol{F}$ 作用下处于平衡状态，欲求某截面上的内力，可用一假想截面 $m—m$ 把杆件裁成两部分，然后取任一部分为研究对象，另一部分对它的作用力，即为 $m—m$ 截面上的内力 $\boldsymbol{F}_N$。因为整个杆件是平衡的，所以每一部分也都是平衡的，那么 $m—m$ 截面上的内力必和相应部分上的外力平衡。由平衡条件就可以确定内力。例如，在左段杆上由平衡方程

$$F_N-F=0$$

可得

$$F_N=F$$

按照材料连续性假设，$m—m$ 截面上各处都有内力作用，所以截面上应有一个分布内力系，用截面法确定的内力是该分布内力系的合成结果。

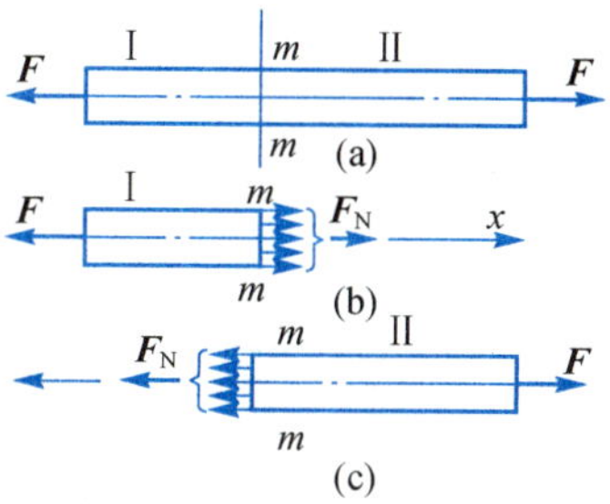

图 3-22　截面法求内力

综上所述，截面法可归纳为以下三个步骤：

(1) 假想截开。在需求内力的截面处，假想用一截面把构件截成两部分。

(2) 任意留取。任取一部分为研究对象，将弃去部分对留下部分的作用以截面上的内力 $\boldsymbol{F}_N$ 来代替。

(3) 平衡求力。对留下部分建立平衡方程，求解出截面上的内力大小。

3. **应力的概念**

在用截面法确定了构件的内力以后，还不能判断杆件的强度是否足够。例如，有同样材料而截面面积大小不等的两根杆件，若它们所受的外力相同，则横截面上的内力也是相同的。但是，从经验知道，当外力增大时，面积小的杆件一定先破坏。这说明杆件的强度不仅与内力有关，还与截面积有关，即取决于内力在横截面上分布的密集程度。由此把内力在横截面上的密集程度称为应力。其中，垂直于截面的应力称为正应力，用 σ 表示；平行于截面的应力称为切应力，用 τ 表示。如图 3-23 所示。

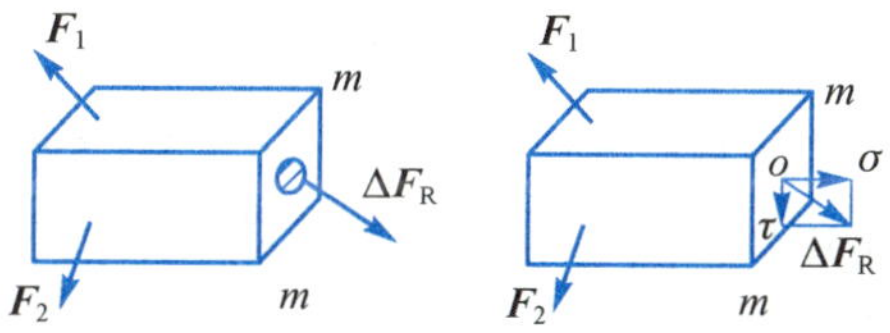

图 3-23　应力图示

设材料是均匀连续的，所以横截面上各点处的变形相同，受力也相同，即内力在横截面上是均匀分布的，受力物体的内力方向垂直于横截面，即杆件横截面存在正应力 σ。其计算公式为

$$\sigma=\frac{F_N}{A} \tag{3-6}$$

在国际单位制中，应力的单位是帕斯卡，简称帕(Pa)。工程上常用兆帕(MPa)，有时也

用吉帕(GPa)。

带传动时,带截面上产生三种应力,分别是拉应力、离心应力和弯曲应力。

(1) 拉应力。带传动工作时,紧边和松边产生的拉应力分别为

$$\sigma_1=\frac{F_1}{A},\ \sigma_2=\frac{F_2}{A}$$

其中,σ_1、σ_2 分别为紧边、松边上的拉应力,单位为 MPa;A 为带的截面面积,单位为 mm^2。

沿转动方向,绕在主动轮上带的拉应力由 σ_1 逐渐降到 σ_2,绕在从动轮上带的拉应力则由 σ_2 逐渐上升为 σ_1,显然 $\sigma_1>\sigma_2$。

(2) 离心应力 σ_c。当传动带以切线速度 v 沿着带轮轮缘做圆周运动时,带本身的质量将引起离心力。由于离心力的作用,带的截面上受到附加拉应力,即离心应力,其公式为

$$\sigma_c=\frac{qv^2}{A} \tag{3-7}$$

其中,σ_c 为离心应力,单位为 MPa;v 为带速,单位为 m/s;q 为带单位长度上的质量,单位为 kg/m,其值见表 3-5。

表 3-5 普通 V 带单位长度上的质量 q

型　号	Y	Z	A	B	C	D	E
$q/(\mathrm{kg\cdot m^{-1}})$	0.023	0.060	0.105	0.170	0.300	0.630	0.970

式(3-7)表明,q、v 越大,σ_c 越大,所以传动带的速度不宜过快。在高速传动时,应采用材质较轻的带。离心应力沿带的全长分布,且相等。

(3) 弯曲应力 σ_b。传动带绕过带轮时发生弯曲,从而产生弯曲应力,带的弯曲应力为

$$\sigma_b\approx 2\frac{Eh}{d_d} \tag{3-8}$$

其中,E 为带的弯曲弹性模量,单位为 MPa;h 为带的外表面到节面间的距离,单位为 mm;d_d 为 V 带的基准直径,单位为 mm。

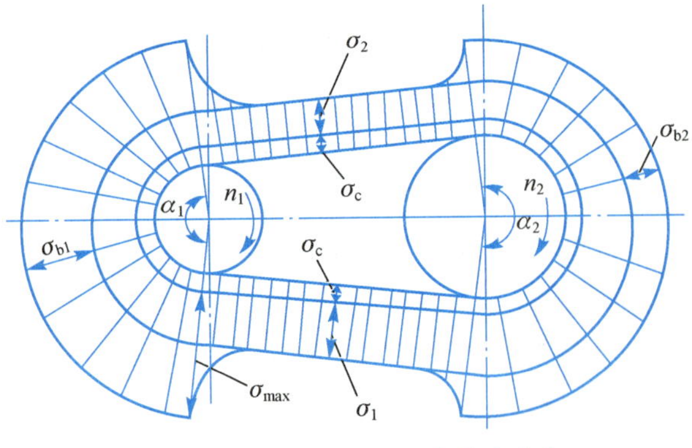

图 3-24 传动带工作时的应力分布

弯曲应力 σ_b 只发生在带上包角所对应的圆弧部分。带轮直径越小,则带的弯曲应力就越大,故一般 $\sigma_{b1}>\sigma_{b2}$(σ_{b1} 为带在小带轮上的弯曲应力,σ_{b2} 为带在大带轮上的弯曲应力)。因此,为避免弯曲应力过大,小带轮的直径不能过小。

传动带工作时的应力分布如图 3-24 所示,由此可知,带是在变应力存在情况下工作的,故易产生疲劳破坏。带上的最大应力出现在皮带的紧边进入小带轮处,其值为

$$\sigma_{max}=\sigma_1+\sigma_{b1}+\sigma_c \tag{3-9}$$

3. 带传动的弹性滑动与传动比

带是弹性体，在紧边时被拉长，到松边时被收缩，引起带在带轮上发生局部微小滑动，这种现象称为弹性滑动。弹性滑动造成带的线速度略低于主动轮的圆周速度，导致从动轮的圆周速度 v_2 低于主动轮的圆周速度 v_1，速度降低率用相对滑动率 ε 表示，即

$$\varepsilon=\frac{v_1-v_2}{v_1}\times 100\% \tag{3-10}$$

或

$$v_2=(1-\varepsilon)v_1 \tag{3-11}$$

式中

$$v_1=\frac{\pi d_{d1}n_1}{60\times 1\ 000} \qquad v_2=\frac{\pi d_{d2}n_2}{60\times 1\ 000}$$

则

$$d_{d2}n_2=(1-\varepsilon)d_{d1}n_1$$

从而带传动的实际传动比为

$$i=\frac{n_1}{n_2}=\frac{d_{d2}}{d_{d1}(1-\varepsilon)} \tag{3-12}$$

一般 V 带传动的相对滑动率 $\varepsilon=1\%\sim2\%$，故在一般计算中可不予考虑。

当外载较小，有效拉力也较小时，弹性滑动只发生在带即将由主、从动轮离开的一段弧上。当外载增大，有效拉力也增大时，弹性滑动区域扩大；当有效拉力达到或超过某一极限值时，带与小带轮在整个接触弧上的摩擦力达到极限，若外载继续增加，带将沿整个接触弧滑动，这种现象称为打滑。此时主动轮还在转动，但从动轮转速急剧下降，带迅速磨损、发热而损坏，使传动失效。所以带传动在正常工作时应该避免出现打滑，即所需传递的圆周力不能大于最大有效圆周力 F_{emax}。

带只要传递圆周力，就会存在拉力差，就会发生弹性滑动，故弹性滑动是不可避免的。而打滑是由过载引起的全面滑动，应尽量避免。

二、普通 V 带的设计方法和步骤

由于带传动的主要失效形式是打滑和疲劳破坏，因此，带传动的设计准则是在保证带传动不打滑的前提下，使带具有一定的疲劳强度和寿命。

普通 V 带传动设计计算时，通常已知传动的用途和工作情况，传递的功率 P，主动轮、从动轮的转速 n_1、n_2(或传动比 i)，传动位置要求和外廓尺寸要求，原动机类型等。设计时主要确定带的型号、长度和根数，带轮的尺寸、结构和材料，传动的中心距，带的初拉力和压轴力，张紧和防护等。普通 V 带的设计方法包括以下八个方面。

1. 确定计算功率 P_d

设 P 为带传动的额定功率(kW)，K_A 为工况系数(表 3-6)，则计算功率为

$$P_d=K_AP \tag{3-13}$$

表 3-6　工况系数 K_A

工况		K_A					
		空、轻载起动			重载起动		
		每天工作时间/h					
		<10	10～16	>16	<10	10～16	>16
载荷变动最小	液体搅拌机、通风机和鼓风机(≤7.5 kW)、离心式水泵和压缩机、轻负荷输送机	1.0	1.1	1.2	1.1	1.2	1.3
载荷变动小	带式输送机(不均匀负荷)、通风机(>7.5 kW)、旋转式水泵和压缩机(非离心式)、发电机、金属切削机床、印刷机、旋转筛、锯木机和木工机械	1.1	1.2	1.3	1.2	1.3	1.4
载荷变动较大	制砖机、斗式提升机、往复式水泵和压缩机、起重机、磨粉机、冲剪机床、橡胶机械、振动筛、纺织机械、重载输送机	1.2	1.3	1.4	1.4	1.5	1.6
载荷变动很大	破碎机(旋转式、颚式等)、磨碎机(球磨、棒磨、管磨)	1.3	1.4	1.5	1.5	1.6	1.8

注:1. 空、轻载起动——电动机(交流起动、三角起动、直流并励)、四缸以上的内燃机、装有离心式离合器、液力联轴器的动力机。

2. 重载起动——电动机(联机交流起动、直流复励或串励)、四缸以下的内燃机。

2. 选择 V 带的型号

根据计算功率 P_d 和小带轮转速 n_1,按图 3-25 选择普通 V 带的型号。若临近两种型号

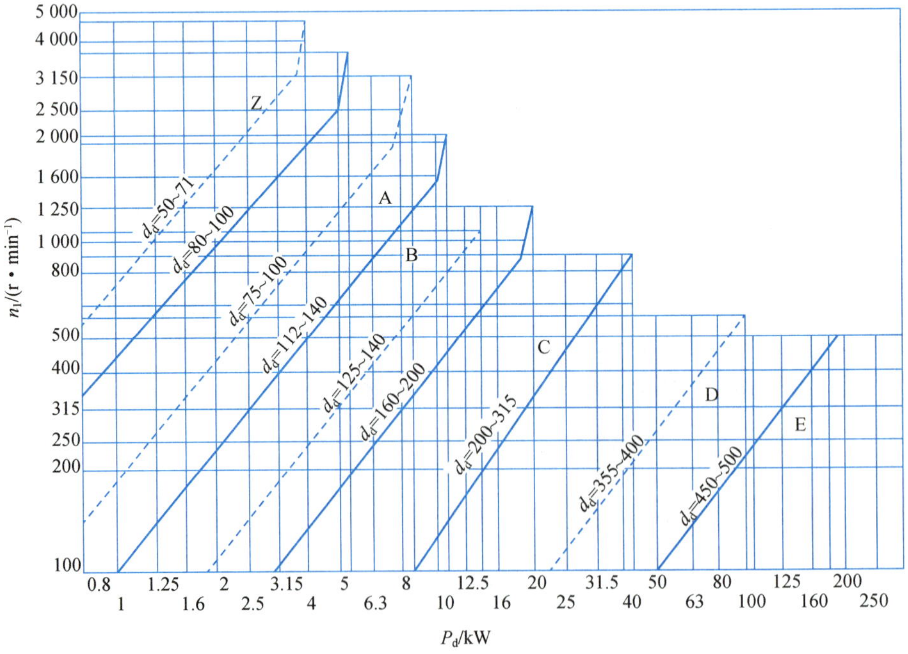

图 3-25　普通 V 带选型

的交界线时，可同时按两种型号计算，通过分析比较决定取舍。

3. 确定带轮基准直径 d_{d1}、d_{d2}

表 3-7 列出了 V 带带轮的最小基准直径，带轮的基准直径系列见表 3-4，选择小带轮基准直径时，应使 $d_{d1} \geqslant d_{dmin}$，以减小带轮上的弯曲应力。大带轮的基准直径由式(3-12)确定为

$$d_{d2}=\frac{n_1}{n_2}d_{d1}=id_{d1} \tag{3-14}$$

其中，d_{d2} 值应圆整为整数。

表 3-7　普通 V 带带轮最小基准直径

槽　型	Y	Z	A	B	C	D	E
最小基准直径 d_{dmin}/mm	20	50	75	125	200	355	500

4. 验算带速 v

验算带速 v 的计算公式为

$$v=\frac{\pi d_{d1}n_1}{60\times1\ 000} \tag{3-15}$$

若带速过高，使带与轮间的摩擦力减小，易打滑，同时离心力过大降低了带的疲劳强度和寿命；若带速太低，在传递相同功率时带所传递的圆周力增大，也会打滑，并使带的根数增加。一般应使带速 v 为 5～25 m/s，否则应重选 d_{d1}。

5. 确定中心距 a 和基准长度 L_d

由于带是中间挠性件，故中心距可取大，也可取小。中心距增大，将有利于增大包角，但太大则使结构外廓尺寸增大，还会因载荷变化引起带的颤动，从而降低其工作能力。若已知条件未对中心距提出具体的要求，一般可按下式初选中心距 a_0，即

$$0.7(d_{d1}+d_{d2})\leqslant a_0\leqslant 2(d_{d1}+d_{d2}) \tag{3-16}$$

初定的 V 带基准长度 L_{d0} 为

$$L_{d0}=2a_0+\frac{\pi}{2}(d_{d1}+d_{d2})+\frac{(d_{d2}-d_{d1})^2}{4a_0} \tag{3-17}$$

根据初定的基准长度 L_{d0}，由表 3-2 选取相近的基准长度 L_d。最后按下式近似计算实际所需的中心距为

$$a\approx a_0+\frac{L_d-L_{d0}}{2} \tag{3-18}$$

考虑安装和张紧的需要，应使中心距有 $-0.015L_d$～$+0.03L_d$ 的调整量。

6. 验算小带轮包角 α_1

$$\alpha_1=180°-57.3°\times\frac{d_{d2}-d_{d1}}{a} \tag{3-19}$$

一般要求 $\alpha_1 \geqslant 120°$，否则可加大中心距或增设张紧轮。

7. 确定带的根数 z

$$z=\frac{P_d}{(P_0+\Delta P_0)K_\alpha K_L} \tag{3-20}$$

其中，P_0 为普通 V 带单根基准额定功率(表 3-8)，单位为 kW；ΔP_0 为 $i \neq 1$ 时的普通 V 带单根额定功率的增量(表 3-9)，单位为 kW；K_α 为包角修正系数，考虑 $\alpha_1 < 180°$时，传动能力有所下降(表 3-10)；K_L 为带长修正系数，考虑带长不等于特定长度时对传动能力的影响(表 3-2)。

z 应圆整为整数，一般取 3～6 根，若计算结果不满足要求，可改选 V 带型号或加大带轮直径重新计算。

表 3-8　普通 V 带单根基准额定功率 P_0

型号	小带轮基准直径 d_{d1}/mm	小带轮的转速 n_1/(r·mm^{-1})													
		400	700	800	950	1 200	1 450	1 600	2 000	2 400	2 800	3 200	3 600	4 000	5 000
		P_0/kW													
A	75	0.26	0.40	0.45	0.51	0.60	0.68	0.73	0.84	0.92	1.00	1.04	1.08	1.09	1.02
	90	0.39	0.61	0.68	0.77	0.93	1.07	1.15	1.34	1.50	1.64	1.75	1.83	1.87	1.82
	100	0.47	0.74	0.83	0.95	1.14	1.32	1.42	1.66	1.87	2.05	2.19	2.28	2.34	2.25
	125	0.67	1.07	1.19	1.37	1.66	1.92	2.07	2.44	2.74	2.98	3.16	3.26	3.28	2.91
	160	0.94	1.51	1.69	1.95	2.36	2.73	2.94	3.42	3.80	4.06	4.19	4.17	3.98	2.67
B	125	0.84	1.30	1.44	1.64	1.93	2.19	2.33	2.64	2.85	2.96	2.94	2.80	2.51	1.09
	160	1.32	2.09	2.32	2.66	3.17	3.62	3.86	4.40	4.75	4.89	4.8	4.46	3.82	0.81
	200	1.85	2.96	3.30	3.77	4.50	5.13	5.46	6.13	6.47	6.43	5.95	4.98	3.47	—
	250	2.50	4.00	4.46	5.10	6.04	6.82	7.20	7.87	7.89	7.14	5.60	3.12	—	—
	280	2.89	4.61	5.13	5.85	6.90	7.76	8.13	8.60	8.22	6.80	4.26	—	—	—

型号	小带轮基准直径 d_{d1}/mm	小带轮的转速 n_1/(r·mm^{-1})													
		200	300	400	500	600	700	800	950	1 200	1 450	1 600	1 800	2 000	2 200
		P_0/kW													
C	200	1.39	1.92	2.41	2.87	3.30	3.69	4.07	4.58	5.29	5.84	6.07	6.28	6.34	6.26
	250	2.03	2.85	3.62	4.33	5.00	5.64	6.23	7.04	8.21	9.04	9.38	9.63	9.62	9.34
	315	2.84	4.04	5.14	6.17	7.14	8.09	8.92	10.05	11.53	12.46	12.72	12.67	12.14	11.08
	400	3.91	5.54	7.06	8.52	9.82	11.02	12.10	13.48	15.04	15.53	15.24	14.08	11.95	8.75
	450	4.51	6.40	8.20	9.80	11.29	12.63	13.80	15.23	16.59	16.47	15.57	13.29	9.64	4.44
D	355	5.31	7.35	9.24	10.90	12.39	13.70	14.83	16.15	17.25	16.77	15.63	12.97	—	—
	450	7.90	11.02	13.85	16.40	18.67	20.63	22.25	24.01	24.84	22.02	19.59	13.34	—	—
	500	9.21	12.88	16.20	19.17	21.78	23.99	25.76	27.50	26.71	23.59	18.88	9.59	—	—
	710	14.55	20.35	25.45	29.76	33.18	35.59	36.87	36.35	27.88	7.99	—	—	—	—
	800	16.76	23.39	29.08	33.72	37.13	39.14	39.55	36.76	21.32	—	—	—	—	—

注：在包角 $\alpha=180°$、特定长度、平稳工作条件下。

表 3-9　普通 V 带单根基准额定功率增量 ΔP_0

型号	传动比 i	小带轮转速 $n_1/(\mathrm{r\cdot min^{-1}})$													
		400	700	800	950	1 200	1 450	1 600	2 000	2 400	2 800	3 200	3 600	4 000	5 000
		ΔP_0/kW													
A	1.35～1.51	0.04	0.07	0.08	0.08	0.11	0.13	0.15	0.19	0.23	0.26	0.30	0.34	0.38	0.47
	≥2.00	0.05	0.09	0.10	0.11	0.15	0.17	0.19	0.24	0.29	0.34	0.39	0.44	0.48	0.60
B	1.35～1.51	0.10	0.17	0.20	0.23	0.30	0.36	0.39	0.49	0.59	0.69	0.79	0.89	0.99	1.24
	≥2.00	0.13	0.22	0.25	0.30	0.38	0.46	0.51	0.63	0.76	0.89	1.01	1.14	1.27	1.60
型号	传动比 i	小带轮转速 $n_1/(\mathrm{r\cdot min^{-1}})$													
		200	300	500	600	700	800	950	1 200	1 450	1 600	1 800	2 000	2 200	2 400
C	1.35～1.51	0.14	0.21	0.34	0.41	0.48	0.55	0.65	0.82	0.99	1.10	1.23	1.37	1.51	1.65
	≥2.00	0.18	0.26	0.44	0.53	0.62	0.71	0.83	1.06	1.27	1.41	1.59	1.76	1.94	2.12
D	1.35～1.51	0.49	0.73	1.22	1.46	1.70	1.95	2.31	2.92	3.52	3.89	4.38	—	—	—
	≥2.00	0.63	0.94	1.56	1.88	2.19	2.50	2.97	3.75	4.53	5.00	5.62	—	—	—
E	1.35～1.51	0.96	1.45	2.41	2.89	3.38	3.86	4.58	—	—	—	—	—	—	—
	≥2.00	1.24	1.86	3.10	3.72	4.34	4.96	5.89	—	—	—	—	—	—	—

注：在包角 $\alpha=180°$、特定长度、平稳工作条件下。

表 3-10　包角修正系数 K_α

$\alpha_1/(°)$	180	175	170	165	160	155	150	145	140	135	130	125	120	115	105	100	95	90
K_α	1.00	0.99	0.98	0.96	0.95	0.93	0.92	0.91	0.89	0.88	0.86	0.84	0.82	0.80	0.76	0.74	0.72	0.69

8. 确定初拉力 F_0 并计算作用在轴上的载荷 F_Q

保持适当的初拉力是带传动工作的首要条件。初拉力不足，极限摩擦力小，传动能力下降；初拉力过大，将增大作用在轴上的载荷并降低带的寿命。普通 V 带单根合适的初拉力 F_0 可按下式计算：

$$F_0=\frac{500P_d}{zv}\left(\frac{2.5}{K_\alpha}-1\right)+qv^2 \tag{3-21}$$

F_Q 可近似用两边初拉力 F_0 的合力来计算。由图 3-26 可得，作用在轴上的载荷为

$$F_Q=2zF_0\sin\frac{\alpha_1}{2} \tag{3-22}$$

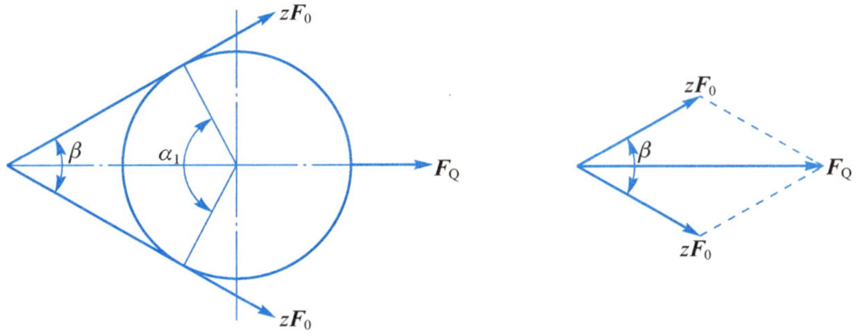

图 3-26　带传动的轴上载荷

三、V 带传动的张紧、使用和维护

普通 V 带不是完全的弹性体，长期在张紧状态下工作，会因出现塑性变形而松弛，使初拉力 $\boldsymbol{F}_0$ 减小，传动能力下降。因此，为了保证带传动正常工作，并延长带的使用寿命，必须正确使用和维护。

1. 带传动的张紧装置

(1) 定期张紧装置。如图 3-27(a)、图 3-27(b)所示为采用滑轨和调节螺栓或采用摆动架和调节螺栓改变中心距的张紧方法。前者适用于水平或倾斜不大的装置，后者适用于垂直或接近垂直的装置。

(2) 张紧轮张紧。若中心距不能调节，可采用具有张紧轮的装置，如图 3-27(c)所示，它靠平衡锤将张紧轮压在带上，以保持带的张紧。

(3) 自动张紧装置。如图 3-27(d)所示为采用重力和带轮上的制动力矩，使带轮随浮动架绕固定轴摆动而改变中心距的自动张紧方法。

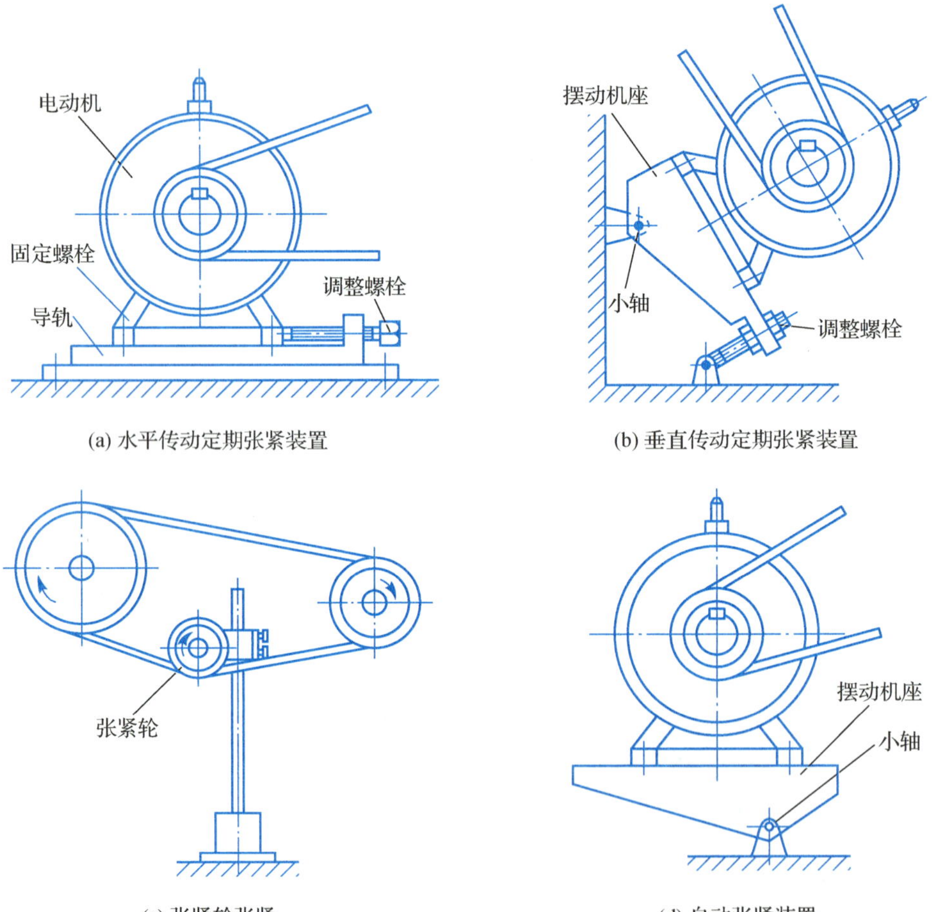

(a) 水平传动定期张紧装置　(b) 垂直传动定期张紧装置

(c) 张紧轮张紧　(d) 自动张紧装置

图 3-27　带传动张紧装置

2. 带传动的安装与维护

带传动的安装和维护过程中，应注意以下几点：

(1) 安装带时，最好缩小中心距后套上 V 带，再予以调整，不应硬撬，以免损坏胶带，降低其使用寿命。

(2) 平行轴传动时各带轮的轴线必须保持规定的平行度。V 带传动主、从动轮轮槽必须在同一平面内。误差不得超过 $20'$，否则会引起 V 带的扭曲，从而使两侧面过早磨损。

(3) 严防 V 带与油、酸、碱等介质接触，以免被腐蚀，也不宜在阳光下暴晒。

(4) 带根数较多的传动，若坏了少数几根需进行更换时，应全部更换，不要只更换坏带而使新旧带一起使用，这样会造成载荷分配不匀，反而加速新带的损坏。

(5) 为了保证安全生产，须安装防护罩装置。

任务实施

带传动设计与选用步骤见表 3-11。

表 3-11　带传动设计与选用步骤

设计项目	设计计算	设计说明
1. 确定计算功率 P_d	根据 V 带传动工作条件，查表 3-6，可得工作情况系数 $K_A=1.3$，则 $P_d=K_AP=1.3\times7.5=9.75$ kW	$P_d=9.75$ kW
2. 选择 V 带型号	根据 $P_d=9.75$ kW，$n_1=1\ 440$ r/min，由图 3-25 知，选用 A 型 V 带	A 型 V 带
3. 确定带轮基准直径 d_{d1}、d_{d2}	由表 3-4、表 3-7、图 3-25 选 $d_{d1}=125$ mm，根据式(3-14)，从动轮的基准直径为 $d_{d2}=i_{12}d_{d1}=2\times125=250$ mm。根据表 3-4 选 $d_{d2}=250$ mm	$d_{d1}=125$ mm $d_{d2}=250$ mm
4. 验算带速 v	根据式(3-15)计算速度为 $v=\dfrac{\pi d_{d1}n_1}{60\times1\ 000}=\dfrac{3.14\times125\times1\ 440}{60\times1\ 000}=9.42$ m/s v 在 5～25 m/s 范围内，故带的速度合适	$v=9.42$ m/s 符合要求
5. 确定 V 带的基准长度 L_d 和传动中心距 a	根据要求初选中心距 $a_0=800$ mm，根据式(3-17)计算带所需的基准长度。 $L_{d0}=2a_0+\dfrac{\pi}{2}(d_{d1}+d_{d2})+\dfrac{(d_{d2}-d_{d1})^2}{4a_0}$ $=2\times800+\dfrac{\pi}{2}(125+250)+\dfrac{(250-125)^2}{4\times800}$ $=2\ 193.63$ mm 查表 3-2，选取带的基准长度 $L_d=2\ 240$ mm。 根据式(3-18)计算实际中心距。 $a=a_0+\dfrac{L_d-L_{d0}}{2}=800+\dfrac{2\ 240-2\ 193.63}{2}=823.19$ mm 中心距变动调整范围为 $a_{max}=a+0.03L_d=823.19+0.03\times2\ 240=890.39$ mm $a_{min}=a-0.015L_d=823.19-0.015\times2\ 240=789.59$ mm	$L_d=2\ 240$ mm $a=823.19$ mm

（续表）

设计项目	设计计算	设计说明
6. 验算主动轮上的包角 α_1	根据式(3-19)计算包角 α_1 得 $\alpha_1=180°-57.3°\times\frac{d_{d2}-d_{d1}}{a}=180°-57.3°\times\frac{250-125}{823.19}=171.30°>120°$ 故主动轮上的包角合适	$\alpha_1=171.30°$ 包角合适
7. 计算 V 带的根数 z	V 带的根数可根据式(3-20)计算。 $z=\frac{P_d}{(P_0+\Delta P_0)K_\alpha K_L}$ 由 $n_1=1\,440$ r/min，$d_{d1}=125$ mm，查表 3-8 用内插法得 $P_0=1.66+\frac{1\,440-1\,200}{1\,450-1\,200}\times(1.92-1.66)=1.91$ kW 查表 3-9 得 $\Delta P_0=0.17$ kW，查表 3-10 得 $K_\alpha=0.98$，查表 3-2 得 $K_L=1.06$，则 $z\geqslant\frac{9.75}{(1.91+0.17)\times0.98\times1.06}=4.51$ 取 $z=5$	$z=5$
8. 计算 V 带合适的初拉力 F_0	查表 3-5 得 $q=0.11$ kg/m，所以根据式(3-21)得 $F_0=500\frac{P_d}{zv}(\frac{2.5}{K_\alpha}-1)+qv^2$ $=500\times\frac{9.75}{5\times9.42}\times\left(\frac{2.5}{0.98}-1\right)+0.11\times9.42^2$ ≈170.30 N	$F_0=170.30$ N
9. 计算作用在轴上的载荷 F_Q	由式(3-22)得 $F_Q=2zF_0\sin\frac{\alpha_1}{2}=2\times5\times170.30\times\sin\frac{171.30°}{2}=1\,698.09$ N	$F_Q=1\,698.09$ N
10. 绘制带轮工作图	小带轮直径 $d_{d1}=125$ mm，采用实心式结构，按表 3-3 设计结构图如下： 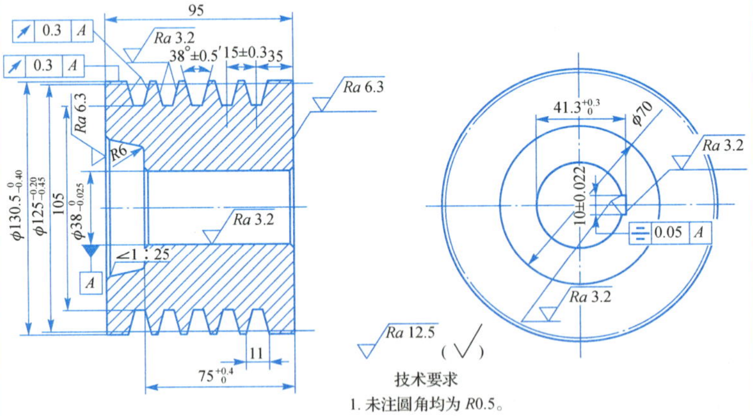 大带轮直径 $d_{d1}=250$ mm，采用腹板式结构，按表 3-3 设计结构尺寸，结构图略	绘制带轮工作图

任务总结

1. 带传动工作情况分析

带的传动能力与三个因素有关:带的初拉力、摩擦系数、小带轮包角。三者适当增大,可提高带的传动能力。带工作时所受的应力有三种:拉应力、离心应力、弯曲应力。带在交变应力作用下容易产生疲劳破坏。带的弹性滑动和打滑不同,弹性滑动是由于带是弹性体,传动时紧边与松边存在拉力差造成的,是不可避免的;而打滑是由于带的工作载荷超过了带与带轮产生的摩擦力,带与带轮发生剧烈相对滑动,是一种过载保护现象,是可以避免的。

2. 带传动的设计步骤

确定计算功率;选择带的型号;确定大、小带轮基准直径;验算带速;确定带的基准长度和传动中心距;验算主动轮上的包角;计算带的根数;计算带合适的初拉力;计算作用在轴上的载荷;绘制带轮工作图。

思考与练习

一、简答题

(1) 带速为什么不宜太高也不宜太低?

(2) 带传动中的弹性滑动和打滑是怎样产生的?对带传动有何影响?

(3) 能否说"带传动是靠摩擦传力的,因而张紧力越大越好,带轮工作面越粗糙越好"?

(4) 带传动在什么情况下才会发生打滑?打滑通常发生在大带轮上还是小带轮上?开始打滑前,紧边拉力与松边拉力有什么关系?

(5) 何谓弹性滑动率?弹性滑动率如何计算?

(6) 带传动的主要失效形式是什么?设计中如何避免?

(7) 带传动张紧的目的是什么?张紧轮应安放在松边还是紧边上?内张紧轮应靠近大带轮还是小带轮?外张紧轮又该怎样?并分析说明两种张紧方式的利弊。

(8) 为什么 V 带轮轮槽槽角要小于 40°?为什么 V 带轮的基准直径越小,轮槽槽角就越小?

二、判断题

(1) 为了避免打滑,可将带轮上与带接触的表面加工的粗糙些以增加摩擦力。(　　)

(2) V 带传动的效率比平带传动的效率高,所以 V 带应用更为广泛。(　　)

(3) V 带传动的小带轮包角越大,承载能力越小。(　　)

(4) 带传动的弹性滑动是带传动的一种失效形式。(　　)

(5) 在机械传动中,V 带传动通常应放在传动的低速级。(　　)

三、填空题

(1) 带传动中,打滑是指________________________,多发生在________轮上。

(2) V 带的型号是根据________和________选取的。

(3) 带传动不能保证精确的传动比,其原因是________。

(4) V 带传动中，常见的张紧装置有________、________、________。

四、选择题

(1) 带张紧的目的是________。

A. 减轻带的弹性滑动　　B. 提高带的寿命

C. 改变带的运动方向　　D. 使带具有一定的初拉力

(2) 带传动是依靠________来传递运动和功率的。

A. 带与带轮接触面间的正压力　　B. 带与带轮接触面之间的摩擦力

C. 带的紧边拉力　　D. 带的松边拉力

(3) 两带轮与带的摩擦系数相同，直径不等，如有打滑则先发生在________轮上。

A. 大　　B. 小

C. 两带　　D. 不确定哪个

(4) 采用张紧轮调节带传动中带的张紧力时，张紧轮应安装在________。

A. 紧边外侧，靠近小带轮处　　B. 紧边内侧，靠近小带轮处

C. 松边外侧，靠近大带轮处　　D. 松边内侧，靠近大带轮处

五、计算题

(1) C618 车床的电动机和床头箱之间采用垂直布置的 V 带传动。已知电动机功率$P=4.5$ kW，转速 $n=1\ 440$ r/min，传动比 $i=2.1$，两班制工作，根据机床结构，带轮中心距 a 应为 900 mm 左右。试设计此 V 带传动。

(2) 设计一普通 V 带传动。已知电动机型号为 Y132S-4，电动机额定功率 $P=5.5$ kW，$n_1=1\ 400$ r/min，传动比 $i=2$，两班制工作，希望中心距不超过 600 mm。设计此 V 带传动并绘制大带轮工作图(设该轮轴孔直径 $d=35$ mm)。

任务三　平 键 设 计

任务描述

如图 3-28 所示输送机带传动装置中，电动机轴与小带轮、齿轮减速器输入轴与大带轮都是通过键构成静连接，有轻微冲击。根据表 3-12 所列各连接轴与轮毂相关参数，试设计各键的类型和尺寸，并校核强度。

表 3-12　各连接轴与轮毂相关参数

序　号	轴、轮毂(参数)	材　　料	直径 d/mm	轮毂宽 B/mm	传递转矩 T/(N·m)
1	电动机轴	45	38	80	20.5
	小带轮	HT150			
2	减速器输入轴	45	42	80	30.2
	大带轮	HT150			

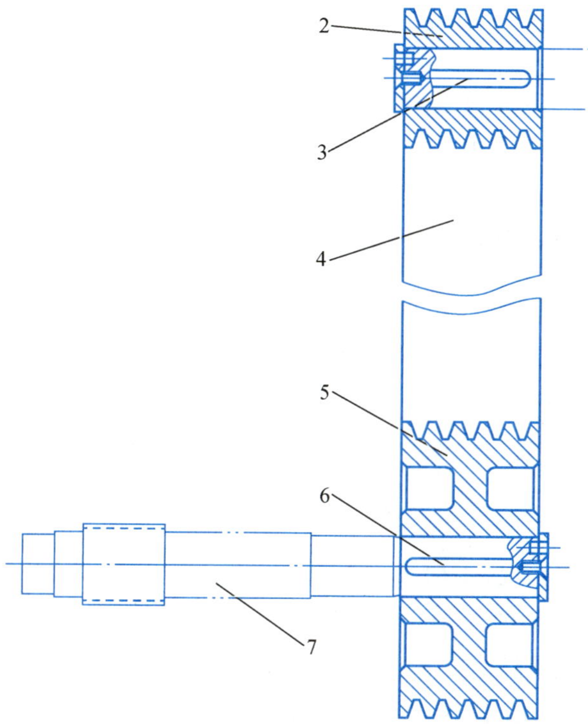

图 3-28　输送机带传动装置

1—电动机；2—小带轮；3、6—键；4—输送带；5—大带轮；7—输入轴

任务分析

通过对输送机带传动装置中轴与轮毂之间的键连接分析，掌握键连接的基础知识。这里重点掌握普通平键的相关知识，特别是普通平键的设计与选用方法、步骤，注意轮毂长度 L_1、键的长度 L 及键的工作长度 l 三者之间的关系，并符合标准长度系列。平键连接的失效形式是压溃，所以应按照挤压强度进行校核，最终选择满足使用条件的标准件。

相关知识

轴和轮毂连接的目的是使轴上零件能同轴一起转动，并传递转矩。轴毂连接的常用形式有键连接、花键连接、过盈配合连接、成型连接和销连接等。

键是一种标准件，通常用来实现轴与轮毂之间的周向固定以传递转矩，还能实现轴上零件的轴向固定或轴向移动的导向。键连接的主要类型有平键连接、半圆键连接、楔键连接、切向键连接和花键连接等。键连接根据在工作前是否存在预紧力分为松连接和紧连接。

一、键连接的类型

1. 平键连接

按键的用途不同，平键可分为普通平键、导向平键和滑键三种。

(1) 普通平键。键的两侧面为工作面，靠键与键槽侧面的挤压作用传递运动和转矩，键的顶面为非工作面，与轮毂的键槽表面留有间隙。因此，这种连接只能用于轴上零件的周向固定。平键连接结构简单，装拆方便，对中性好，故应用很广泛。

普通平键已标准化，按其端部形状不同，分为A型(圆头)、B型(方头)和C型(单圆头)三种形式，如图3-29所示。圆头平键适用于端铣刀加工的键槽，键在槽中不会发生轴向移动，能获得较好的轴向固定，应用最广；方头平键适用于盘铣刀加工的键槽；单圆头平键多用于轴端。

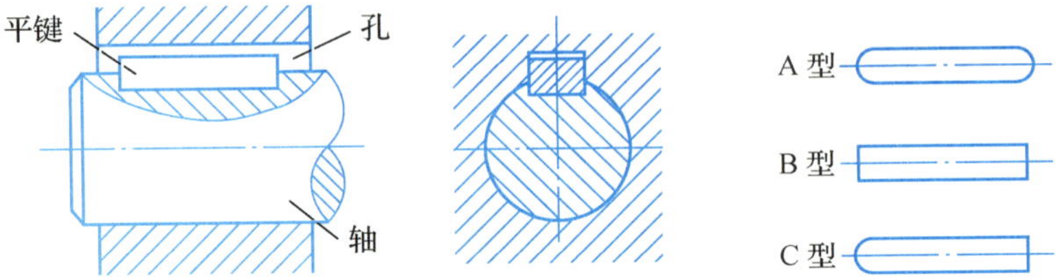

图3-29 平键连接和普通平键

(2) 导向平键和滑键。当轮毂在轴上需沿轴向移动时，可采用导向平键连接或滑键连接。导向平键用螺钉固定在轴上，如图3-30所示，轮毂上的键槽与键是间隙配合，当轮毂移动时，键起导向作用。由于导向平键较长，为方便拆卸，在导向平键中设有起键用螺钉孔。滑键与轮毂相连，如图3-31所示，轴上的键槽与键是间隙配合，当轮毂移动时，键随轮毂沿键槽滑动。滑键适用于移动距离大的场合，如车床光轴与溜板箱就采用滑键连接。

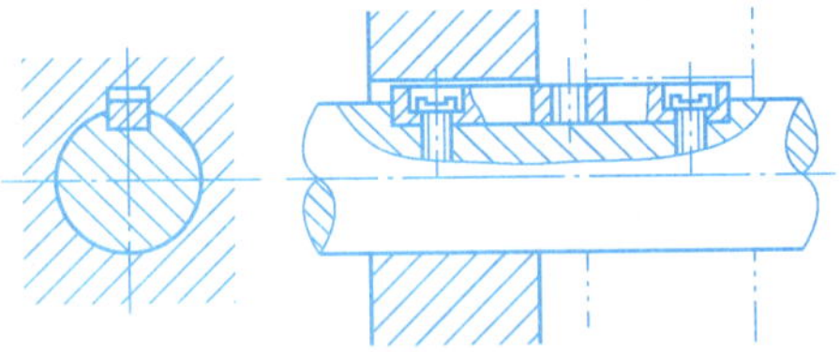

图3-30 导向平键连接

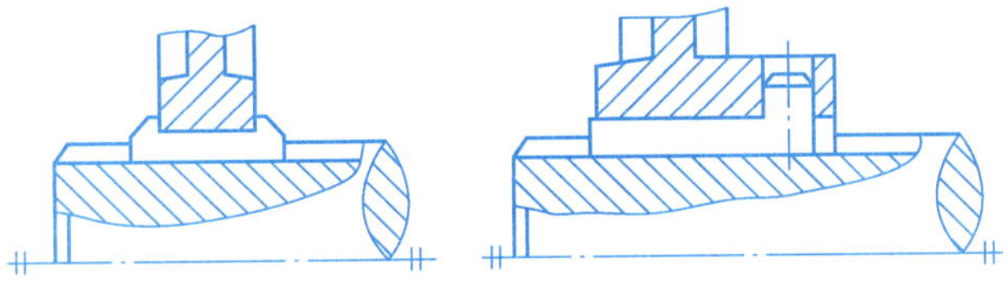

图3-31 滑键连接

2. 半圆键连接

半圆键连接的工作面也是两侧面，如图3-32所示。其特点是制造容易，装拆方便，键在轴槽中能绕自身几何中心沿槽底圆弧摆动，以适应轮毂上键槽的斜度。由于键槽较深，削弱了轴的强度，因此只能传递较小的转矩，一般用于轻载或锥形结构的连接。

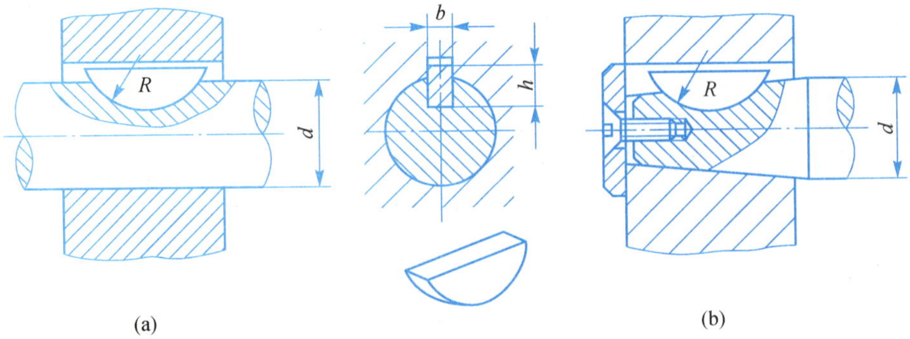

图3-32 半圆键连接

3. 楔键连接

楔键分为普通楔键和钩头楔键两种，如图 3-33 所示。

楔键的上、下表面为工作面，上表面相对下表面有 1∶100 的斜度，轮毂槽底面相应也有 1∶100 的斜度。装配时，将楔键打入轴与轴上零件之间的键槽内，使之连接成一整体，从而实现转矩传递。

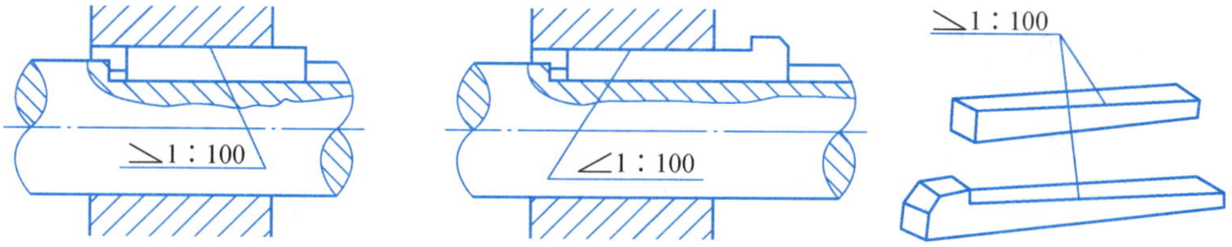

(a) 普通楔键连接　(b) 钩头楔键连接

图 3-33　楔键连接

由于楔紧力会使轴与轮毂间产生偏心，即对中性差，因此楔键连接常用于精度要求不高、转速较低、承受单向轴向载荷的场合。钩头楔键用于不能从另一端将键打出的场合，钩头供拆卸用，应注意加以保护。

4. 切向键连接

如图 3-34 所示为切向键连接。装配时，一对键分别自轮毂两边打入，使两工作面分别与轴和轮毂上的键槽底面压紧。靠工作面的压紧作用传递转矩。一对切向键只能传递单向转矩，需要传递双向转矩时，可安装两对互成 120°～135°的切向键，如图 3-34(b)所示。

切向键键槽对轴的削弱较严重，且对中性差，常用于轴径较大($d>60$ mm)、精度要求不高、转速较低和传递转矩较大的场合。

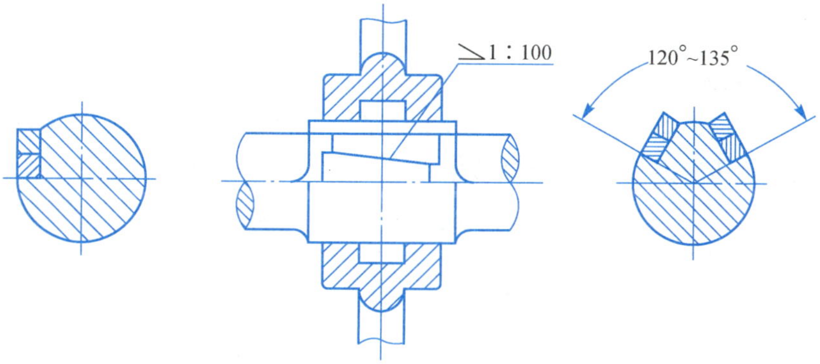

(a) 一对切向键连接　(b) 两对切向键连接

图 3-34　切向键连接

5. 花键连接

花键连接是由具有周向均匀分布的多个键齿的花键轴和具有同样数目键槽的轮毂组成的，如图 3-35 所示。齿侧面为工作面。花键依靠键齿侧面的挤压传递转矩，由于是多齿传递载荷，所以承载能力强。齿槽浅，对轴的削弱小，应力集中小，且具有定心好和导向性能好等优点，但需要专用设备加工，生产成本高。

根据齿形不同,常用的花键分为矩形花键[图 3-36(a)]和渐开线花键[图 3-36(b)]两类。矩形花键齿形简单,易于制造,应用广泛。渐开线花键齿根厚,强度高,加工工艺性好,适用于载荷较大及尺寸较大的连接。

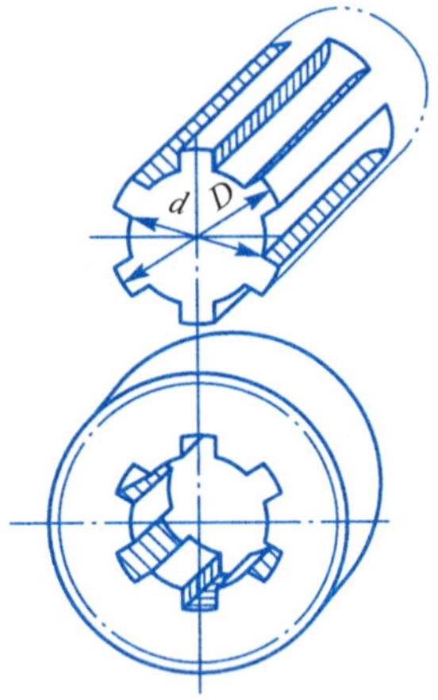

图 3-35　花键连接

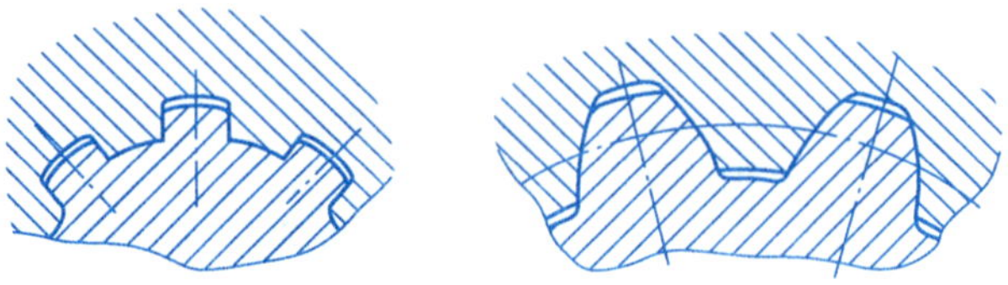

(a) 矩形花键　　(b) 渐开线花键

图 3-36　花键的分类

二、平键连接的设计步骤

平键连接的设计步骤如下:

(1) 根据连接的结构特点、使用要求和工作条件选择键连接类型。

(2) 根据轴径大小从标准中选出键的剖面尺寸 $b \times h$(b 为键宽,h 为键高),见表 3-13。

(3) 参考轮毂宽度选取键的长度 L,键的长度应符合标准规定的尺寸系列,见表 3-13。

(4) 进行强度校核计算。

平键连接传递扭矩时,键的侧面受挤压,剖面受剪切(除非有严重过载,一般不会出现键的剪断)。对于平键连接,其主要失效形式是键、轴槽、毂槽三者中较弱零件的工作面被压溃(对于静连接)或磨损(对于动连接)。因此,采用常见材料组合和按标准选取的平键连接,只需按工作面上的挤压应力(对于动连接常用压强)进行强度校核计算。

表 3-13　普通平键、导向平键的主要尺寸　　单位:mm

轴的直径 d	6~8	>8~10	>10~12	>12~17	>17~22	>22~30	>30~38
键宽 b×键高 h	2×2	3×3	4×4	5×5	6×6	8×7	10×8
轴的直径 d	>38~44	>44~50	>50~58	>58~65	>65~75	>75~85	—
键宽 b×键高 h	12×8	14×9	16×10	18×11	20×12	22×14	—
键的长度系列 L	6、8、10、12、14、16、18、20、22、25、28、32、36、40、45、50、56、63、70、80、90、100、110、125、140、160、180、200、250、280、320、360、400…						

注:本表主要尺寸参照 GB/T 1095—2003,GB/T 1096—2003,GB/T 1097—2003。

【知识链接】

剪切与挤压强度计算

工程上常用的连接件如键、螺栓、铆钉、销等，都是剪切与挤压的工程实例。如图 3-37(a)所示为铆钉连接，在力 $\boldsymbol{F}$ 作用下，铆钉受到剪切。这类变形形式是由大小相等、方向相反、相互平行的力作用引起的，表现为受剪杆件的两部分沿外力作用方向发生相对错动，如图 3-37(b)所示。杆件的这种变形称为剪切；杆件发生相对错动的中间截面 $m-m$ 称为剪切面；在剪切面上必然有与外力 $\boldsymbol{F}$ 大小相等、方向相反的内力存在[图 3-37(c)]，这个内力称为剪力。

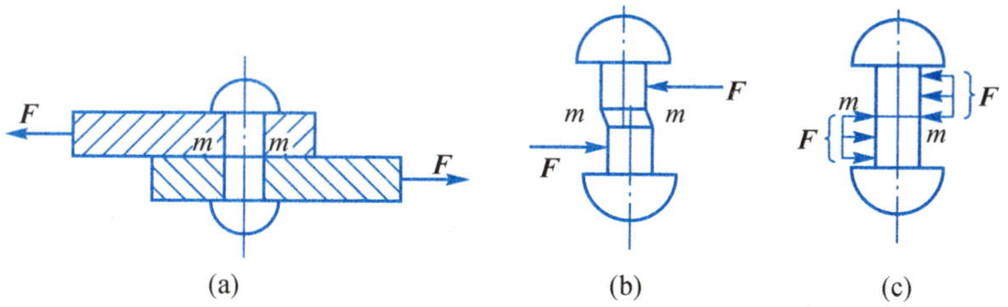

图 3-37　铆钉被剪切和挤压

铆钉等连接件在外力的作用下发生剪切变形的同时，在连接件和被连接件接触面上相互压紧，产生局部压陷变形，甚至压溃破坏，这种现象称为挤压。接触面上的压力称为挤压力，用 $\boldsymbol{F}_{jy}$ 表示，零件受压的接触面称为挤压面，如图 3-38 所示。

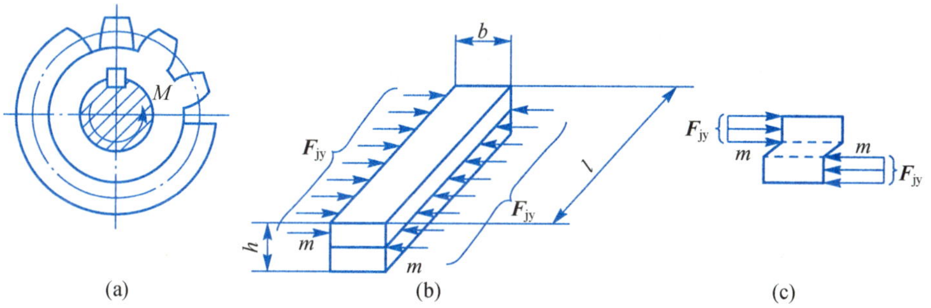

图 3-38　平键受力图

1. 剪切的实用计算

连接件发生剪切而使剪切面上产生切应力 τ。切应力在剪切面上的分布情况一般比较复杂，工程中为了便于计算，通常认为切应力在剪切面上是均匀分布的。切应力 τ 的计算公式为

$$\tau=\frac{F_s}{A} \tag{3-23}$$

其中，F_s 为剪切面上的剪力，单位为 N；A 为剪切面面积，单位为 mm^2。

为保证连接件工作时安全可靠，要求切应力 τ 不超过材料的许用切应力$[\tau]$。故剪切强度条件为

$$\tau=\frac{F_s}{A}\leqslant[\tau] \tag{3-24}$$

其中，$[\tau]$为材料的许用切应力，单位为 MPa。常用材料的许用切应力可从有关手册中查到，也可根据经验获取。一般对塑性材料有$[\tau]=(0.75\sim0.8)[\sigma]$；对脆性材料有$[\tau]=(0.8\sim1.0)[\sigma]$。

2. 挤压的实用计算

由挤压应力引起的应力称为挤压应力，用 σ_p 表示。挤压应力在挤压面上的分布相当复杂，工程上也通常认为挤压应力在挤压面上均匀分布。挤压应力的计算公式为

$$\sigma_p=\frac{F_{jy}}{A_{jy}} \tag{3-25}$$

其中，F_{jy} 为挤压面上的挤压力，单位为 N；A_{jy} 为挤压面面积，单位为 mm^2。

当挤压面为平面时，计算挤压面面积即为实际挤压面面积；当挤压面为圆柱面时，计算挤压面面积等于半圆柱面沿挤压力方向的正投影面积，即 $A_{jy}=dl$，如图 3-39 所示。

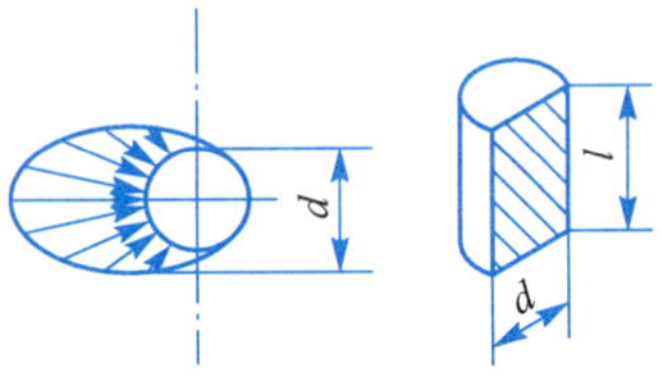

图 3-39 受挤压圆柱面的正投影

为保证连接件具有足够的挤压强度，其挤压强度条件为

$$\sigma_p=\frac{F_{jy}}{A_{jy}}\leqslant[\sigma_p] \tag{3-26}$$

其中，$[\sigma_p]$为材料的许用挤压应力，数值可由实验获得。常用材料的$[\sigma_p]$可从有关手册中查到。对于金属材料，一般对塑性材料有$[\sigma_p]=(1.7\sim2.0)[\sigma]$；对脆性材料有$[\sigma_p]=(0.9\sim1.5)[\sigma]$。注意两个不同材料的零件相互挤压时，要对抗挤压强度小的零件进行强度校核计算。

工程上通常应用强度条件解决三种实际问题：一是校核强度，二是设计截面尺寸，三是确定最大许可载荷。

普通平键连接的强度条件式为

$$\sigma_p=\frac{F_{jy}}{A_{jy}}=\frac{\frac{T}{\frac{d}{2}}}{\frac{h}{2}l}=\frac{4T}{dhl}\leqslant[\sigma_p] \tag{3-27}$$

导向平键连接和滑键连接的强度条件为

$$p=\frac{4T}{dhl}\leqslant[p] \tag{3-28}$$

其中，T 为键传递的转矩，单位为 N·mm；h 为键的高度，单位为 mm（$h/2$ 为键与毂的近似接触高度）；l 为键的工作长度（键与毂的接触长度），单位为 mm，A 型普通平键 $l=L-b$，B 型普通平键 $l=L$，C 型普通平键 $l=L-b/2$，其中 L 为键的公称长度，通常键的公称长度 L 应比轮毂长度 L_1 短 5～10 mm，b 为键的宽度；d 为轴的直径，单位为 mm；$[\sigma_p]$为键、轴、

轮毂三者中最弱材料的许用挤压应力，单位为 MPa，见表 3-14；[p]为键、轴、轮毂三者中最弱材料的许用压强，单位为 MPa，见表 3-14。

表 3-14　键连接的许用挤压应力、许用应强

许用挤压应力、许用压强	连接工作方式	键或毂、轴的材料	载荷性质/MPa		
			静载荷	轻微冲击	冲　击
[σ_p]/MPa	静连接	钢	120～150	100～120	60～90
		铸铁	70～80	50～60	30～45
[p]/MPa	动连接	钢	50	40	30

注：如与键有相对滑动的被连接件表面经过淬火，则动连接的许用压强[p]可提高 2～3 倍。

如果强度不足，在结构允许时可适当增加轮毂长度和键长，或者间隔 180°布置两个键。考虑载荷分布不均匀性，双键连接的强度按 1.5 个键计算。

任务实施

键的设计与选用步骤如下：

1. 选择键的类型

轴与带轮之间的连接属于静连接，故选用普通平键连接。由于大小带轮均在轴端，所以选用 C 型普通平键，也可以选用 A 型平键连接。

2. 设计键的尺寸

根据轴与轮毂孔直径 d，由表 3-13 查得键的截面尺寸。

(1) $d=38$ mm，截面尺寸 $b\times h=10$ mm×8 mm，键长 $L=L_1-(5\sim10)=80-(5\sim10)=75\sim70$ mm，取标准键长 70 mm；键的工作长度 $l=L-b/2=70-5=65$ mm。

(2) $d=42$ mm，截面尺寸 $b\times h=12$ mm×8 mm，键长 $L=L_1-(5\sim10)=80-(5\sim10)=75\sim70$ mm，取标准键长 70 mm；键的工作长度 $l=L-b/2=70-5=65$ mm。

3. 校核键的强度

(1) 根据表 3-14，键的材料为 45 钢，电动机轴材料为钢，小带轮材料为铸铁，有轻微冲击，查得许用挤压应力[σ_p]=50～60 MPa。

键的工作长度为 $l=L-b/2=70-5=65$ mm。

由挤压强度式(3-27)得

$$\sigma_p=\frac{4T}{dhl}=\frac{4\times20.5\times10^3}{38\times8\times65}=4.1\ \text{MPa}\leqslant[\sigma_p]$$

键的强度足够，故选用 GB/T 1096 键 C10×8×70。

(2) 根据表 3-14，键的材料为 45 钢，减速器轴材料为钢，大带轮材料为铸铁，有轻微冲击，查得许用挤压应力[σ_p]=50～60 MPa。

键的工作长度为 $l=L-b/2=70-5=65$ mm。

由挤压强度式(3-27)得

$$\sigma_p = \frac{4T}{dhl} = \frac{4\times 30.2\times 10^3}{38\times 8\times 65} = 6.1\ \text{MPa} \leqslant [\sigma_p]$$

键的强度足够,故选用 GB/T 1096 键 C12×8×70。

任务总结

1. 键连接的类型和应用

(1) 平键连接分为普通平键连接、导向平键连接和滑键连接三种,其中普通平键连接属于静连接,导向平键连接和滑键连接属于动连接。普通平键可分为 A 型(圆头)、B 型(方头)、C 型(半圆头)三类。

(2) 半圆键连接用于轻载荷和锥形轴端的连接。

(3) 楔键连接用于定心精度要求不高、载荷平稳、速度较低的场合。

(4) 花键连接用于载荷较大、定心精度要求较高和尺寸较大的连接。

2. 平键连接的设计步骤

(1) 键的类型选择。

(2) 键的尺寸选择(截面尺寸 $b\times h$ 和长度尺寸 L)。

(3) 键的强度校核。

思考与练习

一、简答题

(1) 键连接有哪些类型?简述其工作原理。

(2) 普通平键分哪些类型?分别用于哪些不同的场合?

(3) 对比普通平键和半圆键的优缺点。

(4) 在平键校核中,键的工作长度 l 和键长 L 之间的关系。

二、判断题

(1) 半圆键是靠键侧面与键槽间挤压和键的剪切传递载荷的。 (　　)

(2) 楔键是靠侧面来工作的。 (　　)

(3) 与楔键连接相比,平键连接的主要优点是装拆方便、对中性好,所以应用较为广泛。 (　　)

(4) 选用普通平键时,键的截面尺寸与长度是由强度条件确定的。 (　　)

(5) 采用双平键连接时,通常在轴的圆周相隔 90°~120°位置布置。 (　　)

三、选择题

(1) 键连接的主要用途是使轴与轮毂之间________。

A. 沿轴向固定并传递轴向力　　B. 沿轴向可做相对滑动并具有导向作用

C. 沿周向固定并传递扭矩　　D. 安装与拆卸方便

(2) 设计键连接时,键的截面尺寸通常根据________ 选择。

A. 所传递转矩的大小　　B. 所传递功率的大小

C. 轮毂的长度　　　　　　　　D. 轴的直径

(3) 楔键连接的主要缺点是________。

A. 键的斜面加工困难　　　　　B. 键安装时易损坏

C. 键楔紧后在轮毂中产生初应力　D. 轴和轴上零件对中性差

(4) 平键连接能传递的最大扭矩为 T，现要传递的扭矩为 1.5T，则应________。

A. 把键长 L 增大到 1.5 倍　　B. 把键宽 b 增大到 1.5 倍

C. 把键高 h 增大到 1.5 倍　　D. 安装一对平键

(5) 为了不严重削弱轴和轮毂的强度，两个切向键最好布置成________。

A. 在轴的同一母线上　　　　　B. 180°

C. 120°～130°　　　　　　　　D. 90°

(6) 半圆键的主要优点是________。

A. 对轴的强度削弱轻　　　　　B. 键槽应力集中小

C. 工艺性好、安装与拆卸方便　D. 能传递较大转矩

(7) 切向键的斜度是做在________上的。

A. 轮毂键槽底面　　　　　　　B. 轴的键槽底面

C. 一对键的接触面　　　　　　D. 键的侧面

四、填空题

(1) 平键连接是靠键的________来传递转矩的，只能对轴上零件做________固定。

(2) 楔键的________面是工作面，键的表面和毂槽的底面有________的斜度。

(3) 半圆键的________为工作面，当需要用两个半圆键时，一般布置在轴的________。

(4) 在平键连接中，静连接应校核________强度，动连接应校核________强度。

(5) 花键连接用于________载荷和尺寸________的连接。

五、计算题

(1) 减速器的低速轴与圆柱齿轮之间采用键连接。已知轴传递的转矩 $T=1\times10^6$ N·mm，齿轮材料为 45 钢，轮毂长度为 90 mm，轴直径为 90 mm，工作时有轻微冲击，选择连接键的类型和尺寸，并校核。

(2) 减速器的低速轴与凸缘联轴器之间采用键连接。已知轴传递的转矩 $T=1\times10^6$ N·mm，联轴器材料为 HT200，轮毂长度为 130 mm，轴直径为 75 mm，工作时有轻微冲击，选择连接键的类型和尺寸，并校核。

学习情境四
链传动设计

情境描述

链传动是日常生活中常见的一种机械传动形式，如图 4-1 所示，广泛应用于运输、起重、建筑、化工等各种机械的动力传动中。例如，在摩托车与自行车中，由于两轮间中心距较大，速度变化频繁，又要求宽度窄、重量轻、尺寸紧凑、使用可靠，故链传动是最合适的。本学习情境通过对链传动分析，理解链传动的基本知识，并设计简单链传动。

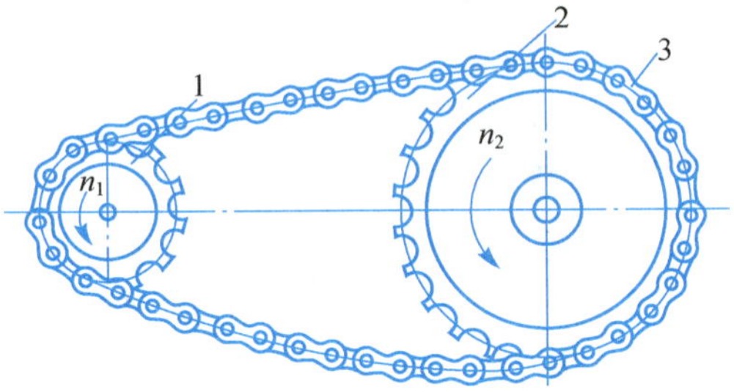

图 4-1　链传动示意图

1—主动链轮；2—从动链轮；3—链条

任务描述

设计一链式运输机的滚子链传动。已知传递功率 $P=15$ kW，小链轮转速 $n_1=970$ r/min，传动比 $i=3$，载荷平稳。

任务分析

完成设计任务，需要做如下准备工作：分析链传动，明确与带传动相比的优缺点，掌握链传动类型、特点及应用。在熟悉链传动有关知识基础之上进行链传动设计。链传动设计主要包括链的型号、长度、根数、中心距、大小带轮直径及链轮结构尺寸等。

相关知识

一、链传动的工作原理和类型

链传动是以链条作为中间挠性件，通过链条、链节与链轮轮齿的啮合来传递运动和动力的，因此链传动是一种具有中间挠性件的啮合传动，它同时具有刚、柔的特点。

链条的种类很多，按用途不同可分为传动链[图 4-2(a)]、起重链[图 4-2(b)]和牵引链[图 4-2(c)]三种。传动链主要用于一般机械传动，应用较广；起重链主要用于起重机械中提升重物；牵引链主要用于各种输送装置中输送和搬运物料。

(a) 传动链　　(b) 起重链　　(c) 牵引链

图 4-2　链的种类

传动链的主要类型有套筒滚子链(图 4-1)和齿形链(图 4-3)。二者相比，齿形链工作平稳，噪声小，承受冲击载荷能力强，但结构复杂，质量较大，成本较高，只适用于高速或传动比大、精度要求高的场合。齿形链有内导板式和外导板式两种，一般用内导板式。套筒滚子链结构简单，质量较小，成本较低，应用最为广泛。

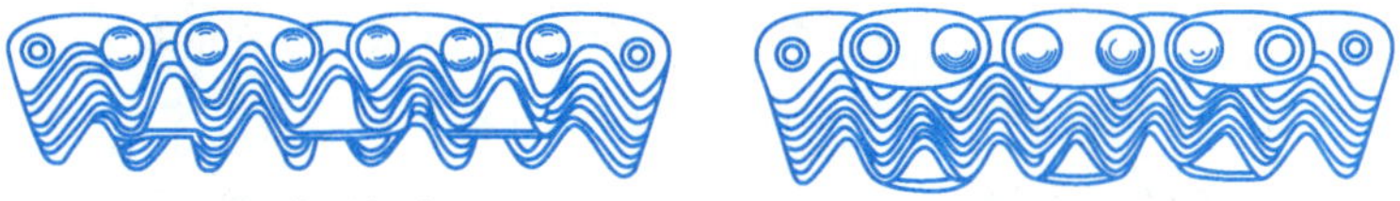

(a) 内导板式　　(b) 外导板式

图 4-3　齿形链

二、链传动的特点和应用范围

与带传动相比，链传动的优势体现在以下几点：

(1) 没有弹性滑动和打滑现象，能保持准确的平均传动比。

(2) 张紧力小，轴与轴承所受载荷较小。

(3) 结构紧凑，传动可靠，传递圆周力大。

(4) 传动效率较高，封闭式链传动的效率为 97%～98%。

(5) 链条在机构中应用更广泛。

与齿轮传动相比，链传动的优势体现在以下几点：

(1) 适用于两轴中心距较大的传动，并能吸收振动及缓冲。

(2) 结构简单，成本低廉，安装精度要求低。

(3) 能在高温、潮湿、多尘、油污等恶劣环境下工作。

链传动有其相对优势的同时，也存在以下不足：

(1) 链的瞬时速度和瞬时传动比不恒定，传动平稳性较差，工作时有冲击和噪声，不适用于高速场合。

(2) 不适于载荷变化大和急速反转的场合。

(3) 链条铰链易磨损,从而出现跳齿脱链现象。

(4) 只能用于传递平行轴间的同向回转运动。

由于链传动结构简单,工作可靠,故应用十分广泛,主要用于要求工作可靠、传动中心距较大、工作条件恶劣但对传动平稳性要求不高的场合。目前,链传动所能传递的功率可达数千千瓦,链速可达 30～40 m/s,最高可达 60 m/s,应用范围日趋扩大。

一般链传动的常用范围为:传递的功率 $P\leqslant100$ kW,链速 $v\leqslant15$ m/s,传动比 $i\leqslant8$,中心距 $a\leqslant5\sim6$ m,传动效率为 0.95～0.98。

三、滚子链和链轮

1. 滚子链的结构和标准

滚子链如图 4-4 所示,它由内链板、外链板、销轴、套筒和滚子组成。内链板与套筒、外链板与销轴均采用过盈配合固定,内链板与外链板、销轴与套筒、套筒与滚子之间均采用间隙配合,组成两转动副,使相邻的内、外链板可以相对转动,使链条具有挠性。当链节与链轮轮齿啮合时,链条的啮入与啮出使套筒绕销轴自由转动,同时滚子沿链轮齿廓滚动,减轻了链条与轮齿的磨损。为了减轻链条的重量并使链板各横截面强度接近相等,内、外链板均制成"∞"形。链条的各零件均由碳钢或合金钢制成,并经热处理来提高其强度和耐磨性。

套筒滚子链上相邻两销轴中心间的距离称为链节距,用 p 表示,它是链传动的主要参数。节距越大,链条各部分的尺寸越大,所能传递的功率也越大,但重量也大,受到的冲击和振动也随之增加。为了减小链传动的结构尺寸及传动时的动载荷,当传递的功率较大及转速较高时,可采用小节距的双排链或多排链(图 4-5),多排链的承载能力与排数成正比。但由于多排链制造和安装精度的影响,其各排链受载不均匀,故排数不宜过多,一般不超过 4 排。相邻两排链条中心线之间的距离称为排距,用 p_t 表示。

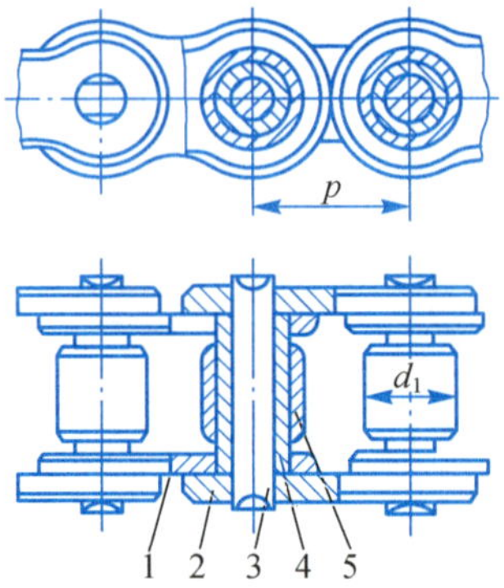

图 4-4 滚子链的结构

1—内链板;2—外链板;3—销轴;4—套筒;5—滚子

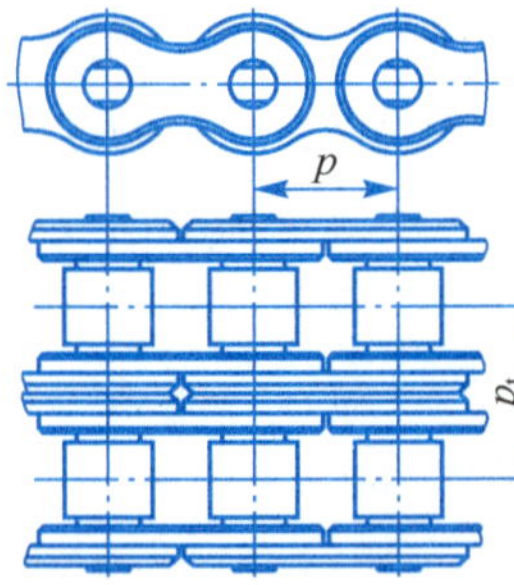

图 4-5 双排滚子链

滚子链的长度以链节数(节距 p 的倍数)来表示。当链节数为偶数时,接头处可用开口销[图 4-6(a)]或弹性锁片[图 4-6(b)]来固定。通常前者用于大节距链,后者用于小节距链。当链节数为奇数时,接头处需采用过渡链节[图 4-6(c)]。过渡链节在链条受拉时,其链板要承受附加弯矩的作用,从而使其强度降低,因此在设计时应尽量避免采用奇数链节。

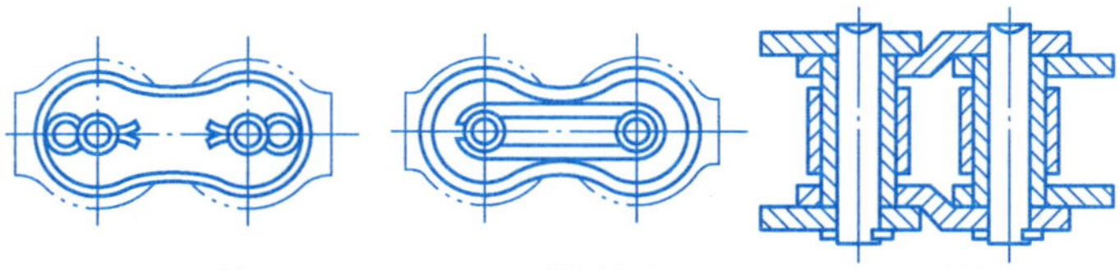
(a) 开口销　(b) 弹性锁片　(c) 过渡链节

图 4-6　滚子链的接头形式

滚子链的标记方法规定为：链号-排数×链节数　标准编号。例如，16A-1×80 GB/T 1243—2006 表示 A 系列、节距 $p=25.40$ mm、单排、80 节的滚子链。滚子链的规格和主要参数见表 4-1。

表 4-1　滚子链的规格和主要参数

链号	节距 p/mm	滚子直径 d_1/mm	销轴直径 d_2/mm	内链节内宽 b_1/mm	内链节外宽 b_2/mm	排距 p_t/mm	单排链单位长度质量 $q/(kg \cdot m^{-1})$	极限拉伸载荷(单排) F_{Qlim}/kN
08A	12.70	7.92	3.98	7.85	11.17	14.38	0.6	13.9
10A	15.875	10.16	5.09	9.40	13.84	18.11	1.0	21.8
12A	19.05	11.91	5.96	12.57	17.75	22.78	1.5	31.1
16A	25.40	15.88	7.94	15.75	22.60	29.29	2.6	55.6
20A	31.75	19.05	9.54	18.90	27.45	35.76	3.8	86.7
24A	38.10	22.23	11.11	25.22	35.45	45.44	5.6	124.6
28A	44.45	25.40	12.71	25.22	37.18	48.87	7.5	169
32A	50.80	28.58	14.29	31.55	45.21	58.55	10.10	222.4
40A	63.50	39.68	19.85	37.85	54.88	71.55	16.10	347

2. 链轮的结构

链轮的结构如图 4-7 所示。小直径的链轮可采用整体式结构[图 4-7(a)]；中等尺寸的链轮可采用孔板式结构[图 4-7(b)]；大直径的链轮($d>200$ mm)常采用组合结构，以便更换齿圈，组合方式可为焊接结构[图 4-7(c)]，也可为螺栓连接机构[图 4-7(d)]。

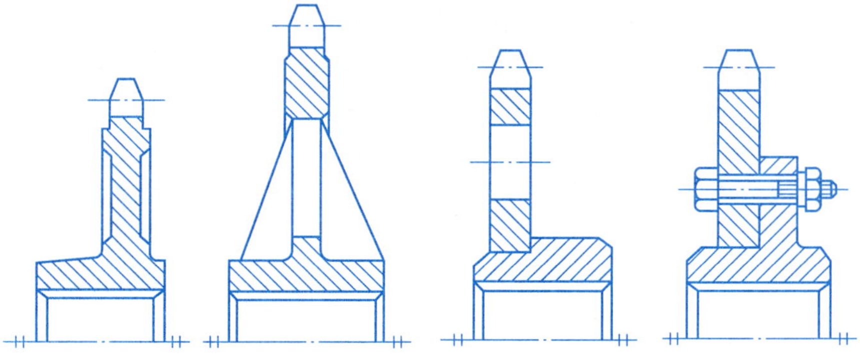
(a) 整体式结构　(b) 孔板式结构　(c) 组合焊接结构　(d) 组合螺栓连接结构

图 4-7　链轮的结构

链轮的基本参数是配用链条的节距 p、滚子直径 d_1、齿数 z 及排距 p_t。链轮的主要尺寸及计算公式见表 4-2。

表 4-2 滚子链链轮的主要尺寸及计算公式

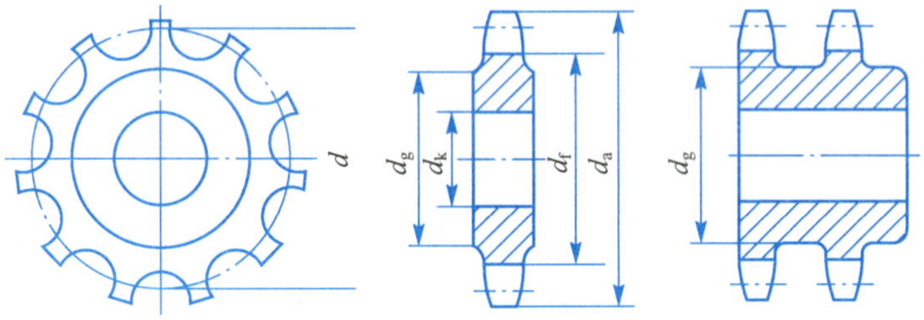

名　　称	代　　号	计算公式	备　　注
分度圆直径/mm	d	$d=p/\sin\dfrac{180°}{z}$	—
齿顶圆直径/mm	d_a	$d_{amax}=d+1.25p-d_1$ $d_{amin}=d+\left(1-\dfrac{1.6}{z}\right)p-d_1$	可在 d_{amax}、d_{amin} 范围内任意选取，但选用 d_{amax} 时应考虑如果采用展成法加工，有可能发生顶切
分度圆弦齿高/mm	h_a	$h_{amax}=\left(0.625+\dfrac{0.8}{z}\right)p-0.5d_1$ $h_{amin}=0.5(p-d_1)$	h_a 是为简化放大齿形图的绘制而引入的辅助尺寸。 h_{amax} 对应 d_{amax}；h_{amin} 对应 d_{amin}
齿根圆直径/mm	d_f	$d_f=d-d_1$	
最大齿侧凸缘直径/mm	d_g	$d_g\leqslant p\cot\dfrac{180}{z}-1.04h_2-0.76$	h_2 为内链板高度

3. 链轮的材料

链轮的材料应保证轮齿具有足够的强度和耐磨性。在低速、轻载和平稳的传动中，链轮材料可采用中碳钢；中速、中载传动中，也可用中碳钢，但需齿面淬火使其硬度大于 40 HRC；在高速重载且连续工作的传动中，最好采用低碳钢齿面渗碳淬火（如采用 15Cr、20Cr 材料，淬火硬度至 50～60 HRC），或用中碳钢齿面淬火，淬硬至 40～45 HRC。

由于小链轮齿数少，啮合次数多，磨损、冲击比大链轮严重，所以小链轮材料及热处理要比大链轮的要求高。链轮常用材料及应用范围见表 4-3。

表 4-3 链轮常用材料及应用范围

材　　料	热 处 理	热处理后硬度	应用范围
15、20	渗碳、淬火、回火	50～60 HRC	$z\leqslant25$，有冲击载荷的主、从动链轮
35	正火	160～200 HRC	在正常工作条件下，齿数较多（$z>25$）的链轮
40、50、ZG310-570	淬火、回火	40～50 HRC	无剧烈振动及冲击的链轮

（续表）

材　料	热处理	热处理后硬度	应用范围
15Cr、20Cr	渗碳、淬火、回火	50～60 HRC	有动载荷及传递较大功率的重要链轮（$z<25$）
35SiMn、40Cr、35CrMo	淬火、回火	40～50 HRC	使用优质链条、重要的链轮
Q235A、Q275	焊接后退火	140 HBS	中等速度、传递中等功率的较大链轮
灰铸铁（不低于 HT150）	淬火、回火	260～280 HBS	$z_2>50$ 的从动链轮
夹布胶木	—	—	功率小于 6 kW、速度较高、要求传动平稳和噪声小的链轮

四、平均链速和平均传动比

链条由若干个链节组成，每个链节可视为刚性体。当链条与链轮啮合时，链条呈多边形分布在链轮上，因此链传动相当于一对多边形轮之间的传动。该多边形的边长就是链节距 p，边数就是链轮的齿数 z。链轮每转过一周时链条转过的长度为 zp，故链条的平均速度为

$$v=\frac{z_1pn_1}{60\times1\ 000}=\frac{z_2pn_2}{60\times1\ 000} \tag{4-1}$$

由式（4-1）可求得链传动的平均传动比为

$$i=\frac{n_1}{n_2}=\frac{z_2}{z_1}=\text{常数} \tag{4-2}$$

其中，z_1、z_2 为主、从动链轮的齿数；n_1、n_2 为主、从动链轮的转速，单位为 r/min。

虽然链传动的平均速度和平均传动比不变，但它们的瞬时值却呈周期性变化。这种周期性变化使链传动产生加速度，从而产生附加动载荷，引起冲击振动，故链传动不适合高速传动。为减小动载荷和运动不均匀性，链传动应尽量选取较多的齿数 z_1 和较小的节距 p，并使链速在允许的范围内变化。

五、链传动的失效及设计步骤

链条是标准件，设计链传动的主要内容包括根据工作要求选择链条的类型、型号及排数，合理选择传动参数，确定润滑方式，设计链轮等。

1. 链传动的失效

链传动的失效主要表现为链条的失效。链条的失效主要有以下几种形式：

（1）链板疲劳破坏。链传动时松边和紧边所受的拉力不同，故链条工作时拉力不断发生变化，经过一定循环次数后，链板将发生疲劳断裂。

（2）链条冲击破断。对于因张紧不好而有较大松边垂度的链传动，在反复起动、制动或反转时所产生的巨大冲击，将使销轴、套筒、滚子等元件不到疲劳时就产生冲击破断。

(3) 链条铰链的磨损。链条铰链的销轴与套筒之间承受较大的压力且有相对滑动，在承压面上将产生磨损。磨损使链条节距增加，极易产生跳齿和脱链。

(4) 链条铰链的胶合。在高速重载时，销轴与套筒接触表面间难以形成润滑油膜，金属直接接触导致胶合。胶合限制了链传动的极限转速。

(5) 链条的过载拉断。低速(v<0.6 m/s)重载或突然过载时，链条因静强度不足而被拉断。

2. 滚子链的额定功率曲线

链传动的各种失效形式都在一定条件下限制了链传动的承载能力。如图 4-8 所示为 A 系列滚子链的额定功率曲线，它表明了链传动所能传递的额定功率 P_0、小链轮转速 n_1 和链号三者之间的关系，是计算滚子链传动能力的依据。图中各曲线是在 $z_1=19$、传动比 $i=3$、$L_p=100$、单排滚子链、水平布置、载荷平稳、按推荐的润滑方式、满负荷连续运转 15 000 h、链节因磨损而引起的相对伸长量不超过 3%的试验条件下绘制的。

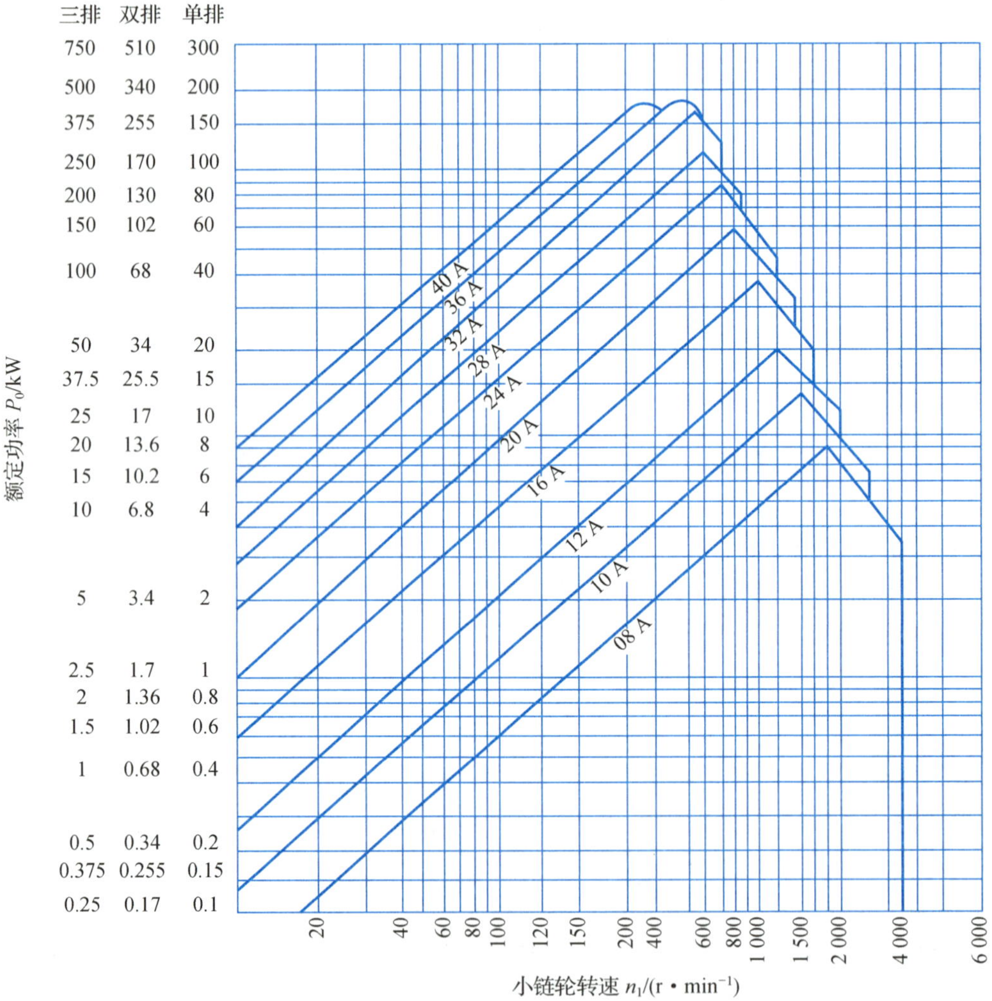

图 4-8 A 系列滚子链的额定功率曲线(v>0.6 m/s)

若润滑不良或不能采用推荐的润滑方式，应将图中规定的 P_0 降至下列数值：当 $v<1.5$ m/s 时，降至 $(0.3\sim0.6)P_0$；当 1.5 m/s $<v<$ 7 m/s 时，降至 $(0.15\sim0.3)P_0$；当 $v>7$ m/s 时，润滑不良，则传动不可靠，不宜采用。若实际使用条件与上述特定试验条件不符，则用修正系数加以修正。

链传动按链传动速度一般可分为低速链传动，$v<0.6$ m/s，中速链传动，$v=0.6\sim0.8$ m/s 和高速链传动，$v>0.8$ m/s。通常低速链传动按静强度设计，中、高速链传动按功率曲线设计。

3. 链传动设计计算步骤

设计的已知条件：传动用途、工作情况、原动机种类、传递功率、链轮转速及传动的布置要求等。

设计的内容包括确定链轮齿数、链节距、链条排数、链节数、传动中心距、材料和结构尺寸、作用在轴上的压力及选择润滑方式等。

(1) 中、高速链传动($v\geqslant0.6$ m/s)的设计计算步骤如下：

① 确定链轮齿数 z_1、z_2。为减少运动的不均匀性和动载荷，小链轮的齿数不宜过少，通常 $z_{\min}=17$，可按照链速由表 4-4 选取 z_1。大轮齿数 $z_2=iz_1$，z_2 不易过大，过大不仅使传动的尺寸和重量增加，而且链节伸长后易出现跳齿和脱链现象，通常 $z_2=iz_1<120$。为使链条磨损均匀，一般链节数为偶数，链轮齿数一般应取与链节数互为质数的奇数。

一般传动比 $i\leqslant7$，推荐 $i=2.0\sim3.5$，低速和载荷平稳时 i 可达 10。i 过大，链条在小链轮上的包角减小，啮合的轮齿数减少，轮齿的磨损加快。

表 4-4 滚子链传动的主动轮齿数 z_1

链速 $v/(\mathrm{m\cdot s^{-1}})$	0.6～3	3～8	>8
z_1	≥15～17	≥19～21	≥23

② 初定中心距 a_0。当链速一定时，中心距减小，链条绕转次数增加，加速了链条的磨损与疲劳；同时小链轮上的包角小，使链和链轮同时啮合的齿数减少，单个链齿受载增大，加剧了磨损，而且易跳齿和脱链。中心距大时，链节数增多，弹性好，吸振能力强，使用寿命长。但当中心距太大时，会引起从动边垂度过大，造成从动边上下振动加剧，使传动不平稳。因此，对中心距的范围需加以限制，一般取 $a_0=(30\sim50)p$，设计时可初选 $a_0=40p$，最大取 $a_{\max}=80p$，当有张紧轮装置或有托板时可取 $a_0>80p$。

③ 确定链节距 p。链传动的功率 P 与特定条件下链条的额定功率 P_0 之间的关系为

$$P_0\geqslant\frac{K_AP}{K_zK_m} \tag{4-3}$$

其中，K_A 为链传动的工作情况系数，见表 4-5；K_z 为小链轮齿数系数，即考虑 $z_1\neq19$ 时的系数，见表 4-6，当链传动的工作区在额定功率曲线(图 4-8)顶点左侧时查 K_z，在右侧时查 K_z'；K_m 为多排链系数，见表 4-7。

表 4-5 工作情况系数 K_A

工作机		K_A		
		平稳运转	轻微振动	中等振动
		电动机、汽轮机和燃气轮机、装有液力变矩器的内燃机	六缸或四缸以上内燃机	带机械联轴器的六缸以下内燃机
平稳转动	离心泵和压缩机、印刷机、输送机、纸张压光机、液体搅拌机、自动扶梯、风机	1.0	1.1	1.3
中等振动	多缸泵和压缩机、水泥搅拌机、压力机、剪床、载荷非恒定输送机、固体搅拌机、球磨机	1.4	1.5	1.7
严重振动	刨煤机、电铲、轧机、橡皮加工机械、单缸泵和压缩机、石油钻机	1.8	1.9	2.1

表 4-6 小链轮齿数系数 K_z

z_1	17	19	21	23	25	27	29	31	33	35
K_z	0.887	1.00	1.11	1.23	1.34	1.46	1.58	1.70	1.82	1.93
K_z'	0.846	1.00	1.16	1.33	1.51	1.69	1.89	2.08	2.29	2.50

表 4-7 多排链系数 K_m

排数	1	2	3	4
K_m	1.0	1.7	2.5	3.3

根据小链轮的转速 n_1 和式(4-3)求得的 P_0，由图 4-8 查得链的型号和节距 p。在满足传动功率的前提下，应尽量取较小的节距。对高速（当 $v>8$ m/s 时）重载的链传动，可选取小节距多排链。

④ 校核链速 v，确定润滑方式。链速计算公式为

$$v=\frac{n_1 z_1 p}{60\times 1\,000} \tag{4-4}$$

v 应符合选取 z_1 时所假定的链速范围，并由图 4-9 确定润滑方式。

⑤ 确定链条节数 L_p。链条节数 L_p 的近似计算为

$$L_p=\frac{2a_0}{p}+\frac{z_2+z_1}{2}+\frac{p}{a_0}\left(\frac{z_2-z_1}{2\pi}\right)^2 \tag{4-5}$$

计算所得的 L_p 应圆整为整数，为了避免使用过渡链节，链节数 L_p 最好取为偶数。

⑥ 确定链传动的实际中心距 a。选定链节数 L_p 之后，可计算实际中心距 a。

$$a=\frac{p}{4}\left[\left(L_p-\frac{z_2+z_1}{2}\right)+\sqrt{\left(L_p-\frac{z_2+z_1}{2}\right)^2-8\left(\frac{z_2-z_1}{2\pi}\right)^2}\right] \tag{4-6}$$

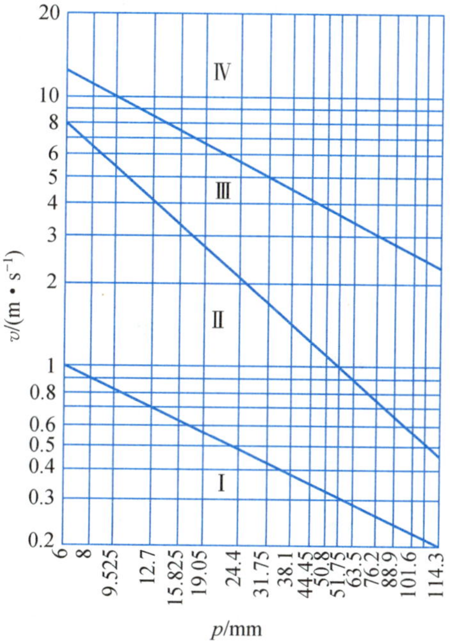

图 4-9　推荐的润滑方式

Ⅰ—人工定期润滑；Ⅱ—滴油润滑；Ⅲ—油浴或飞溅润滑；Ⅳ—压力喷油润滑

为了便于安装链条和调节链的张紧程度，中心距一般应设计成可调节的，实际安装中心距应比计算值小 0.2%～0.4%。若中心距不可调节，为了保证链条适当的初垂度，实际安装中心距应比计算中心距 a 小 2～5 mm。

⑦ 计算作用在链轮轴上的压力 F_Q。链条作用在链轮轴上的压力可近似取为

$$F_Q=(1.2\sim1.3)F_e=1\,000\times(1.2\sim1.3)P/v \tag{4-7}$$

其中，F_e 为链传动的有效圆周力，单位为 N；P 为链传动传递的功率，单位为 kW；v 为平均链速，单位为 m/s。

（2）低速链传动的静强度计算。对于低速链传动（$v<0.6$ m/s），其主要失效形式是链条受静力拉断，故应进行静强度校核。静强度安全系数应满足以下要求。

$$S=\frac{F_{Q\lim}m}{K_A F_e}\geqslant 4\sim8 \tag{4-8}$$

其中，S 为链的抗拉静力强度的计算安全系数；$F_{Q\lim}$ 为单排链条的极限拉伸载荷，见表 4-1；m 为链条排数。

当链速略小于 0.6 m/s 时，对于润滑不良、从动件惯性较大，又用于重要场合的链传动，建议安全系数取较大值。

任务实施

链传动设计与选用步骤见表 4-8。

表 4-8　链传动设计与选用步骤

设计项目	设计计算	设计说明
1. 确定链轮的齿数 z_1、z_2	假定 $v=3\sim8$ m/s,查表 4-4 取 $z_1=21$。 传动比 $i=3$,计算 z_2。 $z_2=iz_1=3\times21=63<120$	$z_1=21$ $z_2=63$
2. 初定中心距 a_0	取 $a_0=40p$	$a_0=40p$
3. 确定链节距 p	查表 4-5 得 $K_A=1$,查表 4-6 得 $K_z=1.11$,查表 4-7 得 $K_m=1$。根据额定功率 P_0 和转速 n_1 查图 4-8 得 $P_0\geqslant\frac{K_AP}{K_zK_m}=\frac{1\times15}{1.11\times1}=13.51$ kW,选用 12A 号链条,$p=19.05$ mm	链号 12A $p=19.05$ mm
4. 验算链速 v,确定润滑方式	$v=\frac{n_1z_1p}{60\times1\,000}=\frac{970\times21\times19.05}{60\times1\,000}=6.47$ m/s 符合原假设,由图 4-9 知应采用油浴或飞溅润滑	$v=6.47$ m/s 采用油浴或飞溅润滑
5. 确定链条节数 L_p	$L_p=\frac{2a_0}{p}+\frac{z_2+z_1}{2}+\frac{p}{a_0}\left(\frac{z_2-z_1}{2\pi}\right)^2$ $=\frac{2\times40p}{p}+\frac{63+21}{2}+\frac{p}{40p}\left(\frac{63-21}{2\times3.14}\right)^2$ $=123.12$ 取 $L_p=124$ 节	$L_p=124$ 节
6. 确定实际中心距 a	计算实际中心距: $a=\frac{p}{4}\left[\left(L_p-\frac{z_2+z_1}{2}\right)+\sqrt{\left(L_p-\frac{z_2+z_1}{2}\right)^2-8\left(\frac{z_2-z_1}{2\pi}\right)^2}\right]$ $=\frac{19.05}{4}\left[\left(124-\frac{63+21}{2}\right)+\sqrt{\left(124-\frac{63+21}{2}\right)^2-8\left(\frac{63-21}{2\times3.14}\right)^2}\right]$ $=770.5$ mm 实际安装中心距减小 2~5 mm,取 $a=770.5-2.5=768$ mm	$a=768$ mm
7. 计算轴压力 F_Q	作用在轴上的压力 $F_Q=(1.2\sim1.3)F_e$ 圆周力 $F_e=\frac{1\,000P}{v}=\frac{1\,000\times15}{6.47}=2\,318.39$ N 取 $F_Q=1.25F_e=1.25\times2\,318.39=2\,897.99$ N	$F_Q=2\,897.99$ N
8. 链条标记	12A-1×124　GB/T 1243—2006	12A-1×124 GB/T 1243—2006
9. 计算链轮尺寸,绘制链轮工作图	$d_1=\frac{p}{\sin(180^\circ/z_1)}=\frac{19.05}{\sin(180^\circ/21)}=127.82$ mm $d_2=\frac{p}{\sin(180^\circ/z_2)}=\frac{19.05}{\sin(180^\circ/63)}=382.18$ mm 其他尺寸计算和链轮工作图略	$d_1=127.82$ mm $d_2=382.18$ mm

任务总结

本任务分析了链传动的工作原理、类型、传动特点、滚子链结构及链轮结构、滚子链传动的设计方法和步骤，学生能够带着任务完成链传动的相关知识学习。

1. 链传动的基本知识

链条按照用途可分为传动链、起重链和牵引链。与带传动相比，链传动保持传动比不变，传动效率高，张紧力小，因此作用在轴上的压力小，同时可以在低速重载、高温淋雨、粉尘等恶劣条件下工作。滚子链属于标准件，结构和参数可以参照有关标准。

2. 链传动的设计步骤

确定大小链轮的齿数；初定中心距；确定链节距；验算链速，确定润滑方式；确定链条节数；确定实际中心距；计算轴压力 F_Q；链条标记；计算链轮尺寸并绘制链轮工作图。

思考与练习

一、简答题

(1) 与带传动相比，链传动有哪些特点？

(2) 叙述套筒滚子链结构。

(3) 链轮齿数对链传动的运动有何影响？应怎样选择齿数？

(4) 链传动的额定功率曲线试验条件是什么？传递功率 P 与额定功率 P_0 之间的关系是什么？

(5) 链传动的布置、润滑与张紧有哪些要求？

二、判断题

(1) 链条的节距标志其承载能力，对于承受较大载荷的链传动，应采用大节距单排链。（　　）

(2) 选择链条型号时，依据的参数是传递的功率。（　　）

(3) 链传动常用的速度范围为 5 m/s$<v<$25 m/s。（　　）

(4) 链传动属于啮合传动，所以它能用于要求瞬时传动比恒定的场合。（　　）

(5) 链传动的失效形式是过载拉断和胶合。（　　）

(6) 链传动设计时，链排数越多越好。（　　）

(7) 链传动只能用于平行轴间的传动。（　　）

(8) 链传动与带传动一样传动比不准确。（　　）

(9) 链传动属啮合传动，瞬时链速和瞬时传动比不变。（　　）

(10) 链传动安装时松边垂度越大越好。（　　）

三、选择题

(1) 链传动属于________传动。

A. 具有中间柔性体的啮合传动　　B. 具有中间挠性体的啮合传动

C. 具有中间弹性体的啮合传动　　D. 以上都不正确

(2) 滚子链传动中，尽量避免采用过渡链节的主要原因是________。

A. 制造困难　　B. 价格高

C. 链板受附加弯曲应力　　D. 增加寿命

(3) 链传动工作一段时间后发生脱链的主要原因是________。

A. 链轮轮齿磨损　　B. 链条铰链磨损

C. 包角过小　　D. 轴距减小

(4) 套筒滚子链中，滚子的作用是________。

A. 缓冲吸振　　B. 减轻套筒和轮齿间的摩擦与磨损

C. 提高链的承载能力　　D. 保证链条和轮齿间的良好啮合

(5) 在一定转速下，要减轻链传动的运动不均匀和动载荷，应________。

A. 增大链节距和链轮齿数　　B. 减小链节距和链轮齿数

C. 增大链节距，减小链轮齿数　　D. 减小链条节距，增大链轮齿数

(6) 链条的节数宜采用________。

A. 奇数　　B. 偶数

C. 5 的倍数　　D. 10 的倍数

(7) 链传动张紧的目的是________。

A. 使链条产生初拉力，以使链传动能传递运动和功率

B. 使链条与轮齿之间产生摩擦力，以使链传动能传递运动和功率

C. 避免链条垂度过大时产生啮合不良

D. 避免打滑

(8) 大链轮的齿数不能取得过大的原因是________。

A. 齿数越大，链条的磨损就越大

B. 齿数越大，链传动的动载荷与冲击就越大

C. 齿数越大，链传动的噪声就越大

D. 齿数越大，链条磨损后，越容易发生“脱链现象”

四、计算题

(1) 一单排套筒滚子链传动，已知链条型号为 12A，小链轮齿数 $z_1=19$，转速 $n_1=750$ r/min，速比 $i=3$，中心距 $a\approx760$ mm，原动机为电动机，工作机为轻型运输机。试计算：①链的节数；②链条能传递的最大功率；③链条能传递的最大圆周力。

(2) 设计链式输送机中的链传动。已知：传递功率 $P=10$ kW，链轮转速 $n_1=970$ r/min，$n_2=330$ r/min，载荷平稳。

学习情境五
输送机齿轮减速器典型零部件设计

情境描述

减速器是原动机和工作机之间独立的闭式传动装置，用来降低转速和增大转矩，以满足工作机需要。在两级减速器中，运动由小齿轮 3 传递给大齿轮 4，再经小齿轮 1 传递到另一大齿轮 2，达到减速增矩的目的，如图 5-1 所示。

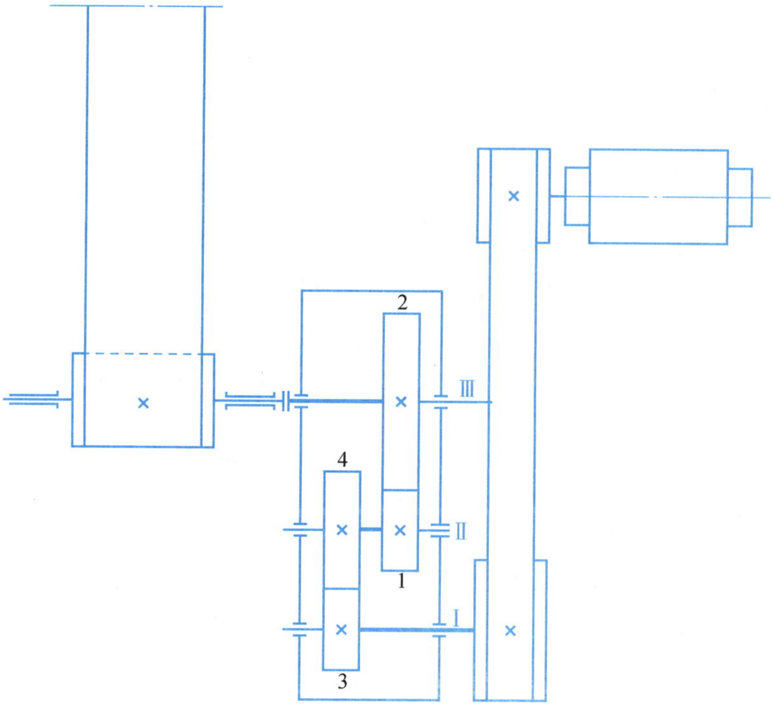

图 5-1　输送机传动装置

本学习情境主要解决传动装置中典型零件齿轮、轴、滚动轴承的设计及选用；定轴轮系传动比、齿轮转速计算及转动方向判别。

任务一　渐开线标准圆柱齿轮的尺寸计算

任务描述

已知某减速器中有一标准渐开线直齿圆柱齿轮，其齿顶圆直径 $d_{a1}=58$ mm，齿数 $z_1=27$。现设计一个大齿轮与其相啮合，传动的安装中心距 $a=115$ mm，计算出大齿轮模数、分度圆直径、齿全高、齿根圆直径、基圆直径、基圆齿距、分度圆上的齿厚和齿槽宽等参数，并计算当实际安装中心距 $a'=125$ mm 时，两轮的啮合角 α'。

任务分析

完成本任务，需要掌握齿轮传动啮合的特点和类型，渐开线齿廓的啮合特性，以及渐开线标准直齿圆柱齿轮的基本参数和几何尺寸计算等知识点。

相关知识

一、齿轮传动的特点

齿轮传动是机械传动中应用最广泛的一种传动，它可以用于传递空间任意两轴间的运动和动力。与其他形式的传动相比，齿轮传动有下列特点。

1. 优点

(1) 齿轮传动传递动力大，传动效率高，一般精度的齿轮传动效率可达 97%～98%，润滑良好，精度较高的圆柱尺寸的传动效率可达 99%。

(2) 能保证恒定的瞬时传动比，平稳性较高，传递运动准确。

(3) 适用的速度和功率范围广，圆周速度为 1～300 m/s，传递功率从小于 1 W 至十几万 kW。

(4) 工作可靠，使用寿命长。

(5) 结构紧凑，体积小。

2. 缺点

(1) 齿轮的制造和安装精度要求较高，成本也较高。

(2) 不适用于远距离传动。

(3) 没有过载保护。

二、齿轮传动的类型及应用

1. 按一对齿轮两轴线的相对位置和轮齿方向不同分类

齿轮传动的类型很多，根据一对齿轮两轴线的相对位置和轮齿方向不同分类，可以分为平行轴齿轮传动、相交轴齿轮传动和交错轴齿轮传动(图 5-2)。

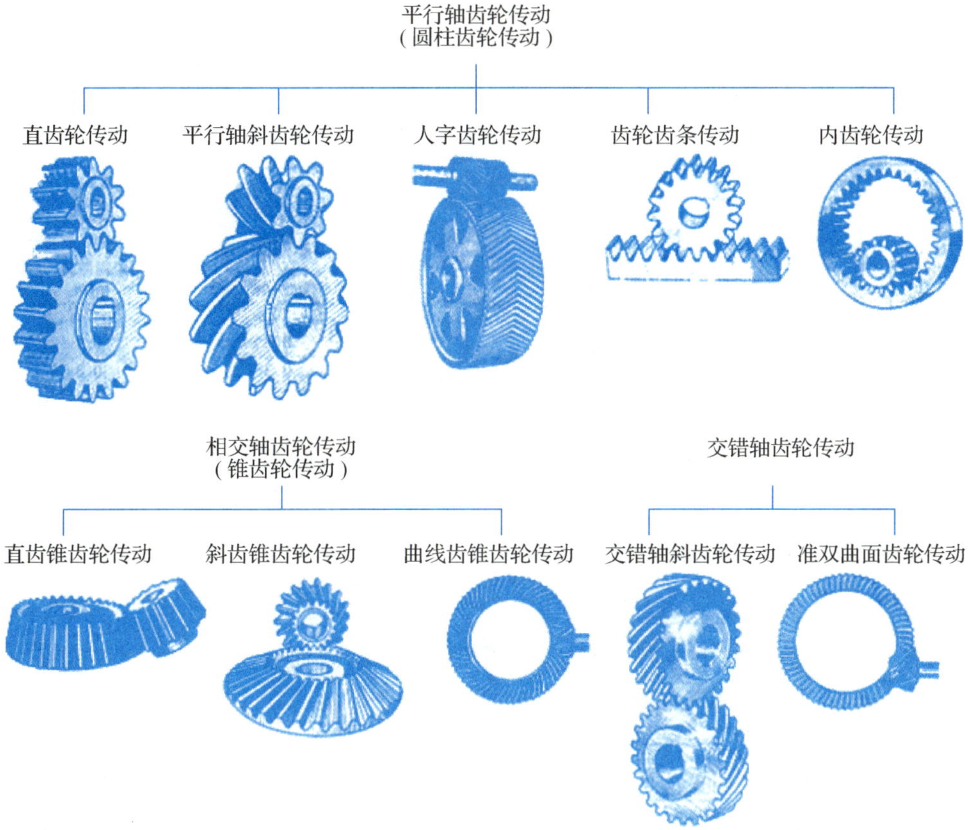

图 5-2　齿轮传动的分类

2. 按防护条件分类

齿轮传动根据其防护条件的不同可分为开式齿轮传动和闭式齿轮传动两类。

(1) 开式齿轮传动。开式齿轮传动是指齿轮暴露在箱体之外的齿轮传动,工作时易落入灰尘杂质,不能保证良好的润滑,轮齿容易磨损。多用于低速或不太重要的场合。

(2) 闭式齿轮传动。闭式齿轮传动是指齿轮安装在封闭的箱体内的齿轮传动,润滑和维护条件良好,安装精确。重要的齿轮传动都采用闭式齿轮传动,应用较为广泛。

3. 按齿轮齿廓曲线的形状分类

根据齿轮齿廓曲线的形状不同,齿轮传动可以分为渐开线齿轮传动、摆线齿轮传动和圆弧齿轮传动等。由于渐开线齿轮容易制造、便于安装,互换性好,故应用最广泛。

4. 按齿面硬度分类

根据齿轮齿面硬度的不同,齿轮可以分为软齿面齿轮和硬齿面齿轮。软齿面齿轮的齿面硬度小于等于 350 HBS,热处理简单,容易加工,但承载能力较低;硬齿面齿轮的齿面硬度大于等于 350 HBS,热处理复杂,需磨齿,加工精度高,承载能力强。

三、渐开线的形成及其性质

齿轮的传动是依靠主动轮轮齿的齿廓推动从动轮轮齿的齿廓来实现的。本书只介绍渐开线齿轮传动，凡能满足定传动比规律相互啮合传动的一对齿廓称为共轭齿廓。如图 5-3(a)所示，在平面上，当一直线 L 沿半径为 r_b 的固定圆周做纯滚动时，该直线上任意一点 K 的轨迹称为该圆的渐开线。该圆称为渐开线的基圆，直线 L 称为渐开线的发生线。渐开线轮齿的两侧齿廓是由两条对称的渐开线组成的，如图 5-3(b)所示。

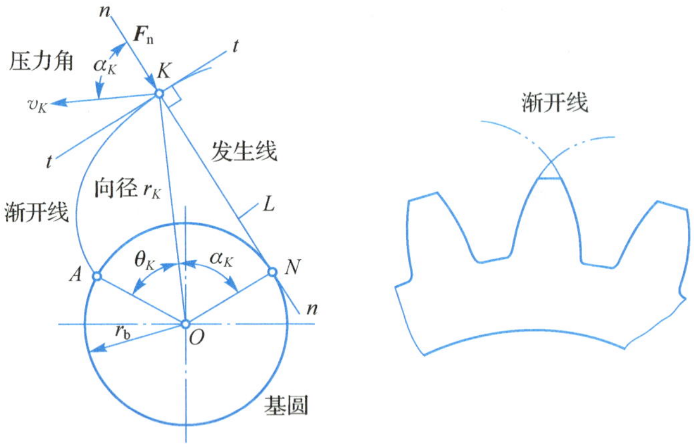

(a) (b)

图 5-3　渐开线齿廓图示

根据渐开线的形成过程，可知渐开线具有以下性质：

(1) 发生线在基圆上滚过的长度，等于基圆上被滚过的弧长，即 $NK=\overset{\frown}{NA}$。

(2) 渐开线上任意一点的法线必与基圆相切，即过渐开线上任意一点 K 的法线与过 K 点的基圆切线重合，且与发生线 L 重合。

(3) 渐开线上各点的曲率半径不相等。N 点是渐开线上 K 点的曲率中心，NK 是渐开线上 K 点的曲率半径。可见，离基圆越近，曲率半径越小；在基圆上，曲率半径为零。

(4) 渐开线上任意一点的法线[受力时(不计摩擦力)正压力 $\boldsymbol{F}_n$ 的方向线]与该点速度 v_K 方向所夹的锐角 α_K，称为该点的压力角。由图可知 K 点的压力角等于$\angle KON$，则

$$\cos\alpha_K=\frac{r_b}{r_K} \tag{5-1}$$

由式(5-1)可知，渐开线上各点压力角不相等，离基圆越远的点，其压力角越大。基圆上的压力角为零，齿顶圆上的压力角最大。

(5) 渐开线的形状取决于基圆的大小。如图 5-4 所示，基圆越小，渐开线越弯曲；基圆越大，渐开线越平直；当基圆半径无穷大时，渐开线为直线。齿条相当于基圆半径无穷大时的渐开线齿轮。

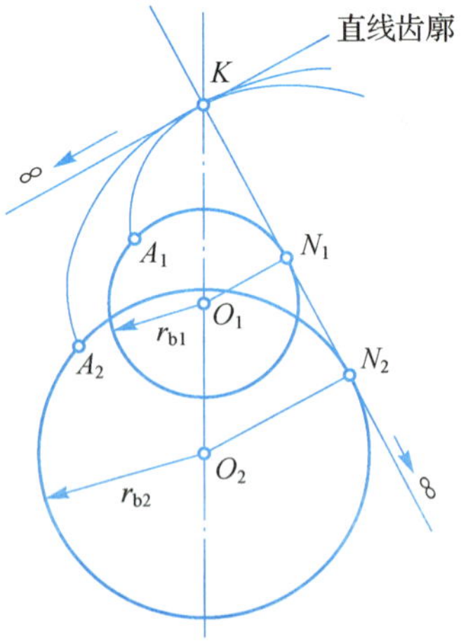

图 5-4　不同基圆半径的渐开线形状

(6) 基圆内无渐开线。

四、渐开线齿廓的啮合特性

1. 渐开线齿廓能保证恒定的传动比

如图 5-5 所示，一对齿轮的公法线 $n-n(N_1N_2)$ 与中心线连线 O_1O_2 相交于 P 点，该点称为节点；分别以 O_1、O_2 为圆心，过节点 P 所做的两个圆称为节圆，$r_1'(O_1P)$、$r_2'(O_2P)$ 为节圆半径。

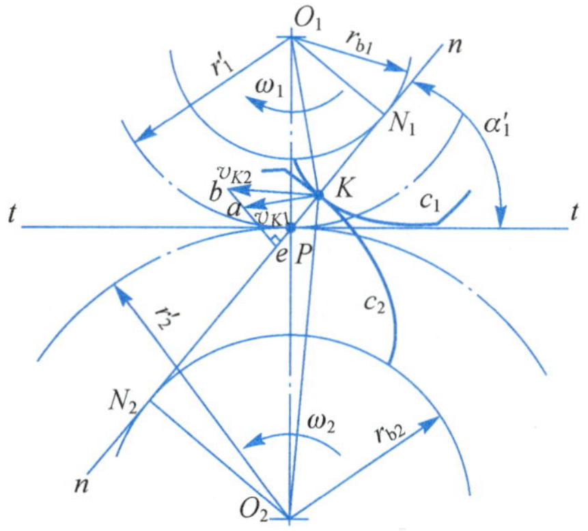

图 5-5　渐开线齿廓的啮合

两啮合齿轮的齿廓 c_1 和 c_2 在任意点 K 啮合，两齿轮在 K 点的速度分别为 v_{K1} 和 v_{K2}，显然 v_{K1} 与 O_1K 垂直，v_{K2} 与 O_2K 垂直。两齿轮正确啮合时，两齿廓既不相互分离，也不相互嵌入，即 v_{K1} 和 v_{K2} 在公法线 N_1N_2 上的分速度相等，则有 ba 延长线应垂直于 N_1N_2，并交于点 e。

在一对齿轮传动中，两齿轮转动角速度之比为 ω_1/ω_2，称为传动比，即

$$i_{12}=\omega_1/\omega_2$$

$\triangle O_1N_1K \backsim \triangle Kea$ 及 $\triangle O_2N_2K \backsim \triangle Keb$，可推得

$$i_{12}=\frac{\omega_1}{\omega_2}=\frac{\dfrac{v_{K1}}{O_1K}}{\dfrac{v_{K2}}{O_2K}}=\frac{\dfrac{Ke}{O_1N_1}}{\dfrac{Ke}{O_2N_2}}=\frac{O_2N_2}{O_1N_1}=\frac{r_{b2}}{r_{b1}}=\text{常数} \tag{5-2}$$

由于两齿轮的基圆半径 r_{b1}、r_{b2} 均为常数，所以式(5-2)表明一对渐开线齿轮的齿廓在任意点啮合时，其瞬时传动比为常数，能保证齿轮平稳地传递运动和载荷；否则，将引起机器的振动、冲击，从而影响机器的工作精度和寿命。

2. 中心距可分性

由 $\triangle O_1N_1P \backsim \triangle O_2N_2P$ 可知

$$\frac{O_2N_2}{O_1N_1}=\frac{O_2P}{O_1P} \tag{5-3}$$

结合式(5-2)、式(5-3)可得

$$i_{12}=\frac{O_2P}{O_1P}=\frac{\omega_1}{\omega_2}=\frac{O_2N_2}{O_1N_1}=\frac{r_{b2}}{r_{b1}}=\text{常数} \tag{5-4}$$

式(5-4)表明点 P 分两圆中心距所成比例恒定。传动比取决于两轮基圆半径之反比，相啮合的两齿轮已经加工成形，其基圆半径是不变的。当两渐开线齿轮安装有误差时，实际中心距与设计理论中心距略有偏差，也不会影响齿轮的传动比。渐开线齿轮传动的这一特性称为传动比的可分离性或中心距可分性，它对渐开线齿轮的加工和装配都十分有利。

3. 渐开线齿轮传动的啮合线和啮合角

一对轮齿从进入啮合到结束啮合的过程中，啮合点的轨迹称为啮合线。对于一对渐开

线齿廓传动齿轮，同一方向的公法线是唯一确定的，不管齿轮在哪一点啮合，啮合点都在公法线 $n\text{-}n(N_1N_2)$ 上，因此公法线也称为啮合线。两个齿轮啮合时，其正压力始终在公法线方向上，两齿轮传动的啮合线、过啮合点的公法线、基圆的公切线和正压力作用线四线重合，且方向不变。啮合线与两节圆公切线所夹的锐角称为啮合角，用 α' 表示；同时根据压力角的概念，啮合角又是两齿轮节点的压力角。

讨论分度圆与节圆、压力角与啮合角的区别：

(1) 就单独的一个齿轮而言，只有分度圆和压力角；只有当一对齿轮相互啮合时，才有节圆和啮合角。

(2) 当一对标准齿轮啮合时，分度圆与节圆是否重合，压力角与啮合角是否相等，取决于两齿轮是否为标准安装。若是标准安装，则两圆重合、两角相等；否则均不相等。

五、渐开线标准直齿圆柱齿轮的基本参数和几何尺寸

1. 渐开线标准直齿圆柱齿轮各部分的名称和符号

如图 5-6 所示为渐开线直齿圆柱齿轮的局部。

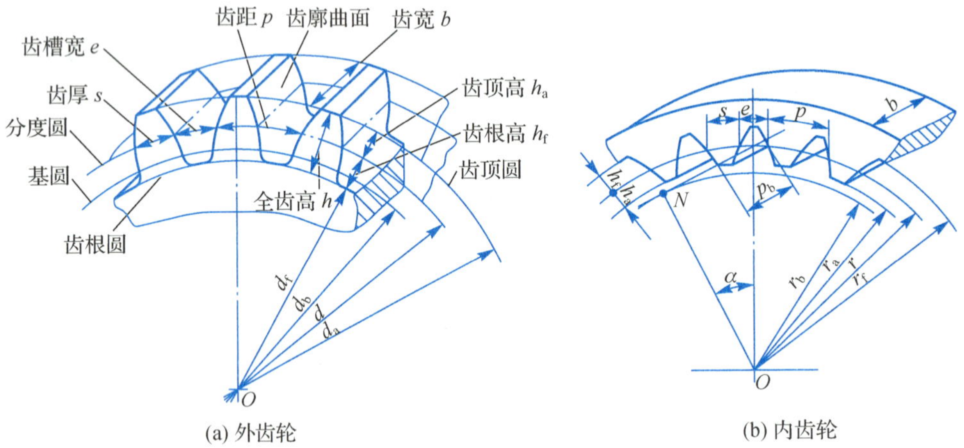

图 5-6　渐开线直齿圆柱齿轮的局部

(1) 齿顶圆和齿根圆。轮齿顶部所在的圆称为齿顶圆，直径用 d_a 表示。相邻两齿间的部分称为齿槽，齿槽底部所在的圆称为齿根圆，直径用 d_f 表示。

(2) 分度圆。为便于设计、制造和互换，在齿顶圆与齿根圆之间选定一个基准圆，使该圆上的比值 p/π 和压力角都为标准值。在齿轮上具有标准模数和标准压力角的圆，称为分度圆，直径用 d 表示。

(3) 齿厚、齿槽宽、齿距。分度圆上一个齿的两侧端面齿廓之间的弧长称为齿厚，用 s 表示；分度圆上一个齿槽的两侧端面齿廓之间的弧长称为齿槽宽，用 e 表示；分度圆上相邻两齿同侧端面齿廓之间的弧长称为齿距，用 p 表示，即 $p=s+e$。

(4) 齿顶高、齿根高和齿高。齿顶圆与分度圆之间的径向距离称为齿顶高，用 h_a 表示；齿根圆与分度圆之间的径向距离称为齿根高，用 h_f 表示；齿顶圆与齿根圆之间的径向距离称为全齿高，用 h 表示，即 $h=h_a+h_f$。

(5) 齿宽。轮齿部分沿齿轮轴线方向的宽度称为齿宽，用 b 表示。

(6) 基圆、基圆齿距和法向齿距。基圆是形成渐开线齿廓的圆，基圆半径用 r_b 表示。根据渐开线性质可得 $r_b = r\cos\alpha$；在基圆上相邻两齿同侧齿廓之间的弧长称为基圆齿距，用 p_b 表示；齿轮相邻两齿廓间沿公法线方向所量得的距离称为齿轮的法向齿距，用 p_n 表示；根据渐开线的特性可知法向齿距与基圆齿距相等，即 $p_b = p_n$。

2. 渐开线标准直齿圆柱齿轮的基本参数

(1) 齿数。齿轮圆周上轮齿的总数称为齿轮的齿数，用 z 表示。

(2) 模数 m。由分度圆周长 $\pi d = zp$，可得分度圆直径 $d = zp/\pi$。为便于设计、制造和互换的方便，人为地规定 p/π 的值为标准值，称为模数，用 m 表示，单位为 mm，则有

$$d = mz \tag{5-5}$$

m 为有理数，且已标准化，我国标准模数系列见表 5-1。

表 5-1　我国标准模数系列(摘自 GB/T 1357—2008)

第一系列	1	1.25	1.5	2	2.5	3	4	5	6	8	10	12	16	20
第二系列	1.125	1.375	1.75	2.25	2.75	3.5	4.5	5.5	(6.5)	7	9	11	14	18

注：1. 对斜齿圆柱齿轮，该表所列为法向模数。
2. 优先采用第一系列，第二系列括号内的模数尽可能不用。

模数 m 是齿轮几何尺寸计算的重要参数，齿数相同的齿轮，模数 m 越大，轮齿的尺寸越大，承载能力越强，如图 5-7 所示。

(3) 压力角 α。渐开线齿廓上各点的压力角不同，为了便于设计、制造和互换性好，分度圆上的压力角用 α 表示，并规定了标准值。我国标准规定：标准压力角 $\alpha = 20°$。特殊情况下也可取大齿廓角 22.5°或 25°和小齿廓角 14.5°或 15°。

(4) 齿顶高系数 h_a^*、顶隙系数 c^*。为了用模数表示齿顶高的大小，引入齿顶高系数 h_a^*，其标准值见表 5-2。

$$\begin{cases} \text{齿顶高}\ h_a = h_a^* m \\ \text{齿根高}\ h_f = h_a + c = (h_a^* + c^*)m \\ \text{全齿高}\ h = h_a + h_f = (2h_a^* + c^*)m \end{cases} \tag{5-6}$$

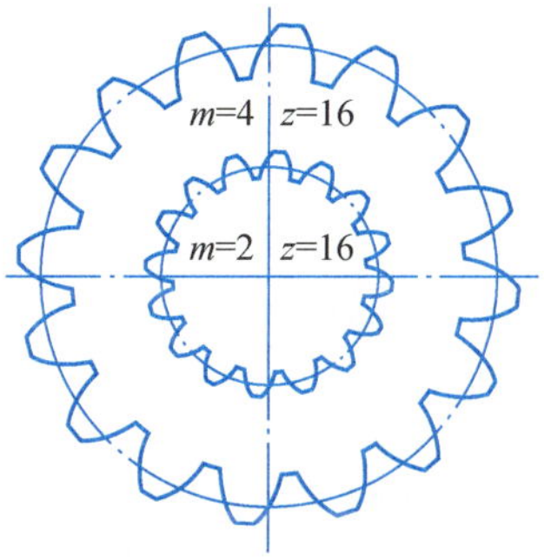

图 5-7　不同模数的齿轮

式(5-6)中，c 为顶隙，它是指一对齿轮啮合时，一个齿轮的齿顶圆到另一个齿轮的齿根圆之间的径向距离，用以避免齿轮齿顶与啮合齿轮齿槽底发生干扰，以及留间隙便于储存润滑油，$c = c^* m$。

表 5-2　齿顶高系数 h_a^* 和顶隙系数 c^*

系　数	h_a^*	c^*
正常齿制	1	0.25
短齿制	0.8	0.3

综合上述可知，模数、齿数、压力角、齿顶高系数和顶隙系数是渐开线齿轮几何尺寸计算的五个最基本参数，这些值均为标准值。

3. 渐开线标准直齿圆柱齿轮的几何尺寸

标准齿轮中模数 m、压力角 α、齿顶高系数 h_a^*、顶隙系数 c^* 均为标准值，且分度圆上齿厚 s 和槽宽 e 相等的齿轮称为标准齿轮。为了便于设计计算，现将渐开线标准直齿圆柱外齿轮的几何尺寸计算公式列于表 5-3 中。

表 5-3　标准直齿圆柱外齿轮的几何尺寸计算公式

名　称	代　号	计算公式
模数	m	$m=p/\pi$
压力角	α	$\alpha=20°$
齿顶高	h_a	$h_a=h_a^* m$
齿根高	h_f	$h_f=(h_a^*+c^*)m$
全齿高	h	$h=h_f+h_a=(2h_a^*+c^*)m$
顶隙	c	$c=c^* m$
齿距	p	$p=\pi m$
基圆齿距	p_b	$p_b=\pi d_b/z=\pi d\cos\alpha/z=\pi m\cos\alpha$
齿厚	s	$s=p/2=\pi m/2$
齿槽宽	e	$e=p/2=\pi m/2$
分度圆直径	d	$d=mz$
基圆直径	d_b	$d_b=d\cos\alpha$
齿顶圆直径	d_a	$d_a=d+2h_a=m(z+2h_a^*)$
齿根圆直径	d_f	$d_f=d-2h_f=m(z-2h_a^*-2c^*)$
标准中心距	a	$a=\frac{1}{2}(d_2+d_1)=\frac{1}{2}m(z_2+z_1)$

例 5-1　已知一对外啮合标准直齿圆柱齿轮标准中心距 $a=125$ mm，传动比 $i=4$，小齿轮齿数 $z_1=20$，求这对齿轮的模数、分度圆直径 d_1、d_2，齿顶圆直径 d_{a1}、d_{a2}。

解　由传动比 $i=\frac{z_2}{z_1}=4$ 得 $z_2=iz_1=4\times20=80$

由中心距　$a=\frac{m}{2}(z_1+z_2)$得 $m=\frac{2a}{z_1+z_2}=\frac{2\times125}{20+80}=2.5$ mm

分度圆直径　$d_1=mz_1=2.5\times20=50$ mm

$d_2=mz_2=2.5\times80=200$ mm

齿顶圆直径　$d_{a1}=d_1+2h_a^* m=50+2\times1\times2.5=55$ mm

$d_{a2}=d_2+2h_a^* m=200+2\times1\times2.5=205$ mm

六、斜齿圆柱齿轮的基本参数和几何尺寸

1. 齿廓曲面的形成与其啮合特性

(1) 齿廓曲面的形成。根据渐开线的形成过程，可推理出直齿圆柱齿轮的轮齿渐开线曲面是平面 S 沿基圆柱做纯滚动时，其上与基圆柱母线 AA 平行的直线 KK 在空间走过的轨迹，该曲面即为直齿圆柱齿轮的齿廓曲面，如图 5-8(a)所示。

斜齿圆柱齿轮的齿廓曲面是当发生面在基圆上做纯滚动时，与轴线倾斜一角度 β_b 的接触线 KK 在空间形成的曲面，如图 5-8(b)所示。

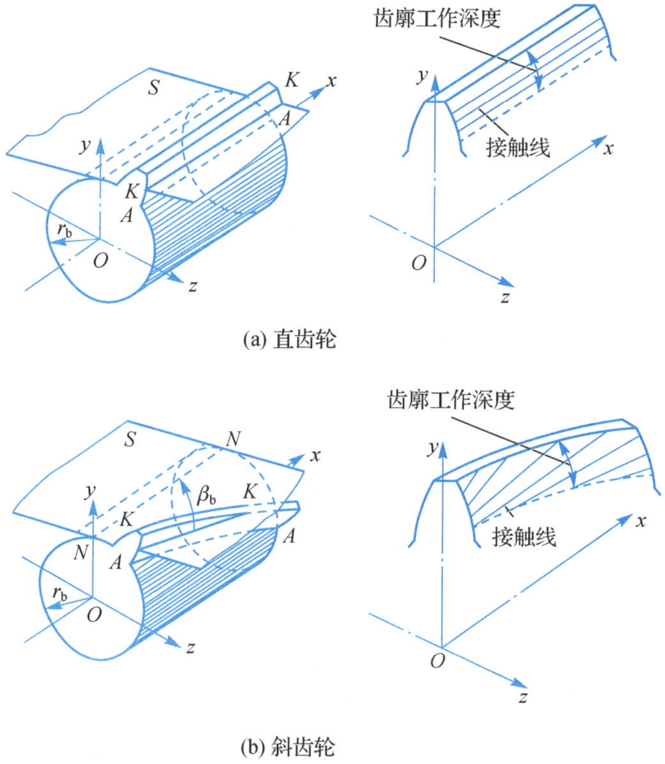

图 5-8　圆柱齿轮齿廓曲面的形成及齿面接触线

(2) 斜齿圆柱齿轮传动的啮合特性。直齿圆柱齿轮传动时，齿面接触线与齿轮轴线平行，轮齿沿整个齿宽同时进入啮合和退出啮合，易引起冲击、振动和出现噪声，不适合高速、重载传动，如图 5-8(a)所示。斜齿圆柱齿轮啮合时，齿面接触线与齿轮轴线不平行，齿廓是逐渐进入啮合和逐渐退出啮合的。啮合线的长度由零逐渐增加，又逐渐缩短，直至脱离接触。因此，其传动平稳性好，重合度大，噪声和所受冲击小，承载能力强，适用于高速和大功率场合，如图 5-8(b)所示。

2. 斜齿圆柱齿轮有关参数与几何尺寸计算

斜齿圆柱齿轮的端面(垂直于齿轮轴线的平面)和法面(垂直于齿廓螺旋线的平面)内有不同的参数。由于端面齿廓是渐开线，所以有关的尺寸应在端平面内计算。但用展成法加工时，斜齿轮的法面齿形与刀具相同，且啮合时的作用力也在法向平面内，故斜齿轮的法面

参数为标准值。

（1）螺旋角 β。如图 5-9(a)所示，斜齿轮按其齿廓渐开螺旋面的旋向，可以分为左旋和右旋两种。齿轮的螺旋方向可根据右手定则判断：自然伸开右手，手心对着自己，使四指的方向与齿轮的轴线方向一致，若齿向与右手拇指方向一致，该齿轮为右旋；反之，则为左旋，如图 5-9(b)所示。

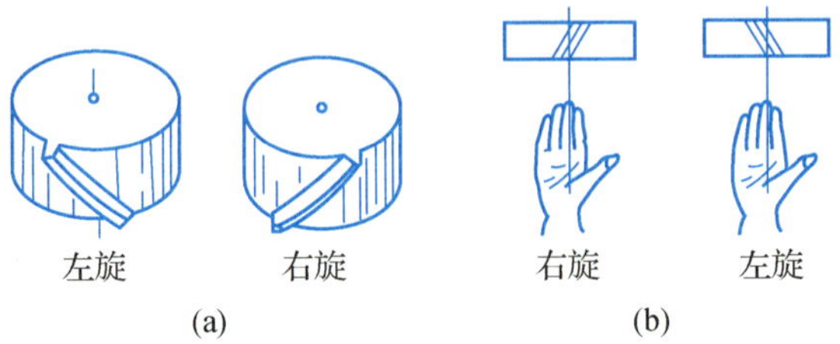

图 5-9　斜齿轮的旋向

斜齿轮的齿廓曲面与分度圆柱面相交为一螺旋线，该螺旋线上的切线与齿轮轴线的夹角 β 称为斜齿轮的螺旋角，一般为 8°～20°，如图 5-10 所示。

（2）模数。如图 5-10 所示为斜齿轮分度圆柱面的展开图，法面齿距 p_n 与端面齿距 p_t 的几何关系为

$$p_n = p_t \cos\beta \tag{5-7}$$

因 $p = \pi m$，故 m_n 和 m_t 的关系为

$$m_n = m_t \cos\beta \tag{5-8}$$

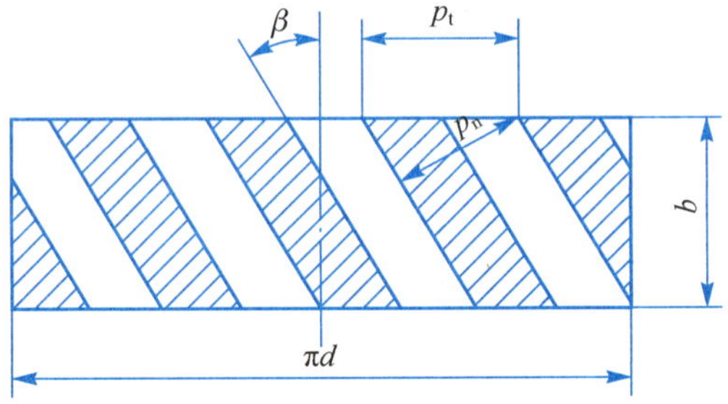

图 5-10　斜齿轮分度圆柱面的展开图

（3）压力角。α_n 和 α_t 的关系为

$$\tan\alpha_n = \tan\alpha_t \cos\beta \tag{5-9}$$

（4）齿顶高系数和顶隙系数。斜齿轮的法面齿顶高系数和法面顶隙系数与端面齿顶高系数和顶隙系数的换算公式为

$$h_{at}^* = h_{an}^* \cos\beta \tag{5-10}$$

$$c_t^* = c_n^* \cos\beta \tag{5-11}$$

（5）几何尺寸计算。标准斜齿圆柱齿轮几何尺寸的计算公式见表 5-4。

表 5-4　标准斜齿圆柱齿轮几何尺寸的计算公式

名　称	代　号	计算公式
法面齿距	p_n	$p_n=p_t\cos\beta$
齿顶高	h_a	$h_a=h_{an}^*m_n$
齿根高	h_f	$h_f=(h_{an}^*+c_n^*)m_n$
全齿高	h	$h=(2h_{an}^*+c_n^*)m_n$
分度圆直径	d	$d=m_tz=\dfrac{m_nz}{\cos\beta}$
齿顶圆直径	d_a	$d_a=d+2h_a=m_n(\dfrac{z}{\cos\beta}+2h_{an}^*)$
齿根圆直径	d_f	$d_f=d-2h_f=m_n(\dfrac{z}{\cos\beta}-2h_{an}^*-2c_n^*)$
标准中心距	a	$a=\dfrac{d_2+d_1}{2}=\dfrac{m_n(z_2+z_1)}{2\cos\beta}$

任务实施

本任务是计算渐开线标准直齿圆柱齿轮的基本参数和几何尺寸，根据表 5-3 所给公式可以直接计算。

（1）齿轮模数：$d_{a1}=z_1m+2h_a^*m=z_1m+2m=27m+2m=29m=58$ mm，所以 $m=2$ mm；

（2）分度圆直径：设大齿轮的齿数为 z_2，则标准中心距 $a=\dfrac{m(z_1+z_2)}{2}=\dfrac{2(27+z_2)}{2}=115$，得 $z_2=88$，则大齿轮分度圆直径 $d_2=z_2m=88\times2=176$ mm；

（3）齿全高：$h=h_a+h_f=(2h_a^*+c^*)m=(2\times1+0.25)\times2=4.5$ mm；

（4）齿根圆直径：$d_{f2}=d_2-2(h_a^*+c^*)m=176-2(1+0.25)\times2=171$ mm；

（5）基圆直径：$d_{b2}=d_2\cos(20°)=176\cos(20°)=165.386$ mm；

（6）基圆齿距：$p_{b2}=p\cos(20°)=\pi m\cos(20°)=5.901$ mm；

（7）分度圆上的齿厚和齿槽宽：$s=e=\dfrac{\pi m}{2}=3.142$ mm；

（8）当实际安装中心距 $a'=125$ mm 时，由 $a'\cos\alpha'=a\cos\alpha$ 可得 $\alpha'=\arccos\dfrac{a\cos\alpha}{\alpha'}=\arccos\dfrac{115\times\cos20°}{125}=30.172°$。

任务总结

通过执行本任务，理解了齿轮传动的类型和特点、渐开线的形成和渐开线齿廓啮合特性，掌握了直齿圆柱齿轮基本参数的计算。

(1) 渐开线齿廓能保证恒定传动比且中心距可分，即实际安装中心距与设计理论中心距略有偏差，不影响齿轮传动比。

(2) 渐开线标准直齿圆柱齿轮的基本参数：齿数 z、模数 m、压力角 α、齿顶高系数 h_a^*、顶隙系数 c^*。可通过这五个基本参数计算出渐开线直齿圆柱齿轮的几何尺寸。

(3) 斜齿圆柱齿轮的基本参数：螺旋角 β、法面模数 m_n 与端面模数 m_t、法面压力角 α_n 与端面压力角 α_t、法面齿顶高系数 h_{an}^* 与端面齿顶高系数 h_{at}^*、法面顶隙系数 c_n^* 与端面顶隙系数 c_t^*。

思考与练习

一、简答题

(1) 齿轮传动有哪些主要类型?

(2) 渐开线有哪些性质? 渐开线齿轮传动有何特性?

(3) 直齿圆柱齿轮的基本参数有哪些?

(4) 何谓模数? 它的物理意义是什么?

(5) 何谓标准齿轮?

二、判断题

(1) 齿轮上齿厚等于齿槽宽的齿轮是标准齿轮。 ( )

(2) 一对直齿圆柱齿轮的中心距改变后，节圆直径也随之改变。 ( )

(3) 两个压力角相同，而模数和齿数均不相同的正常齿标准直齿圆柱齿轮，其中轮齿大的齿轮模数较大。 ( )

三、选择题

(1) 一对渐开线齿轮传动，其压力角为________。

A. 基圆上的压力角　　B. 节圆上的压力角

C. 分度圆上的压力角　　D. 齿顶圆上的压力角

(2) 一对渐开线齿轮传动，安装中心距大于标准中心距时，齿轮的节圆半径________分度圆半径。

A. 大于　　B. 等于

C. 小于　　D. 不等于

(3) 渐开线标准直齿圆柱齿轮基圆上的压力角________。

A. 大于 20°　　B. 等于 20°

C. 等于 0°　　D. 等于 30°

(4) 渐开线直齿圆柱齿轮传动的可分性是指________不受中心距变化的影响。

A. 节圆半径　　B. 传动比

C. 啮合角　　D. 压力角

(5) 要实现两相交轴之间的传动，可采用________传动。

A. 直齿圆柱齿轮　　B. 斜齿圆柱齿轮

C. 直齿锥齿轮　　　　　　　　　　　D. 蜗轮蜗杆

四、计算题

(1) 有一标准渐开线直齿圆柱齿轮，已知：$m=4$ mm，齿顶圆直径 $d_a=88$ mm，试求齿数 z、分度圆直径 d、齿全高 h 和基圆直径 d_b。

(2) 已知渐开线标准直齿圆柱齿轮的 $m=3$ mm，$z=27$，$\alpha=20°$，$h_a^*=1$，$c^*=0.25$，试计算齿轮的主要几何尺寸。

(3) 某直齿圆柱齿轮传动的小齿轮已丢失，但已知与之相配的大齿轮为标准齿轮，其齿数 $z_2=52$，齿顶圆直径 $d_{a2}=135$ mm，标准安装中心距 $a=112.5$ mm。试求丢失的小齿轮的齿数、模数、分度圆直径、齿顶圆直径、齿根圆直径。

任务二　渐开线直齿圆柱齿轮的传动特性及根切现象的分析

任务描述

渐开线齿廓能够实现定比传动，但这并不能保证任意两个渐开线齿轮都能搭配起来正确地啮合传动。要正确啮合，需要满足什么条件呢？要使齿轮连续地、无侧隙地传动，又要满足什么条件？另外，渐开线齿轮是怎么加工出来的，为什么会产生根切现象？这些问题将在本任务中得到解决。

任务分析

完成本任务，需要弄清楚一对渐开线齿轮能够正确啮合的条件、连续传动条件、无侧隙啮合条件，以及渐开线齿轮的加工方法及产生根切现象的原因。

相关知识

一、渐开线标准圆柱齿轮的啮合传动

一对齿轮啮合是靠圆周上的轮齿依次啮合来实现的，不得出现传动中断、轮齿撞击、齿廓重叠等现象，相啮合的一对齿轮必须满足正确啮合条件、连续传动条件和无侧隙传动条件。

1. 直齿圆柱齿轮正确啮合的条件

一对齿轮的正确啮合是指一齿轮的轮齿能正确地嵌入另一齿轮的齿槽间，且各对轮齿需要依次正确啮合且互不干扰。如图 5-11 所示的一对渐开线齿轮啮合传动，B_1B_2 为啮合线的实际长度，其长度为齿轮的法向齿距。显然，如果两轮能正确啮合，必须使得它们的法向齿距相等。由渐开线的性质可知，齿轮的法向齿距等于其基圆齿距，因此，为保证两轮正确啮合，须使两齿轮的基圆齿距相等，即 $p_{b1}=p_{b2}$，而 $p_b=\pi m\cos\alpha$，代入上式得

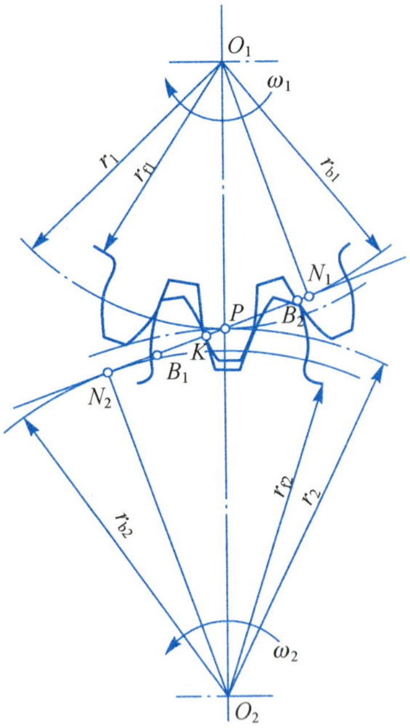

图 5-11 齿轮的啮合传动

$\pi m_1 \cos\alpha_1 = \pi m_2 \cos\alpha_2$，模数 m 与压力角 α 都已标准化，要使上式满足，必须有

$$\begin{cases} m_1 = m_2 = m \\ \alpha_1 = \alpha_2 = \alpha \end{cases} \tag{5-12}$$

由式(5-12)可得一对渐开线直齿圆柱齿轮正确啮合的条件：两齿轮的模数和压力角应分别相等。若每对轮齿的基圆齿距都不相等，则必然会出现齿廓的局部重叠或过大侧隙，即出现卡死或冲击振动现象。

2. 斜齿圆柱齿轮正确啮合的条件及当量齿数

(1) 斜齿轮传动的正确啮合条件

斜齿轮在端面内的啮合相当于直齿轮的啮合，斜齿圆柱齿轮的正确啮合条件为

$$\begin{cases} m_{n1} = m_{n2} = m_n \\ \alpha_{n1} = \alpha_{n2} = \alpha_n \\ \beta_1 = \pm\beta_2 \end{cases} \tag{5-13}$$

其中，“－”用于外啮合，即两齿轮轮齿旋向相反；“＋”用于内啮合，即两齿轮轮齿旋向相同。

(2) 斜齿圆柱齿轮的当量齿数

在用仿形法加工斜齿轮及进行斜齿轮的强度计算时，必须知道斜齿轮法面上的齿形。因此，引入当量齿轮，当量齿轮是一个假想的直齿圆柱齿轮，其端面齿形与斜齿轮法向齿形相当。但要精确地求出法面齿形比较困难，因此通常采用近似方法，即用当量齿数法对其研究。

当量齿数的计算公式为(推导从略)

$$z_v = \frac{z}{\cos^3\beta} \tag{5-14}$$

3. 连续传动条件

如图 5-12 所示，要使齿轮连续传动，必须保证在前一对轮齿啮合点尚未移到 B_1 点脱离啮合前，第二对轮齿能及时到达 B_2 点进入啮合。显然两轮连续传动的条件为

$$B_2B_1 \geqslant p_b \tag{5-15}$$

通常把实际啮合线长度与基圆齿距的比称为重合度，以 ε 表示，即

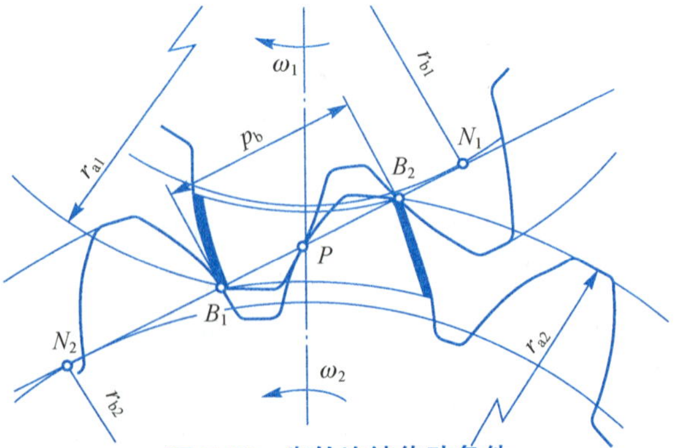

图 5-12 齿轮连续传动条件

$$\varepsilon=\frac{B_2B_1}{p_b}\geqslant 1 \tag{5-16}$$

ε 的大小表明同时参与啮合的齿对数的多少，其与啮合齿轮的齿数有关，而与模数无关。ε 值越大表明同时参与啮合的轮齿对数越多，每对轮齿的载荷就越小、载荷变化量越小，传动越平稳。

理论上，$\varepsilon=1$ 就能保证连续传动，但由于齿轮的制造和安装误差及传动中轮齿的变形等因素的影响，必须使 $\varepsilon>1$。一般机械制造中，通常取 ε 为 1.1～1.4。

4. 齿轮传动的无侧隙啮合条件

齿轮啮合时相当于一对节圆做纯滚动。齿轮的无侧隙啮合传动是指一个齿轮在节圆上的齿厚与另一个啮合齿轮在节圆上的齿槽宽相等的传动，即 $s_1'=e_2'$，$s_2'=e_1'$。由前面内容可知，标准齿轮分度圆上 $s=e=\pi m/2$，而两齿轮正确啮合时，$m_1=m_2$，因此，若要实现无侧隙传动，就要齿轮的分度圆与节圆重合。这样的安装称为标准安装，此时的中心距称为标准中心距，用 a 表示，则有 $a=r_1'+r_2'=r_1+r_2=\dfrac{m(z_1+z_2)}{2}$。

当安装中心距不等于标准中心距时，分度圆与节圆分离，啮合线位置发生变化，啮合角 α' 也不等于分度圆上的压力角 α，此时的中心距为

$$a'=r_1'+r_2'=\frac{r_{b1}}{\cos\alpha_1'}+\frac{r_{b2}}{\cos\alpha_2'}=(r_1+r_2)\frac{\cos\alpha}{\cos\alpha'}=a\cdot\frac{\cos\alpha}{\cos\alpha'} \tag{5-17}$$

二、渐开线齿轮的加工和根切

齿轮加工的方法很多，如铸造法、热轧法、切削法等，其中最常用的是切削法。齿轮切齿方法按加工原理又可分为仿形法和展成法（范成法）两类。

1. 仿形法

仿形法又称为成形法，它是采用与齿间的齿廓曲线相同的成形刀具在铣床上直接切制齿轮齿形的方法，用仿形法加工齿轮时所采用的刀具有盘状铣刀和指状铣刀等。如图 5-13(a)所示为盘状铣刀加工轮齿。加工时，铣刀转动，同时轮坯沿轴线方向移动。先切出一个齿槽，然后将轮坯转过 $360°/z$，再加工第二个齿槽，依次进行，直到加工出全部轮齿为止。指状铣刀加工轮齿如图 5-13(b)所示，加工方法与用盘形铣刀加工时相似。指状铣刀常用于加工大模数（$m\geqslant 8$ mm）的齿轮。

由于渐开线齿廓形状取决于基圆大小，即与 m、z 和 α 有关。要加工精确齿廓，对于模数 m 和压力角 α 相同、齿数不同的齿轮，应选用不同的刀具，而这在实际中是不可能的。生产实际中，为减少刀具的品种、数量，通常一种模数的铣刀只配 8 把（铣精密齿轮配置 15 把）铣刀，分别编为 1～8 号，每种刀号铣刀加工一定齿数范围内的齿轮，故齿形精度难于保证。表 5-5 所列为 1～8 号圆盘铣刀加工齿轮的齿数范围。另外，齿坯分度误差使分齿不均，也会影响齿轮加工精度。

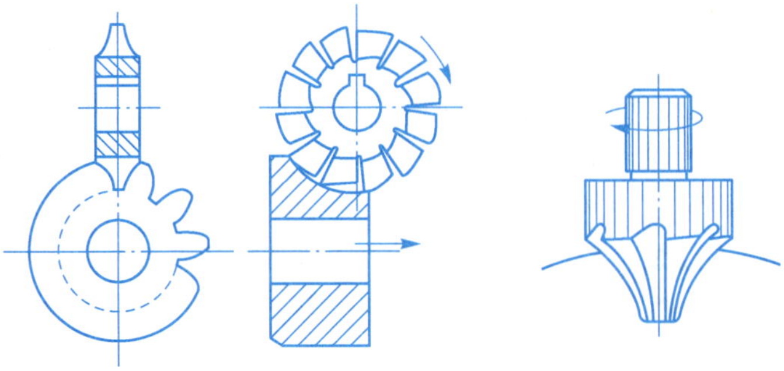

(a) 盘状铣刀加工轮齿　　(b) 指状铣刀加工轮齿

图 5-13 仿形法加工轮齿

表 5-5 圆盘铣刀加工齿轮的齿数范围

刀　号	1	2	3	4	5	6	7	8
铣齿范围	12～13	14～16	17～20	21～25	26～34	35～54	55～134	≥135

仿形法加工简单,在普通铣床上便可进行,生产成本低。但生产率及齿轮精度均较低,只适用于精度要求不高(9 级精度以下)的单件小批生产或修配工作。

2. 展成法

展成法是利用一对齿轮的啮合原理来切削轮齿齿廓的加工方法。常见的方法有插齿、滚齿、剃齿、磨齿等,其中插齿、滚齿加工轮齿如图 5-14(a)、图 5-14(b)所示。用齿轮插刀加工齿轮,齿轮插刀形似齿轮,加工时,刀具和齿坯的运动相当于一对相互啮合的齿轮,将其中一个齿轮(或齿条)制成刀具,另一个则为齿轮坯,这样,刀具的渐开线齿廓就在轮坯上包络出与刀具渐开线齿廓共轭的渐开线齿廓,由机床保证它们按齿轮传动的要求运动。用齿轮滚刀加工齿轮,本质上与用齿轮插刀加工齿轮相同,加工精度高,而且滚刀连续切削,没有空行程,生产率高,目前应用较广。应用滚刀还可以加工斜齿轮,但不能切削双联或三联齿轮,也不能切削内齿轮。

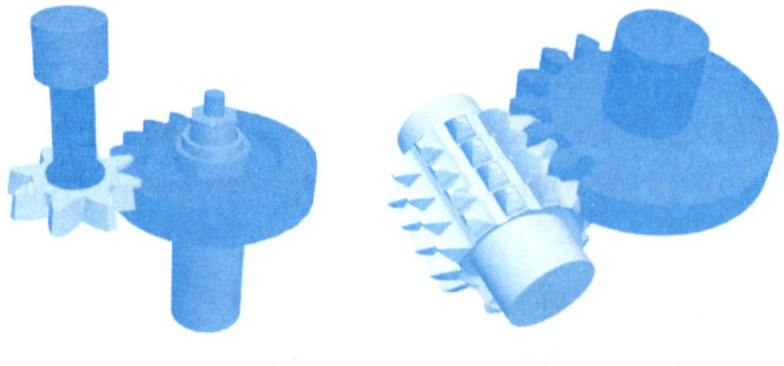

(a) 齿轮插刀加工轮齿　　(b) 齿轮滚刀加工轮齿

图 5-14 展成法加工轮齿

用展成法加工齿轮时,不管被加工齿轮的齿数是多少,只要刀具和被加工齿轮的模数与压力角相同,就可以用同一把刀具来加工,这样可提高生产效率,故展成法得到了广泛的应用。

3. 根切现象

展成法加工标准齿轮时，如果被加工齿轮齿数太少，刀具的齿顶线与啮合线的交点将超过极限啮合点，这时刀具会把已加工好的齿根渐开线齿廓又切去一部分，如图 5-15 所示阴影部分，这种现象称为根切。根切使轮齿根部削弱，降低轮齿的抗弯强度，重合度减小，影响齿轮的传动平稳性，应设法避免。

产生根切的原因是刀具的顶部超过了极限啮合点 N_1，所以要使被加工齿轮不产生根切，如图 5-16 所示，刀具的齿顶线与啮合线的交点 B_2 不能超过 N_1 点，即 $h_a^* m \leqslant MN_1$，而

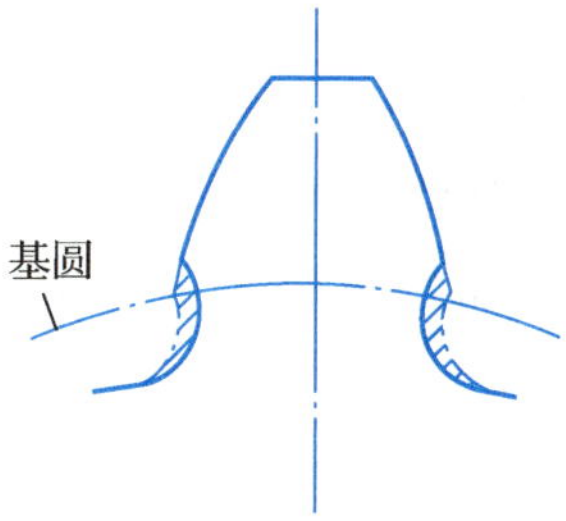

图 5-15　齿轮的根切现象

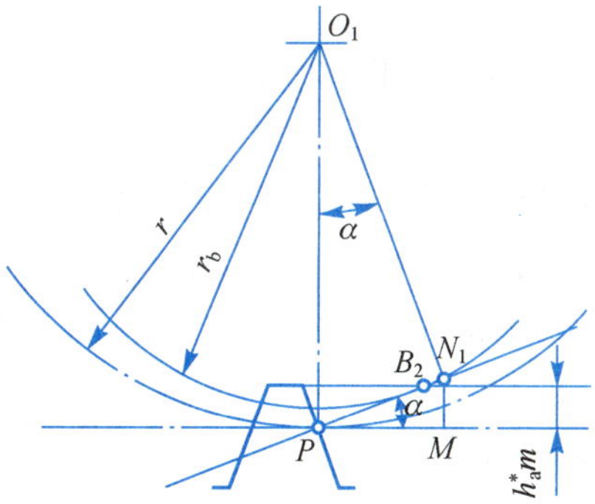

图 5-16　避免根切的条件

$$MN_1 = PN_1 \sin\alpha = r\sin^2\alpha = \frac{mz}{2}\sin^2\alpha$$

整理得

$$z \geqslant \frac{2h_a^*}{\sin^2\alpha} \tag{5-18}$$

当 $\alpha=20°$，$h_a^*=1$ 时，$z_{\min}=17$。$z_{\min}$ 即为标准齿轮不发生根切的最少齿数，对于正常齿，$z_{\min}=17$，对于短齿，$z_{\min}=14$。标准齿轮也存在一些缺点，z 不能少于 17 导致齿轮结构尺寸不能太小；不易配凑中心距，只能按标准中心距安装；大小齿轮齿根弯曲能力有差别，无法调整。为了改善齿轮的传动性能，可采用变位齿轮，详细内容可参考有关资料。

任务实施

通过相关知识的学习，回答本任务提出的问题：

(1) 一对渐开线齿轮能够正确啮合的条件：两齿轮的模数和压力角分别相等。

(2) 连续传动的条件：齿轮传动的重合度 $\varepsilon \geqslant 1$，考虑机械制造和安装误差，以及轮齿变形因素，实际取 ε 为 1.1～1.4。

(3) 渐开线齿轮的加工方法：仿形法和展成法。

(4) 根切现象产生的原因：用展成法加工齿轮时，有时刀具的顶部会过多地切入轮齿根部，因而将齿根的渐开线齿廓切去一部分。标准齿轮不产生根切的最小齿数是 17。

任务总结

通过本任务学习，了解了两个渐开线圆柱齿轮正确啮合的条件、连续传动条件、渐开线齿轮的加工方法及产生根切现象的原因。

(1) 渐开线直齿圆柱齿轮正确啮合的条件：$m_1=m_2$，$\alpha_1=\alpha_2$。

(2) 斜齿圆柱齿轮正确啮合的条件：螺旋角 $\beta_1=\pm\beta_2$，端面模数及压力角 $m_{n1}=m_{n2}$，$\alpha_{n1}=\alpha_{n2}$。

(3) 连续传动的条件：齿轮传动的重合度 $\varepsilon\geqslant1$，考虑机械制造和安装误差，以及轮齿变形因素，实际取 ε 为 1.1 ～ 1.4。

(4) 渐开线齿轮的加工方法：仿形法和展成法。

(5) 根切现象产生的原因：用展成法加工齿轮时，有时刀具的顶部会过多地切入轮齿根部，因而将齿根的渐开线齿廓切去一部分。标准齿轮不产生根切的最小齿数是 17。

思考与练习

一、简答题

(1) 具有标准中心距的标准齿轮传动具有哪些特点?

(2) 何谓齿轮传动的重合度? 重合度大小与齿数、模数、压力角、齿顶高系数、顶隙系数及中心距之间有什么关系?

(3) 斜齿轮有哪些基本参数? 为什么规定其法面模数和压力角为标准值?

(4) 斜齿轮的正确啮合的条件是什么?

(5) 轮齿的切削加工方法有哪些? 其加工原理各是什么?

(6) 何谓根切? 它有何危害?

二、判断题

(1) 一对直齿圆柱齿轮正确啮合的条件是两轮齿的大小、形状都相同。 (　　)

(2) 齿数少于 17 的直齿圆柱齿轮，不论在什么条件下切齿，齿轮都发生根切。 (　　)

(3) 仿形法加工的齿轮比展成法加工的齿轮精度高。 (　　)

(4) 蜗杆传动连续、平稳，因此适合传递大功率的场合。 (　　)

任务三　齿轮传动设计

任务描述

带式输送机用二级减速器的直齿圆柱齿轮传动，如图 5-1 所示。通过计算确定低速级齿轮参数。已知：低速级齿轮传递功率 $P=6.56$ kW，转速小齿轮转速 $n=246.9$ r/min，大

齿轮转速 $n=60.9$ r/min，载荷有中等冲击，单向传动。要求齿轮使用寿命为 8 年，传动比准确，有足够大的强度，两班工作制。

任务分析

完成设计任务需要做如下准备工作：根据整机的工作情况选择齿轮的等级、材料并确定许用应力，根据齿轮的失效形式估算齿轮的尺寸，并进行相关强度校核。齿轮传动设计主要包括选择齿轮的精度等级、材料、热处理方式、许用应力，计算大、小齿轮传动比、模数和齿数，进而确定各齿轮的参数等，并绘制齿轮的零件图。

相关知识

一、齿轮的失效形式和设计准则

1. 齿轮传动常见的失效形式

齿轮传动是依靠轮齿的相互啮合来传递运动和动力的，由于轮齿的尺寸小，受载荷大，因此，轮齿是齿轮常见的主要失效部位。由于齿轮传动的形式、承受的载荷、齿面硬度及传动速度等的不同，轮齿的失效形式也是多种多样的，主要有以下五种：

（1）轮齿折断。轮齿折断通常有两种情况：一种是多次重复的弯曲应力和应力集中造成的疲劳折断，另一种是突然产生严重过载或冲击载荷作用而引起的过载折断。尤其是脆性材料（铸铁、淬火钢等）制成的齿轮更容易发生轮齿折断。两种折断均起始于轮齿受拉应力的一侧，如图 5-17 所示。

增大齿根过渡圆角半径、改善材料的力学性能、降低表面粗糙度来减小应力集中，以及对齿根处进行强化处理（如喷丸、滚挤压）等，均可提高轮齿的抗折断能力。

（2）齿面点蚀。轮齿在脉动循环变化的接触应力作用下，齿面表层会产生不规则的细微疲劳裂纹，随着应力循环次数的增加，润滑油浸入裂纹后在齿面啮合时产生挤压作用，导致裂纹逐渐扩展和增多，致使齿面表层的金属微粒剥落，形成齿面麻点（或麻坑），这种现象称为疲劳点蚀，齿面疲劳点蚀一般出现在轮齿节线附近靠齿根一侧的表面上，如图 5-18 所示。

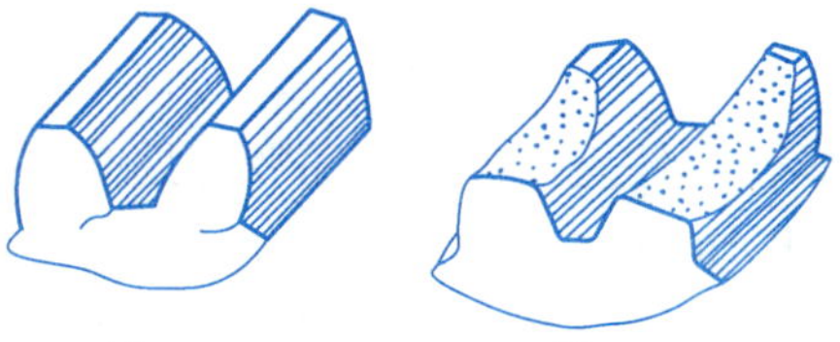
(a)　(b)
图 5-17　轮齿折断

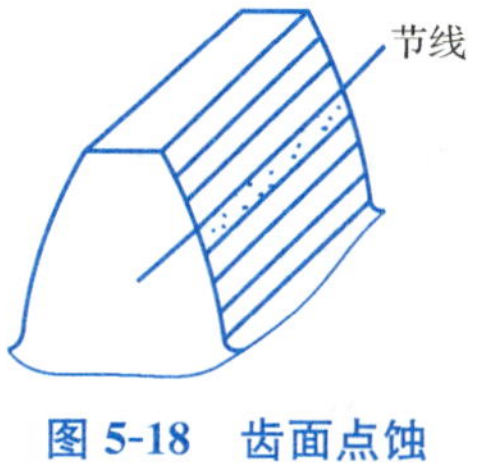

图 5-18　齿面点蚀

齿面点蚀是润滑良好的闭式齿轮传动常见的失效形式，对于开式齿轮传动，由于齿面磨损较快，点蚀未形成之前就已被磨掉，因而一般不会发生点蚀破坏。

齿面疲劳点蚀严重时，齿廓失去准确形状，产生冲击和噪声。提高齿面抗疲劳点蚀的能力，可采用提高齿面硬度、降低表面粗糙度、使用高黏度的润滑油润滑等措施。

(3) 齿面磨损。两轮齿在啮合过程中存在相对滑动，当其工作面间进入灰尘、砂粒、金属屑等杂质时，将引起磨粒磨损，如图 5-19 所示。当齿面严重磨损后，渐开线齿廓被破坏，齿侧间隙加大，引起冲击和振动。严重时会因轮齿变薄，抗弯强度降低而折断。

齿面磨损是开式齿轮传动的主要失效形式。为防止磨损可采用闭式齿轮传动，保持良好的润滑条件和开展正常维护工作，提高齿面硬度，减少齿面粗糙度及采用清洁的润滑油。

(4) 齿面胶合。在高速重载的齿轮传动中，由于齿面滑动速度高，齿面间的高压、高温使润滑油被挤出，齿面油膜破裂，两金属表面啮合处摩擦面瞬时产生高热，局部温升过高，使齿面接触区熔化并黏结在一起。当齿面相互滑动时，较软的金属表面沿滑动方向被撕下一部分，形成沟纹，这种现象称为胶合，如图 5-20 所示。

为提高抗齿面胶合能力，可减小模数，降低齿高；提高齿面硬度，降低表面粗糙度；限制油温、增加油的黏度等。

(5) 塑性变形。若轮齿的材料较软，当其频繁起动和严重过载时，轮齿在摩擦力作用下金属发生塑性流动产生局部的塑性变形，如图 5-21 所示。

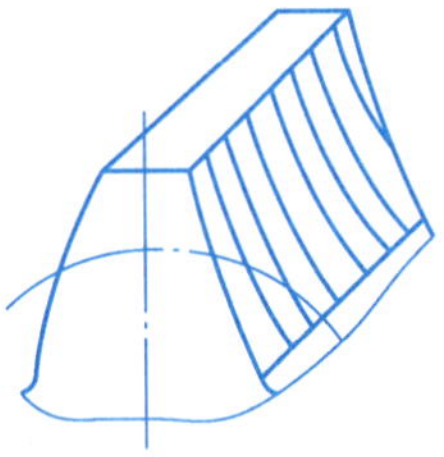

图 5-19 齿面磨损

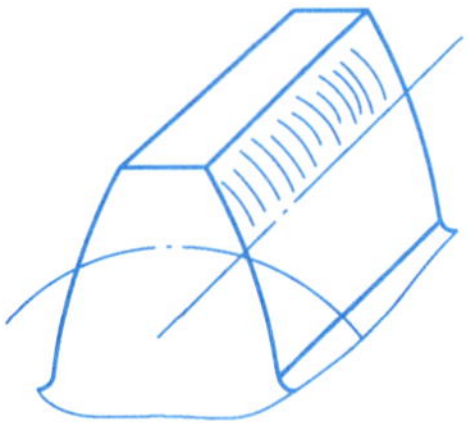

图 5-20 齿面胶合

图 5-21 塑性变形

防止塑性变形的方法有提高齿面硬度、采用黏度较高的润滑油、避免频繁起动和过载等。

2. 齿轮传动的设计准则

齿轮传动的设计准则是依其失效形式确定的。目前对于齿面磨损、齿面胶合等尚无成熟的计算方法，在工程实际中通常只进行齿根弯曲疲劳强度和齿面接触疲劳强度的计算。其设计准则如下：

(1) 对于闭式软齿面(≤350 HBS)齿轮传动，齿面主要失效形式为齿面点蚀，故按齿面接触疲劳强度设计，确定齿轮的主要参数和尺寸，然后按齿根弯曲疲劳强度进行校核。

(2) 对于闭式硬齿面(>350 HBS)齿轮传动，轮齿的主要失效形式是轮齿折断，故按齿根弯曲疲劳强度设计，确定模数和尺寸，然后按齿面接触疲劳强度进行校核。

(3) 对于开式齿轮传动，其主要失效形式是齿面磨损，因磨损导致的轮齿折断，目前只按齿根弯曲疲劳强度进行设计计算，确定齿轮的模数。用适当降低许用应力的方法考虑磨损因素，再将模数增大 10%～20%，而无须校核齿面接触疲劳强度。

二、齿轮的常用材料及选用

为了防止齿轮的失效，选用齿轮材料及热处理工艺时，应使齿面具有足够的硬度和耐磨性，以抵抗齿面磨损、点蚀、胶合和塑性变形，在变载荷和冲击载荷作用下应具有足够的弯曲疲劳强度，以抵抗齿根疲劳折断。因此，对齿轮材料的基本要求是齿面要硬、齿心要韧，并具有良好的工艺性和热处理性能。

1. 常用的齿轮材料

常用的齿轮材料有锻钢、铸钢、铸铁及非金属材料或其他材料。齿轮的材料一般采用锻钢，大直径齿轮（齿顶圆直径大于 400 mm）不宜锻造，可采用铸钢或铸铁。

（1）锻钢。碳素结构钢和合金结构钢是制造齿轮最常用的材料。齿轮毛坯经锻造后，钢的强度高、韧性好，并可用多种热处理方法改善其力学性能。因此，重要齿轮均采用锻钢。

① 软齿面齿轮。齿轮的热处理方法是调质或正火，齿轮毛坯经过热处理后再切齿。齿轮精度等级一般为 8 级，精切时可达 7 级。同时软齿面齿轮制造工艺简单、方便、生产效率高，适用于中小功率，对强度、速度及精度要求不高的机械设备。

② 硬齿面齿轮。齿轮的热处理方法是表面淬火、渗碳淬火和氮化等。对于高速、重载及精密机械（如航空发动机、精密机床）中使用的传动齿轮，除要求有较高的齿轮精度外，还要求轮齿具有较高的强度和硬度。一般是粗加工后，再做表面硬化处理，最后进行精加工，其精度可达 5 级或 4 级。硬齿面齿轮承载能力高、耐磨性好，但制造困难、成本高。一般硬齿面齿轮传动适用于尺寸受结构限制的场合。

（2）铸钢。对于直径较大或结构复杂不容易锻造的齿轮，可选用铸钢。铸钢具有较好的强度和耐磨性，由于在铸造时有较大的内应力，需进行热处理。

（3）铸铁。铸铁中的石墨有自润滑作用，主要用于制造形状复杂或大直径的低速齿轮，在开式齿轮传动中也经常采用铸铁齿轮。铸铁具有较好的耐磨性、抗胶合性和减振性，但抗弯强度和抗冲击能力较低。球墨铸铁因有较好的力学性能，有时被用来代替铸钢。

（4）非金属材料。制造齿轮的非金属材料主要是塑料，如纤维复合材料、夹布胶木和尼龙等。这类齿轮承载能力较低，故适用于高速、轻载、精度要求不高和要求噪声低的场合。

其他材料还有粉末冶金、铸青铜等。常用的齿轮材料、热处理工艺及许用应力见表 5-6。

表 5-6　常用的齿轮材料、热处理工艺及许用应力

材料牌号	热处理工艺	强度极限 σ_b/MPa	齿面硬度	许用接触应力 $[\sigma_H]$/MPa	许用弯曲应力 $[\sigma_F]$/MPa
45	正火 调质 表面淬火	580 680	169～217 HBS 217～255 HBS 40～50 HRC	468～513 513～545 972～1 053	280～301 301～315 427～504
20Cr	渗碳淬火	650	56～62 HRC	1 350	645
40Cr	调质 表面淬火	700	241～286 HBS 48～55 HRC	612～675 1 035～1 098	399～427 483～518

（续表）

材料牌号	热处理工艺	强度极限 σ_b/MPa	齿面硬度	许用接触应力 $[\sigma_H]$/MPa	许用弯曲应力 $[\sigma_F]$/MPa
35SiMn	调质	750	217～269 HBS	585～648	388～420
20CrMnTi	渗碳淬火	1 100	56～62 HRC	1 350	645
ZG310－570	正火	580	163～197 HBS	270～301	171～189
ZG340－640	正火 调质	650 700	179～207 HBS 241～269 HBS	288～306 468～490	182～196 248～259
QT600－3	正火	600	190～270 HBS	436～535	262～315
HT300		300	187～255 HBS	290～347	80～105

注：$[\sigma]$为轮齿单向受载的试验条件下得到的，若轮齿的工作条件为双向受载，则应将表中数值乘以 0.7。

在选取齿轮材料和热处理工艺时，还应考虑齿轮合理的材料搭配和轮齿硬度的组合。一对啮合传动的齿轮，由于小齿轮的齿数少，齿根较薄，受载次数多，故其轮齿的磨损大，疲劳强度低。为使大小两齿轮工作寿命相当，小齿轮应比大齿轮选用较优质的材料。在设计传递动力的齿轮时，常把小齿轮的齿面硬度选得比大齿轮高出 30～50 HBS，甚至更多。传动比越大，硬度的差值也应越大。

2. 齿轮材料选择的原则

齿轮材料的种类很多，选择时应参考下述原则：

（1）齿轮的材料必须满足工作条件，如飞行器上的齿轮选用合金钢、矿山机械中的齿轮一般选用铸钢或铸铁、办公机械的齿轮常选用工程塑料等。

（2）考虑齿轮的尺寸大小、毛坯成形方法和制造工艺。大尺寸齿轮一般选用铸钢或铸铁材料；中等尺寸齿轮选用锻钢材料；小尺寸齿轮选用圆钢材料。

（3）高速、重载、冲击载荷下工作的齿轮常选用合金钢。

（4）尽量选择物美价廉的材料，合金钢价格高，应合理使用。

三、齿轮传动精度及选择

1. 齿轮传动精度

在渐开线圆柱齿轮的精度标准《圆柱齿轮　精度制》（GB/T 10095.1～2—2008）中，对单个齿轮规定了 13 个精度等级，分别用阿拉伯数字 0、1、2、3、…、10、11、12 表示。其中，0 级是最高精度等级，精度按数字依次降低，12 级为最低。0～2 级精度的齿轮要求非常高，不易制造，使用场合也很少，属于有待发展的精度等级；3～5 级称为高精度等级；6～9 级称为中等精度等级；10～12 级则称为低精度等级。机械制造及设备中一般使用 5～9 级。

2. 精度等级的选择

齿轮精度等级的选择，必须根据齿轮的用途、使用条件、传递功率、圆周速度及其他技术条件、经济指标等综合考虑确定。一般用计算法或经验法（表格法）两种方法确定，目前企业界主要采用的是经验法。常用齿轮精度等级及其应用举例见表 5-7。

表 5-7　常用齿轮精度等级及其应用举例

精度等级	圆周速度/(m·s^{-1})		应用举例
	直齿圆柱齿轮	斜齿圆柱齿轮	
6	≤15	≤30	在高速、平稳及无噪声条件下工作的齿轮；精密仪器、仪表、飞机、汽车、机床中的重要齿轮
7	≤10	≤20	一般机械中的重要齿轮；标准系列减速器中的齿轮；读数设备中的齿轮；飞机、汽车、机床中的齿轮
8	≤5	≤10	一般机械制造业中不要求特别精密的齿轮；飞机、汽车中的一般齿轮；除分度机构以外的机床用齿轮；农业机械中的重要齿轮；一般减速器的齿轮
9	≤3	≤3.5	工作要求不高的低速传动齿轮，如农业机械、手动机械的齿轮

四、渐开线标准直齿圆柱齿轮传动的强度计算

1. 轮齿受力分析与计算载荷

(1) 轮齿的受力。轮齿的受力不仅是齿轮强度计算的依据，也是轴和轴承设计计算的基础。如图 5-22 所示为一对正确啮合的标准直齿圆柱齿轮的受力情况。若忽略齿面间的摩擦力，将主动轮齿面上沿齿宽方向分布的载荷简化为齿宽中点处的集中力，轮齿间的总作用力 $\boldsymbol{F}_n$ 沿着轮齿啮合点的公法线 N_1N_2 方向作用，$\boldsymbol{F}_n$ 称为法向力。将 $\boldsymbol{F}_n$ 分解为互相垂直的两个分力：圆周力 $\boldsymbol{F}_t$ 和径向力 $\boldsymbol{F}_r$。

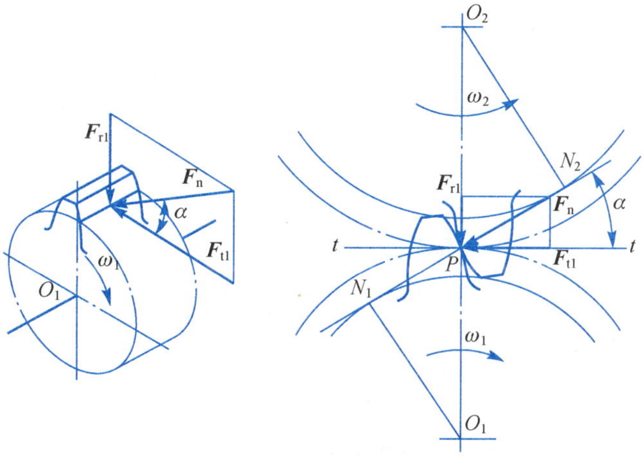

图 5-22　标准直齿圆柱齿轮的受力情况

$$\begin{cases} F_t = \dfrac{2T_1}{d_1} \\ F_r = F_t \tan\alpha \\ F_n = \dfrac{F_t}{\cos\alpha} = \dfrac{2T_1}{d_1\cos\alpha} \end{cases} \tag{5-19}$$

其中，d_1 为主动轮的分度圆直径，单位为 mm；α 为分度圆上的压力角；T_1 为作用在主动轮上的转矩，单位为 N·mm。

若小齿轮传递的功率为 P_1(kW)，转速为 n_1(r/min)，则转矩为

$$T_1 = 9.55 \times 10^6 \times \frac{P_1}{n_1} \tag{5-20}$$

作用在主动轮和从动轮上的各对力为作用力和反作用力的关系，即 $\boldsymbol{F}_{n1} = -\boldsymbol{F}_{n2}$，$\boldsymbol{F}_{t1} = -\boldsymbol{F}_{t2}$，$\boldsymbol{F}_{r1} = -\boldsymbol{F}_{r2}$。

各力方向的判定：圆周力的方向在主动轮上与圆周速度方向相反，在从动轮上与圆周速度方向相同；径向力的方向分别指向各轮的轮心。

(2) 轮齿的计算载荷。上述轮齿的法向力 $\boldsymbol{F}_n$ 是齿轮在理想的平稳工作条件下所承受的名义载荷，实际上由于制造、安装误差和受载后轴、轴承、轮齿的变形，以及在传动中工作载荷和速度的变化等，轮齿上所受的实际载荷大于名义载荷。因此，计算齿轮强度时，考虑这些附加载荷的影响，通常按计算载荷 F_{nc} 计算，即

$$F_{nc} = KF_n = \frac{2KT_1}{d_1 \cos \alpha} \tag{5-21}$$

其中，K 为载荷系数，可按表 5-8 选取。

表 5-8 载荷系数 K

原动机工作情况	载荷系数 K		
	比较平稳	中等冲击	较大冲击
工作平稳(如电动机、汽轮机等)	1～1.2	1.2～1.6	1.6～1.8
均匀、轻微冲击(如多缸内燃机)	1.2～1.6	1.6～1.8	1.9～2.1
中等冲击(如单缸内燃机)	1.6～1.8	1.8～2.0	2.2～2.4

注：当载荷平稳，齿宽系数小，轴的刚性大，齿轮精度较高，齿轮在两轴承间对称布置时取小值；反之，取大值。

(3) 齿面接触疲劳强度计算。轮齿的齿面点蚀是由接触应力过大而引起的，两齿轮啮合时，疲劳点蚀一般发生在节线附近，因此，应使齿面接触处所产生的最大接触应力小于齿轮的许用接触应力，即

$$\sigma_H \leqslant [\sigma_H]$$

经推导整理简化可得渐开线标准直齿圆柱齿轮传动的齿面接触疲劳强度计算公式：

校核公式为
$$\sigma_H = 3.52 Z_E \sqrt{\frac{KT_1}{bd_1^2} \cdot \frac{u \pm 1}{u}} \leqslant [\sigma_H] \tag{5-22}$$

设计公式为
$$d_1 \geqslant \sqrt[3]{\frac{KT_1}{\phi_d} \cdot \frac{u \pm 1}{u} \left(\frac{3.52 Z_E}{[\sigma_H]}\right)^2} \tag{5-23}$$

对于一对钢制齿轮，取 $Z_E = 189.8\sqrt{\text{MPa}}$，则

校核公式为
$$\sigma_H = 668\sqrt{\frac{KT_1}{bd_1^2}\cdot\frac{u\pm1}{u}} \leqslant [\sigma_H] \tag{5-24}$$

设计公式为
$$d_1 \geqslant 76.430\sqrt[3]{\frac{KT_1}{\phi_d[\sigma_H]^2}\cdot\frac{u\pm1}{u}} \tag{5-25}$$

其中，σ_H 为齿面工作时产生的最大接触应力，单位为 MPa；Z_E 为材料的弹性系数，见表 5-9；K 为载荷系数，见表 5-8；T_1 为小齿轮传动的转矩，单位为 N·mm；b 为轮齿的工作宽度，单位为 mm；d_1 为小齿轮的分度圆直径，单位为 mm；“±”中“+”用于外啮合，“−”用于内啮合；u 为齿数比，即大齿轮与小齿轮的齿数之比，$u=\frac{z_2}{z_1}$；ϕ_d 为齿宽系数，$\phi_d=\frac{b}{d_1}$；$[\sigma_H]$为齿轮材料的接触疲劳许用应力，单位为 MPa，见表 5-6。

表 5-9　材料的弹性系数 Z_E

两齿轮材料	两齿轮均为钢	钢与铸铁	两齿轮均为铸铁
$Z_E/\sqrt{\text{MPa}}$	189.8	165.4	144

应用式(5-22)、式(5-23)时应注意以下几点：

① 相互啮合的一对齿轮其齿面接触应力相同，即 $\sigma_{H1}=\sigma_{H2}$。

② 相互啮合的一对齿轮接触疲劳许用应力一般不同，进行强度计算时应选用较小值。

③ 齿轮的齿面接触疲劳强度取决于小齿轮直径 d_1 或中心距 a 的大小。

(4) 齿根弯曲疲劳强度计算。齿轮受载时，轮齿齿根受弯曲应力最大，为了防止轮齿根部的疲劳折断，在进行齿轮设计时，必须计算齿根弯曲疲劳强度。为简化计算并考虑安全性，假定载荷作用于齿顶，且全部载荷由一对轮齿承受，此时齿根部分产生的弯曲应力最大。

经推导可得轮齿齿根弯曲疲劳强度的计算公式：

校核公式为
$$\sigma_F = \frac{2KT_1Y_FY_S}{\phi_d m^3 z_1^2} \leqslant [\sigma_F] \tag{5-26}$$

设计公式为
$$m \geqslant \sqrt[3]{\frac{2KT_1}{\phi_d z_1^2}\cdot\frac{Y_FY_S}{[\sigma_F]}} \tag{5-27}$$

其中，K、T_1、ϕ_d 符号意义同前；σ_F 为齿根危险截面的最大弯曲应力，单位为 MPa；z_1 为主动轮齿数；Y_F 为齿形系数，决定于轮齿形状，见表 5-10；Y_S 为应力修正系数，见表 5-10；$[\sigma_F]$为齿轮材料的许用弯曲应力，见表 5-6。

表 5-10　标准外齿轮的齿形系数 Y_F 和应力修正系数 Y_S

z_1	17	18	19	20	22	25	28	30	35	40	45	50	60	80	100
Y_F	2.97	2.91	2.85	2.81	2.75	2.65	2.58	2.54	2.47	2.41	2.37	2.35	2.30	2.25	2.18
Y_S	1.53	1.54	1.55	1.56	1.58	1.59	1.61	1.63	1.65	1.67	1.69	1.71	1.73	1.77	1.80

应注意，通常两个相啮合的齿轮齿数是不相等的，因此 Y_F 和 Y_S 都不相等，而且两轮材料的弯曲疲劳许用应力也不一定相等。因此，在进行强度校核时，必须分别校核两齿轮的齿

根弯曲强度，应将两齿轮的$\frac{Y_F Y_S}{[\sigma_F]}$值进行比较，只需将其中值较大者代入设计公式。

2. 齿轮传动主要参数的选择

(1) 齿数 z。对于闭式齿轮传动，常取 z_1 为 20～40。闭式软齿面齿轮载荷变动不大时，宜取较大值，以使传动平稳；反之宜取较小值，以增加模数 m，保证齿根有足够的抗弯曲能力。对高速传动，应使 z_1 为 25～27。

对于开式齿轮传动，因传动的尺寸主要取决于轮齿的弯曲疲劳强度，故需用较少的齿数获得较大的模数，一般取 z_1 为 17～20。

(2) 模数 m。m 应圆整，对传递动力的闭式齿轮传动，应使圆整后的 $m \geqslant 2$ mm；对开式齿轮传动，应使圆整后的 m 值为初算值的 10%～20%，并使 $m \approx 0.02a$，a 为齿轮传动的中心距。

(3) 齿宽系数 ϕ_d 和齿宽 b。增大齿宽可使齿轮的径向尺寸缩小，但齿宽越大，载荷沿齿宽分布越不均匀。动力传动齿轮取 $\phi_d=0.4 \sim 1.4$，常用范围取 $\phi_d=0.8 \sim 1.2$。ϕ_d 的选择见表 5-11。

表 5-11　齿宽系数 ϕ_d

齿轮相对于轴承的位置	齿宽系数 ϕ_d	
	软齿面(≤350 HBS)	硬齿面(≥350 HBS)
对称布置	0.8～1.4	0.4～0.9
不对称布置	0.6～1.2	0.3～0.6
悬臂布置	0.3～0.4	0.2～0.25

注：圆柱齿轮的计算齿宽 $b=\phi_d d_1$，$b_1=b+(5\sim10)$mm，一般小齿轮齿宽略宽于大齿轮。

(4) 齿数比 u。齿数比 u 不宜过大，以免因大齿轮的直径大而使整个齿轮传动尺寸过大。通常直齿圆柱齿轮取 $u \leqslant 5$，斜齿圆柱齿轮取 $u \leqslant 7$。

3. 齿轮传动的设计计算步骤

(1) 选择齿轮材料、热处理工艺及许用应力。通过分析齿轮的工作条件，选择材料牌号与热处理的方法。

(2) 根据设计准则，设计计算分度圆直径或模数。

(3) 确定主要几何尺寸，按表 5-3 所列公式计算。

(4) 根据设计准则校核接触疲劳强度或弯曲疲劳强度。

(5) 确定传动的精度等级。尽量选择较低的精度等级，降低加工难度和成本。

(6) 确定齿轮结构形式。

(7) 绘制齿轮工作图。

五、齿轮的结构设计

齿轮的结构设计通常是先根据齿轮直径的大小选定合适的结构形式，然后根据推荐的经验公式和数据进行结构设计。齿轮常用的结构形式有以下几种：

(1) 齿轮轴。如图 5-23 所示，对于直径较小的齿轮，当齿轮的齿顶圆直径 d_a 小于轴孔直径的 2 倍，应将齿轮与轴做成一个整体，称为齿轮轴。齿轮轴省去了齿轮与轴之间的连接结构和连接零件，降低了制造费用，但对维修不利，轮齿或轴其他部位的损伤、磨损会使整个齿轮轴报废。因此，在材料最薄处厚度 $\delta>2.5$ m，不宜采用齿轮轴结构。

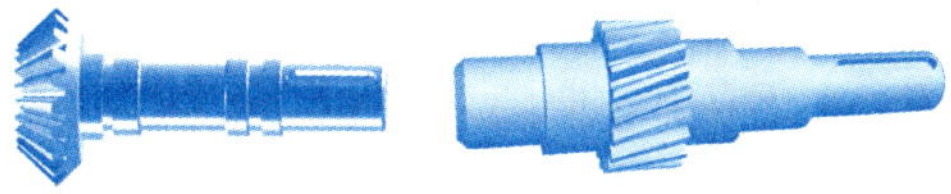

图 5-23　齿轮轴

(2) 实体式齿轮。如图 5-24 所示，当齿轮的齿顶圆直径 $d_a\leqslant200$ mm 时可做成实体式结构，这种结构形式的齿轮常用锻钢制造。

(3) 腹板式齿轮。当齿轮的齿顶圆直径 $d_a=200\sim500$ mm 时，一般用锻造方法做成腹板式结构，如图 5-25 所示。腹板上常开 4～6 个孔，以减轻重量和方便加工。

(4) 轮辐式齿轮。如图 5-26 所示，当齿轮的齿顶圆直径 $d_a>500$ mm 时，齿轮毛坯制造不变，采用铸铁或铸钢材料的齿轮，制成轮辐式结构。

图 5-24　实体式齿轮

图 5-25　腹板式齿轮

图 5-26　轮辐式齿轮

任务实施

本任务为设计闭式软齿面齿轮，设计流程如图 5-27 所示，其具体设计步骤见表 5-12。

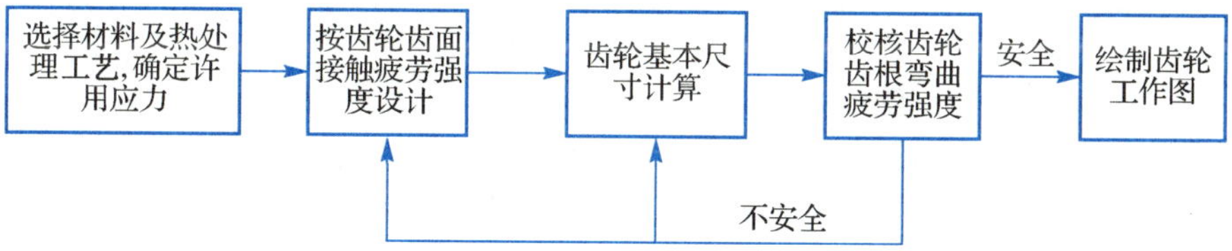

图 5-27　齿轮设计流程

表 5-12　低速级齿轮设计步骤

设计项目	设计计算	计算结果
1. 选择材料及精度等级	小齿轮选用 45 钢调质，硬度为 220～250 HBS； 大齿轮选用 45 钢正火，硬度为 170～210 HBS。 因为是低功率减速器，查表 5-6，选 8 级精度，齿面粗糙度 *Ra* 为 3.2～6.3 μm	由于大小齿轮都是软齿面，故按照齿面接触疲劳强度设计

（续表）

设计项目	设计计算	计算结果
2. 按齿面接触疲劳强度设计	(1) 计算转矩 T_1 $T_1=9.55\times10^6\times\dfrac{P_1}{n_1}=253\ 738.36\ \text{N}\cdot\text{mm}$	$T_1=253\ 738.36\ \text{N}\cdot\text{mm}$
	(2) 载荷系数 K。由于有中等冲击，查表 5-8，取 $K=1.2$	$K=1.2$
	(3) 齿数 z_1 和齿宽系数 ϕ_d。小齿轮的齿数 z_1 取为 30，则大齿轮的齿数为 $z_2=z_1\cdot i_{12}=z_1\cdot\dfrac{n_1}{n_2}=30\times\dfrac{246.9}{60.9}=121.63$ 圆整后 z_2 取 121，由于是二级齿轮减速器，低速级的两个齿轮均不是对称布置，由表 5-11 选取 $\phi_d=0.9$	$z_1=30$ $z_2=121$ $\phi_d=0.9$
	(4)计算许用接触应力 查表 5-6 可知$[\sigma_{H1}]=520$ MPa，$[\sigma_{H2}]=500$ MPa； $[\sigma_{F1}]=310$ MPa，$[\sigma_{F2}]=290$ MPa	—
	(5) 设计计算 由式(5-26)可得 $d_1\geqslant76.43\sqrt[3]{\dfrac{KT_1(u+1)}{\phi_d[\sigma_{H2}]^2u}}=76.43\sqrt[3]{\dfrac{1.2\times253\ 738.36\times(4.05+1)}{0.9\times500^2\times4.05}}$ $=90.99\ \text{mm}=\dfrac{d_1}{z_1}=\dfrac{90.99}{30}=3.03\ \text{mm}$ 由表 5-1 取标准模数。模数一般向大值的方向靠拢，由于本设计和标准值相差很小，所以取标准模数 $m=3$ mm	根据较小的许用接触应力 $[\sigma_{H2}]=500$ MPa 设计计算得 $m=3$ mm
3. 计算大小齿轮的基本尺寸	$d_1=m\cdot z_1=3\times30=90$ mm $d_2=m\cdot z_2=3\times121=363$ mm $d_{a1}=m(z_1+2h_a^*)=3\times(30+2)=96$ mm $d_{a2}=m(z_2+2h_a^*)=3\times(121+2)=369$ mm $d_{f1}=m(z_1-2h_a^*-2c^*)=3\times(30-2-0.5)=82.5$ mm $d_{f2}=m(z_2-2h_a^*-2c^*)=3\times(121-2-0.5)=355.5$ mm $b=\phi_d\cdot d_1=0.9\times90=81$ mm，取 $b_2=81$ mm $b_1=b_2+5=86$ mm $a=\dfrac{1}{2}m(z_1+z_2)=\dfrac{1}{2}\times3\times(30+121)\text{mm}=226.5$ mm	$d_1=90$ mm $d_2=363$ mm $d_{a1}=96$ mm $d_{a2}=369$ mm $d_{f1}=82.5$ mm $d_{f2}=355.5$ mm $b_2=81$ mm $b_1=86$ mm $a=226.5$ mm
4. 按齿根弯曲疲劳强度校核	根据式(5-26)校核 根据齿数 $z_2=121$，由表 5-9 查得 $Y_{F1}=2.54$，$Y_{S1}=1.63$；$Y_{F2}=2.18$，$Y_{S2}=1.80$。 将各参数代入式(5-27)，得 $\sigma_{F1}=\dfrac{2KT_1}{\phi_d m^3 z_1^2}Y_{F1}Y_{S1}=\dfrac{2\times1.2\times253\ 738.36}{0.9\times3^3\times30^2}\times2.52\times1.63$ $=114.38\ \text{MPa}<[\sigma_{F1}]=310$ MPa $\sigma_{F2}=\dfrac{Y_{F2}Y_{S2}}{Y_{F1}Y_{S1}}\sigma_{F1}=\dfrac{2.18\times1.80}{2.52\times1.63}\times114.38$ $=109.26\ \text{MPa}<[\sigma_{F2}]=290$ MPa	$\sigma_{F1}<[\sigma_{F1}]$安全 $\sigma_{F2}<[\sigma_{F2}]$安全 故轮齿齿根弯曲疲劳强度足够

（续表）

设计项目	设计计算	计算结果
5. 验算圆周速度 v	$v=\frac{\pi d_1 n_1}{60\times 1\ 000}=\frac{3.14\times 90\times 246.9}{60\times 1\ 000}=1.16\ \text{m/s}$ 由表 5-7 可知，选 8 级精度是合适的	$v=1.16\ \text{m/s}<5\ \text{m/s}$ 符合要求
6. 绘制零件图	小齿轮零件图如图 5-28 所示，大齿轮零件图如图 5-29 所示	

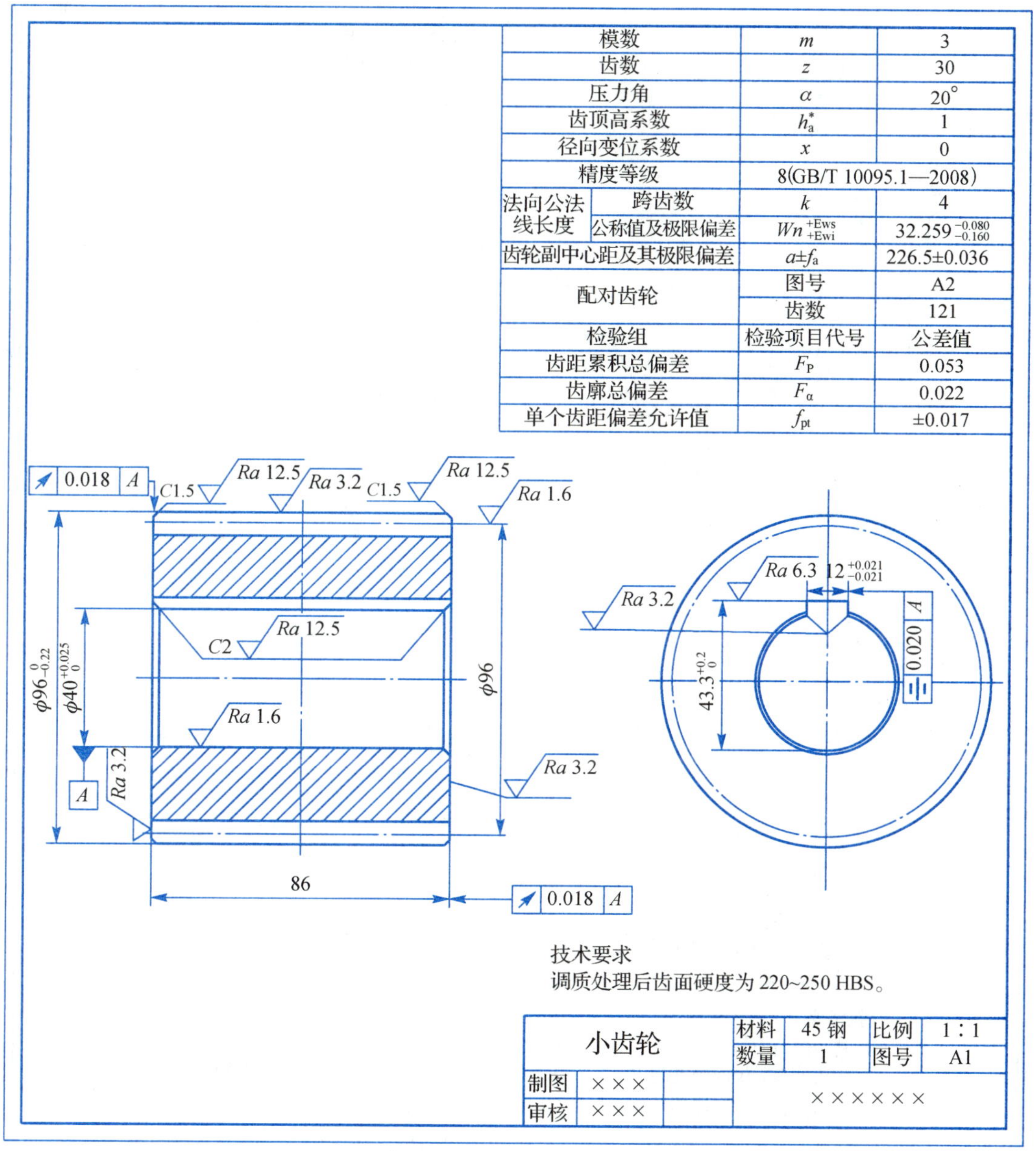

图 5-28　小齿轮零件图

模数		m	3
齿数		z	121
压力角		α	20°
齿顶高系数		h_a^*	1
径向变位系数		x	0
精度等级		8(GB/T 10095.1—2008)	
法向公法线长度	跨齿数	k	14
	公称值及极限偏差	Wn^{+Ews}_{+Ewi}	$124.745\,2^{-0.176}_{-0.264}$
齿轮副中心距及其极限偏差		$a\pm f_a$	226.5±0.036
配对齿轮		图号	A1
		齿数	30
检验组		检验项目代号	公差值
齿距累积总偏差		F_P	0.092
齿廓总偏差		F_α	0.029
单个齿距偏差允许值		f_{pt}	±0.020

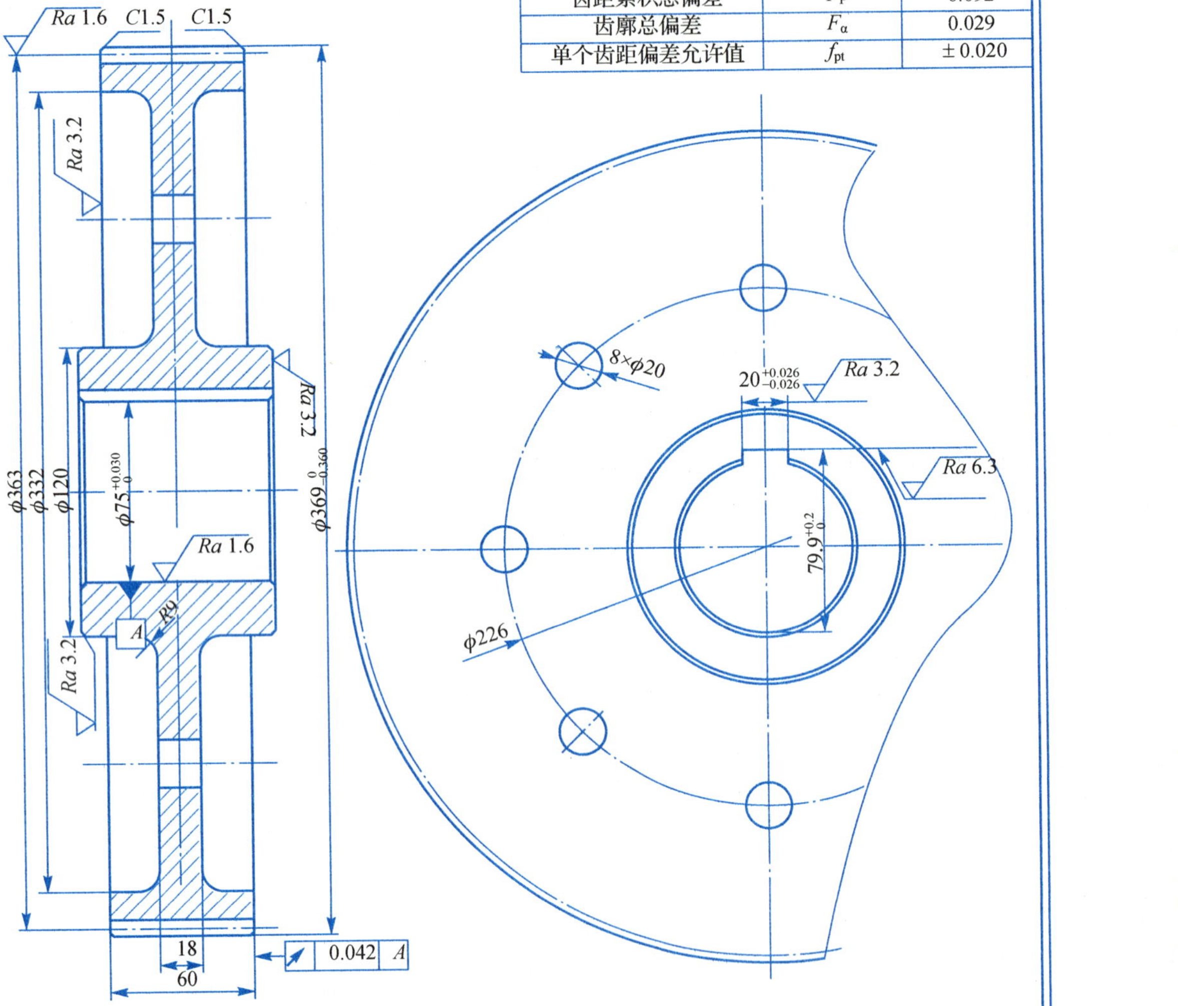

技术要求

1. 其余倒角为 C2。
2. 调质处理后齿面硬度为 170~210 HBS。

其余 Ra 12.5 (√)

大齿轮	材料	45 钢	比例	1∶1
	数量	1	图号	A2
制图 ×××	××××××			
审核 ×××				

图 5-29　大齿轮零件图

任务总结

通过本任务的学习，了解了轮齿的失效形式、设计准则，齿轮常用材料，齿轮传动的精度、受力分析及强度计算，齿轮结构设计等。

在设计一对直齿圆柱齿轮过程中，根据齿轮传递功率和使用场合选择合适的材料、热处理方式及材料的接触疲劳强度许用应力和弯曲疲劳强度许用应力，同时根据齿轮的失效形式确定齿轮设计准则。本任务中涉及闭式软齿面，失效形式是齿面点蚀，所以按齿面接触疲劳强度进行设计，按齿根弯曲疲劳强度进行强度校核，结果满足强度要求。

【知识拓展】

蜗杆传动的基本知识

蜗杆传动由蜗杆和蜗轮组成。一般蜗杆为主动件，用于传递交错轴间的运动和动力，通常两轴交错角和为 90°，如图 5-30 所示。蜗杆类似于螺杆，有左旋和右旋之分；蜗轮可以看成是一个具有凹形轮缘的斜齿轮，其齿面与蜗杆齿面共轭。

1. 蜗杆传动的类型

蜗杆传动的类型如图 5-31 所示。按蜗杆形式分为圆柱蜗杆传动[图 5-30(a)]、圆弧面蜗杆传动[图 5-30(b)]、锥面蜗杆传动[图 5-30(c)]。其中，圆柱蜗杆传动按其螺旋面的形状又分为阿基米德蜗杆传动和渐开线蜗杆传动。

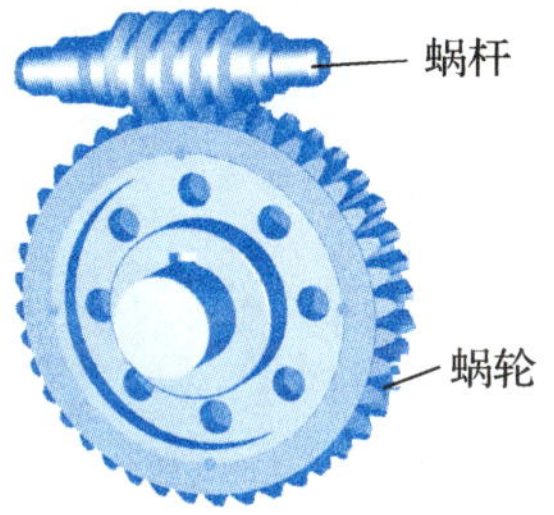

图 5-30　蜗杆传动

(a) 圆柱蜗杆传动　(b) 圆弧面蜗杆传动　(c) 锥面蜗杆传动

图 5-31　蜗杆传动的类型

2. 蜗杆传动的特点

与齿轮传动相比，蜗杆传动的优点：

(1) 结构紧凑，传动比大。一般单级传动比 i 为 8～100，在分度机构中传动比 i 可达 1 000。

(2) 工作平稳，噪声低。蜗杆上的齿是连续不断的螺旋齿，蜗轮轮齿和蜗杆是逐步进入啮合和逐步退出啮合的，同时啮合的齿数多，因此工作平稳，噪声低。

(3) 可以实现自锁。当蜗杆的螺旋升角小于啮合面的当量摩擦角时，蜗杆具有自锁性，可用于某些手动的简单起重设备中，防止起吊的重物因自重而下坠。

蜗杆传动的缺点：

(1) 蜗杆传动效率较低，一般传动效率为 70%～80%，蜗轮和蜗杆在啮合处有较大的相对滑动，发热量大，磨损较严重，因此，蜗轮齿圈部分常用减摩性能较好的有色金属（如青铜）制造，成本较高。

(2) 传动功率较小，通常不超过 50 kW。

3. 蜗杆的头数 z_1、蜗轮齿数 z_2 及传动比 i

较少的蜗杆头数（如单头蜗杆）可以实现较大的传动比，但传动效率较低；蜗杆头数越多，传动效率越高，但蜗杆头数过多时不易加工。通常蜗杆头数取 1,2,4,6。

通常情况下取蜗轮齿数 z_2 为 28～80。若 $z_2<28$，会使传动的平稳性降低，且易产生根切；若 z_2 过大，蜗轮直径增大，与之相啮合蜗杆的长度增加，刚度减小，从而影响啮合的精度。

蜗杆传动的传动比 i 等于蜗杆与蜗轮的转速之比或齿数的反比，即

$$i=\frac{n_1}{n_2}=\frac{z_2}{z_1}$$

4. 蜗轮的旋转方向判定

蜗轮的旋转方向，需要根据蜗杆的螺旋方向（蜗杆的螺旋方向判别与斜齿轮的旋向判别方法相同）和旋转方向用左、右手定则判定：左旋伸左手，右旋伸右手，并半握拳，使弯曲的四指与蜗杆的旋转方向一致，则大拇指沿蜗杆轴线所指的反方向就是蜗轮上节点处的旋转方向，如图 5-32 所示。

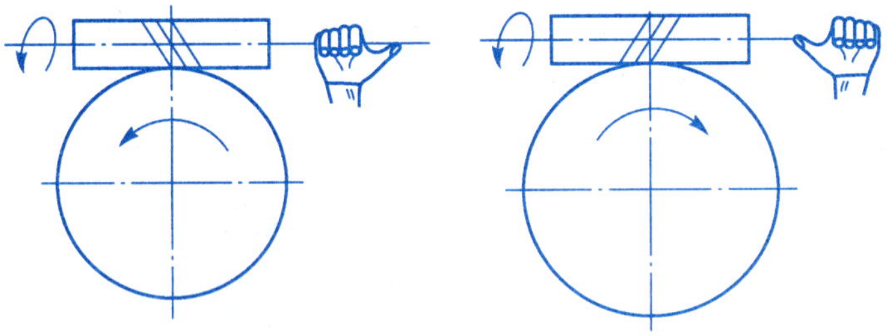

(a) 用右手定则　　(b) 用左手定则

图 5-32　蜗轮旋转方向的判定

思考与练习

一、简答题

(1) 轮齿常见的失效形式有哪几种？导致失效的原因是什么？

(2) 齿轮的设计准则是什么？

(3) 要提高轮齿的抗弯疲劳强度和齿面抗点蚀能力，有哪些可能的措施？

二、选择题

(1) 齿轮传动中，小齿轮的宽度应________大齿轮的宽度。

A. 稍大于　　B. 等于

C. 稍小于　　D. 大于等于

(2) 渐开线直齿圆柱齿轮传动的重合度是实际啮合线与________ 的比值。

A. 齿距　　B. 基圆齿距

C. 齿厚　　D. 齿槽宽

(3) 根据渐开线特性，渐开线齿轮的齿廓形状取决于________ 的大小。

A. 基圆　　B. 分度圆

C. 齿顶圆　　D. 齿根圆

(4) 欲保证一对直齿圆柱齿轮连续传动，其重合度应满足________条件。

A. $\varepsilon=1$　　B. $\varepsilon>1$

C. $\varepsilon<1$　　D. 无法判定

(5) 在蜗杆传动中，通常以________为主动件。

A. 蜗杆　　B. 蜗轮

C. 蜗杆或蜗轮都可以　　D. 蜗杆蜗轮都不可以

三、计算题

设计机床中的一对标准直齿圆柱齿轮传动。已知：传动功率 $P=7.5$ kW，齿轮转速 $n_1=1\,450$ r/min，传动比 $i=2.08$，小齿轮相对轴承为不对称布置，两班制，每年工作 300 天，使用期限为 5 年。

任务四　输出轴的设计与选用

任务描述

如图 5-1 所示的输送机传动装置，二级减速器输出轴（Ⅲ轴）传动功率 $P_{Ⅲ}=6.24$ kW，扭矩 $T_{Ⅲ}=9.79\times10^5$ N·mm，转速 $n_{Ⅲ}=60.9$ r/min，标准直齿圆柱齿轮轮毂宽度 $b=80$ mm，减速器采用轻型深沟球轴承，$F_{t1}=5.64\times10^3$ N·m，试设计输出轴（Ⅲ轴）的结构尺寸，并要求确定轴及轴上零件的位置和各段轴径、轴长。

任务分析

完成设计任务，需要做如下准备工作：了解轴的功用、分类、特点及应用，掌握轴上受力情况，熟悉轴的结构要求和工艺要求。轴的设计主要包括：选择轴的材料及热处理工艺，确定许用应力，按照轴的受力情况估算轴的最小直径，按照轴上零件的合理分布进行轴的结构设计，然后按照受力情况进行相关强度校核，并绘制轴的零件图。

相关知识

轴是组成机器的最重要零件之一，轴的作用是支承轴上的旋转零件（如齿轮、带轮等）并传递运动和转矩。

一、轴的分类

（1）按轴的承载情况不同，轴可分为传动轴、心轴、转轴三种，见表 5-13。

表 5-13　按轴的承载情况分类

类　型	特　点	举　例
传动轴	只传递旋转运动而不起支撑作用，或起很小的支撑作用	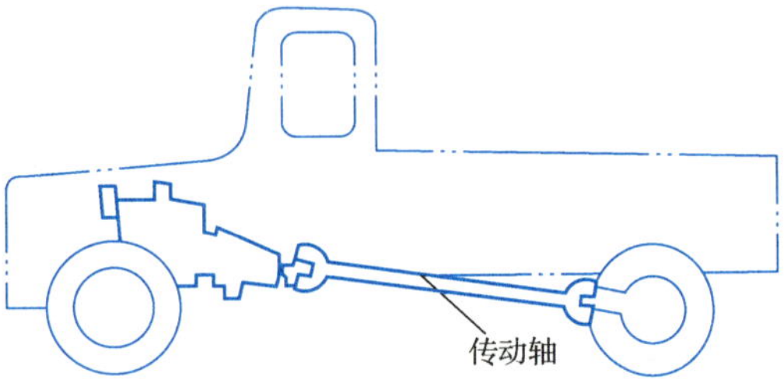汽车的传动轴
心轴	只起支撑作用，而不传递旋转运动	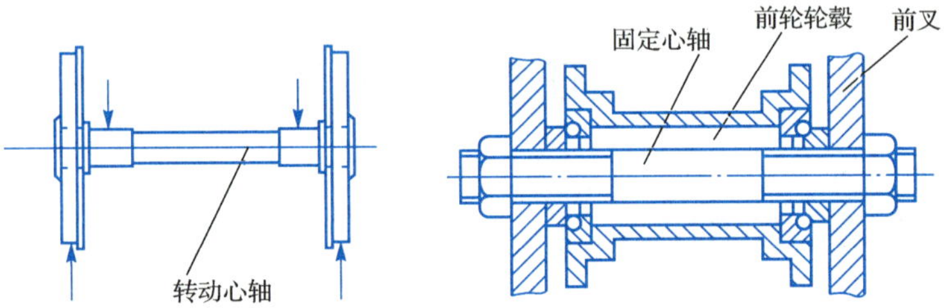(a) 铁路机车的轮轴　(b) 自行车的前轮轴
转轴	既传递旋转运动又对轴上传动零件起支撑作用	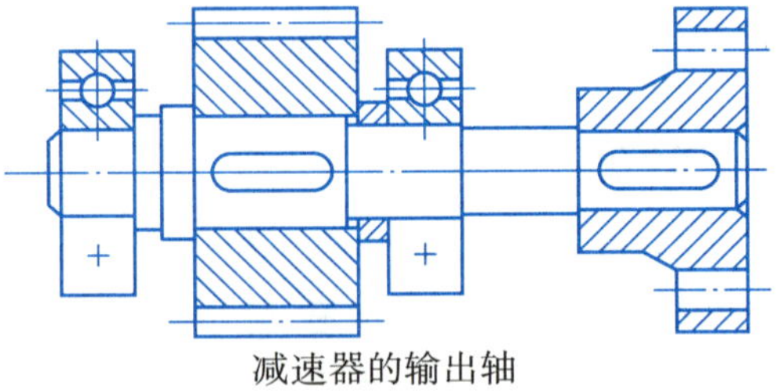减速器的输出轴

（2）按轴线的几何形状分类。根据轴线形状的不同，轴又可分为直轴（图 5-33）、挠性钢丝轴（图 5-34）和曲轴（图 5-35），其中直轴应用最广泛。根据外形，直轴又可分为光轴和阶梯轴。光轴形状简单，应力集中少，主要用作传动轴。阶梯轴各轴段直径不同，使各轴段的强度相近，而且便于轴上零件的固定和装拆，在机器中的应用最为广泛。

(a) 光轴

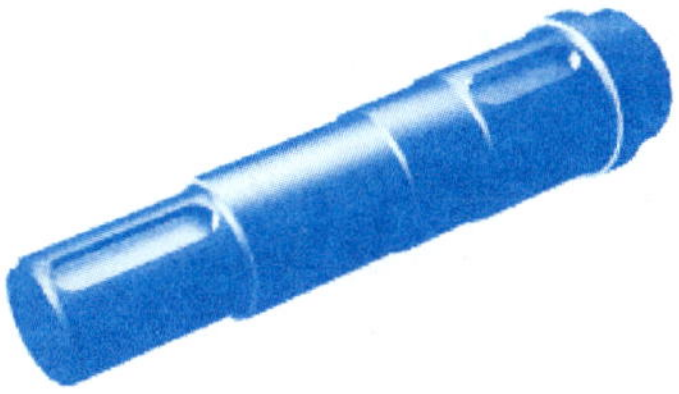

(b) 阶梯轴

图 5-33　直轴

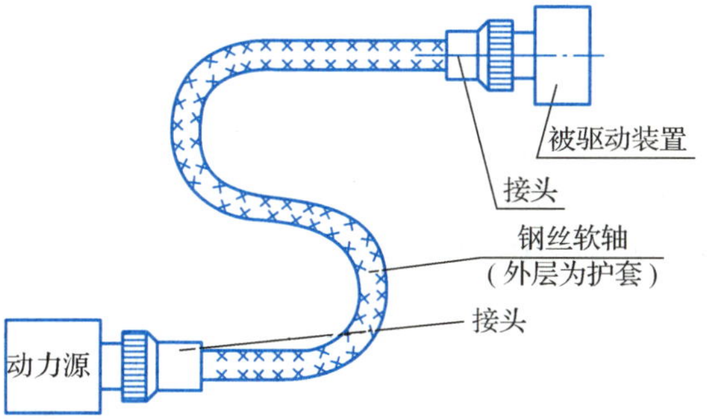

图 5-34　挠性钢丝轴

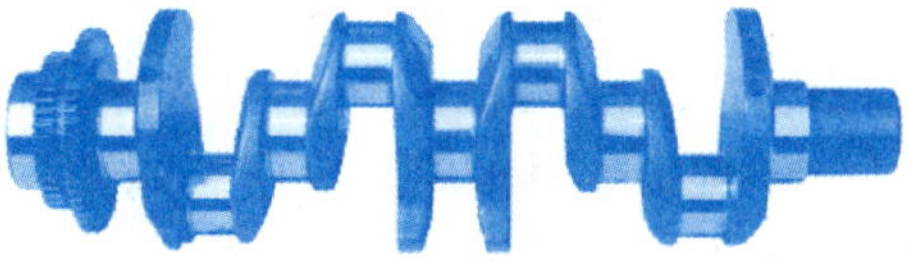

图 5-35　曲轴

二、轴的组成

轴上各轴段根据其作用不同，分别命名为轴头、轴颈、轴肩、轴环、轴端和轴身等。如图 5-36 所示，轴与传动零件(齿轮、联轴器)配合的部分称为轴头，轴与轴承配合的部分称为轴颈，轴头与轴颈之间的部分称为轴身。阶梯轴上直径变化处称为轴肩，起轴向定位的作用。右端使用轴肩使联轴器在轴上定位。齿轮左端面是轴环。轴头、轴颈的直径应取标准值，直径的大小由与之配合零件的内孔决定；轴身的直径应取整数。

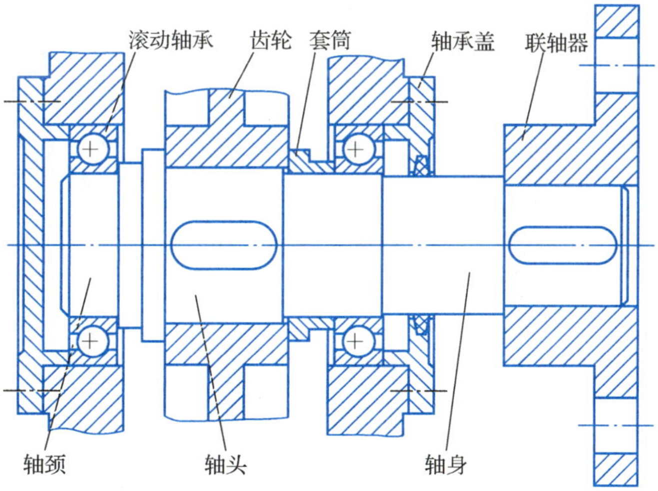

图 5-36　轴的结构

三、对轴设计的基本要求

由于影响轴结构的因素较多,而且其结构形式又随着具体情况的不同而不同,所以轴没有标准的结构形式。设计时,必须根据不同的受力、布置、配合等状况具体分析。对轴结构设计的基本要求如下:

(1) 轴和轴上零件要有准确、牢固的工作位置。

(2) 轴上零件装拆、调整方便。

(3) 轴应具有良好的制造工艺性。

(4) 尽量避免应力集中。

四、轴的常用材料和毛坯

(1) 常用材料。制造轴的材料首先应有足够的强度,对应力集中敏感性低,还应满足刚度、耐磨性、耐腐蚀性及良好的加工性。常用的材料有碳钢、合金钢、球墨铸铁和高强度铸铁。采用碳钢制造最广泛,其中最常用的是 45 钢。

(2) 毛坯。轴的毛坯可用轧制圆钢材、锻造、焊接、铸造等方法获得。对要求不高的轴或较长的轴,毛坯直径小于 150 mm 时,可用轧制圆钢材;受力大、生产批量大的重要轴的毛坯可由锻造提供;对直径特大而件数很少的轴可用焊接毛坯;生产批量大、外形复杂、尺寸较大的轴,可用铸造毛坯。轴的常用材料及其主要力学性能见表 5-14。

表 5-14　轴的常用材料及其主要力学性能

材料牌号	热处理	毛坯直径/mm	硬度/HBS	抗拉强度 σ_b/MPa	屈服极限 σ_s/MPa	备　注
Q275～Q235	无热处理	不限	较低	149～610	275～235	用于不重要的轴
35	正火	≤100	149～187	520	270	用于一般轴
		>100～300	143～187	500	260	
	调质	≤100	156～207	560	300	
		>100～300		540	280	
45	正火	≤100	170～217	600	300	用于强度、韧性中等的重要轴
		>100～300	162～217	580	290	
	调质	≤200	217～255	650	360	
40Cr	调质	25	207	1 000	800	用于强度高、磨损严重、冲击小的重要轴
		≤100	241～286	750	550	
		>100～300		700	500	
35SiMn	调质	25	229	900	750	可代替 40Cr,用于中、小型轴
		≤100	229～286	800	520	
		>100～300	217～269	750	450	

（续表）

材料牌号	热处理	毛坯直径/mm	硬度/HBS	抗拉强度 σ_b/MPa	屈服极限 σ_s/MPa	备　注
42SiMn	调质	25	220	900	750	与 35SiMn 相同，但专供表面淬火用
		≤100	229～286	800	520	
		>100～200	217～269	750	470	
		>200～300	217～255	700	450	
40MnB	调质	25	207	1 000	800	可代替 40Cr，用于小型轴
		≤200	241～286	750	500	
35CrMo	调质	25	229	1000	350	用于重要的轴
		≤100	207～269	750	500	
		>100～300		700	500	
QT600－2		>100～300	229～302	600	420	用于发动机曲轴和凸轮

五、轴的工作情况分析

根据任务一中直齿圆柱齿轮受力情况可知本任务所设计的轴受力情况，在这个轴右端有输出扭矩，齿轮上有圆周力和径向力等。

【知识链接】

轴和梁的受力分析和强度计算

1. 传动轴的工作情况分析

从图 5-22 中可以看到，直齿圆柱齿轮在传动过程中受到径向力和圆周力的作用，同时还输出扭矩，所以这根轴是转轴，会弯曲又会发生扭转变形。我们先从简单的传动轴发生扭转开始，介绍其截面上内力和应力的分布情况，然后介绍心轴弯曲变形分析，最后介绍转轴的受力分析。

1）扭转

如图 5-37 所示的方向盘转轴 AB，在工作时发生扭转变形。它是由大小相等、方向相反、作用面垂直于杆件轴线的两个力偶引起的，表现为杆件的任意横截面发生绕轴线的相对转动（图 5-38）。轴的变形以横截面间绕轴线的相对角位移即扭转角用 φ 表示，图 5-38 中右端横截面相对于左端横截面的扭转角，简称转角。汽车的传动轴、电机的主轴等，都是受扭杆件。

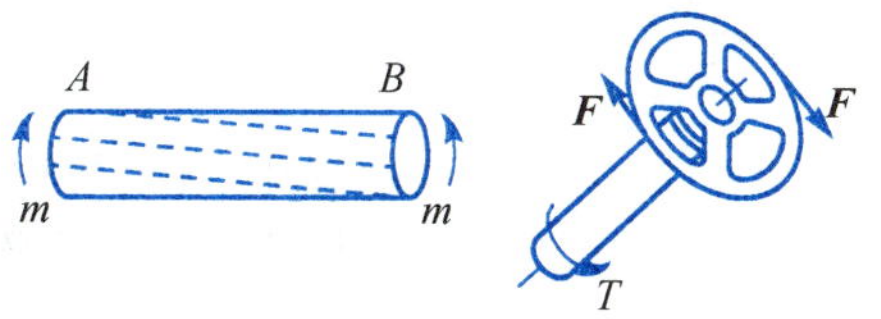

图 5-37　扭转图例

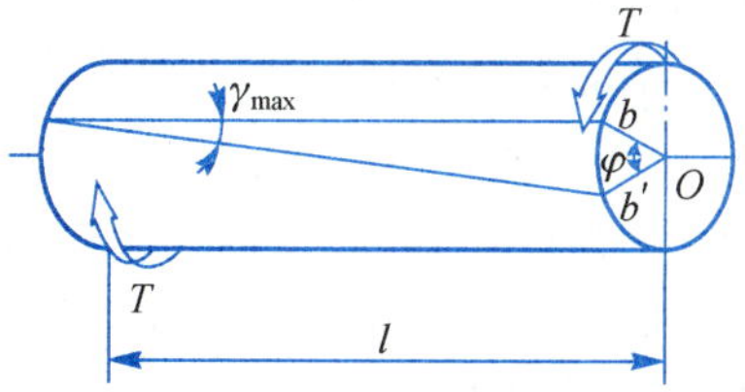

图 5-38　扭转变形的力学模型

研究圆轴扭转的强度和刚度问题时，首先要知道作用在轴上的外力偶矩的大小。在工程实际中，作用在轴上的外力偶矩，通常并不直接给出，而是根据轴所传递的功率和轴的转速计算得出。功率、转速和外力偶矩之间的关系可用式(5-20)表示，也可写成

$$T = 9\ 550\frac{P}{n} \tag{5-28}$$

其中，T 为扭矩，单位为 N·m；P 为传递的功率，单位为 kW；n 为转速，单位为 r/min。

由式(5-28)可知，轴所承受的外力偶矩与所传递的功率成正比，在传递同样大的功率时，低速轴所受的外力偶矩比高速轴大，因此在传动系统中，低速轴的直径要比高速轴的直径大。

2) 扭矩与扭矩图

圆轴在外力偶矩作用下，横截面上将产生内力，可用截面法来研究内力。如图 5-39(a)所示的圆轴，在两端受一对大小相等、转向相反的外力偶矩 T 作用下处于平衡状态。用一假想截面 m-m 将轴假想切成两段，取其中任意一段(如左段)为研究对象。由于原来的轴处于平衡状态，切开后的任意一段也应处于平衡状态，所以在截面 m-m 上必然存在一个内力偶矩。此力偶矩称为扭矩，用符号 M_n 表示。

分别取截面左段与右段为研究对象，求得的扭矩数值相等、转向相反(作用与反作用)。为了使从左、右两段求得同一截面上的扭矩正负号相同，通常对扭矩的正负号做如下规定：按右手螺旋法则，以右手四指表示扭矩的转向，则大拇指的指向离开截面时的扭矩为正，大拇指指向截面时的扭矩为负，如图 5-39(b)所示。

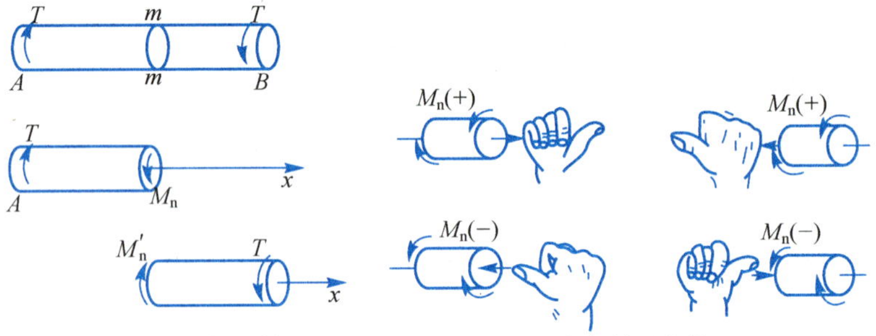

(a) 扭矩计算　　(b) 扭矩的正负号

图 5-39　圆轴的扭转

若圆轴上同时受几个外力偶矩作用，各段轴截面上的扭矩就不完全相等，这时必须分段来求。为了确定最大扭矩及其所在截面的位置，通常是将扭矩随截面位置变化的规律用图形表示出来，即以横坐标表示截面位置，以纵坐标表示扭矩，这样的图形称为扭矩图。根据扭矩图，可以清楚地看出轴上扭矩随截面位置的变化规律，便于分析轴上的危险截面及进行强度计算。

例 5-2　如图 5-40(a)所示的带传动装置的受力简图，已知轴的转速 n=300 r/min，主动轮 A 的输入功率 P_A=400 kW，3 个从动轮 B、C、D 的输出功率分别为 P_B=120 kW，P_C=120 kW，P_D=160 kW，试求各段轴的扭矩图，确定最大扭矩 $|M_n|_{max}$。

解　(1) 先求出主、从动轮上所受的外力偶矩。

$$T_A=9\ 550\frac{P_A}{n}=9\ 550\times\frac{400}{300}=1.27\times10^4\ \text{N}\cdot\text{m}=12.7\ \text{kN}\cdot\text{m}$$

$$T_B=9\ 550\frac{P_B}{n}=9\ 550\times\frac{120}{300}=3.8\times10^3\ \text{N}\cdot\text{m}=3.8\ \text{kN}\cdot\text{m}$$

$$T_C=9\ 550\frac{P_C}{n}=9\ 550\times\frac{120}{300}=3.8\times10^3\ \text{N}\cdot\text{m}=3.8\ \text{kN}\cdot\text{m}$$

$$T_D=9\ 550\frac{P_D}{n}=9\ 550\times\frac{160}{300}=5.1\times10^3\ \text{N}\cdot\text{m}=5.1\ \text{kN}\cdot\text{m}$$

(2) 用截面法求各段轴的扭矩。在 BC、CA、AD 段任取截面 1-1、2-2、3-3，并取相应轴段为研究对象，画受力图，如图 5-40(b)所示。由平衡条件得

$$M_{n1}=-T_B=-3.8\ \text{kN}\cdot\text{m}$$

$$M_{n2}=-(T_B+T_C)=-7.6\ \text{kN}\cdot\text{m}$$

$$M_{n3}=T_D=5.1\ \text{kN}\cdot\text{m}$$

(3) 画扭矩图，如图 5-40(c)所示，最大扭矩 $|M_n|_{max}=7.6\ \text{kN}\cdot\text{m}$。

由此可知，横截面上扭矩的大小，等于截面一侧右段或左段上所有外力偶矩的代数和。在计算外力偶矩的代数和时，与所设扭矩同向的外力偶矩取为负，反之为正。

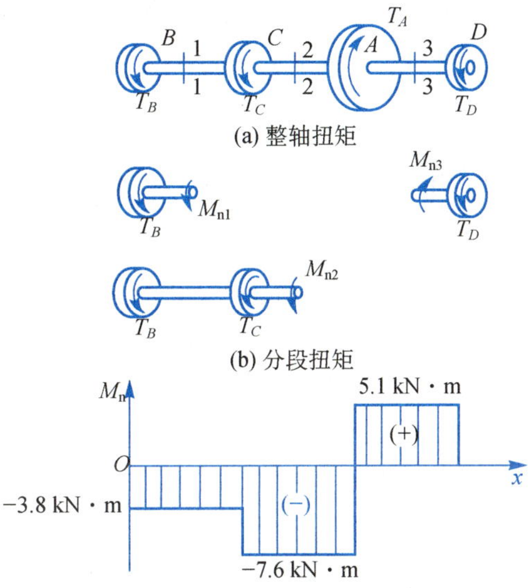

图 5-40　带传动装置的受力简图

3) 圆轴截面上的应力

进行圆轴扭转强度计算时，当求出横截面上的扭矩后，还应进一步研究横截面上的应力分布规律，以便求出最大应力。为了观察圆轴的扭转变形，在圆轴表面上画出许多间距很小的纵向线和垂直于杆轴线的圆周线，如图 5-41 所示。在两端外力偶矩作用下，轴产生扭转变形。可以观察到下列现象：

(1) 各圆周线均绕轴线相对旋转过一个角度，形状、大小及相邻两圆周线之间的距离均无变化。

(2) 所有纵向线仍保持为直线，都倾斜了一个微小角度，使圆轴表面的小矩形变为平行四边形。

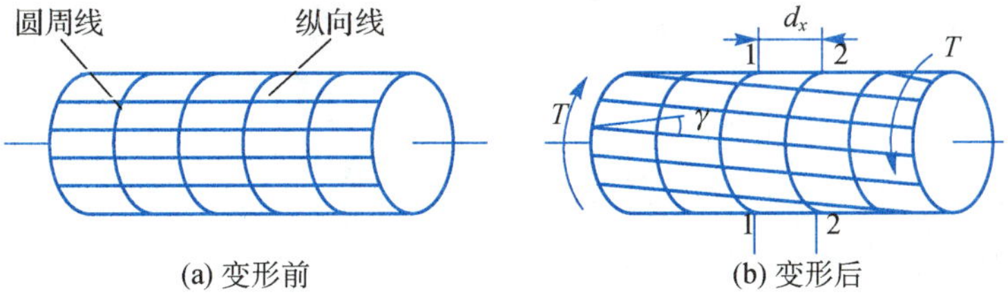

图 5-41　圆轴扭转变形

由上述现象可知，圆轴扭转变形后，没有发生纵向变形，所以横截面上没有正应力。在扭转变形中，相邻截面间距离不变，只是相对地绕轴线旋转了一个角度，因此横截面上有切应力，且与半径垂直。

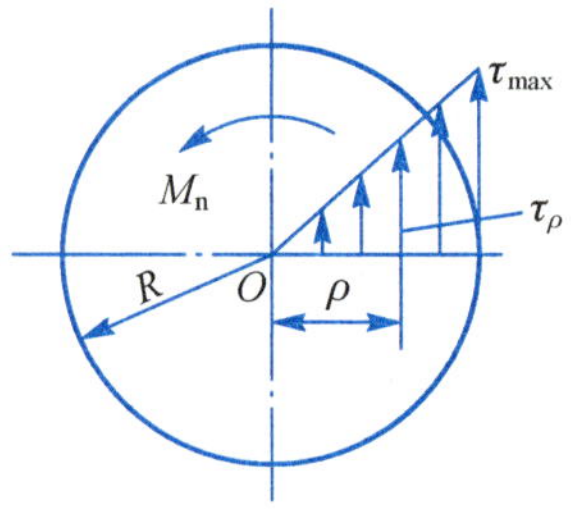

图 5-42　切应力分布规律

(1) 切应力分布规律。经推导，圆轴扭转时横截面上切应力 τ 的分布规律为：横截面上任意一点的切应力大小与该点到圆心的距离成正比，并垂直于半径方向成线性分布，如图 5-42 所示。

此规律可用式(5-29)表示。

$$\tau_\rho=\frac{M_n\rho}{I_p} \tag{5-29}$$

其中，ρ 为横截面上任意一点到中心的距离，单位为 mm；M_n 为所求截面上的扭矩值，单位为 N·m；I_p 为横截面对圆心的极惯性矩，单位为 mm^4，与截面的形状和尺寸有关；τ_ρ 为半径在 ρ 处的切应力。

根据式(5-29)可知，圆心处($\rho=0$)切应力为零，圆轴表面处($\rho=\rho_{max}$)切应力为最大。圆轴扭转时横截面上最大切应力的计算公式为

$$\tau_{max}=\frac{M_nR}{I_p} \tag{5-30}$$

其中，R 和 I_p 均为与截面尺寸有关的几何量，可令

$$W_p=\frac{I_p}{R}$$

则

$$\tau_{max}=\frac{M_n}{W_p} \tag{5-31}$$

其中，W_p 为抗扭截面系数，它与横截面对圆心 O 的极惯性矩 I_p 一样，也是一个只与截面的几何尺寸有关的几何量。

(2) 截面的极惯性矩和抗扭截面系数的计算。工程中，轴的截面形状通常采用实心圆和空心圆两种，如图 5-43 所示。

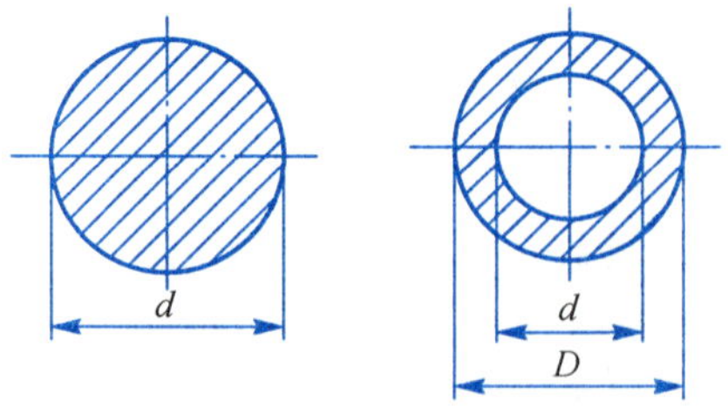

图 5-43　轴的截面形状

它们的 I_p、W_p 计算公式如下：

① 实心圆截面。实心圆截面的极惯性矩为

$$I_p=\frac{\pi}{32}d^4\approx 0.1d^4$$

抗扭截面系数为

$$W_p=\frac{\pi}{16}d^3\approx 0.2d^3$$

② 空心圆截面。空心圆截面的极惯性矩为

$$I_p=\frac{\pi}{32}(D^4-d^4)=\frac{\pi}{32}D^4(1-\alpha^4)\approx 0.1D^4(1-\alpha^4)$$

抗扭截面系数为

$$W_p=\frac{\pi}{16}D^3(1-\alpha^4)\approx 0.2D^3(1-\alpha^4)$$

其中，D 与 d 分别为空心圆截面的外径和内径；$\alpha=d/D$。

(3) 圆轴扭转时的变形(图 5-44)。由理论分析可证明，扭转角 φ 与扭矩 M_n 及两截面间的距离 l 成正比，而与材料的切变模量 G 及轴横截面的极惯性矩 I_P 成反比，即

$$\varphi=\frac{M_n l}{GI_p} \tag{5-32}$$

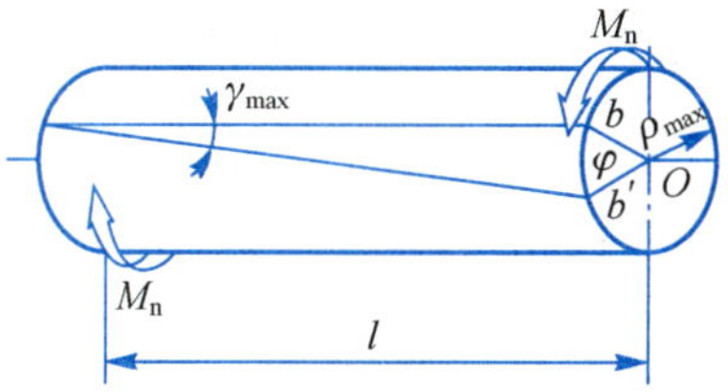

图 5-44　轴扭转时的变形

其中，G 为轴材料的切变模量；GI_p 为抗扭刚度，反映了圆轴的材料和横截面尺寸两个方面因素抵抗扭转变形的能力，GI_p 越大，圆轴抵抗扭转变形的能力就越强。

注意：两截面之间的扭矩、直径有变化时，需分段计算各段的扭转角，然后求其代数和。扭转角的正负号与扭矩相同。

从式(5-32)中可看出，扭转角 φ 的大小与距离 l 有关。为消除 l 的影响，工程上常用“单位长度扭转角 θ”来表示其变形的程度，计算公式为

$$\theta=\frac{\varphi}{l}=\frac{M_n}{GI_p} \tag{5-33}$$

其中，θ 为单位长度扭转角，单位为 rad/m，而工程中常用(°/m)作为 θ 的单位，因此，θ 一般用下式来计算：

$$\theta=\frac{M_n}{GI_p}\times\frac{180}{\pi} \tag{5-34}$$

4) 传动轴扭转时强度计算

(1) 扭转强度条件。为保证圆轴具有足够的扭转强度，轴的危险点的工作应力不超过材料的许用切应力，故圆轴扭转的强度条件为

$$\tau_{max}=\frac{M_n}{W_p}\leqslant[\tau] \tag{5-35}$$

其中，M_n 为轴上危险截面的扭矩(绝对值)；W_p 为危险截面的抗扭截面系数；$[\tau]$为材料的许用切应力。

对于阶梯轴，应该是扭矩大而抗扭截面系数小的截面，需综合考虑 M_n 和 W_p 两个因素来决定。对于许用切应力[τ]，可通过[σ]来近似确定。

塑性材料 $[\tau]=(0.5\sim0.6)[\sigma]$

脆性材料 $[\tau]=(0.8\sim1.0)[\sigma]$

在工程实际中，圆轴常受到变化扭矩的作用，其许用切应力要按照保证该轴不发生破坏来确定，一般比上述值低。

(2) 传动轴扭转时的刚度计算。圆轴在扭转时，除了需满足强度条件外，还应该具有足够的刚度，以免产生过大的变形，影响机器的精度，尤其对一些精密机械，刚度条件往往起主要作用。因此，对于圆轴扭转时的刚度条件往往要加以限制。通常要求单位长度扭转角 θ 不得超过许用的单位长度扭转角$[\theta]$，即

$$\theta=\frac{180M_n}{GI_p\pi}\leqslant[\theta] \tag{5-36}$$

式中，$[\theta]$值根据轴的工作条件和机器运转的精度要求等因素确定，一般规定如下：

精密机械的轴 $[\theta]=(0.25^\circ\sim0.5^\circ)/\text{m}$

一般传动轴 $[\theta]=(0.1^\circ\sim1.0^\circ)/\text{m}$

精度要求不高的轴 $[\theta]=(1.0^\circ\sim2.5^\circ)/\text{m}$

具体数值可参考有关设计手册。

根据上述内容可知，应用强度、刚度条件可解决三类问题：强度校核、截面设计和确定许用载荷。解决问题的基本思路是先由扭矩图、截面尺寸确定危险点，然后考虑材料的力学性质应用强度、刚度条件进行计算。

例 5-3 如图 5-45(a)所示的传动轴，已知轴的直径 $d=4.5$ cm，转速 $n=300$ r/min，主动轮 A 输入的功率 $P_A=36.7$ kW，从动轮 B、C、D 输出的功率分别为 $P_B=14.7$ kW，$P_C=P_D=11$ kW。轴的材料为 45 钢，$G=8\times10^4$ MPa，$[\tau]=40$ MPa，$[\theta]=2^\circ/\text{m}$，试校核轴的扭转强度和刚度。

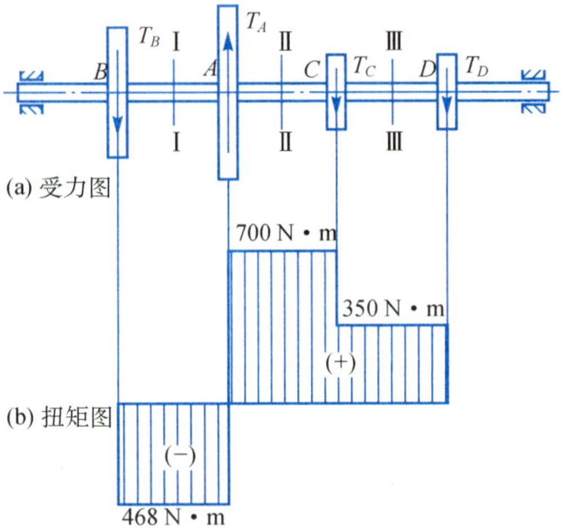

图 5-45 传动轴及其扭矩图

解 (1) 计算外力偶矩。

$$T_A=9\ 550\frac{P_A}{n}=9\ 550\times\frac{36.7}{300}=1\ 168\ \text{N}\cdot\text{m}$$

$$T_B=9\ 550\frac{P_B}{n}=9\ 550\times\frac{14.7}{300}=468\ \text{N}\cdot\text{m}$$

$$T_C=9\ 550\frac{P_C}{n}=9\ 550\times\frac{11}{300}=350\ \text{N}\cdot\text{m}$$

$$T_D=9\ 550\frac{P_D}{n}=9\ 550\times\frac{11}{300}=350\ \text{N}\cdot\text{m}$$

(2) 画扭矩图，求最大扭矩。先用截面法求 BA、AC、CD 各段任意截面上的扭矩，得

$$T_{n1}=-T_B=-468\ \text{N}\cdot\text{m}$$

$$T_{n2}=-T_B+T_A=-468+1\,168=700\ \text{N}\cdot\text{m}$$

$$T_{n3}=T_D=350\ \text{N}\cdot\text{m}$$

画扭矩图，如图 5-45(b)所示。由扭矩图可知危险截面在 AC 段内，最大扭矩为

$$T_{n\max}=700\ \text{N}\cdot\text{m}$$

(3) 校核强度。

$$\tau_{\max}=\frac{T_{n\max}}{W_p}=\frac{700\times10^3}{0.2\times45^3}=38.4\ \text{MPa}<[\tau]=40\ \text{MPa}$$

传动轴的扭转强度足够。

(4) 校核刚度。

$$\theta_{\max}=57\,300\times\frac{T_{n\max}}{GI_p}=\frac{57\,300\times700\times10^3}{8\times10^4\times0.1\times45^4}=1.22°/\text{m}<[\theta]=2°/\text{m}$$

传动轴的扭转刚度也足够。

2. **心轴的工作情况分析**

工程实际中存在大量的受弯曲杆件，如火车轮轴、桥式起重机大梁等。如图 5-46、图 5-47 所示，这类杆件受力的共同特点是外力(横向力)与杆轴线相垂直，变形时杆轴线由直线变成曲线，这种变形称为弯曲变形。以弯曲变形为主的杆件称为梁，工程中常见的梁，其横截面通常都有一个纵向对称轴，该对称轴与梁的轴线组成梁纵向对称面，如图 5-48 所示。

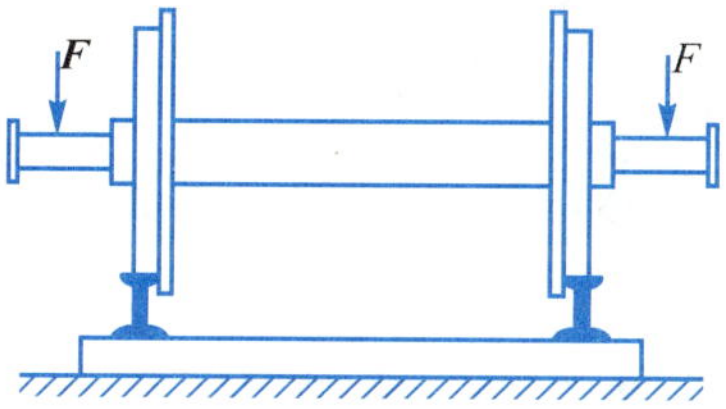

图 5-46　火车轮轴

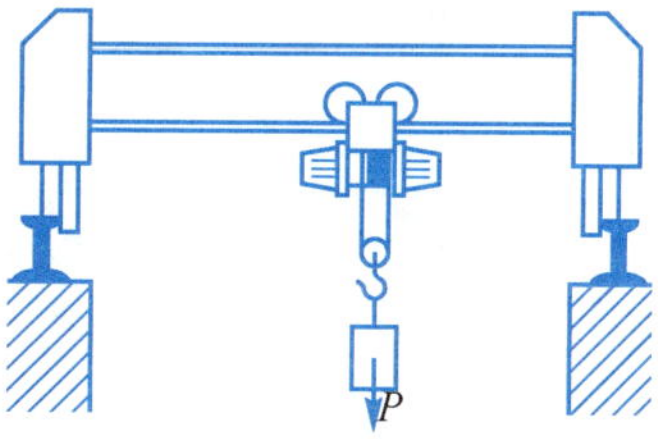

图 5-47　桥式起重机大梁

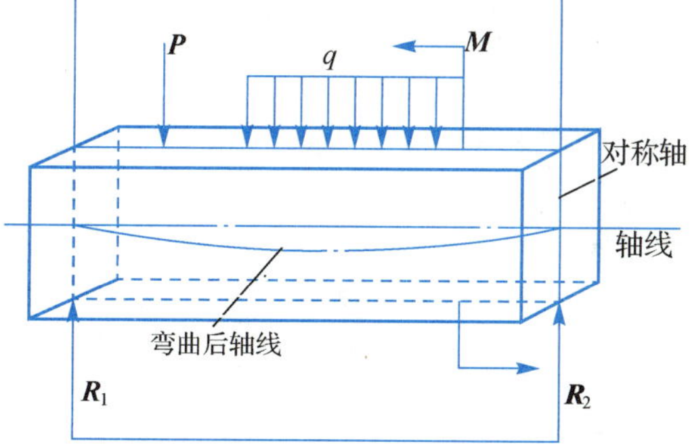

图 5-48　梁纵向对称

如果梁上所有的外力都作用于梁的纵向对称平面内，那么变形后的轴线将在纵向对称平面内变成一条平面曲线，这种弯曲称为平面弯曲。平面弯曲是弯曲问题中最基本、最常见的，这里只讨论平面弯曲问题。

1）梁的力学模型与基本形式

(1) 梁上载荷的简化类型。作用在梁上的载荷通常可以简化为以下三种类型：

① 集中载荷。当载荷的作用范围和梁的长度相比很小时，可以简化为作用于一点的力，称为集中载荷或集中力。如车刀所受的切削力便可视为集中力 P，如图 5-49(a)所示，其单位为牛(N)或千牛(kN)。

② 集中力偶。当梁的某一小段内(其长度远远小于梁的长度)受到力偶的作用，可简化为作用在某一截面上的力偶，称为集中力偶，如图 5-49(b)所示，其单位为牛·米(N·m)或千牛·米(kN·m)。

③ 均布载荷。沿梁的长度均匀分布的载荷，称为均布载荷。均布载荷的大小用载荷均布集度 q 表示，如图 5-49(c)所示。载荷均布集度 q 为常数，其单位为牛/米(N/m)或千牛/米(kN/m)。

(2) 梁的基本形式。按照支座对梁的约束情况，通常将支座简化为固定铰链支座、活动铰链支座和固定端支座。根据梁的支承情况，一般把梁简化为三种基本形式：

① 简支梁。梁的一端为固定铰链支座，另一端为活动铰链支座的梁称为简支梁，如图 5-50(a)所示。

② 外伸梁。外伸梁的支座与简支梁一样，不同点是梁的一端或两端伸出支座以外，所以称为外伸梁，如图 5-50(b)所示。

③ 悬臂梁。梁的一端固定，另一端自由的梁称为悬臂梁，如图 5-50(c)所示。

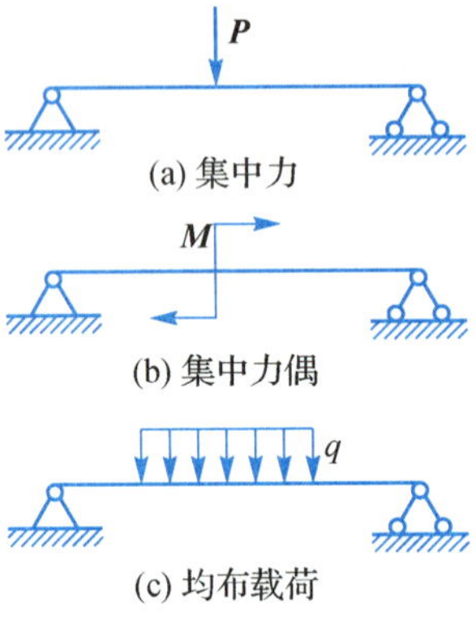

图 5-49 载荷的简化类型

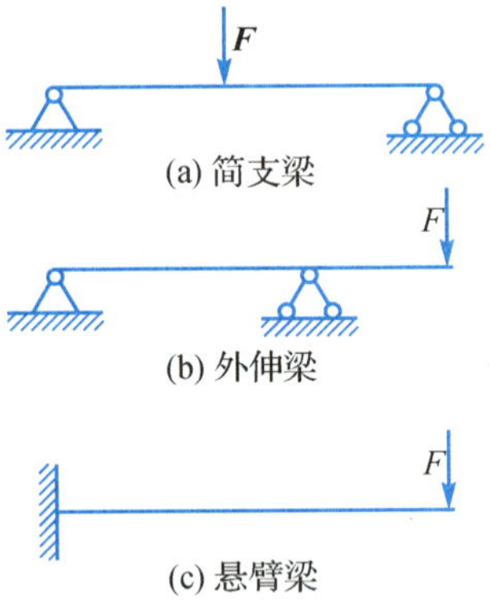

图 5-50 梁的简化类型

2）梁的内力——剪力与弯矩

作用于梁上的外力及支承对梁的约束力都是梁受到的外载荷。支承对梁所产生的约束力一般都由静力平衡条件求得。在外载荷的作用下，梁要产生弯曲变形，梁的各横截面内就必定存在相应的内力，可用截面法求梁横截面上的内力。

如图 5-51(a)所示的简支梁，受集中力 $\boldsymbol{P}_1$ 和 $\boldsymbol{P}_2$ 作用。为了求出距 A 端支座为 x 处横截面 m-m 上的内力，首先按静力学中的平衡方程求出支座反力 $\boldsymbol{R}_A$、$\boldsymbol{R}_B$，然后用截面法沿

m-m 截面假想地把梁截开，并以左边部分为研究对象，如图 5-51(b)所示。梁处于平衡状态，故左段梁在外力及截面处内力的共同作用下也应保持平衡。截面 m-m 上必有一个与截面相切的内力 $\boldsymbol{Q}$ 来代替右边部分对左边部分沿截面切线方向移动趋势所起的约束作用；又因 $\boldsymbol{R}_A$ 与 $\boldsymbol{P}_1$ 对截面形心的力矩一般不能相互抵消，为保持这部分不发生转动，在横截面 m-m 上必有一个位于载荷平面的内力偶，其力偶矩为 $\boldsymbol{M}$，来代替右边部分对左边部分转动趋势所起的约束作用。由此可见，梁弯曲时，横截面上一般存在两个内力因素，其中 $\boldsymbol{Q}$ 称为剪力，$\boldsymbol{M}$ 称为弯矩。剪力和弯矩的大小可由左段梁的平衡方程确定。

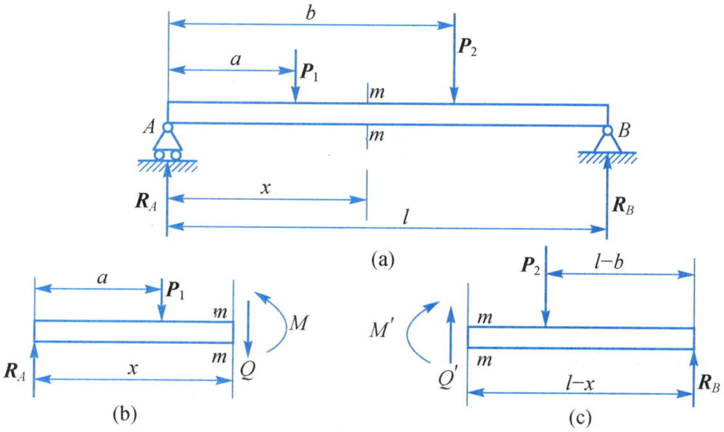

图 5-51　截面法求梁横截面的内力

由 $\sum F_y=0$，列出方程式为

$$R_A-P_1-Q=0$$

整理得

$$Q=R_A-P_1$$

由 $\sum M_C=0$，列出方程式为

$$M-R_Ax+P_1(x-a)=0$$

整理得

$$M=R_Ax-P_1(x-a)$$

其中，C 为横截面的形心。

若取右段梁研究，根据作用力与反作用力定律，在 m-m 截面上也必然有剪力 $\boldsymbol{Q}'$ 和弯矩 $\boldsymbol{M}'$，并且它们分别与 $\boldsymbol{Q}$ 和 $\boldsymbol{M}$ 数值相等、方向相反，如图 5-51(c)所示。为使结果统一，剪力和弯矩的正负按梁的变形来确定。凡使所取梁段具有做顺时针转动趋势的剪力为正，反之为负，如图 5-52 所示；凡使梁段产生上凹下凸弯曲变形的弯矩为正，反之为负，如图 5-53 所示。

求剪力、弯矩大小和方向的规则如下：

(1) 梁内任一横截面上的剪力等于该截面一侧梁上所有横向外力的代数和。

$$F_Q=\sum F \tag{5-37}$$

其中，正负号根据“外力左上右下，产生的剪力为正”或“绕实体顺时针为正”确定。

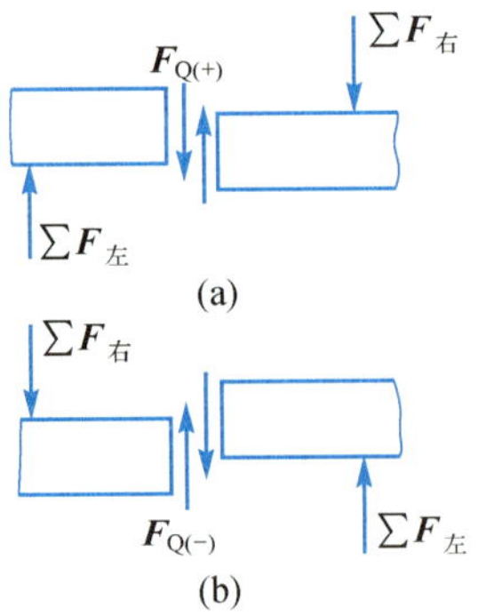

图 5-52　剪力的符号

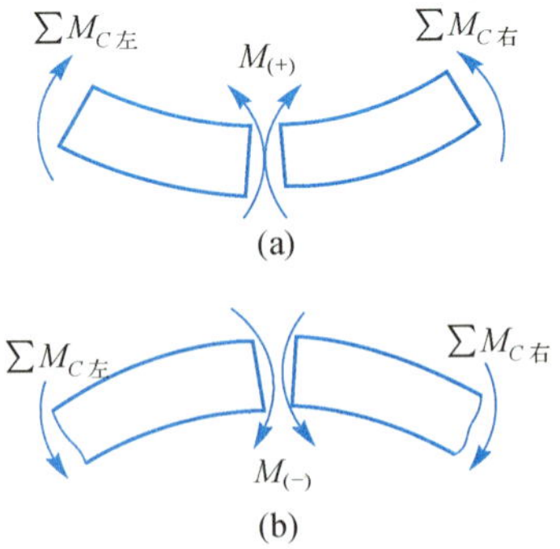

图 5-53　弯矩的符号

(2) 梁内任一横截面上的弯矩等于该截面一侧梁上所有外力对截面形心力矩的代数和。

$$M=\sum M_C(F) \tag{5-38}$$

其中,正负号由“外力矩左顺右逆,产生的弯矩为正”确定。

利用上述规则,可以直接根据截面左侧或右侧梁上的外力求出指定截面的剪力和弯矩。

例 5-4　简支梁受集中力 $P=1$ kN,力偶 $M=1$ kN·m,均布载荷 $q=4$ kN/m,如图 5-54 所示,试求 Ⅰ-Ⅰ 和 Ⅱ-Ⅱ 截面上的剪力和弯矩。

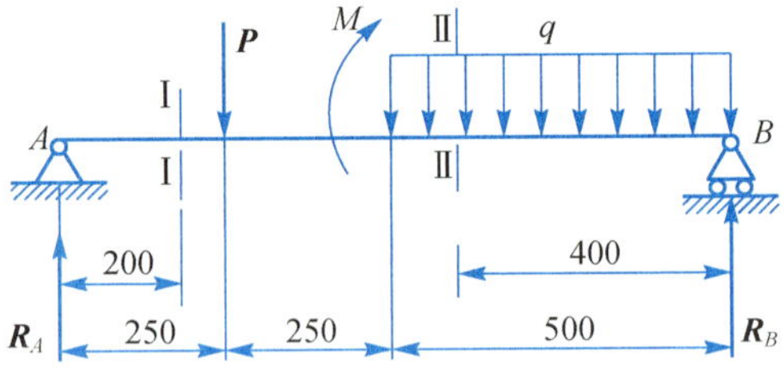

图 5-54　简支梁截面受力情况

解　(1) 求支座反力。对 B 点列受力平衡方程为

$$\sum M_B(F)=0$$

$$P\times750-R_A\times1\ 000-m+q\times0.5\times250=0$$

$$\sum F_y=0$$

$$R_A-P-q\times0.5+R_B=0$$

求得支座反力为

$$R_A=250\ \text{N},\quad R_B=2\ 750\ \text{N}$$

(2) 计算剪力和弯矩(取简单的一侧为研究对象)。

Ⅰ-Ⅰ　$Q_1=R_A=250$ N　$M_1=R_A\times200=250\times0.2=50$ N·m

Ⅱ-Ⅱ　$Q_2=q\times0.4-R_B=4\times0.4-2.75=-1.15$ kN

$M_2=R_B\times0.4-q\times0.4\times0.2=2\ 750\times0.4-4\times10^3\times0.4\times0.2=780$ N·m

3) 剪力图与弯矩图

在一般情况下,剪力和弯矩是随着截面的位置不同而变化的。如果取梁的轴线为 x 轴,以坐标 x 表示横截面的位置,那么剪力和弯矩可表示为 x 的函数,即梁的剪力方程和弯矩方程分别为

$$\begin{cases}Q=Q(x)\\M=M(x)\end{cases} \tag{5-39}$$

为了能一目了然地看出梁各截面上的剪力和弯矩沿梁轴线的变化情况，在设计计算中常用图形表示各截面上的剪力和弯矩，这样得出的图形称为梁的剪力图和弯矩图。

利用剪力图和弯矩图，很容易确定梁的最大剪力和最大弯矩，以及梁的危险截面的位置。所以绘制剪力图和弯矩图往往是梁的强度和刚度计算中的重要步骤。

例 5-5　如图 5-55(a)所示的起重机横梁长 l，起吊重量为 P。不计梁的自重，试绘制图示位置横梁的剪力图和弯矩图，并指出最大剪力和最大弯矩所在的截面位置。

解　(1) 绘制横梁的受力简图。根据横梁两端 A、B 轮的实际支承情况，将其简化为简支梁，如图 5-55(b)所示。起吊重量为 P 可简化为作用于沿横梁行走的小车两轮中点所对应梁横截面 C 处的集中力。

(2) 计算 A、B 两端支座的约束力。根据静力平衡方程得

$$R_A=\frac{Pb}{l},\qquad R_B=\frac{Pa}{l}$$

(3) 建立剪力方程和弯矩方程。由于截面 C 有集中力 $\boldsymbol{P}$ 作用，取梁 AC 段和 BC 段上任意截面左段作为研究对象所列的平衡方程不同，故应分别建立两段的剪力方程和弯矩方程。设 AC 段和 BC 段的任一截面位置用 x 表示，如图 5-55(b)所示，并以左段为研究对象计算剪力和弯矩，则

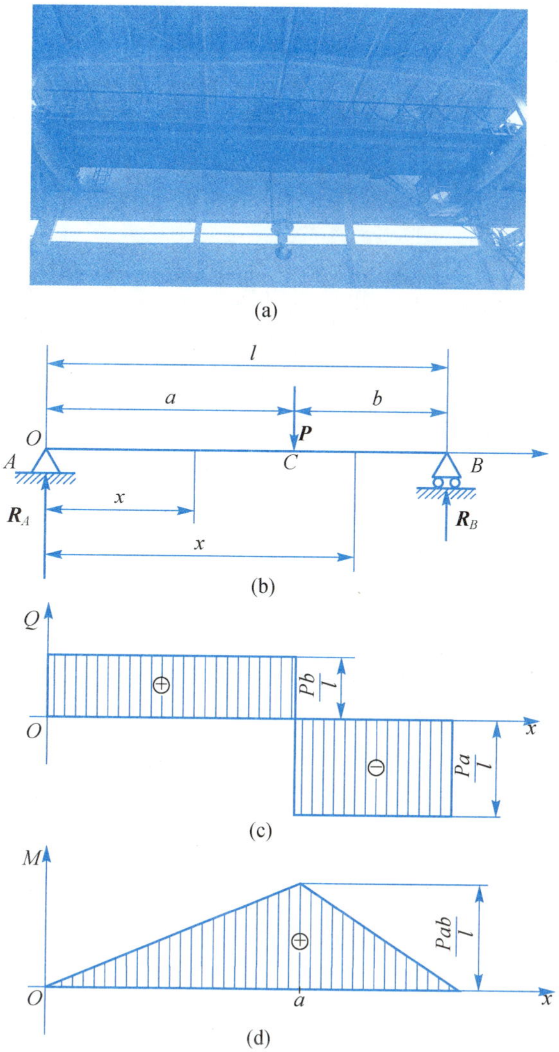

图 5-55　起重机横梁

AC 段：

$$Q_1=R_A=\frac{Pb}{l},\quad 0\leqslant x\leqslant a$$

$$M_1=R_Ax=\frac{Pb}{l}x,\quad 0\leqslant x\leqslant a$$

BC 段：

$$Q_2=-R_B=-\frac{Pa}{l},\quad a<x\leqslant l$$

$$M_2=R_B(l-x)=\frac{Pa}{l}(l-x),\quad a<x\leqslant l$$

(4) 绘制剪力图和弯矩图。由 AC 段和 BC 段的剪力方程可知，剪力图如图 5-55(c)所示。由两段的弯矩方程可知，弯矩图为两条斜直线，利用边界条件可得出斜直线上两点的坐标值，分别为

AC 段：　　当 $x_1=0$ 时，$M_1=0$；当 $x_1=a$ 时，$M_1=\frac{Pab}{l}$

BC 段：　　当 $x_2=a$ 时，$M_2=\frac{Pab}{l}$；当 $x_2=l$ 时，$M_2=0$

于是便得到如图 5-55(d)所示的横梁弯矩图。

(5) 确定剪力和弯矩的最大值。如图 5-55(c)所示，并结合剪力方程，可以看出，当 $a>b$ 时，BC 段各截面的剪力值最大；当 $a<b$ 时，AC 段各截面的剪力值最大。小车行驶时，力 $\boldsymbol{P}$ 作用点的坐标发生变化，最大剪力值也随之发生变化。小车接近支座 B 点或 A 点时，剪力达到最大值，$Q_{max}\to P$。

如图 5-55(d)所示，结合弯矩方程，可以分析得出，集中力 $\boldsymbol{P}$ 作用的 C 点所在截面处有最大弯矩。当小车位于梁的中点时，即 $a=b=l/2$ 处，因乘积 ab 最大，所以最大弯矩值也最大，为 $M_{max}=\frac{Pl}{4}$。

4) 梁弯曲时横截面上的正应力

梁的弯曲分两种：横截面上既有弯矩又有剪力，这种弯曲称为剪切弯曲；若梁的横截面上只有弯矩而无剪力，这种弯曲称为纯弯曲。梁纯弯曲的强度主要取决于截面上的正应力，切应力居于次要地位，所以这里只讨论梁在纯弯曲时横截面上的正应力。

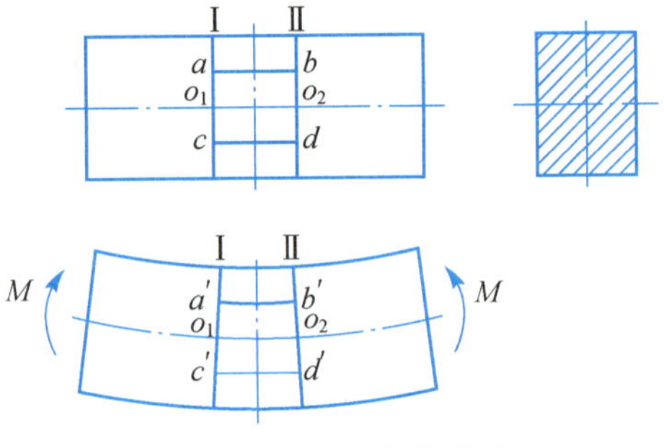

图 5-56　梁的弯曲试验

取一矩形截面梁进行试验。试验前，在梁的侧面上，画上垂直于梁轴的横向线Ⅰ和Ⅱ及平行于梁轴的纵向线 ab 和 cd，然后在梁的纵向对称平面两端施加集中力偶矩 $\boldsymbol{M}$，使梁产生纯弯曲，如图 5-56 所示。梁发生弯曲变形后，可以观察到梁下部的纵向纤维受拉伸长，上部的纵向纤维受压缩短，由此可知，其间必有一层纤维既不伸长也不缩短，这层纤维称为中性层。中性层和横截面的交线称为中性轴，如图 5-57 所示。

由于纯弯曲时，各层纵向纤维受到轴向拉伸和压缩的作用，横截面上各点的正应力分布规律情况如图 5-58 所示。横截面上任意一点处的正应力与它到中性轴的距离成正比，与中性层距离相同的点，正应力相等；距离中性层越远，正应力越大；中性轴上各点的正应力为零。

梁发生纯弯曲时，横截面上只有弯矩而无剪力，且弯曲变形时横截面绕中性轴 z 转动。根据数学知识可得纯弯曲梁横截面上任意一点正应力的计算公式为

$$\sigma=\frac{My}{I_z} \tag{5-40}$$

其中，$\boldsymbol{M}$ 为横截面上的弯矩；y 为横截面上所求应力点到中性轴的距离；$\boldsymbol{I}_z$ 为横截面对中性轴 z 的惯性矩。$\boldsymbol{M}$、y 以绝对值带入计算；$\boldsymbol{I}_z$ 是一个仅与横截面形状和尺寸有关的几何量，使用时直接查表 5-15 即可。

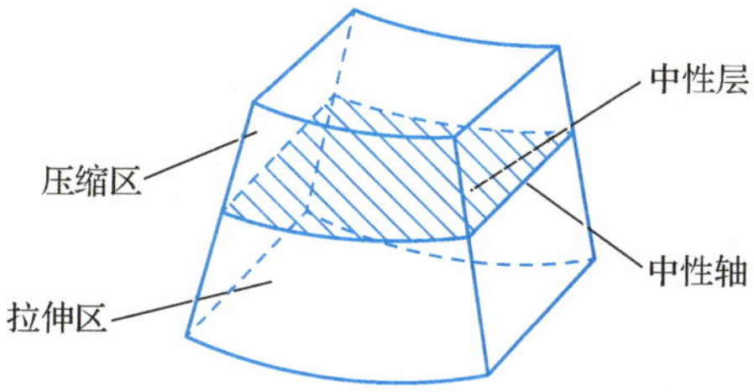

图 5-57　梁的中性层

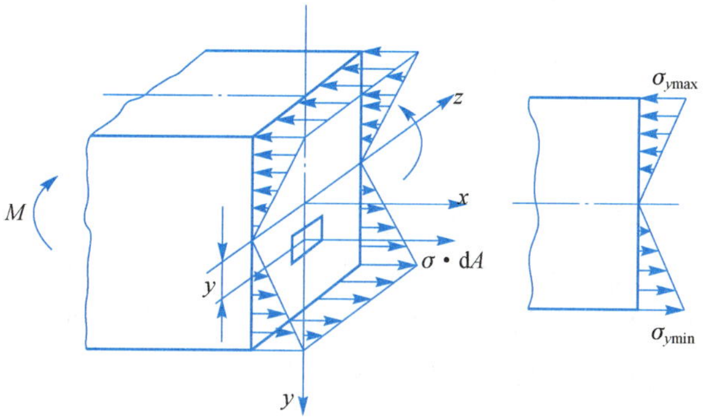

图 5-58　纯弯曲时正应力的分布规律

表 5-15　截面常用的几何性质

截面图形	截面面积	惯性矩	抗弯截面模量	形心位置
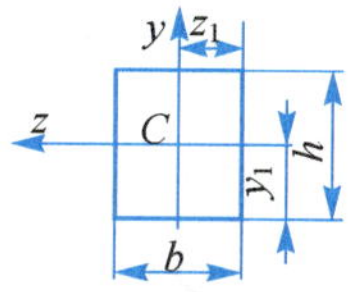	$A=bh$	$I_z=\frac{bh^3}{12}$ $I_y=\frac{hb^3}{12}$	$W_z=\frac{bh^2}{6}$ $W_y=\frac{hb^2}{6}$	$y_1=\frac{h}{2}$ $z_1=\frac{b}{2}$
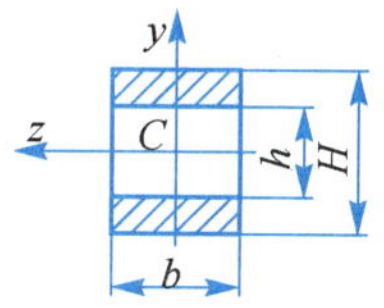	$A=b(H-h)$	$I_z=\frac{b(H^3-h^3)}{12}$ $I_y=\frac{b^3(H-h)}{12}$	$W_z=\frac{b(H^3-h^3)}{6H}$ $W_y=\frac{b^2(H-h)}{6}$	$y_1=\frac{H}{2}$ $z_1=\frac{b}{2}$
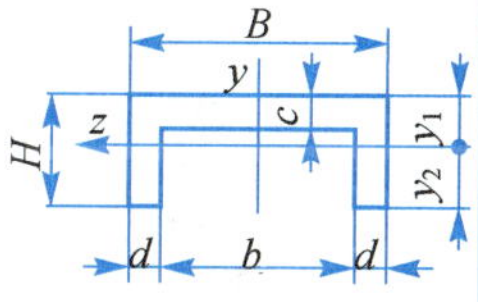	$A=BH-b(H-c)$	$I_z=\frac{1}{3}(2H^3d+bc^3)-[HB-b(H-c)]y_1^2$	$W_{z1}=\frac{I_z}{y_1}$ $W_{z2}=\frac{I_z}{y_2}$	$y_1=H-y_2$ $y_2=\frac{1}{2}\left[\frac{H^2B-b(H-c)^2}{HB-b(H-c)}\right]$
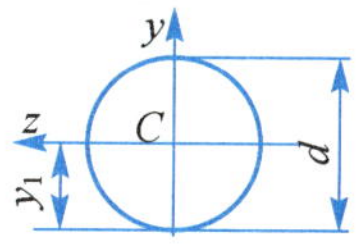	$A=\frac{\pi}{4}d^2$	$I_z=I_y=\frac{\pi d^4}{64}$	$W_z=W_y=\frac{\pi d^3}{32}$	$y_1=\frac{d}{2}$
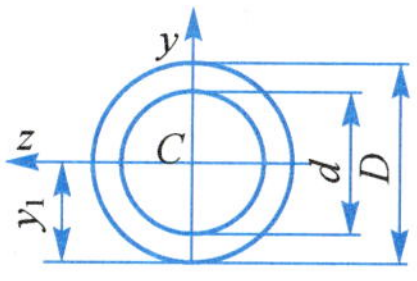	$A=\frac{\pi}{4}(D^2-d^2)$	$I=\frac{\pi}{64}(D^4-d_4)$ $I\approx\frac{\pi}{8}d^3\delta$（薄壁）	$W=\frac{\pi(D^4-d^4)}{32D}$ $W\approx\frac{\pi}{4}d^2\delta$（薄壁）	$y_1=\frac{D}{2}$

（续表）

截面图形	截面面积	惯性矩	抗弯截面模量	形心位置
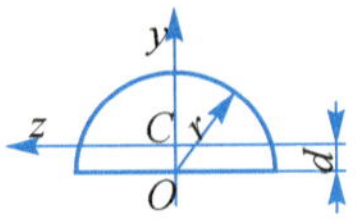	$A=\frac{\pi r^2}{2}$	$I_z=\left(\frac{1}{8}-\frac{8}{9\pi^2}\right)\pi r^4$ $\approx 0.109\,8r^4$ $I_y=\frac{\pi r^4}{8}$	$W_{z1}\approx 0.191r^3$ $W_{z2}\approx 0.259r^3$ $W_y\approx\frac{\pi r^3}{8}$	$y_1=\frac{4r}{3\pi}\approx 0.424$

所求点的正应力是拉应力还是压应力，由纤维的伸缩来确定，即以中性轴为界，梁变形后靠凸的一侧受拉应力，靠凹的一侧受压应力；也可根据弯矩的正负来判断，当弯矩为正时，中性轴以下部分受拉应力，以上部分受压应力，弯矩为负时，则相反。由式(5-40)可知，横截面上最大正应力发生在距中性轴最远处，即

$$\sigma_{\max}=\frac{M}{I_z}y_{\max} \tag{5-41}$$

若令

$$W_z=\frac{I_z}{y_{\max}}$$

则

$$\sigma_{\max}=\frac{M}{W_z} \tag{5-42}$$

其中，W_z 称为抗弯截面模量，也是衡量截面抗弯强度的一个几何量，其值与横截面的形状和尺寸有关。

例 5-6 如图 5-59(a)所示的矩形截面简支梁。已知 $F=5$ kN，$a=180$ mm，$b=30$ mm，$h=60$ mm。试求将截面竖放和横放时梁截面上的最大正应力。

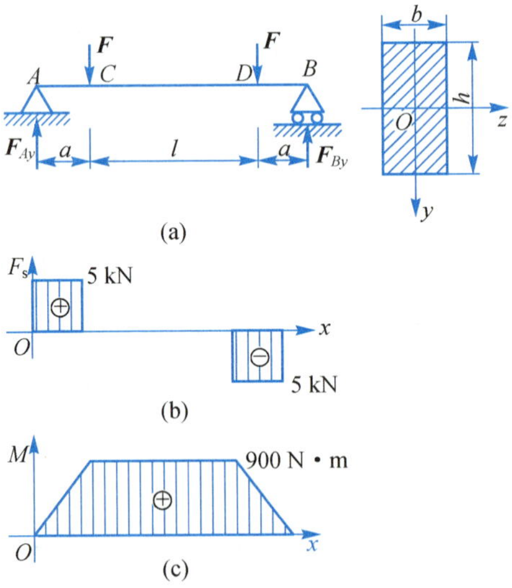

图 5-59 简支梁受力

解 (1) 求支座反力。根据外力平衡条件列平衡方程，可解得支座反力为

$$F_{Ay}=F_{By}=5\ \text{kN}$$

(2) 画出剪力图和弯矩图，如图 5-59(b)、(c)所示。可见，在 CD 段横截面上剪力为零，故 CD 段为纯弯曲段，截面上弯矩值为

$$M_{\max}=900\ \text{N}\cdot\text{m}$$

(3) 竖放时的最大正应力。先由表 5-14 中查得矩形截面的抗弯截面模量 W_z 的计算公式，代入式(5-42)即可求出竖放时横截面上的最大正应力为

$$\sigma_{\max}=\frac{M}{W_z}=\frac{M}{\frac{bh^2}{6}}=\frac{900}{\frac{0.03\times0.06^2}{6}}=50\times10^6\ \text{Pa}=50\ \text{MPa}$$

同理可求得横放时横截面上的最大正应力为

$$\sigma_{\max}=\frac{M}{W_y}=\frac{M}{\frac{hb^2}{6}}=\frac{900}{\frac{0.06\times0.03^2}{6}}=100\times10^6\ \text{Pa}=100\ \text{MPa}$$

由此例可知，矩形截面简支梁的横截面放置方位不同，其最大正应力值也不同，即梁的弯曲强度不同，矩形截面梁的横截面竖放时比横放时强度高。

5) 梁的弯曲强度计算

在进行梁的强度计算时，由于梁上的应力一般是随截面位置的不同而变化的，因此应首先找出最大应力所在截面，即危险截面和最大应力 $\sigma_{\max}$。一般情况下，对于等截面直梁，其危险点在弯矩最大的截面的上下边缘处，即最大正应力所在处。

(1) 强度条件。为了使梁安全可靠地工作，危险点的最大工作应力不能超过梁所用材料的许用应力，强度条件为

$$\sigma_{\max}=\frac{M_{\max}}{W_z}\leqslant[\sigma] \tag{5-43}$$

其中，$\sigma_{\max}$ 为危险点的应力；$M_{\max}$、W_z 分别为危险截面的弯矩和抗弯截面模量；$[\sigma]$为梁材料的许用应力。

考虑到材料的力学性质和截面的几何性质，判定危险点的位置是建立强度条件的关键。

(2) 关于危险点的讨论。按截面的几何性质进行分类，讨论对应不同材料时的强度条件。

① 对称截面。若截面对称于中性轴，则称为对称截面，否则称为非对称截面。对于塑性材料，其许用拉应力和许用压应力相同。对称截面塑性材料的危险点可以选择距中性轴最远端的任意一点计算。

对于许用拉应力和许用压应力不同的脆性材料，由于脆性材料的许用压应力大于许用拉应力，所以只需计算受拉边的最大应力值，其强度条件为

$$\sigma_{l\max}\leqslant[\sigma]$$

② 非对称截面。对于塑性材料，危险点一定出现在距中性轴最远处，因此只需计算一个危险点，其强度条件为

$$\sigma_{\max}=\frac{M}{I_z}y_{\max}\leqslant[\sigma]$$

对于脆性材料，危险点需要结合弯矩的正负及截面形状分别计算。若距中性轴最远处的是受拉边，则只需计算一个危险点；若距中性轴最远处的是受压边，则需要计算两个危险点，其强度条件为

$$\sigma_{l\max}=\frac{M_{\max}}{I_z}y_{l\max}\leqslant[\sigma_l]$$

$$\sigma_{y\max}=\frac{M_{\max}}{I_z}y_{y\max}\leqslant[\sigma_y]$$

其中，$\sigma_{l\max}$ 和 $\sigma_{y\max}$ 分别为最大拉应力和最大压应力；$[\sigma_l]$和$[\sigma_y]$分别为许用拉应力和许用压应力；$y_{l\max}$ 和 $y_{y\max}$ 分别是拉应力和压应力一侧最远点到中性轴的距离。

例 5-7 如图 5-60(a)所示，托架为 T 形截面的铸铁梁。已知截面对中性轴 z 的惯性矩 $I_z=1.35\times10^7\ \text{mm}^4$，$P=4.5$ kN，铸铁的弯曲许用应力$[\sigma_1]=40$ MPa，$[\sigma_2]=80$ MPa，略去梁的自重影响，校核梁的强度。

解 (1) 画其受力图[图 5-60(b)]。

(2) 绘制剪力图[图 5-60(c)]。

(3) 绘制弯矩图[图 5-60(d)]，并求最大弯矩值为

$$M_{\max}=Pl=4.5\times1=4.5\ \text{kN}\cdot\text{m}$$

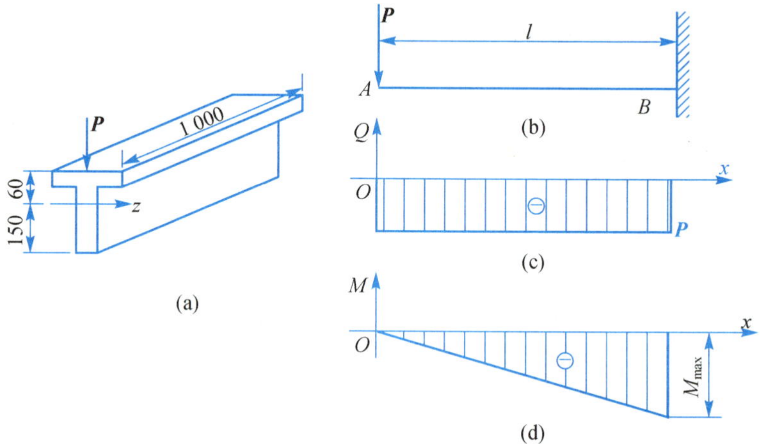

图 5-60 T 形铸铁梁

(4) 校核强度。

$$\sigma_{l\max}=\frac{M_{\max}}{I_z}y_{l\max}=\frac{4.5\times10^6}{1.35\times10^7}\times60=20\ \text{MPa}<[\sigma_1]$$

$$\sigma_{y\max}=\frac{M_{\max}}{I_z}y_{y\max}=\frac{4.5\times10^6}{1.35\times10^7}\times150=50\ \text{MPa}<[\sigma_2]$$

所以此铸铁梁的强度足够。

3. 转轴的工作情况分析

最常见的有一种弯曲与扭转的组合变形，简称弯扭组合变形。比如转轴，在工作时要传递扭矩，因而要产生扭转变形，同时还要支承轴上传动零件，故还要产生弯曲变形。由于转轴在工程实际中应用很广泛，因此分析这种组合变形问题十分必要。

例 5-8　如图 5-61(a)所示的带轮轴，轴上带轮相对两端对称分布，轴的右端联轴器由电机驱动输入一定转矩 $\boldsymbol{M}$，带紧边拉力为 $\boldsymbol{F}_1$，带松边拉力为 $\boldsymbol{F}_2$，不计带轮自重，已知 $D=500\ \text{mm}$，$F_1=2F_2=8\ \text{kN}$，$d=90\ \text{mm}$，$a=500\ \text{mm}$，$[\sigma]=100\ \text{MPa}$，试校核此轴的强度。

解　(1) 外力分析。将作用于带上的拉力向杆的轴线简化，得到一个力和一个力偶矩，如图 5-61(b)所示，其值分别为

$$F=F_1+F_2=12\ \text{kN}$$

$$M_1=(F_1-F_2)\frac{D}{2}=1\ \text{kN}\cdot\text{m}$$

$\boldsymbol{F}_1+\boldsymbol{F}_2$ 使轴在垂直平面内发生弯曲，力偶矩 $\boldsymbol{M}_1$ 和电机端输入的转矩 $\boldsymbol{M}$ 使轴扭转，故轴产生弯曲和扭转组合变形。

(2) 内力分析。画出轴的弯矩图和扭矩图，如图 5-61(c)、(d)所示。由图知危险截面为轴上装带轮的位置 C 截面，其弯矩和扭矩分别为

$$M=Fa=12\times0.5=6\ \text{kN}\cdot\text{m}$$

$$T=M_1=1\ \text{kN}\cdot\text{m}$$

(3) 应力分析。由于在危险截面上同时作用有弯矩和扭矩，故该截面上必然同时存在弯曲正应力和扭转切应力，分别为

$$\sigma=\frac{M}{W_z},\qquad \tau=\frac{T}{W_\text{p}}$$

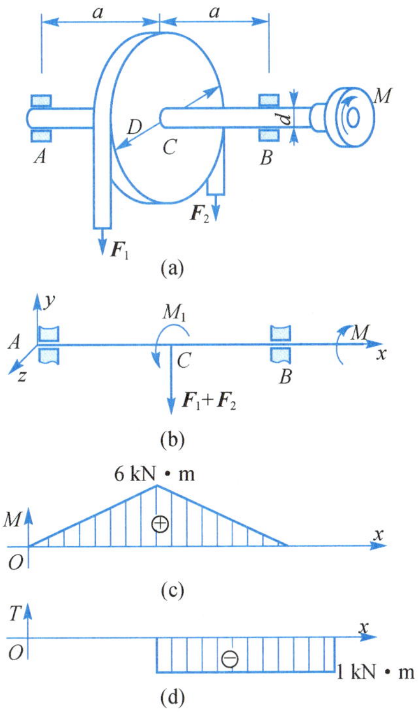

图 5-61　转轴

(4) 建立强度条件。在承受弯扭的截面上除了正应力外，还有切应力，属于复杂应力状态。对于这类复杂应力状态下强度条件的建立，不能沿用前面介绍的拉(压)、扭转、弯曲等基本变形在单向应力状态时建立在试验基础上的方法。因为复杂应力状态下应力的组合是多样化的，显然试验难以完整进行。但是，通过找出引起材料破坏的原因，可探索复杂应力状态下材料破坏的规律。对于机械制造中常用的金属等塑性材料，第三、第四强度理论与实际较吻合。下面仅介绍用得较多的第三、第四强度理论。

第三强度理论(最大切应力理论)认为：最大切应力是引起材料屈服破坏的主要因素，无论材料处于何种状态，只要材料内一点最大切应力达到材料的极限应力，就发生塑性屈服破坏。第三强度理论的强度条件表达式可写成

$$\sigma_{\text{r3}}=\sqrt{\sigma^2+4\tau^2}\leqslant[\sigma]$$

第四强度理论(形状改变比能理论)认为：形状改变比能是引起材料塑性屈服的主要因素，即只要危险点处的形状改变比能达到单向应力状态下的形状改变比能，材料即发生塑性屈服。第四强度理论的强度条件表达式为

$$\sigma_{\text{r4}}=\sqrt{\sigma+3\tau^2}\leqslant[\sigma]$$

对于圆轴，由于 $W_p=2W_z$，可按第三强度理论和第四强度理论建立强度条件为

$$\sigma_{r3}=\frac{\sqrt{M^2+T^2}}{W_z}\leqslant[\sigma]$$

$$\sigma_{r4}=\frac{\sqrt{M^2+0.75T^2}}{W_z}\leqslant[\sigma]$$

以上两式只适用于由塑性材料制成的弯扭组合变形的圆截面和空心截面杆。该带轮轴根据第四强度条件可得

$$\sigma_{r4}=\frac{\sqrt{M^2+0.75T^2}}{W_z}=\frac{\sqrt{(6\times10^6)^2+0.75\times(1\times10^6)^2}}{0.1\times90^3}$$

$$=83.16\ \text{MPa}<[\sigma]=100\ \text{MPa}$$

因此，如图 5-61 所示的带轮轴强度足够。

六、轴的结构设计

1. 轴的结构要求

(1) 轴和轴上零件要有准确、牢固的工作位置。

(2) 轴上零件装拆、调整方便。

(3) 轴应具有良好的制造工艺性等。

(4) 尽量避免应力集中。

(5) 轴各部分直径和长度的尺寸合理。

2. 轴上零件合理布置

为了满足轴对支承传动零件的需要，合理布置传动零件和轴承等，同时需要考虑轴上各个零件的轴向定位和周向定位，以及轴在箱体中的布置。

3. 各轴段直径的确定

各轴段直径按轴上零件安装、定位要求来确定。

(1) 与标准零件相配合的轴径应取标准值(如轴承)。

(2) 轴上螺纹及花键部分直径应符合相应标准。

(3) 与一般零件配合部分直径应与配合零件内孔一致，并取标准尺寸。

4. 各轴段长度的确定

(1) 各轴段需与其相配合零件宽度相对应。

(2) 转动零件与静止零件之间需有一定的间隙。

(3) 轴头长度需比相应零件轮毂宽度小 1～2 mm。

5. 轴上零件轴向定位

为了防止轴上零件的轴向移动，必须进行轴向定位。常用的定位方法有如下多种。

(1) 轴肩和轴环定位。此定位方法能承受较大的轴向力，加工方便，定位可靠，应用广泛，如图 5-62 所示。但是，在对轴承定位时，轴肩或轴环的高度应小于滚动轴承内圈厚度，如图 5-63 所示。

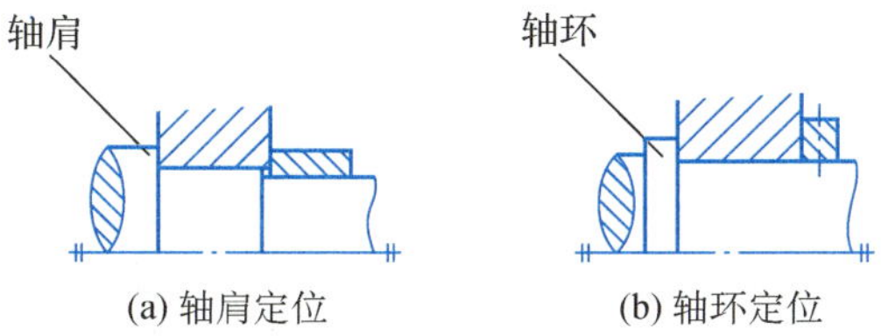

图 5-62　用轴肩和轴环定位

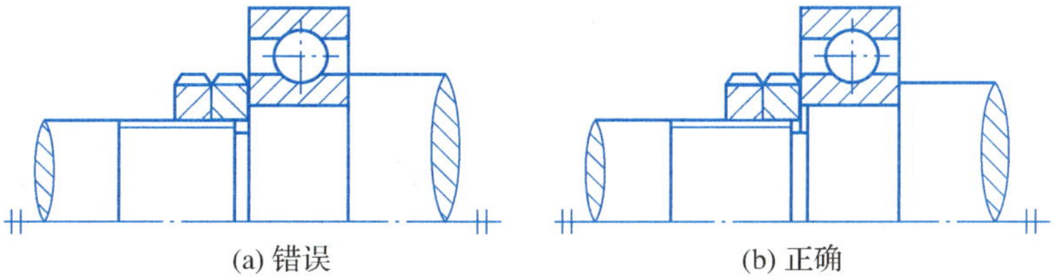

图 5-63　轴承的轴向定位

(2) 套筒定位。套筒定位的特点是定位可靠，加工方便，可同时给两个零件进行定位，用于两零件间距不大的轴向定位和固定，如图 5-64 所示。

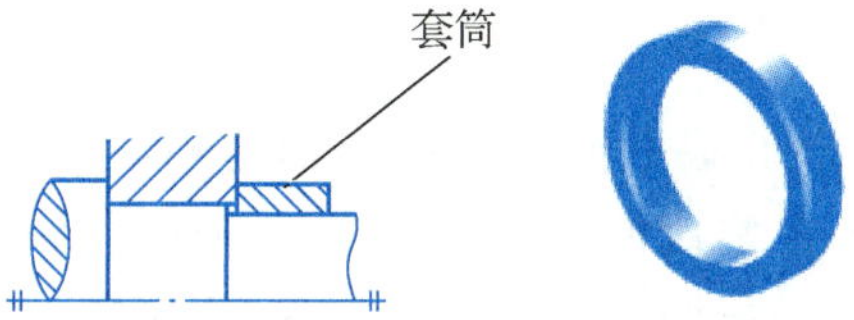

图 5-64　套筒定位

(3) 圆螺母和止动垫圈定位。如图 5-65 所示，圆螺母和止动垫圈配套使用，使用时垫圈装在螺母开槽的那一侧，紧固后将内外止动耳折弯放到槽里，分别卡在轴上的键槽和圆螺母的开口处，这样，圆螺母就不会由于轴的转动而松脱。

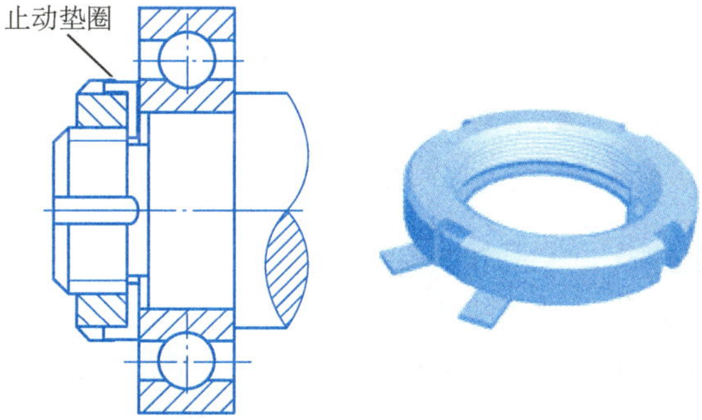

图 5-65　圆螺母和止动垫圈定位

(4) 轴端挡圈定位。如图 5-66 所示，轴端挡圈常用于轴端零件的固定，能承受较大的轴向力和冲击载荷。

(5) 弹性挡圈定位。弹性挡圈用于固定零部件的轴向运动，这类挡圈的内径比装配轴径稍小，如图 5-67 所示。

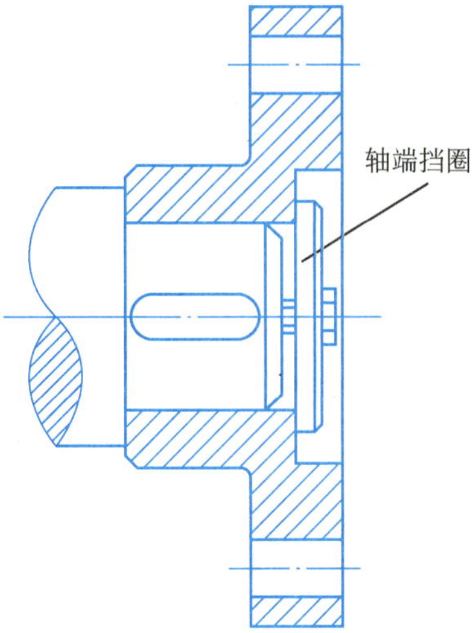

图 5-66　用轴端挡圈定位

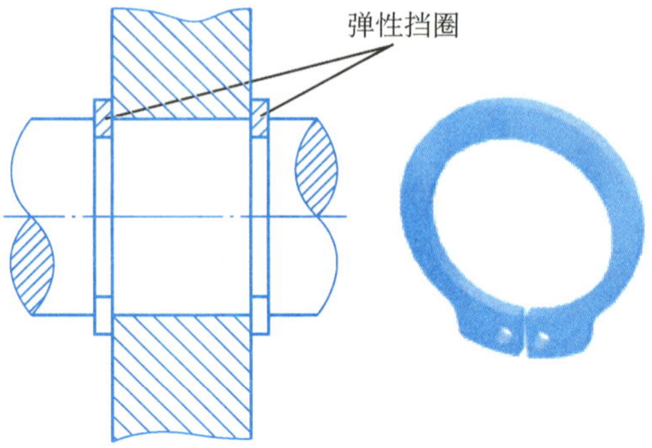

图 5-67　用弹性挡圈定位

当用轴肩、轴环、套筒、圆螺母、轴端挡圈进行零件的轴向定位时，为保证定位可靠，要求轴头和轴颈的长度小于轮毂的长度。

6. 轴上零件周向定位

轴上零件的周向定位是为了避免轴上零件与轴的相对转动，保证轴上的传动零件与轴一起转动，以传递运动和转矩。常用的周向固定方法有平键连接、花键连接、销连接、成形连接和过盈配合等。转矩较大时采用花键连接，也可采用平键连接和过盈配合；转矩较小时采用紧定螺钉、销连接等，如图 5-68 所示。

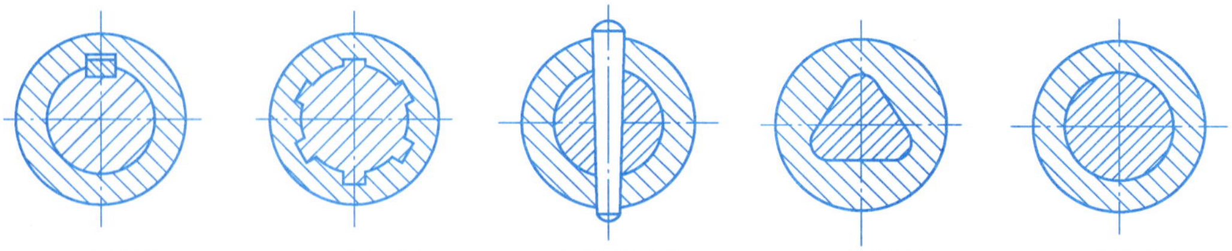

(a) 平键连接　(b) 花键连接　(c) 圆锥销连接　(d) 成形连接　(e) 过盈配合

图 5-68　轴上零件周向定位

7. 轴的加工工艺性

从轴的加工工艺性考虑，设计时应考虑以下几点：

（1）轴上各段轴径应取标准值，与滚动轴承配合的轴径应按滚动轴承内径选取，轴上螺纹部分的直径应符合螺纹标准等。同时轴直径变化尽可能小，并尽量限制轴的最小直径与各段直径差，这样既可以节省材料，又能减小切削加工量。

（2）轴上需要磨削的轴端有砂轮越程槽，车螺纹的轴端应有螺纹退刀槽，如图 5-69 所示，以保证加工完整。

（3）应尽量使轴上同类结构要素（如过渡圆角、倒角、越程槽及中心孔等）的尺寸相同；轴上有多处键槽时，应使各键槽位于轴的同一母线上，如图 5-70 所示，使加工键槽时无须多次装夹换位，便于加工和装配。

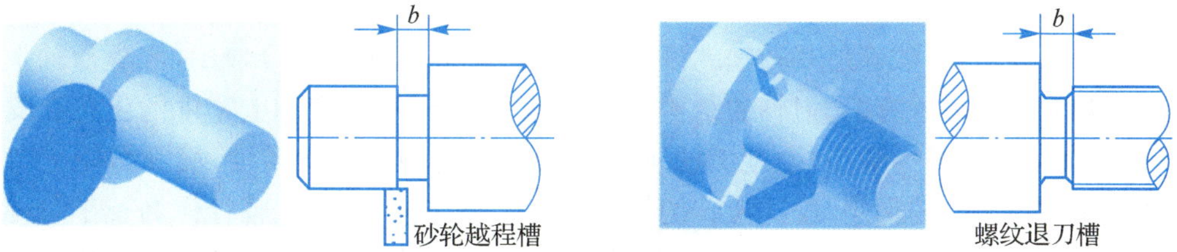

图 5-69　砂轮越程槽和螺纹退刀槽

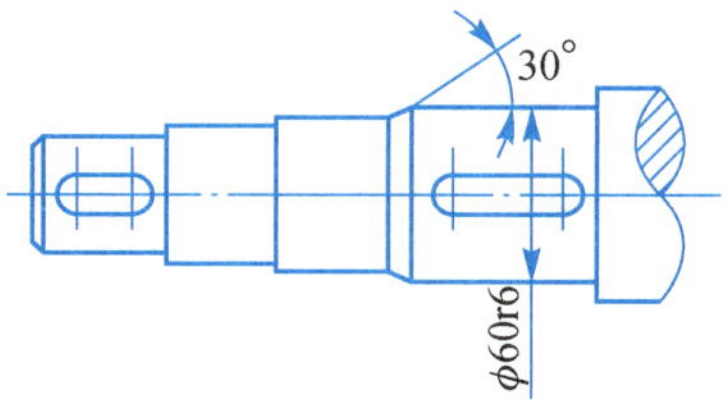

图 5-70　键槽的位置

(4) 为了便于轴上零件的装配和去除毛刺，轴及轴肩端部一般均应制出 45°的倒角，如图 5-71 所示。

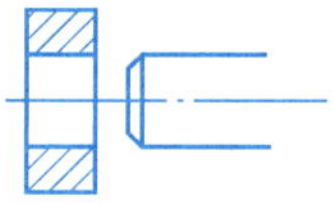

图 5-71　轴端加工倒角

(5) 为了便于零件的装拆和定位，通常将轴设计成阶梯轴。如图 5-36 所示的轴，阶梯轴的尺寸变化方便轴上零件从右端依次装配时，既不擦伤配合表面，又方便装配。

(6) 固定滚动轴承的轴肩高度应小于轴承内圈厚度，以便于轴承的拆卸。

8. 提高轴的强度和刚度

在轴的设计过程中，除合理选材外，还可从结构安排和工艺等方面采取措施来提高轴的承载能力。

(1) 分析轴上零件特点，减小轴受载荷。根据轴上安装的传动零件的状况，合理布置和合理设计可以减小轴的受载。对于受弯矩和扭矩联合作用的转轴，可以改进轴和轴上零件结构，使轴的载荷减小。

(2) 改进轴的结构，减少应力集中。为了避免轴的剖面尺寸发生较大的变化，采用较大的过渡圆角半径，当装配零件的倒角很小时，可以内凹圆角或加装隔离环；尽可能不在轴的受载区段切制螺纹；可能时适当放松零件与轴的配合，在轮毂上或与轮毂配合区段两端的轴上加开卸载槽，以减少过盈配合处的应力集中等。

(3) 改进轴的表面质量，提高轴的疲劳强度。减小表面及圆角处的表面粗糙度；对零件进行表面淬火、渗氮、渗碳、碳氮共渗等处理；对零件表面进行碾压加工或喷丸硬化处理等可以显著提高轴的承载能力。

(4) 采用空心轴，减轻质量，提高强度和刚度。

七、轴设计步骤

在轴的设计中，多数都是对转轴的设计。转轴受弯矩和扭矩联合作用，弯矩与轴上载荷的大小及轴上零件位置有关，但轴的结构尺寸未确定前，还不知道轴上零件的位置和支承点位置，无法确定轴的受力情况，也就无法求出轴所受的弯矩。因此转轴设计时，先把弯扭组合的轴当作只受转矩的作用，按纯扭转的强度条件估算出轴径，将此轴径作为整个阶梯轴的最小直径值，其他轴段的尺寸根据结构、安装、工艺等要求依次增减。全部径向和轴向尺寸都确定下来以后，再按弯扭组合的强度条件予以校核。

1. 估算最小轴径

假设所设计轴为实心圆轴，由材料力学可知，轴的最小直径估算公式为

$$d \geqslant \sqrt[3]{\frac{9.55\times10^6 P}{0.2[\tau]n}} = C\sqrt[3]{\frac{P}{n}} \tag{5-44}$$

其中，$[\tau]$为轴的许用扭转切应力，单位为 MPa；P 为轴所传递的功率，单位为 kW；n 为轴的转速，单位为 r/min；d 为轴的估算直径，单位为 mm；C 是由轴的材料和载荷情况确定的常数。常用材料的$[\tau]$值和 C 值可查表 5-16。

表 5-16　常用材料的$[\tau]$值和 C 值

轴的材料	Q235、20	35	45	40Cr、35SiMn
$[\tau]$/MPa	12～20	20～30	30～40	40～52
C	135～160	118～135	107～118	98～107

注：轴所承受的弯矩较小或只承受转矩时，C 取较小值，否则取较大值。

由式(5-44)计算出的直径需圆整为标准直径并与相配合的零件(联轴器、带轮等)的孔径相一致才可作为轴的最小直径。考虑到轴上开有键槽会削弱轴的强度，可将轴径适当增大。轴上开有一个键槽时，轴径可增大 5%左右，开有两个键槽增大 10%左右。轴的标准直径见表 5-17。

表 5-17　轴的标准直径　　单位：mm

10	12	14	16	18	20	22	24	25	26	28	30	32	34	36
38	40	42	45	48	50	53	56	60	63	67	71	75	80	85

2. 设计轴的结构

(1) 确定轴上零件的位置和固定方法。

(2) 确定各轴段的直径。

(3) 确定各轴段的长度。

3. 校核转轴的强度

轴的结构设计完成后，即可确定轴上载荷的大小、方向及作用点和轴的支点位置，从而求出支承反力，画出弯矩图和转矩图。对于一般用途的轴，按当量弯矩校核轴径作为轴的精确强度验算方法。

从弯矩图和扭矩图可初步判断轴的危险截面，危险截面处最大弯曲正应力 σ 和最大扭转切应力 τ 分别为：

(1) 弯曲正应力　$\sigma=\dfrac{M}{W_z}$

(2) 扭转切应力　$\tau=\dfrac{T}{W_p}$

根据强度理论，弯曲与扭转组合变形的转轴强度条件为

$$\sigma_e=\sqrt{\left(\frac{M}{W_z}\right)^2+4\left(\frac{T}{W_p}\right)^2}=\frac{\sqrt{M^2+(\alpha T)^2}}{W_z}\leqslant[\sigma_{-1b}] \tag{5-45}$$

其中，σ_e 为当量应力，单位为 MPa；M 为危险截面上的弯矩，单位为 N·m；T 为危险截面上的扭矩，单位为 N·m；α 为根据扭矩性质而定的折算系数。

扭矩不变时，$\alpha=[\sigma_{-1b}]/[\sigma_{+1b}]\approx0.3$；扭矩脉动循环变化时，$\alpha=[\sigma_{-1b}]/[\sigma_{0b}]\approx0.6$；正反转频繁的轴，扭矩按对称循环变化，$\alpha=1$。对一般的转轴，通常取 $\alpha\approx0.6$。$[\sigma_{-1b}]$、$[\sigma_{0b}]$、$[\sigma_{+1b}]$分别为对称循环、脉动循环和静应力状态下的许用弯曲应力，见表 5-18。

表 5-18　轴的许用弯曲应力　　单位：MPa

材　料	σ_b	$[\sigma_{+1b}]$	$[\sigma_{0b}]$	$[\sigma_{-1b}]$
碳素钢	400	130	70	40
	500	170	75	45
	600	200	95	55
	700	230	110	65
合金钢	800	270	130	75
	900	300	140	80
	1 000	330	150	90
铸铁	400	100	50	30
	500	120	70	40

任务实施

按照如图 5-72 所示的轴设计流程进行轴的设计。

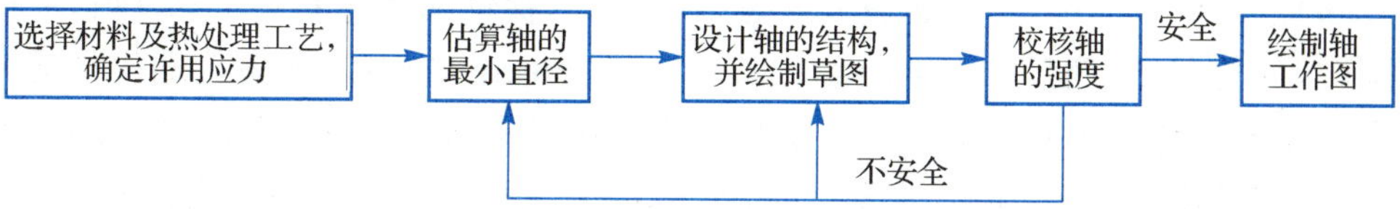

图 5-72　轴设计流程

1. 选择轴的材料，确定许用应力

由已知条件知减速器传递功率为 6.24 kW，转速为 60.9 r/min，传递转矩为 9.79×10^5 N·mm。对材料无特殊要求，故选用 45 钢并经调质处理，其机械性能查表 5-18 并计算得 $\sigma_b=650$ MPa，$[\sigma_{-1b}]=60$ MPa。

2. 按扭转强度估算轴最小直径

查表 5-16 可得 $C=107\sim118$，则 $d\geqslant C\sqrt[3]{\dfrac{P}{n}}=(107\sim118)\times\sqrt[3]{\dfrac{6.24}{60.9}}=(50.07\sim 55.22)\text{mm}$。

考虑到轴的最小直径处要安装联轴器，会有键槽存在，故将估算直径加大 3%～5%，取为 51.56～57.97 mm，根据表 5-17，取 $d_{min}=56$ mm。需同时选取联轴器型号，选取轴孔直径系列包括 $d=56$ mm 的联轴器。考虑到转矩变化较小，查设计手册取 $K_A=1.3$，则联轴器的计算转矩为

$$T_c=K_AT_3=1.3\times979=1\,272.7\ \text{N}\cdot\text{m}$$

查标准《弹性柱销联轴器》(GB/T 5014—2003)，选用 HL4 型弹性柱销联轴器，其公称转矩为 2 500 N·m。半联轴器长 $L=112$ mm，半联轴器与轴配合的毂孔长度 $L_1=84$ mm，d_1 取 56 mm。

3. 设计轴的结构并绘制结构草图

(1) 确定轴上零件的位置和固定方式。要确定轴的结构形状，必须先确定轴上零件的装拆顺序和固定方式。确定齿轮从轴的右端装入，齿轮的左端用轴肩(或轴环)定位，右端用套筒固定，这样齿轮在轴上的轴向位置被完全确定，齿轮的周向固定采用平键连接。此轴为二级减速器的低速轴，考虑到中间轴上要安装两个齿轮，故此轴上轴承不能对称安装于齿轮的两侧，其轴向用轴肩或套筒固定，周向采用过盈配合固定。

(2) 确定各轴段的直径。轴段①处为最小直径处，$d_1=56$ mm；考虑到要对安装在轴段上的联轴器进行定位，轴段②上应有轴肩，$h=(0.07\sim0.1)d_1=(3.92\sim5.6)\text{mm}$，$d_2=d_1+2h=56+(7.84\sim11.2)$ mm；考虑到轴段②要与标准密封件配合，应取密封件标准内径，查手册，选用 $d=65$ mm 的毛毡圈，故轴段②的直径 $d_2=65$ mm。轴段③和轴段⑦处要安装轴承，选择深沟球轴承 6214 轴承 $d=70$ mm，$B=24$ mm，轴段③必须满足轴承内径的标准，取 $d_3=d_7=70$ mm；轴段④上要安装齿轮，取 $d_4=75$ mm；轴段⑤要对齿轮进行轴向定位，取 $d_5=85$ mm；轴段⑥对轴承进行轴向定位，取 $d_6=80$ mm；轴段⑦直径如上所述，取 $d_7=70$ mm。

(3) 确定各轴段的长度。轴段①为保证半联轴器轴向定位的可靠性，轴段①的长度应比半联轴器毂长短 2～3 mm，已知半联轴器长度为 112 mm，半联轴器与轴配合长度为 84 mm，故取 $l_1=82$ mm。齿轮轮毂宽度为 80 mm，为保证两齿轮固定可靠，轴段④的长度应略短于齿轮轮毂的宽度，所以轴段④的长度 l_4 取 78 mm。为保证齿轮端面与箱体不相碰，齿轮端面与箱体间距取为 12 mm。为保证安装在箱体轴承孔内并考虑轴承的润滑，取轴承端面与箱体的距离为 5 mm。轴段③包括轴承的宽度和齿轮端面到齿轮轮毂的距离及中间轴上另一齿轮宽度，因此轴段③长度 $l_3=10+45+24+17+2=98$ mm。轴段⑦与轴承装

配，其长度等于轴承宽度 24 mm。轴段⑤要对齿轮进行轴向定位，轴段⑤长度 $l_5=1.4h=1.4(d_5-d_4)/2=7$ mm，取 10 mm。轴承相对于齿轮对称布置，轴段⑥长度为 7 mm。轴段②的长度，根据轴承外径查机械设计手册，得轴承端盖厚度 $e=10$ mm，同时轴承端盖与箱体间需加调整垫片调整轴承游隙，取 $\Delta_1=2$ mm。为便于轴承端盖的拆卸及对轴承添加润滑剂，半联轴器左端面与轴承端盖之间距离设计为 30 mm，考虑上下轴承座的连接，取轴承座的宽度为 50 mm，根据以上因素得到 $l_2=50-5-24+10+30+2=63$ mm。

在轴段①和轴段④上分别加工出键槽，使两键槽处于同一圆柱母线上，键槽的长度比相应的轮毂宽度小 5～10 mm，键槽的宽度按轴段直径查手册标准《普通型 平键》(GB/T 1096—2003)得到平键 20×70，与半联轴器配合段键选 A 型平键 16×70。

半联轴器与轴配合为 H7/r6，滚动轴承与轴径配合中，轴径的尺寸公差等级为 k6，采用过盈配合。齿轮轮毂与轴的配合要求对中良好，配合为 H7/r6。

(4) 选定轴的结构细节，如圆角、倒角、退刀槽等的尺寸。

按设计结果画出轴的结构草图，如图 5-73 所示。

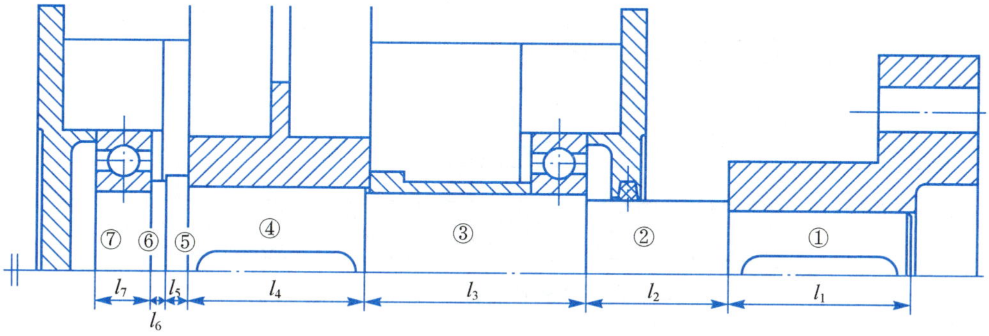

图 5-73　轴的结构草图

4. 按弯扭合成强度校核轴径

在轴上选取两个特殊截面 Ⅰ-Ⅰ 和 Ⅱ-Ⅱ，其中 Ⅰ-Ⅰ 截面位于左边轴承 68 mm 处，$68=L_7/2+L_6+L_5+L_4/2$；Ⅱ-Ⅱ 截面位于右边轴承 86 mm 处，位于轴段 4 与轴段 3 的交界处，横截面变化，易引起应力集中。

(1) 画出轴的受力图，如图 5-74(a)所示。根据齿轮的受力分析可得

$$F_{t1}=5.64\times10^3\ \text{N},\qquad F_{r1}=2.05\times10^3\ \text{N}$$

(2) 作水平面内的弯矩图，如图 5-74(b)所示。支点反力为

$$F_{HA}=\frac{F_{t1}\times125}{68+125}=\frac{5.64\times10^3\times125}{193}=3.65\times10^3\ \text{N}$$

$$F_{HB}=\frac{F_{t1}\times68}{68+125}=\frac{5.64\times10^3\times68}{193}=1.99\times10^3\ \text{N}$$

Ⅰ-Ⅰ 截面处的弯矩为

$$M_{H\text{I}}=3.65\times10^3\times68\ \text{N}\cdot\text{mm}=248.2\ \text{N}\cdot\text{m}$$

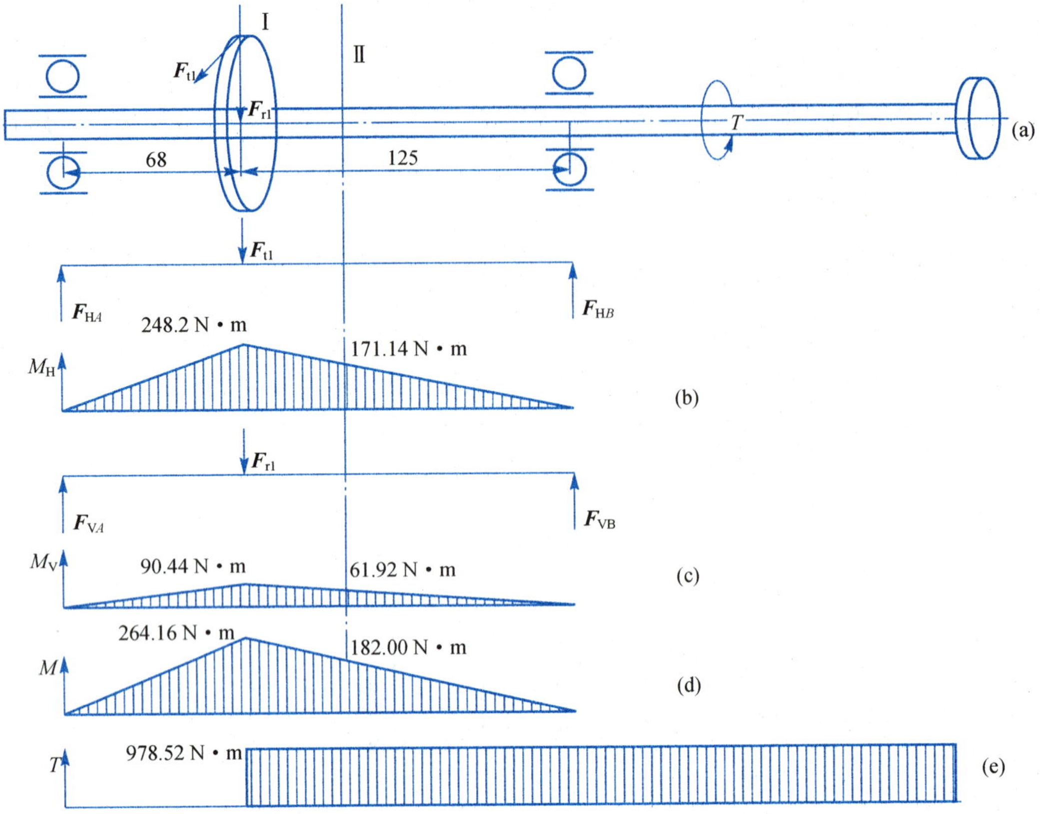

图 5-74 轴的受力及弯矩、扭矩简图

Ⅱ-Ⅱ截面处的弯矩为

$$M_{H\mathrm{II}}=1.99\times10^3\times86\ \mathrm{N\cdot mm}=171.14\ \mathrm{N\cdot m}$$

(3) 作垂直面内的弯矩图,如图 5-74(c)所示。支点反力为

$$F_{VA}=\frac{F_{r1}\times125}{125+68}=\frac{2.05\times10^3\times125}{125+68}=1.33\times10^3\ \mathrm{N}$$

$$F_{VB}=F_{r1}-F_{VA}=2.05\times10^3-1.33\times10^3=0.72\times10^3\ \mathrm{N}$$

Ⅰ-Ⅰ截面处的弯矩为

$$M_{V\mathrm{I}}=F_{VA}\times68=1.33\times10^3\times68\ \mathrm{N\cdot mm}=90.44\ \mathrm{N\cdot m}$$

Ⅱ-Ⅱ截面处的弯矩为

$$M_{V\mathrm{II}}=F_{VB}\times86=0.72\times10^3\times86\ \mathrm{N\cdot mm}=61.92\ \mathrm{N\cdot m}$$

(4) 作合成弯矩图，如图 5-74(d)所示。弯矩合成公式为

$$M=\sqrt{M_H^2+M_V^2}$$

Ⅰ-Ⅰ截面的弯矩为

$$M_{\text{I}}=\sqrt{M_{\text{HI}}^2+M_{\text{VI}}^2}=\sqrt{(248.2)^2+(90.44)^2}=264.16\ \text{N}\cdot\text{m}$$

Ⅱ-Ⅱ截面的弯矩为

$$M_{\text{II}}=\sqrt{M_{\text{HII}}^2+M_{\text{VII}}^2}=\sqrt{(171.14)^2+(61.92)^2}=182.00\ \text{N}\cdot\text{m}$$

(5) 作转矩图，如图 5-74(e)所示。转矩为

$$T=9.55\times10^6\frac{P}{n}=9.55\times10^6\times\frac{6.24}{60.9}\ \text{N}\cdot\text{mm}=978.52\ \text{N}\cdot\text{m}$$

(6) 求当量弯矩。减速器单向运转，故可认为转矩为脉动循环变化，修正因数 α 为 0.6。Ⅰ-Ⅰ截面当量弯矩为

$$M_{\text{eI}}=\sqrt{M_{\text{I}}^2+(\alpha T)^2}=\sqrt{264.16^2+(0.6\times978.52)^2}=644.06\ \text{N}\cdot\text{m}$$

Ⅱ-Ⅱ截面当量弯矩为

$$M_{\text{eII}}=\sqrt{M_{\text{II}}^2+(\alpha T)^2}=\sqrt{182^2+(0.6\times978.52)^2}=614.95\ \text{N}\cdot\text{m}$$

(7) 确定危险截面及校核强度。由图 5-74 可以看出，截面Ⅰ-Ⅰ、Ⅱ-Ⅱ所受转矩相同，但弯矩 $M_{\text{eI}}>M_{\text{eII}}$，且轴上还有键槽，故截面Ⅰ-Ⅰ可能为危险截面。但由于轴径 $d_4>d_3$，因此也应对截面Ⅱ-Ⅱ进行校核。

Ⅰ-Ⅰ截面强度为

$$\sigma_{\text{eI}}=\frac{M_{\text{eI}}}{W_z}=\frac{644\ 060}{0.1d_4^3}=\frac{644\ 060}{0.1\times75^3}=15.27\ \text{MPa}$$

Ⅱ-Ⅱ截面强度为

$$\sigma_{\text{eII}}=\frac{M_{\text{eII}}}{W_z}=\frac{614\ 950}{0.1d_3^3}=\frac{614\ 950}{0.1\times70^3}=17.93\ \text{MPa}$$

因 $[\sigma_{-1\text{b}}]=60$ MPa，满足 $\sigma_e\leqslant[\sigma_{-1\text{b}}]$ 的条件，故设计的轴有足够强度。

5. 修改轴的结构

因所设计轴的强度裕度不大，所以此轴不必再进行修改。

6. 绘制轴的零件图

绘制轴的零件图，如图 5-75 所示。

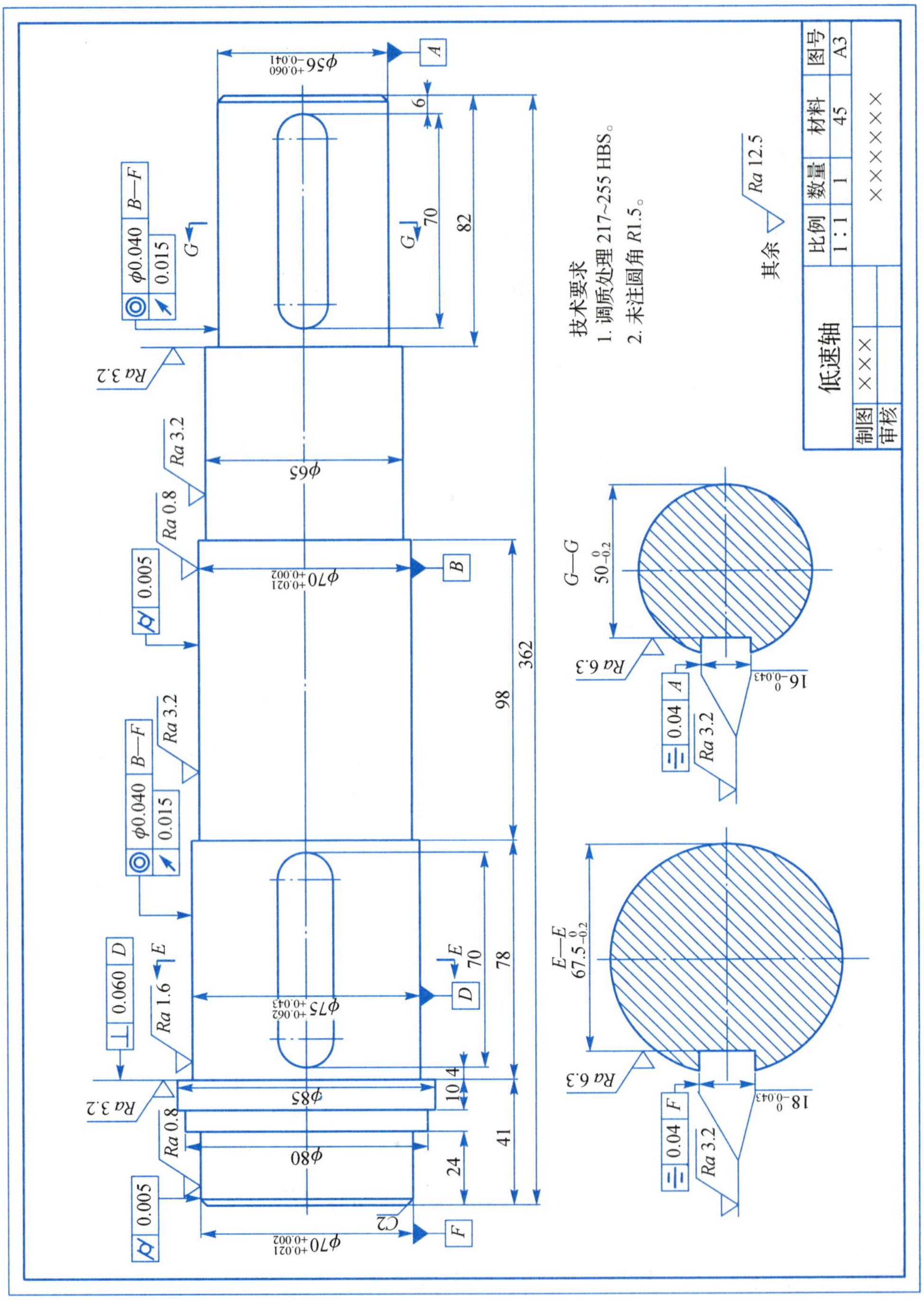
技术要求
1. 调质处理 217~255 HBS。
2. 未注圆角 R1.5。
其余 Ra 12.5
低速轴
比例 1∶1
数量 1
材料 45
图号 A3
制图 ×××
审核
××××××
G—G
E—E

图 5-75 轴的零件图

任务总结

轴是组成机械传动的一个重要零件，它支承其他回转类零件并传递转矩，同时又通过轴承和机架连接。所有轴上零件都绕轴心线做回转运动，形成一个以轴为基准的组合体——轴系部件。所以在轴的设计中，不能只考虑轴本身，还必须和轴上所连接的齿轮、轴承、箱体等部件联系起来。

通过执行本任务，学生掌握了轴的作用、分类和轴上零件的轴向与周向固定方式，同时还了解了轴的设计步骤：根据机械传动方案的整体布局，拟订轴上零件的布置和装配方案；选择轴的合适材料；根据轴上所承受的扭矩估算轴上最小直径；根据轴上装配的零部件进行轴的结构设计；根据轴上回转类零件的受力情况，对轴进行受力分析和强度校核，校核结果满足使用要求后绘制轴的零件图。

思考与练习

一、简答题

(1) 制造轴的常用材料有几类？若轴的刚度不足，是否可采用高强度合金钢提高轴的刚度？为什么？

(2) 轴的结构设计应从哪几方面考虑？

(3) 轴系零件的轴向固定方法有哪些？

(4) 轴系零件的周向固定方法有哪些？

(5) 在轴的弯扭合成强度校核中，α 表示什么？为什么要引入 α？怎样选择？

(6) 轴肩或轴环的过渡圆角半径是否应小于轴上零件轮毂的倒角高度？

(7) 按示例指出图 5-76 所示轴系结构中的错误(不考虑轴承润滑方式，倒角和圆角忽略不计)。

示例：①——缺调整垫片

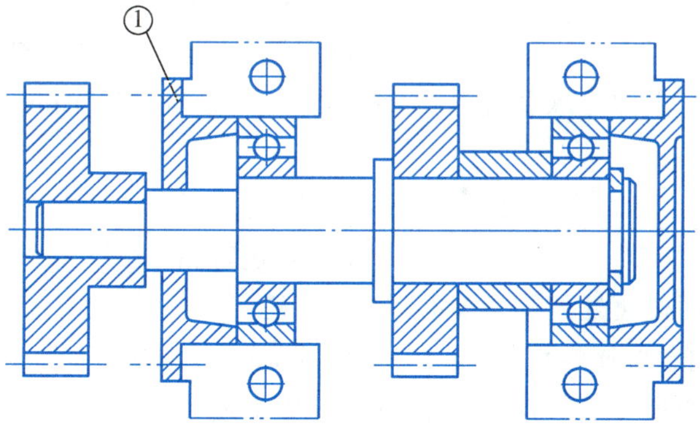

图 5-76　轴系结构

二、判断题

(1) 旋转的轴是转轴。 ( )

(2) 为了提高轴的刚度,可以将轴材料由碳钢改换为合金钢。 ( )

(3) 为了减少刀具种类,轴上直径相近的轴段上的圆角、倒角、键槽宽度、砂轮越程槽宽度和退刀槽宽度等应尽可能采用相同的尺寸。 ( )

(4) 进行轴的设计时,轴的刚度校核计算是非常重要且是必须进行的。 ( )

(5) 为了使轴上零件能紧靠轴肩而实现准确可靠的轴向定位,轴肩处的过渡圆角半径应大于与之相配的零件毂孔端部圆角半径或倒角尺寸。 ( )

(6) 用扭转强度估算出最小直径后,如轴上有一个键槽,则还需扩大 10%。 ( )

三、选择题

(1) 优质碳素钢经调质处理制造的轴,验算刚度时发现不足,正确的改进方法是________。

A. 加大直径　　B. 改用合金钢

C. 改变热处理方法　　D. 降低表面粗糙度值

(2) 工作时只承受弯矩,不传递转矩的轴,称为________。

A. 心轴　　B. 转轴　　C. 传动轴　　D. 曲轴

(3) 采用________的措施不能有效地改善轴的刚度。

A. 改用高强度合金钢　　B. 改变轴的直径

C. 改变轴的支承位置　　D. 改变轴的结构

(4) 转动的轴,受不变的载荷,其所受的弯曲应力的性质为________。

A. 脉动循环　　B. 对称循环

C. 静应力　　D. 非对称循环

(5) 最常用来制造轴的材料是________。

A. 20 钢　　B. 45 钢

C. 40Cr 钢　　D. 38CrMoAlA 钢

(6) 轴环的用途是________。

A. 作为轴加工时的定位面　　B. 提高轴的强度

C. 提高轴的刚度　　D. 使轴上零件获得轴向定位

(7) 当轴上安装的零件要承受轴向力,采用 ________来进行轴向定位时,所能承受的轴向力较大。

A. 圆螺母　　B. 紧定螺母

C. 弹性挡圈　　D. 紧定螺钉

(8) 增大轴在剖面过渡处的圆角半径,其优点是________。

A. 使零件的轴向定位比较可靠　　B. 降低应力集中,提高轴的疲劳强度

C. 使轴的加工方便　　D. 以上全部

(9) 在轴的初步计算中,轴的直径是按________来初步确定的。

A. 弯曲强度　　B. 扭转强度

C. 轴段的长度　　D. 轴段上零件的孔径

四、填空题

(1) 如将轴按受力方式分类，可将受________作用的轴称为心轴，受________作用的轴称为传动轴，受________作用的轴称为转轴。

(2) 自行车的后轮轴是________轴，自行车的前轮轴是________轴，中间轴是________轴。

(3) 增大轴孔直径过渡处的圆角半径，其目的是________。

(4) 传动轴所受的载荷是________。

五、计算题

(1) 已知与齿轮减速器输入轴相连的电动机转速 $n=1\ 470$ r/min，传递的功率为 5.6 kW，材料的许用应力 $[\tau]=40$ MPa。试设计减速器输入轴的最小直径。

(2) 设计一级直齿轮减速箱的输出轴。已知传动功率为 2.7 kW，转速为 100 r/min，大齿轮分度圆直径为 300 mm，齿轮宽度为 85 mm，载荷平稳。

(3) 已知一转轴在直径 $d=55$ mm 处受不变的转矩（$T=1\ 540$ N·m）和弯矩（$M=710$ N·m）作用，轴材料为 45 钢，调质处理，试分析该轴能否满足强度要求。

任务五　滚动轴承的选用

任务描述

某皮带运输机传动装置（图 5-1），其减速器输出轴（Ⅲ轴）的轴径 $d=50$ mm，转速 $n=136.54$ r/min，轴承所承受的径向载荷 $F_r=1\ 536$ N，要求使用寿命 $L_h=10\ 200$ h，工作温度 100 ℃以下，根据上述条件选用合适的轴承型号。

任务分析

轴承严格来说是一个组合标准件，要想选择合适的轴承型号就必须通过轴的受力情况和所配合的轴径大小来确定轴承的类型和尺寸。因此在选择轴承过程中，先要了解轴承的结构、功能，理解常用滚动轴承的类型、代号及受力特点，掌握轴承的选用原则和注意事项；然后通过轴承的额定动载荷来计算寿命；最后确定轴承型号选用是否正确。

相关知识

轴承分为滚动轴承和滑动轴承两大类。滚动轴承是机器上广泛使用的一种重要的通用标准部件，它依靠它的组成零件间的滚动接触来支承转动零件，具有摩擦阻力小、容易起动、效率高、轴向尺寸小等优点，且大量标准化生产，制造成本低，因而在各种机械中得到了广泛的使用。

一、滚动轴承的基本组成

滚动轴承的基本组成如图 5-77 所示。它主要包括内圈、外圈、滚动体和保持架四个部分。内圈与轴颈配合装配,外圈的外径与轴承座或机架座孔相配合装配。有时也有轴承内圈与轴固定不动、外圈转动的情况。

作为支承转轴的滚动轴承,滚动体是必不可少的部分。有时为了简化结构,降低成本,可根据需要而省去内圈、外圈甚至保持架等,这时滚动体直接与轴颈和座孔滚动接触。例如,自行车上的滚动轴承,省去保持架,滚动体在内外圈的滚道中滚动。常见的滚动体形状如图 5-78 所示,有滚球形、滚柱形、滚针、圆锥滚子、球面滚子、非对称球面滚子等。

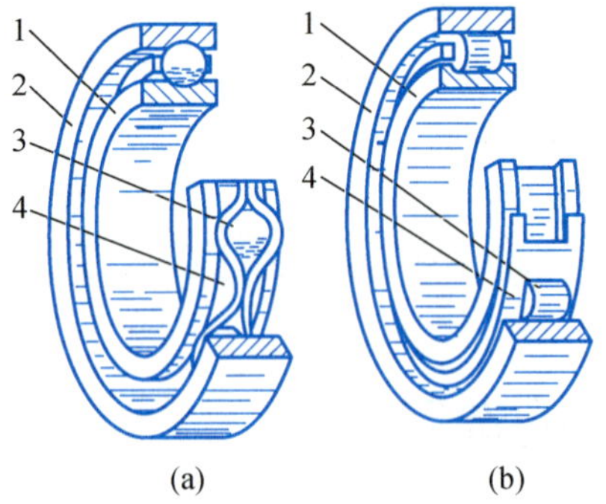

图 5-77　滚动轴承的基本组成

1—内圈；2—外圈；3—滚动体；4—保持架

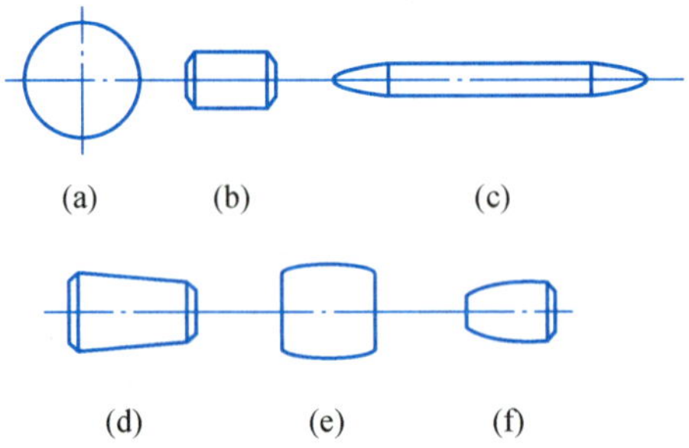

图 5-78　常见的滚动体形状

滚动轴承的内外圈和滚动体应具有较高的硬度和接触疲劳强度、良好的耐磨性和冲击韧性。一般采用轴承铬钢(如 GCr9、GCr15、GCr15SiMn 等)经淬火制成,硬度 60 HRC 以上。滚动轴承的工作滚道必须经磨削抛光,以提高其接触疲劳强度。

保持架使滚动体均匀分布在圆周上,其作用是避免相邻滚动体之间的接触。保持架一般用低碳钢板冲压制成,高速轴承多采用有色金属或工程塑料保持架。

二、滚动轴承的类型和特点

滚动轴承按照结构特点的不同有多种分类方法,分类依据主要是其所能承受的载荷方向(或公称接触角)和滚动体的种类等。

滚动体和套圈接触处的法线与轴承径向平面(垂至于轴承轴心线的平面)之间的夹角 α 称为公称接触角。接触角 α 越大,则轴承承受轴向载荷的能力就越大。按轴承的内部结构和所能承受的外载荷公称接触角的不同,滚动轴承可以分为向心轴承、推力轴承和向心推力轴承。

(1) 向心轴承。向心轴承也称径向轴承,主要或只能承受径向载荷的滚动轴承,其公称接触角为 0°～45°。向心轴承按公称接触角的不同又可以分为径向接触轴承和向心角接触轴承(表 5-19)。

(2) 推力轴承。推力轴承是主要用于承受轴向载荷,其公称接触角为 45°～90°。推力轴承按公称接触角的不同又可分为轴向接触轴承和角接触轴承(表 5-19);按照承受单向轴向力和双向轴向力可分为单列推力轴承和双列推力轴承。

表 5-19　各类轴承的公称接触角

轴承种类	向心轴承		推力轴承	
	径向接触轴承	角接触轴承	角接触轴承	轴向接触轴承
公称接触角 α	$\alpha=0°$	$0°<\alpha\leqslant45°$	$45°<\alpha<90°$	$\alpha=90°$
图例 （以球轴承为例）	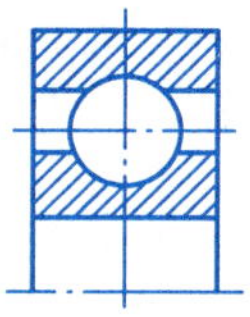	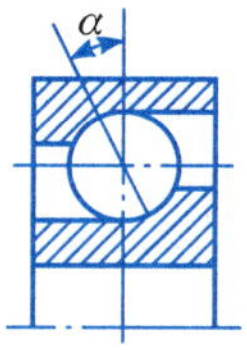	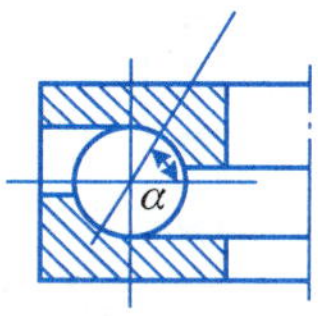	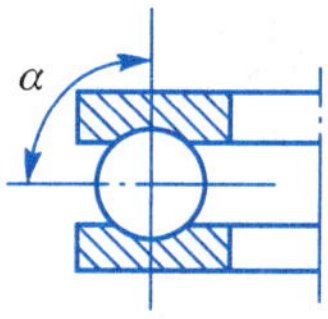

（3）向心推力轴承。向心推力轴承可以同时承受径向载荷和较大的轴向载荷，这类轴承包括角接触球轴承和圆锥滚子轴承。

滚动轴承按照滚动体的种类可分为球轴承和滚子轴承。球轴承的滚动体为球，球与滚道表面为点接触；滚子轴承的滚动体为滚子，滚子与滚道表面为线接触。在外廓尺寸相同的条件下，滚子轴承比球轴承的承载能力和耐冲击能力要好，但球轴承为点接触，摩擦小、高速性能好。

其他分类方法：按照工作时是否能调心可分为调心轴承和非调心轴承；按安装轴承时其内、外圈可否分别安装，分为可分离轴承和不可分离轴承等。

常用滚动轴承的类型、主要性能和特点见表 5-20。

表 5-20　常用滚动轴承的类型、主要性能和特点

轴承名称及简图符号		结构简图	示意简图及承载方向	轴承代号			基本额定动载荷比	极限转速比	偏位角 δ	标准号	价格比（参考）	结构性能特点
				类型代号	尺寸系列代号	轴承基本代号						
圆柱滚子轴承		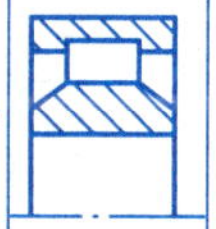	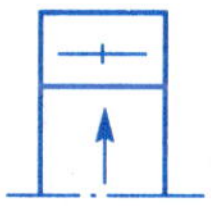	N N N N N N	10 (0)2 22 (0)3 23 (0)4	N 1000 N 200 N 2200 N 300 N 2300 N 400	1.5～3	高	2′～4′	GB/T 283—2007	2	有一个套圈（内、外圈）可以分离，所以不能承受轴向载荷。由于是线接触，所以能承受较大的径向载荷
		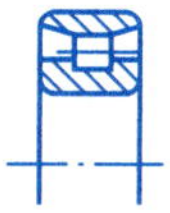	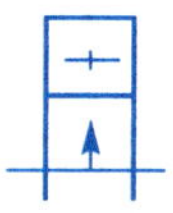	NU NU NU NU NU NU	10 (0)2 22 (0)3 23 (0)4	NU 1000 NU 200 NU 2200 NU 300 NU 2300 NU 400						
调心球轴承		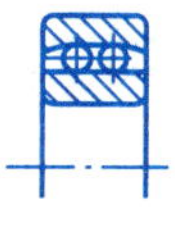	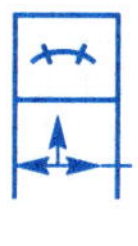	1 (1) 1 (1)	(0)2 22 (0)3 23	1200 2200 1300 2300	0.6～0.9	中	2°～3°	GB/T 281—2013	1.3	双排球，外圈内球面球心在轴线上，偏位角大，可自动调位。主要承受径向载荷，能承受较小的轴向载荷

（续表）

轴承名称及简图符号	结构简图	示意简图及承载方向	轴承代号：类型代号	轴承代号：尺寸系列代号	轴承代号：轴承基本代号	基本额定动载荷比	极限转速比	偏位角 δ	标准号	价格比（参考）	结构性能特点
调心滚子轴承 		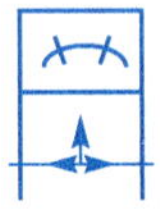	2 2 2 2 2 2 2 2	13 22 23 30 31 32 40 41	21300 22200 22300 23000 23100 23200 24000 24100	1.8～4	低	0.5°～2°	GB/T 288—2013	5	与上述的轴承相似，但承载能力较大，而偏位角较小
圆锥滚子轴承 	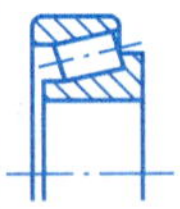	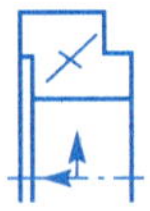	3 3 3 3 3 3 3 3 3 3	02 03 13 20 22 23 29 30 31 32	30200 30300 31300 32000 32200 32300 32900 33000 33100 33200	1.5～2.5	中	2′	GB/T 297—2015	1.5	接触角 α＝11°～16°。外圈可分离，便于调整游隙。除能承受径向载荷外，还能承受较大的单向轴向载荷
推力球轴承：推力球轴承 		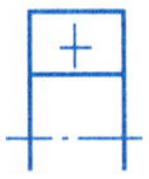	5 5 5 5	11 12 13 14	51100 51200 51300 51400	1	低	～0°	GB/T 301—2015	0.9	套圈可分离，承受单向轴向载荷。高速时离心力大，故极限转速低
推力球轴承：双向推力球轴承 		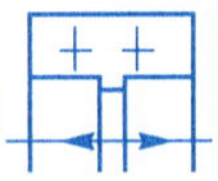	5 5 5	22 23 24	52200 52300 52400					1.8	可双向承受轴向载荷
深沟球轴承 	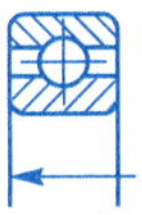	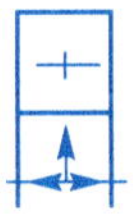	6 6 6 6 16 6 6 6 6	17 37 18 19 (0)0 (1)0 (0)2 (0)3 (0)4	61700 63700 61800 61900 16000 6000 6200 6300 6400	1	高	8′～16′ (30′)	GB/T 276—2013	1	应用广泛，主要承受径向载荷，也能承受一定的双向轴向载荷，可用于较高转速
角接触球轴承 α＝15°(C)、25°(AC)、40°(B) 		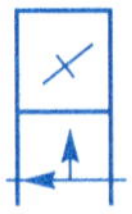	7 7 7 7 7	19 (1)0 (0)2 (0)3 (0)4	71900 7000 7200 7300 7400	1.0～1.4(C) 1.0～1.3(AC) 1.0～1.2(B)	高	2′～10′	GB/T 292—2007	1.7	可用于承受径向和较大轴向载荷，α 越大则可承受轴向力越大

注：1. 基本额定动载荷比即同尺寸系列各类轴承的基本额定动载荷与深沟球轴承的基本额定动载荷之比。
2. 极限转速比即同尺寸系列各类轴承的极限转速与深沟球轴承极限转速之比（脂润滑，0 级精度），比值介于 90%～100%为高，比值介于 60%～90%为中，比值小于 60%为低。

三、滚动轴承的代号

滚动轴承的种类很多，而且各类轴承又有不同的结构、尺寸和公差等级等，为了表征各类轴承的不同特点，国家标准中规定了滚动轴承代号的表示方法。滚动轴承代号由前置代号、基本代号和后置代号三个部分所组成，分别由字母和数字组成，见表 5-21。

表 5-21　滚动轴承代号

前置代号	基本代号	后置代号(组)
字母	字母和数字	字母和数字
成套轴承的分部件	轴承类型代号 尺寸系列代号 轴承内径代号	内部结构 密封防尘套圈变型 保持架(材料)轴承材料 公差等级、游隙 配置 其他

1. 基本代号

基本代号表示轴承的基本类型、结构和尺寸的，是轴承代号的基础。基本代号由轴承类型代号、尺寸系列代号和轴承内径代号三部分构成。轴承类型代号用阿拉伯数字(以下简称数字)或大写拉丁字母(简称字母)表示，个别情况下可以省略，见表 5-22。

表 5-22　一般滚动轴承类型代号

轴承类型	代　号	轴承类型	代　号
双列角接触球轴承	0	深沟球轴承	6
调心球轴承	1	角接触球轴承	7
调心滚子轴承和推力调心滚子轴承	2	推力圆柱滚子轴承	8
圆锥滚子轴承	3	圆柱滚子轴承	N
双列深沟球轴承	4	外球面轴承	U
推力球轴承	5	四点接触球轴承	QJ

尺寸系列代号由轴承的宽(高)度系列代号和直径系列代号组合而成，用两位数字表示，见表 5-23。宽(高)度系列代号在前，直径系列代号在后。

表 5-23　向心轴承、推力轴承尺寸系列代号

直径系列代号	向心轴承								推力轴承			
	宽度系列代号								高度系列代号			
	8	0	1	2	3	4	5	6	7	9	1	2
	尺寸系列代号											
7	—	—	17	—	37	—	—	—	—	—	—	—

（续表）

直径系列代号	向心轴承								推力轴承			
	宽度系列代号								高度系列代号			
	8	0	1	2	3	4	5	6	7	9	1	2
	尺寸系列代号											
8	—	08	18	28	38	48	58	68	—	—	—	—
9	—	09	19	29	39	49	59	69	—	—	—	—
0	—	00	10	20	30	40	50	60	70	90	10	—
1	—	01	11	21	31	41	51	61	71	91	11	—
2	82	02	12	22	32	42	52	62	72	92	12	22
3	83	03	13	23	33	—	—	—	73	93	13	23
4	—	04	—	24	—	—	—	—	74	94	14	24
5	—	—	—	—	—	—	—	—	—	95	—	—

宽(高)度系列是指结构、内径和直径系列都相同的径向轴承或推力轴承，在宽(高)方面的变化系列。对应同一直径系列，宽度依宽度系列代号 8、0、1、2、3、4、5、6 次序递增(推力轴承的高度依 7、9、1、2 顺序递增)。当宽度系列为 0 系列时，对多数轴承在代号中可以不予标出，但对调心滚子轴承和圆锥滚子轴承需要标出。用基本代号右起第四位数字表示。

直径系列是同一类型、相同内径的轴承在外径和宽度上的变化系列，用基本代号右起第三位数字表示(滚动体尺寸随之增大)，即按 7、8、9、0、1、2、3、4、5 顺序尺寸增大，如图 5-79 所示。

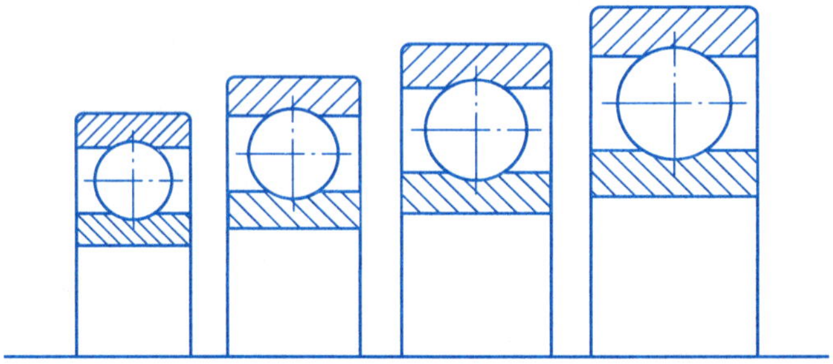

图 5-79　直径系列对比

轴承内径代号是用两位数字表示轴承的内径，内径表示方法见表 5-24(用基本代号右起第一、二两位数字表示)。

表 5-24　轴承内径代号

轴承公称内径/mm	内径代号	示　　例
0.6～10(非整数)	用公称内径毫米数直接表示，在其与尺寸系列代号之间用“/”分开	深沟球轴承 618/2.5 $d=2.5$ mm

（续表）

轴承公称内径/mm		内径代号	示　例
1～9(整数)		用公称内径毫米数直接表示，对深沟球轴承及角接触球轴承 7、8、9 直径系列，内径与尺寸系列代号之间用"/"分开	深沟球轴承 625、618/5 d=5 mm
10～17	10	00	深沟球轴承 6200 d=10 mm
	12	01	
	15	02	
	17	03	
20～480 (22、28、32 除外)		用公称内径除以 5 的商数表示，商数为个位数时，需要在商数左边加"0"，如 08	调心滚子轴承 23208 d=40 mm
大于和等于 500 及 22、28、32		用公称内径毫米数直接表示，在其与尺寸系列代号之间用"/"分开	调心滚子轴承 230/500，d=500 mm；深沟球轴承 62/22，d = 22 mm

2. 前置代号、后置代号

前置代号、后置代号是轴承在结构形状、尺寸、公差、技术要求等有改变时，在基本代号左右添加的补充代号，其代号及含义见表 5-25。

前置代号用字母表示，用以说明成套轴承部件的特点，一般轴承无须做此说明，前置代号可以省略。后置代号用字母和"字母一数字"的组合来表示，按不同的情况可以紧接在基本代号之后或者用"一""/"符号隔开。内部结构代号见表 5-26，公差等级代号见表 5-27，游隙代号见表 5-28。

表 5-25　前置代号、后置代号

前置代号			基本代号	后置代号							
代号	含　义	示　例		1	2	3	4	5	6	7	8
L	可分离轴承的可分离内圈或外圈	LNU 207		内部结构	密封与防尘套圈变型	保持架及其材料	轴承材料	公差等级	游隙	配置	其他
R	不带可分离内圈或外圈的轴承	RNU 207									
WS	推力圆柱滚子轴承轴圈	WS 81107									
GS	推力圆柱滚子轴承座圈	GS 81107									
K	滚子和保持架组件	K 81107									

表 5-26　内部结构代号

代　号	含　义	示　例
C	角接触球轴承 公称接触角 α=15° 调心滚子轴承 C 型	7005 C 23122 C
AC	角接触球轴承 公称接触角 α=25°	7210 AC

(续表)

代　　号	含　　义	示　　例
B	角接触球轴承 公称接触角 $\alpha=40^{\circ}$ 圆锥滚子轴承 接触角加大	7210 B 32310 B
E	加强型	NU 207 E

表 5-27　公差等级代号

代　　号	含　　义	示　　例
/P0	公差等级符合标准规定的 0 级,代号中省略不标	6203
/P6	公差等级符合标准规定的 6 级	6203/P6
/P6x	公差等级符合标准规定的 6x 级	30210/P6x
/P5	公差等级符合标准规定的 5 级	6203/P5
/P4	公差等级符合标准规定的 4 级	6203/P4
/P2	公差等级符合标准规定的 2 级	6203/P2

注:其精度等级按表中的顺序依次提高。

表 5-28　游隙代号

代　　号	含　　义	示　　例
/C1	游隙符合标准规定的 1 组	NN 3006 K/C1
/C2	游隙符合标准规定的 2 组	6210/C2
—	游隙符合标准规定的 0 组	6210
/C3	游隙符合标准规定的 3 组	6210/C3
/C4	游隙符合标准规定的 4 组	NN 3006 K/C4
/C5	游隙符合标准规定的 5 组	NNU 4920 K/C5

后置代号中的其他项目用得较少,用时可查《滚动轴承代号方法》(GB/T 272—2017)。

例 5-9　试说明轴承代号 6206、32315E、7312C 及 51410/P6 的含义。

解　6206:(从左至右)6 为深沟球轴承;2 为尺寸系列代号,宽度系列为 0(省略),直径系列为 2;内径代号为 06,$d=30$ mm;公差等级为 0 级。

32315E:(从左至右)3 为圆锥滚子轴承;23 为尺寸系列代号,宽度系列为 2,直径系列为 3;内径代号为 15,$d=75$ mm;E 加强型;公差等级为 0 级。

7312C:(从左至右)7 为角接触球轴承;3 为尺寸系列代号,宽度系列为 0(省略),直径系列为 3;内径代号为 12,$d=60$ mm;C 公称接触角 $\alpha=15^{\circ}$;公差等级为 0 级。

51410/P6:(从左至右)5 为推力球轴承;14 为尺寸系列代号,宽度系列为 1,直径系列为 4;内径代号为 10,$d=50$ mm;公差等级为 6 级。

四、滚动轴承的选择

1. 影响滚动轴承承载能力的参数

(1) 偏位角。由于安装误差或轴的变形等引起滚动轴承内外圈中心线发生相对偏斜，其倾斜角 δ 称为偏位角，如图 5-80 所示。各类轴承的偏位角必须符合规定。

(2) 公称接触角。表 5-19 表明了轴承承受轴向载荷和径向载荷的能力分配关系，对角接触轴承而言，α 值越大，则轴承承受轴向载荷的能力也越大。如图 5-81 所示是由于安装误差或轴变形引起的公称接触角变化。

(3) 极限转速。滚动轴承在一定载荷与润滑条件下，允许的最高转速称为极限转速。滚动轴承转速过高会使摩擦面间产生高温，使润滑失效，从而导致滚动体退火或胶合而产生破坏。各类轴承极限转速数值可查轴承手册得出。

(4) 游隙。游隙是指滚动体与内、外圈滚道之间的最大间隙，如图 5-82 所示，将一套圈固定，另一套圈沿径向的最大移动量称为径向游隙，沿轴向的最大移动量称为轴向游隙。游隙可影响轴承的回转精度、寿命和承载能力。

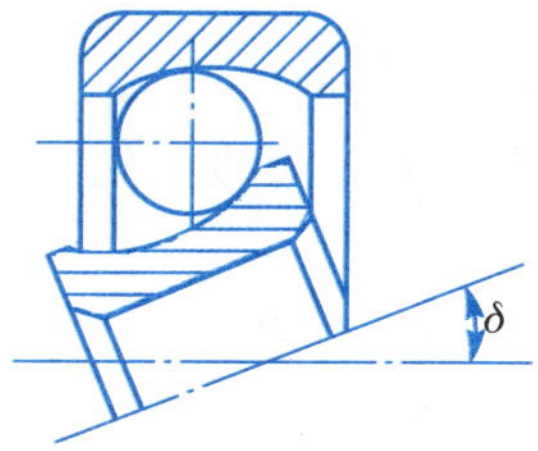

图 5-80　轴承的偏位角

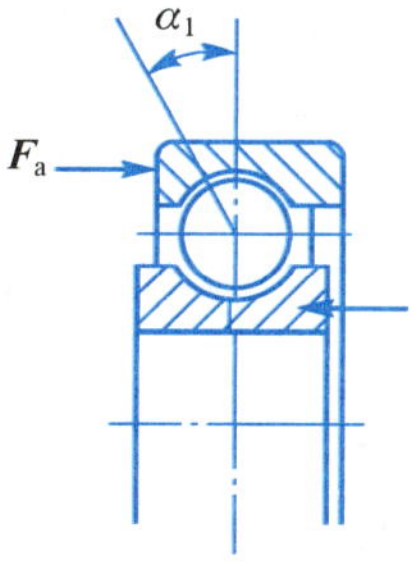

图 5-81　公称接触角的变化

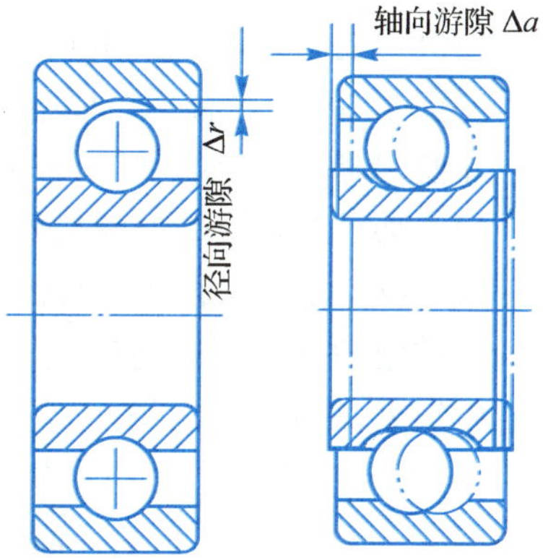

图 5-82　轴承的游隙

2. 滚动轴承的类型选择

滚动轴承的类型很多，必须依据各类轴承的特性选择，表 5-20 中最后一列给出了各类轴承的结构性能特点，供选用时参考。同时，在选用轴承时还要考虑以下几个方面的因素：

(1) 轴承所承受载荷的大小和方向。受纯径向载荷时应选用向心轴承(如 60000、N0000、NU0000 型等)。受纯轴向载荷应选用推力轴承(如 50000 型)。对于同时承受径向载荷和轴向载荷的轴承，可根据载荷大小来选择：若轴向载荷较小，可选用深沟球轴承(60000 型)、接触角不大的角接触球轴承(70000C 型)或圆锥滚子轴承(30000 型)；当轴向载荷大于径向载荷时，可选用接触角较大的角接触球轴承(70000AC 型或 70000B 型)或圆锥滚子轴承；当轴向载荷远大于径向载荷时，则应考虑采用向心轴承和推力轴承的组合结构，以分别承受径向载荷和轴向载荷。

在同样外廓尺寸的条件下，滚子轴承比球轴承的承载能力和抗冲击能力要大，故载荷较大、有振动和冲击时，应优先选用滚子轴承；反之，轻载和要求旋转精度较高的场合应选择球轴承。

同一轴上两处支承的径向载荷相差较大时，也可以选用不同类型的轴承。

(2) 轴承的转速。在一般转速下，转速的高低对类型选择的影响可忽略，只有当转速较高时，才会对类型选择有比较显著的影响。在轴承手册中列了各种类型、各种尺寸轴承的极限转速 $n_{\lim}$ 值。一般必须保证轴承在低于极限转速条件下工作。根据轴承的转速选用轴承原则如下：

① 球轴承的摩擦损耗低，球轴承的极限转速比滚子轴承的极限转速高，所以在高速情况下应选择球轴承。

② 当轴承内径相同时，外径越小则滚动体越小，产生的离心力越小，故在高速时宜选择超轻、特轻系列的轴承。

③ 允许实体保持架比冲压保持架有较高的转速。

④ 推力轴承的极限转速低，所以当工作转速较高而轴向载荷较小时，可以采用角接触球轴承或深沟球轴承。

(3) 轴承的调心性能。对于因支点跨距大而使轴刚性较差或因轴承座孔的同轴度低等原因而使轴挠曲时，应选用允许内外圈有较大相对偏斜的调心轴承，例如，10000 系列和 20000 系列的调心球轴承可以在内外圈产生不大的相对偏斜时正常工作。

在使用调心轴承的轴上，一般不宜使用其他类型的轴承，以免受其影响而失去了调心作用。滚子轴承对轴线的偏斜最敏感，调心性能差。

(4) 经济性。普通结构的轴承比特殊结构的轴承便宜，球轴承比滚子轴承便宜。只要能满足使用的基本要求，应尽可能选择普通结构的球轴承。同型号不同公差等级的轴承价格相差很大，故对高精度轴承应慎重选用。

(5) 拆装方便可行。选择轴承类型时，还应考虑到轴承拆装的方便性、安装空间尺寸的限制问题。例如，在轴承的径向尺寸受到限制的时候，就应选择同一类型、相同内径轴承中外径较小的轴承或考虑选用滚针轴承。在轴承座没有剖分面而必须沿轴向安装和拆卸时，应优先选择内、外圈可分离的轴承。

(6) 精度。选择滚动轴承的类型和精度等级，在满足使用要求的情况下，还必须考虑轴承的经济性。深沟球轴承价格最低，滚子轴承相对价格高。轴承精度越高，价格越贵。在施料精度和运转平稳性要求不高的一般情况下，0(普通)级公差的轴承足以满足要求，故尽量选用普通级的球轴承。对于机床主轴、精密机械、仪表的轴及高速旋转的轴，应选用 5 级精度以上的轴承。

(7) 轴承载荷性能(固定、变动载荷)。

(8) 工作环境(温度、湿度)。

3. 滚动轴承主要的失效形式及设计准则

(1) 滚动轴承主要的失效形式。滚动轴承主要的失效形式包括疲劳点蚀、塑性变形和磨损等。

① 疲劳点蚀。滚动轴承在运转过程中，在滚动体、内圈、外圈的接触表面将产生接触应力。由于它们之间长期的相对运动及受力周期性变化，金属表层会出现麻点状剥落现象，这

就是疲劳点蚀。实践表明，在安装、润滑、维护良好的条件下，滚动轴承的正常失效形式是滚动体或内、外圈滚道上的点蚀破坏。在发生点蚀破坏后，运转中将会产生较强烈的振动、噪音和发热现象，最后导致滚动轴承失效而不能正常工作。

② 塑性变形。当轴承不回转、缓慢摆动或低速转动($n<10$ r/min)时，一般不会产生疲劳损坏，但过大的静载荷或冲击载荷会使套圈滚道与滚动体接触处产生较大的局部应力，在局部应力超过材料的屈服极限时将产生较大的塑性，从而导致轴承失效，这种变形称为塑性变形。

③ 磨损。轴承在多尘或密封不可靠、润滑不良的条件下工作时，滚动体或套圈滚道易产生磨粒磨损。

当轴承在高速重载运动时还会产生胶合失效。如果轴承工作转速小于极限转速，并采用良好的润滑和密封等措施，胶合一般不易发生。此外，由于配合不当、拆装不合理等非正常原因，轴承的内、外圈可能会发生破裂，在使用和拆装轴承时应注意。

(2) 滚动轴承的设计准则。在选择滚动轴承类型后要确定其型号和尺寸，需要针对轴承的主要失效形式进行计算。其计算准则如下：

① 由于滚动轴承的主要失效形式是疲劳点蚀破坏，所以对于一般转速(10 r/min$<n<n_{\text{lim}}$)的轴承，如果轴承的制造、保管、安装、使用条件均良好，轴承的设计准则就是以防止点蚀引起的过早失效而进行疲劳点蚀计算，在轴承计算中称其为寿命计算。

② 对于高速轴承，除疲劳点蚀外，由其工作表面的过热而导致的轴承失效也是重要的失效形式，因此，除需要进行寿命计算外，还应校验其极限转速。

③ 对于不转动、摆动或转速低的轴承，要求控制塑性变形，应做静强度计算；而以磨损、胶合为主要失效形式的轴承，由于影响因素复杂，目前还没有相应的计算方法，只能采取适当的预防措施。

五、滚动轴承疲劳寿命的校核计算

1. 滚动轴承的寿命与载荷的基本概念

(1) 轴承的寿命。滚动轴承中任一零件在点蚀破坏前所经历的总转数(以 10^6 r 为单位)，或轴承在恒定的转速下的总工作小时数称为轴承的寿命。

(2) 可靠度。在同一条件下运转的一组同型号同批次的轴承能达到或超过某一规定寿命的百分率，称为轴承寿命的可靠度。

(3) 基本额定寿命。若对同一批轴承(结构、尺寸、材料及加工工艺完全相同)，在相同的工作条件下进行寿命试验，每个滚动轴承的疲劳寿命也会相差很大。但总有一个寿命值是其中 90% 的轴承都能达到的，工程上把这个寿命值称为轴承的基本额定寿命。基本额定寿命即指 90%的轴承在发生点蚀破坏前所能运转的总转数(以 10^6 r 为单位)。

2. 基本额定动载荷

基本额定动载荷即轴承抵抗点蚀破坏的承载能力，通常情况下指轴承的基本额定寿命恰好为 10^6 r 时，轴承所能承受的最大载荷值，用 C 表示。若轴承的基本额定动载荷大，则其抗疲劳点蚀的能力强。对于向心轴承而言，基本额定动载荷是指径向载荷，称为径向基本额

定动载荷 C_r；对于推力轴承而言是指轴向载荷，称为轴向基本额定动载荷 C_a。

不同型号的轴承有不同的基本额定动载荷值，它表征了不同型号轴承承载能力的大小，使用时可以在轴承手册中查取。

六、滚动轴承的当量动载荷计算

当轴承受到径向载荷 F_r 和轴向载荷 F_a 的复合作用时，为计算轴承寿命时能与基本额定动载荷做等价比较，需将实际工作载荷转化为等效的当量动载荷 P。当量动载荷 P 的计算公式为

$$P=K_p(xF_r+yF_a) \tag{5-46}$$

其中，K_p 为载荷系数，是考虑机器工作时振动、冲击对轴承寿命影响的系数，见表 5-29；F_r 为径向载荷；F_a 为轴向载荷；x、y 分别为径向载荷系数和轴向载荷系数，见表 5-30。

对于只承受纯径向载荷的向心轴承，其当量动载荷为

$$P=K_pF_r \tag{5-47}$$

对于只承受纯轴向载荷的推力轴承，其当量动载荷为

$$P=K_pF_a \tag{5-48}$$

表 5-29　载荷系数 K_p

载荷性质	K_p	举　例
无冲击或轻微冲击	1.0～1.2	电动机、汽轮机、通风机、水泵等
中等冲击或中等惯性冲击	1.2～1.8	机床、车辆、内燃机、冶金机械、起重机械、减速器等
强大冲击	1.8～3.0	轧钢机、破碎机、钻探机、振动筛等

表 5-30　单列向心轴承的 x、y 载荷系数

轴承类型	$\frac{F_a}{C_{or}}$	e	$\frac{F_a}{F_r}>e$		$\frac{F_a}{F_r}\leqslant e$	
			x	y	x	y
深沟球轴承	0.014 0.028 0.056 0.084 0.11 0.17 0.28 0.42 0.56	0.19 0.22 0.26 0.28 0.30 0.34 0.38 0.42 0.44	0.56	2.30 1.99 1.71 1.55 1.45 1.31 1.15 1.04 1.00	1	0

（续表）

轴承类型		$\frac{F_a}{C_{or}}$	e	$\frac{F_a}{F_r}>e$		$\frac{F_a}{F_r}\leqslant e$	
				x	y	x	y
角接触球轴承	70000C（$\alpha=15°$）	0.015 0.029 0.058 0.087 0.12 0.17 0.29 0.44 0.58	0.38 0.40 0.43 0.46 0.47 0.50 0.55 0.56 0.56	0.44	1.47 1.40 1.30 1.23 1.19 1.12 1.02 1.00 1.00	1	0
	70000AC（$\alpha=25°$）	—	0.68	0.41	0.87	1	0
	70000B（$\alpha=40°$）	—	1.14	0.35	0.57	1	0
圆锥滚子轴承（3）		—	1.5tan α	0.4	0.4cot α	1	0

注：1. C_{or} 为基本额定静载荷，由产品目录或有关手册查出。
　　2. e 为判别轴向载荷对当量动载荷 P 影响程度的参数。

七、滚动轴承疲劳寿命计算

根据对滚动轴承寿命实验数据的拟合处理，可得滚动轴承的寿命计算公式为

$$L_h=\frac{10^6}{60n}\left(\frac{f_t C}{P}\right)^{\varepsilon} \tag{5-49}$$

其中，L_h 为滚动轴承基本额定寿命，单位为 h；C 为滚动轴承基本额定动载荷，单位为 N；P 为滚动轴承当量额定动载荷，单位为 N；n 为滚动轴承的工作转速，单位为 r/min；ε 为计算指数，对于球轴承 $\varepsilon=3$，对于滚子轴承 $\varepsilon=10/3$；f_t 为温度系数，具体数值见表 5-31。

表 5-31　温度系数 f_t

轴承工作温度/℃	≤120	125	150	175	200	225	250	300	350
温度系数 f_t	1.00	0.95	0.90	0.85	0.80	0.75	0.70	0.60	0.50

按式（5-49）计算出来的轴承寿命 L_h 应该不小于轴承的预期寿命[L_h]。不同类型机器的预期寿命可参考表 5-32。

表 5-32　轴承预期寿命[L_h]的参考值

机器种类	预期寿命/h
不经常使用的仪器及设备	500
航空发动机	500～2 000

（续表）

机器种类		预期寿命/h
间断使用的机器	中断使用不致引起严重后果的手动机械、农业机械等	4 000～8 000
	中断使用会引起严重后果的手动机器设备，如升降机、输送机、吊车等	8 000～12 000
每天工作 8 h 的机器	利用率不高的齿轮传动、电机等	12 000～20 000
	利用率较高的通风设备、机床等	20 000～30 000
连续工作 24 h 的机器	一般可靠性的空气压缩机、电机、水泵等	50 000～60 000
	高可靠性的电站设备、给排水装置等	＞100 000

八、滚动轴承的组合设计

为了保证轴承的正常工作，除了合理地选择轴承的类型和尺寸外，还必须正确设计轴承装置（轴承组合），正确地解决轴承安装、配合、紧固、调整、润滑和密封等问题。在具体进行设计时应该主要考虑以下几个方面的问题。

1. 滚动轴承组合的轴向固定

机器中的轴的位置是靠轴承来定位的。当轴工作时，既要防止轴向窜动，又要保证轴承工作受热膨胀时的影响（不致受热膨胀而卡死），轴承必须有适当的轴向固定措施。常用的轴向固定措施有以下三种：

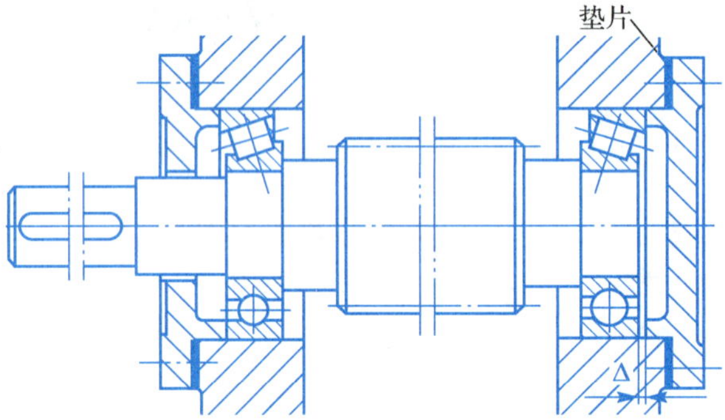

图 5-83　两端固定式支承

（1）双支点各单侧固定（两端固定）。对于两支点距离小于 350 mm 的短轴，或在工作中温升较小的轴，可采用如图 5-83 所示的简单支承结构。轴两端的轴承内圈用轴肩固定，外圈用轴承端盖固定。为补偿轴的受热伸长，对于内部间隙不可调的轴承（如深沟球轴承），在轴承外圈与端盖间应留有轴向间隙 Δ（0.25～0.4 mm）。间隙不能太大，否则轴会出现过大的轴向窜动。对于内部间隙可以调整的轴承（如角接触球轴承、圆锥滚子轴承），不必在外部留间隙，只需在装配时，将温升补偿间隙留在轴承内部。

（2）一支点双侧固定，另一支点游动（一端固定、一端游动）。当轴的支点跨距较大（大于 350 mm）或工作温度较高时，因这时轴的热伸长量较大，采用上一种支承预留间隙的方式已不能满足要求。左端轴承的内、外圈两侧均固定，使轴双向轴向定位，而右端可采用深沟球轴承作游动端，为防止轴承从轴上脱落，轴承内圈两侧应固定，而其外圈两侧均不固定，且与机座孔之间是间隙配合。右端也可采用外圈无挡边圆柱滚子轴承为游动端，这时的内、外圈的固定方式如图 5-84 所示。

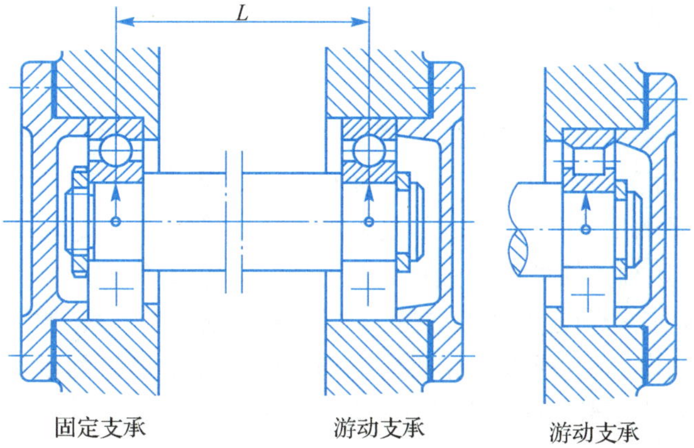

图 5-84　一端固定，一端游动式支承

(3) 双支点游动。如图 5-85 所示，左、右两端都采用圆柱滚子轴承，轴承的内、外圈都要求固定，以保证在轴承外圈的内表面与滚动体之间能够产生左右轴向游动。此种支承方式一般只用在人字齿轮传动这种特定的情况下，而且另一个轴必须采用两端固定结构。该结构可避免人字齿轮传动中出现由加工误差导致干涉甚至卡死的现象。

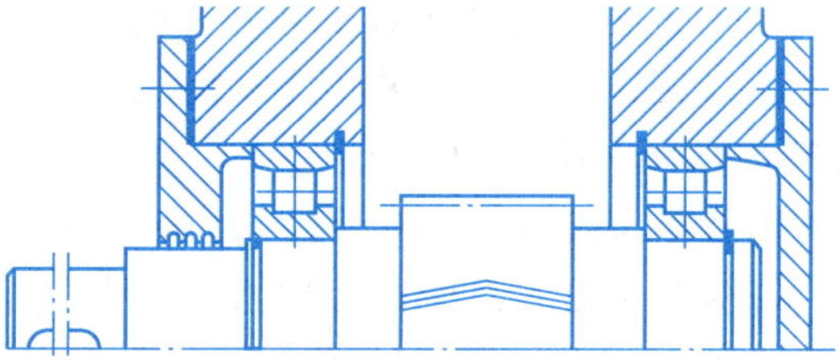

图 5-85　双支点游动支承

2. 滚动轴承组合的调整

轴承在装配时，一般要留有适当间隙，以利于轴承正常运转。常用的调整方法有以下两种。

(1) 调整垫片法。如图 5-86 所示结构是靠加减轴承盖与机座之间的垫片厚度来调整轴承间隙的。

(2) 调节螺钉法。如图 5-87 所示结构是用调节螺钉 3 通过使轴承外圈压盖 1 移动外圈的位置来进行调整的。调整后，用螺母 2 锁紧防松。

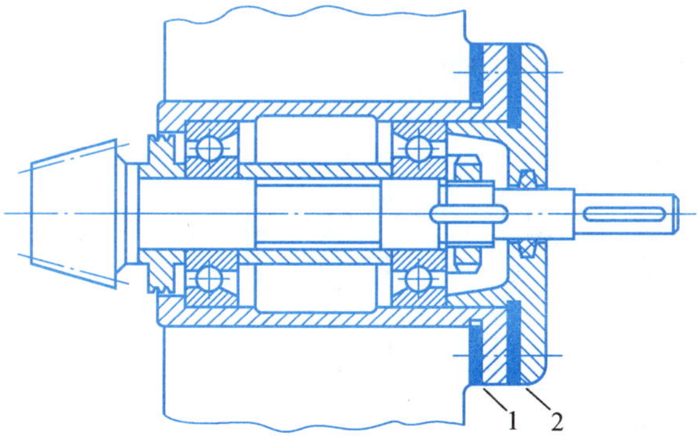

图 5-86　垫片调整轴承间隙

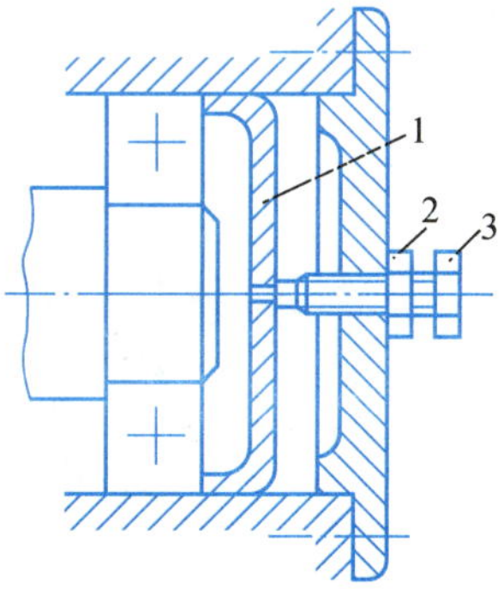

图 5-87　螺钉调整轴承间隙

九、滚动轴承的配合与装拆

1. 滚动轴承的配合

滚动轴承的配合是指内圈与轴径、外圈与座孔的配合。这些配合的松紧程度直接影响轴承间隙的大小,从而关系到轴承的运转精度和使用寿命。

轴承内孔与轴径的配合采用基孔制,是以轴承内孔确定轴的直径;轴承外圈与轴承座孔的配合采用基轴制,用轴承的外圈直径确定座孔的大小。工作载荷不变时,转动圈(一般为内圈)要紧。转速越高、载荷越大、振动越大、工作温度变化越大,配合应该越紧,常用的配合有 n6、m6、k6、js6;固定套圈(通常为外圈)、游动套圈或经常拆卸的轴承应该选择较松的配合,常用的配合有 J7、J6、H7、G7。使用时可以参考相关手册或资料。

2. 滚动轴承的装拆

设计任何一种机器时都必须考虑零件能够装得上、拆得下,因此安装轴承时必须考虑轴承的装拆问题,而且要保证不因装拆而损坏轴承或其他零件。轴承内圈与轴颈的配合通常较紧,可以采用压力机在内圈上施加压力将轴承压套在轴颈上。有时为了便于安装,尤其是大尺寸轴承,可用热油(不超过 90 ℃)加热轴承,或用干冰冷却轴颈。中小型轴承可以使用软锤直接敲入或用另一段管子压住内圈敲入。

在拆卸时要考虑便于使用拆卸工具,以免在拆装的过程中损坏轴承和其他零件,如图 5-88 所示。为了便于轴承的拆卸,轴上定位轴肩的高度应小于轴承内圈高度,外圈也应留出拆卸高度或拆卸螺孔,如图 5-89 所示。

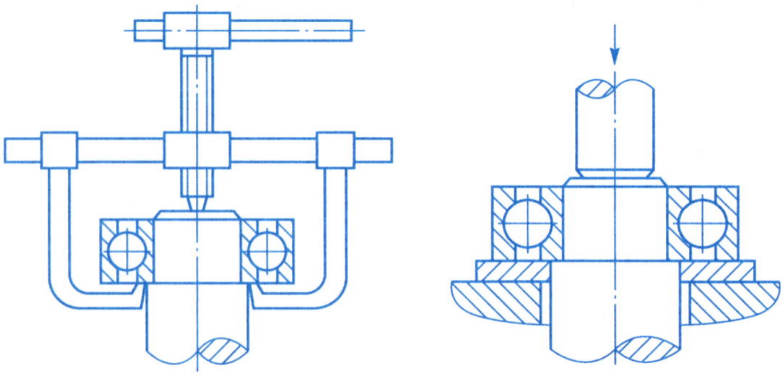

(a) (b)

图 5-88 滚动轴承的拆卸

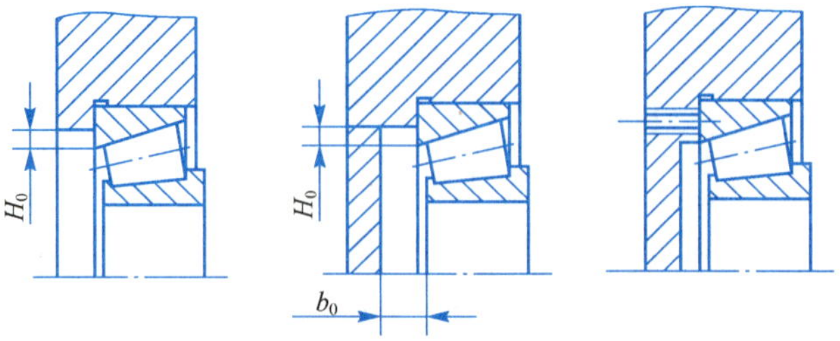

图 5-89 拆卸高度和拆卸螺孔

十、轴承的润滑与密封

1. 轴承的润滑

保证良好的润滑是维护、保养轴承的主要手段。润滑可以降低摩擦阻力，减轻磨损。同时，还具有降低接触应力、缓冲吸振及防腐蚀等作用。常用滚动轴承的润滑剂为润滑脂和润滑油两种。具体可按速度因数 dn 来选择(d 为轴承的直径，n 为轴承的转速)。dn 间接反映了轴颈圆周速度，表 5-33 列出了各种润滑方式下轴承的允许 dn 值。

表 5-33 各种润滑方式下轴承的允许 dn 值 单位：mm·r/min

轴承类型	脂润滑	油润滑			
		油浴、飞溅润滑	滴油润滑	压力循环、喷油润滑	油雾润滑
深沟球轴承	160 000	250 000	400 000	600 000	>600 000
调心球轴承	160 000	250 000	400 000	—	—
角接触球轴承	160 000	250 000	400 000	600 000	>600 000
圆柱滚子轴承	120 000	250 000	400 000	600 000	—
圆锥滚子轴承	100 000	160 000	230 000	300 000	—
调心滚子轴承	80 000	120 000	—	250 000	—
推力球轴承	40 000	60 000	120 000	150 000	—

一般情况下，滚动轴承使用的是润滑脂，它可以形成强度较高的油膜，承受较大的载荷，缓冲和吸振能力好，黏附力强，可以防水，不需要经常更换和补充，同时密封结构简单。在轴径圆周速度 v 为 4～5 m/s 时适用。滚动轴承的装脂量为轴承内部空间的 1/3～2/3。

润滑油的内摩擦力小，便于散热冷却，适用于高速机械。速度越高，油的黏度应该越小。当转速不超过 10 000 r/min 时，可以采用简单的浸油法。当转速高于 10 000 r/min 时，搅油损失增大，引起油液和轴承严重发热，应该采用滴油、喷油或喷雾法。

2. 轴承的密封

轴承密封装置是为了防止灰尘、水等其他杂质进入轴承，并防止润滑剂流出而设置的。常见的密封装置有接触式密封和非接触式密封两类。

(1) 接触式密封。轴承盖内放置的软材料(毛毡、橡胶圈或皮碗等)与转动轴直接接触而起到密封作用。这种密封多用于转速不高的情况，同时要求与密封接触的轴表面硬度大于 40 HRC，表面粗糙度小于 0.8 μm。接触式密封有毡圈密封和皮碗密封两种。

① 毡圈密封。如图 5-90(a)所示，在轴承盖上开出梯形槽，将矩形剖面的细毛毡放置在梯形槽中与轴接触。这种密封结构简单，但摩擦较严重，主要用于轴径圆周速度小于 4～5 m/s 的油脂润滑结构。

② 皮碗密封。如图 5-90(b)所示，在轴承盖中放置一个密封皮碗，它是用耐油橡胶等材料制成，并装在一个钢外壳之中(有的没有钢壳)的整体部件，皮碗与轴紧密接触而起密封作用。为增强封油效果，用一个螺旋弹簧压在皮碗的唇部。唇的方向朝向密封部位，主要目的是防止漏油；唇的方向朝外，主要目的是防尘。当采用两个皮碗相背放置时，既可以防尘，又

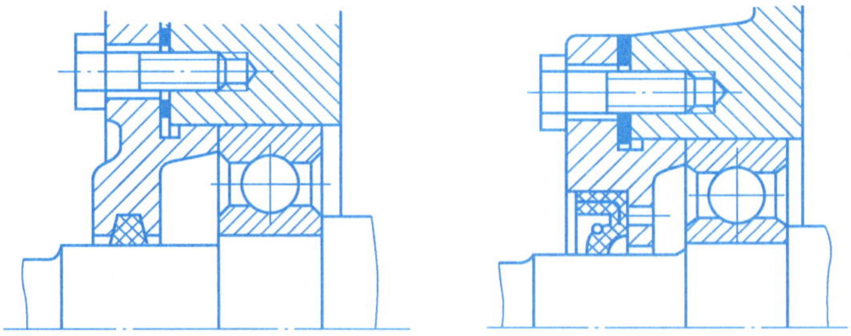
(a) (b)

图 5-90 轴承接触式密封

可以起密封作用。这种结构安装方便，使用可靠，一般适用于轴径圆周速度小于 6～7 m/s 的场合。

(2) 非接触式密封。非接触式密封不与轴直接接触，多用于速度较高的场合。非接触式密封有油沟式密封、迷宫式密封和油环与油沟组合密封三种。

① 油沟式密封(隙缝密封)。如图 5-91(a)所示，轴与轴承盖的通孔壁之间留有 0.1～0.3 mm 的间隙，在轴承盖上车出沟槽，并在槽内填满油脂以起密封作用。这种形式结构简单，轴径圆周速度为 5～6 m/s，适用于润滑脂润滑。

② 迷宫式密封。如图 5-91(b)所示，将旋转的和固定的密封零件间的间隙制成迷宫(曲路)形式，缝隙间填满润滑脂以加强密封效果。此时，润滑脂和润滑油都很有效，环境比较差时采用这种形式，轴径圆周速度可达 30 m/s。

③ 油环与油沟组合密封。如图 5-91(c)所示，在油沟密封区内的轴上安装一个甩油环，当向外流失的润滑油落在甩油环上时，其由于离心力的作用而被甩落，通过导油槽流回油箱。这种组合密封形式在高速时密封效果好。

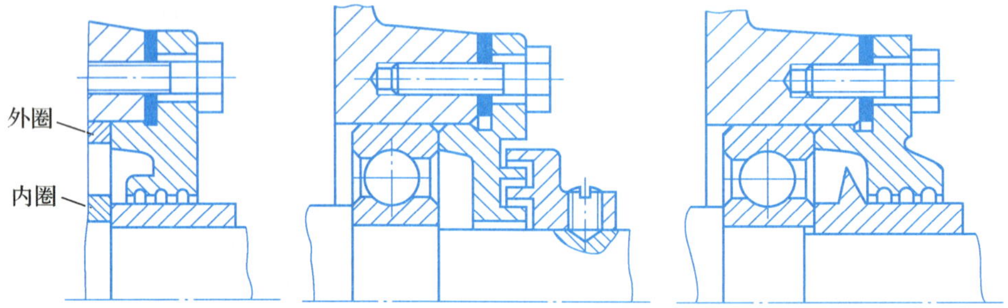

(a) (b) (c)

图 5-91 轴承非接触式密封

【知识链接】

滑动轴承

一、滑动轴承的主要结构形式

1. 整体式径向滑动轴承

整体式径向滑动轴承的结构形式如图 5-92 所示。它由轴承座和由减摩材料制成的整体轴套组成。轴承座上面设有安装润滑油杯的螺纹孔。在轴套上开有油孔，并在轴套的内表面上开有油槽。这种轴承的优点是结构简单,成本低廉。它的缺点是在轴套磨损后,轴承间隙过大时无法调整;另外,只能从轴颈端部装拆,对于重型机器的轴或具有中间轴颈的轴,装拆很不方便或无法安装。所以这种轴承多用在低速、轻载或间歇性工作的机器中,如某些农业机械、手动机械等。

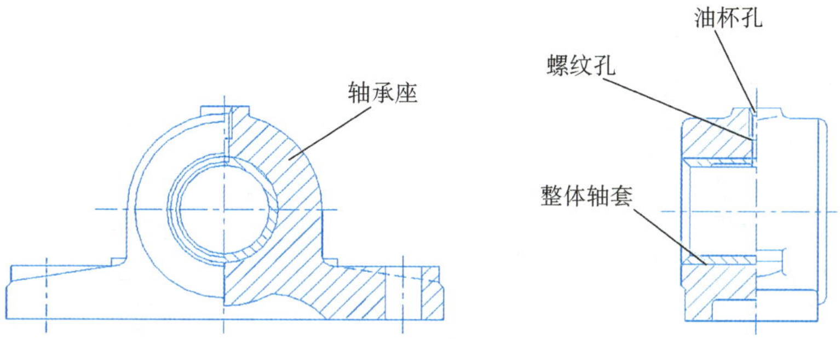

图 5-92　整体式径向滑动轴承

2. 对开式径向滑动轴承

对开式径向滑动轴承的结构形式如图 5-93 所示。它是由轴承座、轴承盖、剖分式轴瓦和双头柱等组成。轴承盖和轴承座的剖分面常做成阶梯形,以便对中和防止横向错动。轴承盖上部开有螺纹孔,用以安装油杯或油管。剖分式轴瓦由上、下两部分组成,通常是下轴瓦承受载荷、上轴瓦不承受载荷。为了节省贵重金属或满足其他需要,常在轴瓦内表面上贴附一层轴承衬。在轴瓦内壁不承受载荷的表面上开设油槽,润滑油通过油孔和油槽流进轴承间隙。轴承剖分面最好与载荷方向近乎垂直,多数轴承的剖分面是水平的(也有作成倾斜 45°以适应径向载荷作用线的倾斜度超出轴承垂直中心线左右各 35°范围的情况)。这种轴承装拆方便,并且轴瓦磨损后可以用减少剖分面处的垫片厚度来调整轴承间隙(调整后应修刮轴瓦内孔),该轴承所用的轴承座称为对开式正滑动轴承座。

另外,还可将轴瓦的瓦背制成凸球面,并将其支承面制成凹球面,从而组成调心轴承,用于支承挠度较大或多支点的长轴。

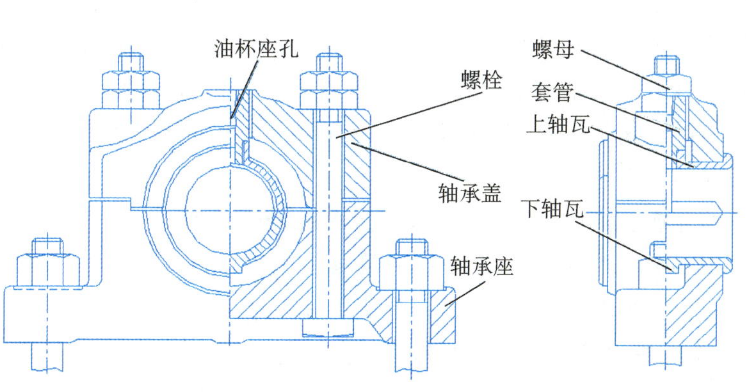

图 5-93　对开式径向滑动轴承

3. 止推滑动轴承

止推滑动轴承由轴承座和止推轴颈组成。常用的结构形式有空心式、单环式和多环式，其结构基本形式如图5-94所示。通常不用实心式轴颈，因其端面上的压力分布极不均匀，靠近中心处的压力很高，对润滑极为不利。空心式轴颈接触面上压力分布较均匀、润滑条件较实心式有所改善。单环式是利用轴颈的环形端面止推，而且可以利用纵向油槽输入润滑油。结构简单，润滑方便，广泛用于低速、轻载的场合。多环式止推轴承不仅能承受较大的轴向载荷。有时还可承受双向轴向载荷。

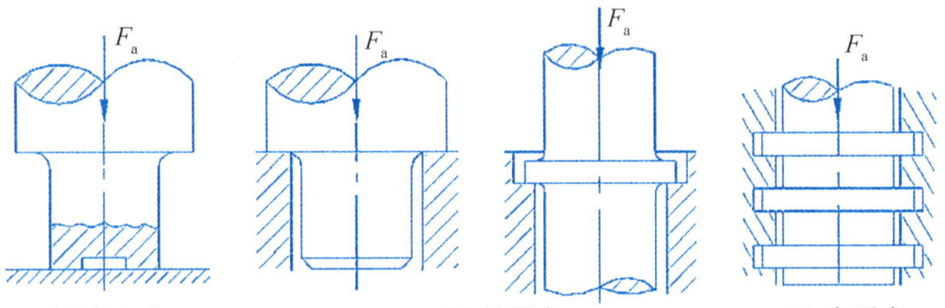

(a) 空心式　(b) 单环式　(c) 多环式

图 5-94　止推滑动轴承

二、滑动轴承的失效形式及常用材料

1. 滑动轴承的失效形式

(1) 磨粒磨损。进入轴承间隙的硬颗粒(如灰尘砂粒等)，有的嵌入轴承衬表面，有的游离于间隙中并随轴转动，它们都将对轴颈和轴承衬表面起研磨作用，构成磨粒磨损。在起动、停车或轴颈与轴承发生边缘接触时，轴承磨损加剧，导致轴承几何形状改变，精度丧失、轴承间隙加大，使轴承性能在预期寿命前急剧恶化。

(2) 刮伤。进入轴承间隙中的硬颗粒或轴颈表面粗糙的轮廓峰顶，在轴瓦上划出线状伤痕，导致轴承因刮伤而失效。

(3) 咬粘(胶合)。当轴承温升过高、载荷过大、油膜破裂时，或在润滑油供应不足情况下，轴颈和轴承的相对运动，表面材料发生黏附和迁移，从而造成轴承损坏。咬粘有时甚至可能导致相对运动中止。

(4) 疲劳剥落。在载荷反复作用下，轴承表面出现与滑动方向垂直的疲劳裂纹。当裂纹向轴承衬与衬背结合面扩展后，轴承衬材料剥落。它与轴承衬和衬背因结合不良或结合力不足造成轴承衬的剥离有些相似，但疲劳剥落周边不规则，而结合不良造成的剥离则周边比较光滑。

(5) 腐蚀。润滑剂在使用中不断氧化，所生成的酸性物质对轴承材料有腐蚀性，特别是铸造铜铅合金中的铅易受腐蚀而形成点状的脱落。氧对锡基巴氏合金的腐蚀，会使轴承表面形成一层由 SnO_2 和 SnO 混合组成的黑色硬质覆盖层，它能擦伤轴颈表面，并使轴承间隙变小。此外，硫对含银或含铜的轴承材料的腐蚀及润滑油中水分对铜铅合金的腐蚀，都应注意。

以上列举了常见的几种失效形式，由于工作条件不同，滑动轴承还可能出现气蚀、流体侵蚀、电侵蚀和微动磨损等损伤。

2. 轴承材料

轴瓦和轴承衬的材料统称为轴承材料。针对上述失效形式，轴承材料性能应着重满足以下主要要求：

(1) 良好的减摩性、耐磨性和抗咬粘性。减摩性是指材料具有低的摩擦系数。耐磨性是指材料的抗磨性能（通常以磨损率表示）。抗咬粘性是指材料的耐热性和抗黏附性。

(2) 良好的摩擦顺应性、嵌入性和磨合性。摩擦顺应性是指材料通过表层弹塑性变形来补偿轴承滑动表面初始配合不良的能力。嵌入性是指材料容纳硬质颗粒嵌入，从而减轻轴承滑动表面发生刮伤或磨粒磨损的性能。磨合性是指轴瓦与轴颈表面经短期轻载运转后，易于形成相互匹配的表面形貌状态。

(3) 足够的强度和抗腐蚀能力。

(4) 良好的导热性、工艺性、经济性等。

应该指出，没有一种轴承材料能够全面具备上述性能，因而必须针对具体情况仔细进行分析后合理选用。

常用的轴承材料有以下六种。

(1) 轴承合金（通称巴氏合金或白合金）。

轴承合金是锡、铅、锑、铜的合金，它以锡或铅作基体，其内含有锑-锡（Sb-Sn）或铜-锡（Cu-Sn）的硬晶粒。硬晶粒起抗磨作用，软基体则增加材料的塑性。轴承合金的弹性模量和弹性极限都很低，在所有轴承材料中，它的嵌入性及摩擦顺应性最好，很容易和轴颈磨合，也不易与轴颈发生咬粘。但轴承合金的强度很低，不能单独制作轴瓦，只能贴附在青铜、钢或铸铁轴瓦上作轴承衬。轴承合金适用于重载、中高速场合，价格较贵。

(2) 铜合金。

铜合金具有较高的强度，较好的减摩性和耐磨性。由于青铜的减摩性和耐磨性比黄铜好，故青铜是最常用的材料。青铜有锡青铜、铅青铜和铝青铜等，其中锡青铜的减摩性和耐磨性最好，应用较广。但锡青铜比轴承合金硬度高，磨合性及嵌入性差，适用于重载及中速场合；铅青铜抗粘附能力强，适用于高速、重载轴承；铝青铜的强度及硬度较高，抗粘附能力较差，适用于低速、重载轴承。

(3) 铝基轴承合金。

铝基轴承合金有相当好的耐蚀性和较高的疲劳强度，摩擦性能亦较好，这些品质使铝基轴承合金在部分领域取代了较贵的轴承合金和青铜，已获得广泛应用。铝基轴承合金可以制成单金属零件（如轴套轴承等），也可制成双金属零件，双金属轴瓦以铝基轴承合金为轴承衬，以钢作衬背。

(4) 灰铸铁及耐磨铸铁。

普通灰铸铁或加有镍、铬、钛等合金成分的耐磨灰铸铁，或者球墨铸铁，都可以用作轴承材料。这类材料中的片状或球状石墨覆盖在材料表面上后，可以形成一层起润滑作用的石墨层，故具有一定的减摩性和耐磨性。此外，石墨能吸附碳氢化合物，有助于提高边界润滑性能，故采用灰铸铁作轴承材料时，应加润滑油。由于铸铁性脆、磨合性差，故只适用于轻载低速和不受冲击载荷的场合。

(5) 多孔质金属材料。

多孔质金属材料是一种用不同金属粉末经压制、烧结而成的轴承材料。这种材料是多孔结构的,孔隙约占体积的10%～35%。使用前先把轴瓦在热油中浸渍数小时,使孔隙中充满润滑油,因而通常把这种材料制成的轴承称为含油轴承。它具有自润滑性。工作时,由于轴颈转动的抽吸作用及轴承发热时润滑油的膨胀作用,润滑油进入摩擦表面间起润滑作用;不工作时,因毛细管作用,润滑油便被吸回到轴承内部,故在相当长时间内,即使不加润滑油,轴承仍能很好地工作。如果定期供油,则轴承使用效果更佳。但由于其韧性较小,故宜用于平稳无冲击载荷及中低速度情况。

(6) 非金属材料。

非金属材料中应用最多的是各种塑料(聚合物材料),如酚醛树脂、尼龙、聚四氟乙烯等。聚合物的特性是与许多化学物质不起反应,抗腐蚀能力特别强。此外,碳-石墨、橡胶、木材等也可作为轴承材料。

三、轴瓦结构

轴瓦是滑动轴承中的重要零件,它的结构设计是否合理对轴承性能影响很大。有时为了节省贵重合金材料或者由于结构上的需要,常在轴瓦的内表面上浇铸或轧制一层轴承合金,称为轴承衬。轴瓦应具有一定的强度和刚度,在轴承中定位可靠,便于输送润滑剂,容易散热,并且装拆、调整方便。为此,轴瓦应在外形结构、定位、油槽开设和配合等方面采用不同的形式以满足不同的工作要求。

1. 轴瓦的形式和构造

常用的轴瓦有整体式和对开式两种结构。

整体式轴瓦按材料及制法不同,分为整体轴套(图5-95)和单层、双层或多层材料制成的卷制轴套(图5-96)。非金属整体式轴瓦既可以是整体非金属轴套,也可以在钢套上镶衬非金属材料制成。

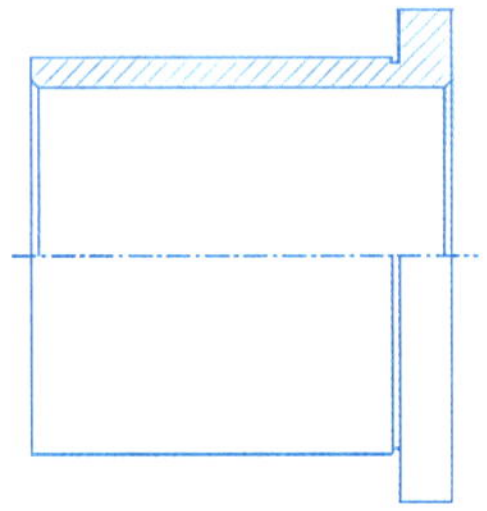

图5-95 整体轴套

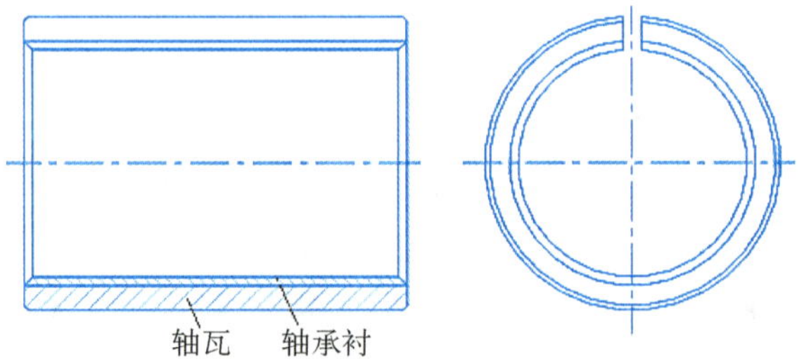

图5-96 卷制轴套

对开式轴瓦有厚壁轴瓦和薄壁轴瓦之分。厚壁轴瓦用铸造方法制造(图5-97),内表面可附有轴承衬,常将轴承合金用离心铸造法浇注在铸铁、钢或青铜轴瓦的内表面上。为使轴承合金与轴瓦贴附得好,常在轴瓦内表面上制出各种形式的榫头、凹沟或螺纹。

薄壁轴瓦(图5-98)由于能用双金属板连续轧制等新工艺进行大量生产,因此质量稳定,成本低,但轴瓦刚性小,装配时不再修刮轴瓦内圆表面,轴瓦受力后,其形状完全取决于轴承座的形状,因此轴瓦和轴承座均需精密加工。薄壁轴瓦在汽车发动机、柴油机生产中到广泛应用。

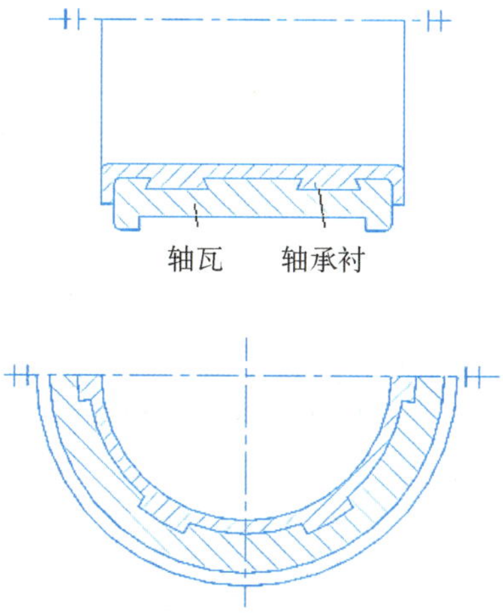

图 5-97　对开式厚壁轴瓦

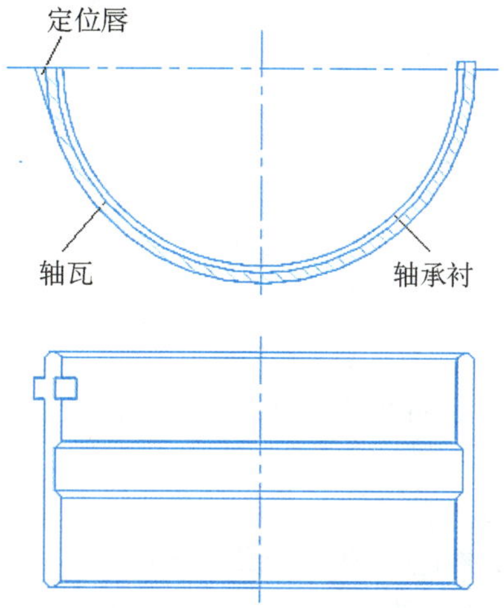

图 5-98　对开式薄壁轴瓦

2. 轴瓦的定位

轴瓦和轴承座都不允许有相对移动。为了防止轴瓦沿轴向和周向移动，可将其两端做出凸缘来作轴向定位，也可用紧定螺钉[图 5-99(a)]或销钉[图 5-99(b)]将其固定在轴承座上，或在轴瓦剖分面上冲出定位唇(凸耳)以供定位用。

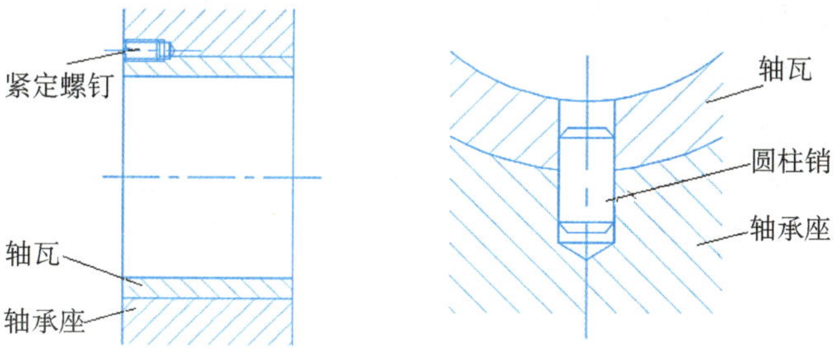

(a) 用紧定螺钉固定　(b) 用圆销钉固定

图 5-99　轴瓦的固定

3. 油孔及油槽

为了把润滑油导入整个摩擦面间，轴瓦或轴颈上需开设油孔或油槽。对于液体动压径向轴承，有轴向油槽和周向油槽两种形式可供选择。

轴向油槽分为单轴向油槽及双轴向油槽。对于整体式径向轴承，轴颈单向旋转时载荷方向变化不大，单轴向油槽最好开在最大油膜厚度位置(图 5-100)，以保证润滑油从压力最小的地方输入轴承。对于对开式径向轴承，常把轴向油槽开在轴承剖分面处(剖分面与载荷作用线成 90°)，如果轴颈双向旋转，可在轴承剖分面上开设双轴向油槽(图 5-101)。通常轴向油槽应较轴承宽度稍短，以便在轴瓦两端留出封油面，防止润滑油从端部大量流失。

周向油槽适用于载荷方向变动范围超过 180°的场合，它常设在轴承宽度方向中部，把轴承分为两个独立部分。当宽度相同时，设有周向油槽轴承的承载能力低于设有轴向油槽的轴承(图 5-102)，对于不完全液体润滑径向轴承，常用油槽形为双斜向油槽，如图 5-103 所示。设计时,可以将油槽从非承载区延伸到承载区。油槽尺寸可查有关手册。

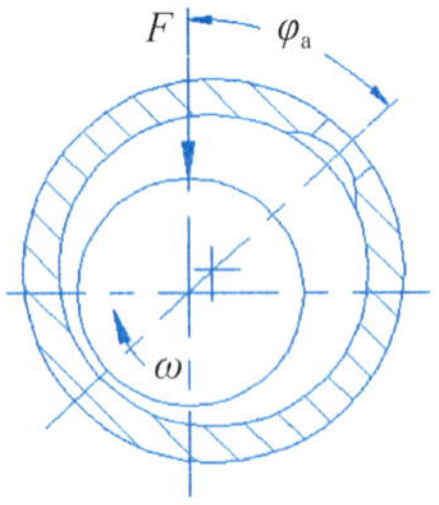

图 5-100　单轴向油槽开在最大油膜厚度处

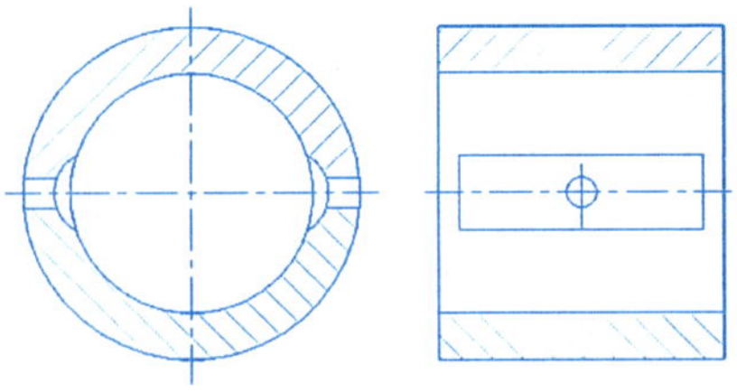

图 5-101　双轴向油槽开在轴承剖分面上

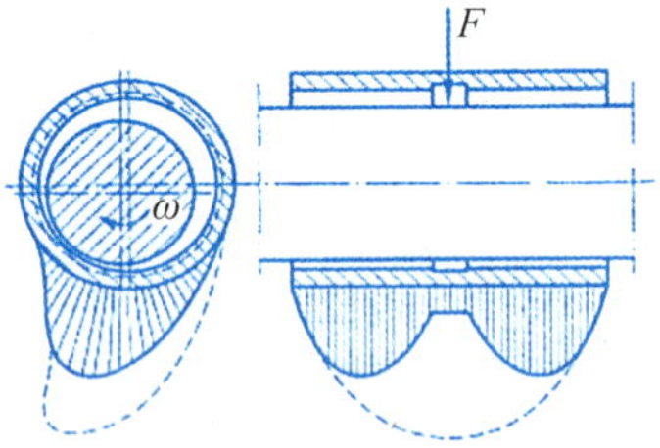

图 5-102　周向油槽对轴承承载能力的影响

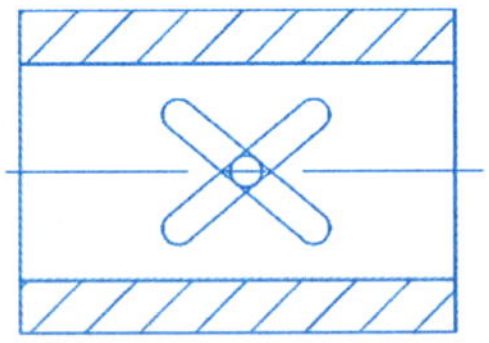

图 5-103　用于不完全液体润滑轴承的双斜向油槽

四、滑动轴承润滑剂的选用

滑动轴承种类繁多,使用条件往往相差较大,因而对润滑剂的要求也各不相同。常用的润滑剂有润滑脂、润滑油和固体润滑剂三类。

1. 润滑脂

使用润滑脂可以形成将滑动表面完全分开的一层薄膜。由于润滑脂属于半固体润滑剂,流动性差,故无冷却效果。常用在那些要求不高、难以经常供油,或者低速重载以及作摆动运动之处的轴承中。

2. 润滑油

润滑油是滑动轴承中应用最广的润滑剂。液体动压轴承通常采用润滑油作润滑剂。原则上讲当转速高、压力小时,应选黏度较低的润滑油;反之,当转速低、压力大时,应选黏度较高的润滑油。润滑油黏度随温度的升高而降低,故在较高温度下工作的轴承(例如 $t>60$ ℃),所用润滑油的黏度应比常温轴承的高一些。

3. 固体润滑剂

固体润滑剂可以在摩擦表面上形成固体膜以减小摩擦阻力,通常只用于一些有特殊要求的场合,例如,大型可展开天线定向机构和铰链处的固体润滑,空间机器人采用的谐波齿轮减速器的固体润滑等。

任务实施

本任务的轴承由于是使用在某输送机的传动装置中,其减速器输出轴(Ⅲ轴)轴径 $d=50$ mm,按照轴承内径的规定选用内径代号为 10,输出轴转速 $n=136.54$ r/min,转速不高,轴承所承受的径向载荷 $F_r=1\ 536$ N，径向载荷不大，输出轴上使用的齿轮是圆柱直齿轮，基本没有轴向力，所以可使用深沟球轴承，型号为 6210。查手册知，轴承内径为 50 mm，外径为 90 mm，宽度为 20 mm，基本额定动载荷 $C_r=35.0$ kN，当量动载荷根据式(5-47)可知 $P=K_pF_r$，查表 5-29 得载荷系数 $K_p=1$，可得 $P=1\ 536$ N，由滚动轴承的寿命计算式(5-49)可得使用寿命为 1 444 173 h，远远大于要求使用寿命 $L_h=10\ 200$ h，所以能使用 6210 型深沟球轴承。

因为温度控制在 100 ℃，经查表可以采用油润滑，利用轴肩、轴套和轴承端盖做两端轴向固定。为补偿轴长时间受热伸长，在轴承端盖与轴承外圈之间预留出热补偿间隙，间隙可以用调整垫片来调节；为方便轴承拆卸，固定轴承内圈的轴肩高度要比轴承内圈的高度低；为防止润滑油流失和外界灰尘进入箱体内，在轴承端盖和外伸轴之间采用密封装置，轴圆周速度小于 3 m/s，转速不高时，可以采用接触式密封中的毡圈密封。

任务总结

通过本次任务了解轴承的结构、功用，掌握了轴承的类型及各种类型轴承的性能和代号，同时理解了轴承的失效形式、组合方式及轴承在安装和拆卸时要注意的若干问题，最后清楚了轴承的润滑和密封对于轴承正常使用的重要意义。

思考与练习

一、简答题

(1) 为什么现代机械设备上大多采用滚动轴承？

(2) 典型的滚动轴承由哪四部分组成？

(3) 什么是滚动轴承的公称接触角？

(4) 滚动轴承最常见的失效形式是什么？

(5) 什么是轴承的寿命？什么是轴承的基本额定寿命？

二、判断题

(1) 深沟球轴承属于向心轴承，故它只能承受径向载荷，不能承受轴向载荷。　(　　)

(2) 在同样尺寸和材料的条件下，滚子轴承的承载能力要高于球轴承，所以在载荷较大或有冲击载荷时，应优先采用滚子轴承，中轻载荷时应优先选用球轴承。　(　　)

(3) 对单个轴承而言，能够达到或超过其基本额定寿命的概率为 90%。　(　　)

(4) 直径系列代号只反映出轴承径向尺寸的变化，不反映宽度方向的变化。　(　　)

(5) 为便于轴承拆卸，轴向定位的轴肩高度应高于轴承内圈的外径。　(　　)

(6) 根据轴承寿命计算式算得的轴承寿命，是轴承的基本额定寿命。　(　　)

三、选择题

(1) 深沟球轴承，内径 100 mm，宽度系列 0，直径系列 2，公差等级为 0 级，游隙 0 组，其代号为________。

A. 60220　　B. 6220/P0　　C. 60220/P0　　D. 6220

(2) ________是只能承受径向载荷的轴承。

A. 深沟球轴承　　B. 调心球轴承

C. 角接触球轴承　　D. 圆柱滚子轴承

(3) 角接触球轴承承受轴向载荷的能力,随接触角 α 的增大而________。

A. 增大　　B. 减小

C. 不变　　D. 不定

(4) 下列四种轴承中,必须成对使用的是________。

A. 深沟球轴承　　B. 圆锥滚子轴承

C. 推力球轴承　　D. 圆柱滚子轴承

(5) 滚动轴承的接触式密封是________。

A. 毡圈密封　　B. 油沟式密封

C. 迷宫式密封　　D. 甩油密封

四、填空题

(1) 滚动轴承部件支承轴时,若采用双支点单向固定式,其适用条件应是工作时温升________或轴的跨距________的场合。

(2) 根据工作条件选择滚动轴承类型时,若轴承转速高、载荷小应选择________轴承;在重载或冲击载荷下,最好选用________轴承。

(3) 滚动轴承的基本额定动载荷是指轴承的基本额定寿命为________时,轴承所能承受的最大载荷值。

(4) 一般滚动轴承的主要失效形式为________和________。

(5) 内径 $d=17$ mm 的轴承,其内径代号为________;

内径 $d=15$ mm 的轴承,其内径代号为________;

内径 $d=30$ mm,中系列圆锥滚子轴承,公差等级为 P5,其代号为________;

内径 $d=85$ mm,重系列的外圈无挡边圆柱滚子轴承,公差等级为 P6,其代号为________;

内径 $d=50$ mm,轻系列向心推力球轴承,$\alpha=15°$,公差等级为 P4,其代号为________。

(6) 70000C、70000AC 和 70000B 三种轴承中,承受轴向载荷能力最大者为________。

任务六　轮系的工作情况分析

任务描述

在定轴齿轮系中,已知 $z_1=20$,$z_2=30$,$z_3=40$,$z_3'=20$,$z_4=60$,$z_5=40$,$z_6=30$,$z_7=40$,$z_8=2$,$z_9=40$。又知鼓轮的直径 $d_{10}=500$ mm,$n_1=2\ 400$ r/min,转向如图 5-104 所示。求重物 G 每分钟移动的距离 H,并确定其运动方向。

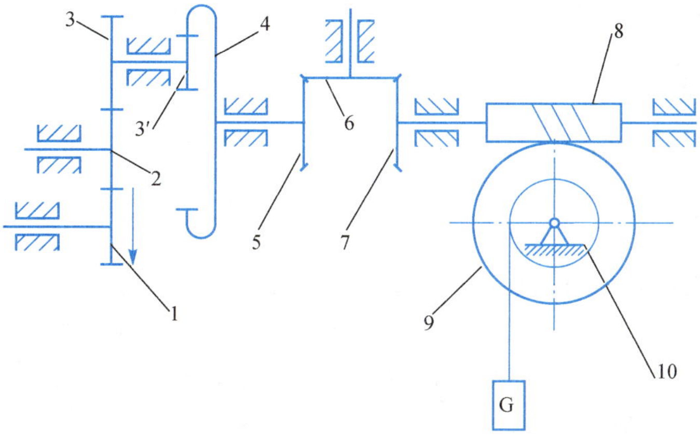

图 5-104　提升机轮系

1、2、3、3′—外齿轮；4—内齿轮；5、6、7—斜齿轮；8—蜗杆；9—蜗轮；10—鼓轮

任务分析

要完成本设计任务，需要做的准备工作：分析轮系的类型、功用及计算传动比。

相关知识

齿轮传动在各种机器和机械设备中都应用广泛，但为了减速、增速、变速等特殊用途，往往不能只靠一对齿轮来完成，经常需要采用一系列相互啮合的齿轮组成的传动系统——轮系。如图 5-105 所示为机械手表结构。机械手表的传动系统主要由时针、分针及秒针等系列构件组成。分针与时针、秒针与分针的传动比均为 60，通过二级齿轮传动实现从秒针到时

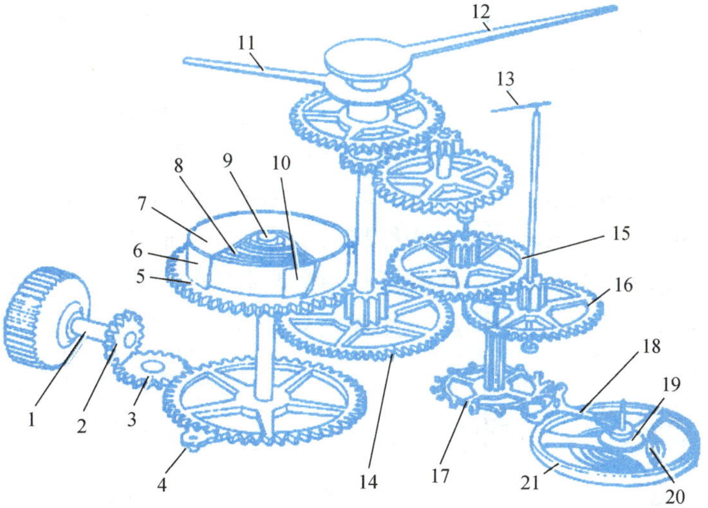

图 5-105　机械手表结构

1—手轮轴；2—立轮；3—介轮；4—棘爪；5—条盒轮；6—条盒；7—条盒盖；8—发条；9—条轴；10—发条外钩；11—时针；12—分针；13—秒针；14—二轮；15—三轮（过轮）；16—四轮（秒轮）；17—擒纵轮；18—擒纵叉；19—双圆盘；20—游丝；21—游摆轮

针的传动，传动比达到 3 600，该传动系统结构很紧凑，可实现大传动比。

一、轮系的种类

按轮系传动时各齿轮的几何轴线是否相对固定，轮系可分为定轴轮系、周转轮系和复合轮系三大类。

1. 定轴轮系

当定轴轮系运转时，所有齿轮的几何轴线位置相对机架固定不变，其也被称为普通轮系。定轴轮系还可以根据各齿轮轴线间的相对位置做进一步的划分。由轴线相互平行的齿轮组成的定轴轮系，称为平面定轴轮系，如图 5-106 所示；包含蜗轮蜗杆、锥齿轮等的定轴轮系，称为空间定轴轮系，如图 5-107 所示。

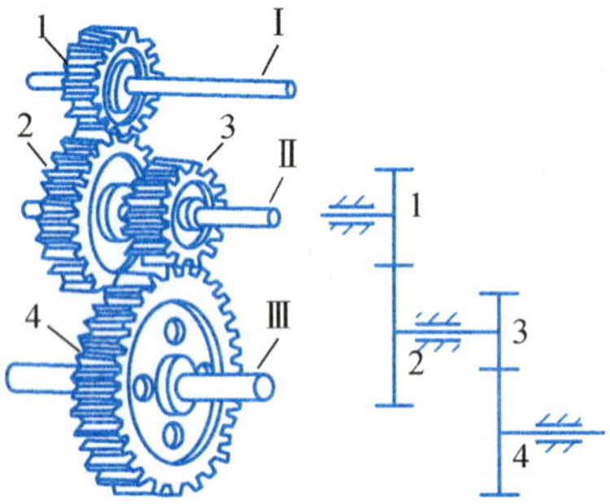

图 5-106　平面定轴轮系

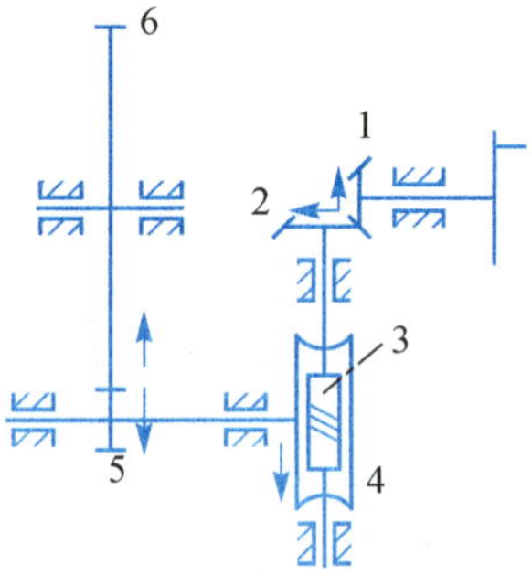

图 5-107　空间定轴轮系

2. 周转轮系

轮系运转时，至少有一个齿轮轴线的位置不固定，而是绕某一固定轴线回转，称该轮系为周转轮系。

如图 5-108 所示的轮系中，齿轮 1、齿轮 3 都是绕固定的轴线 OO 转动的，这种齿轮称为太阳轮或中心轮。构件 H 也是绕固定的轴线 OO 转动的。齿轮 2 活套在构件 H 的小轴上。当构件 H 回转时，齿轮 2 一边绕自己的轴线 O' 转动，一边又随着构件 H 一起绕固定轴线 OO 转动，就像行星的运动一样，兼有自转和公转运动，故齿轮 2 称为行星轮。支承行星轮的构件 H 称为系杆。在周转轮系中，一般是以中心轮和系杆作为运动的输入与输出构件，并称它们为周转轮系的基本构件。基本构件都围绕同一固定轴线转动。

周转轮系分行星轮系和差动轮系两种。有一个太阳轮的转速为零（即固定）的周转轮系称为行星轮系，如图 5-108(a)、(c)所示；太阳轮的转速都不为零的周转轮系称为差动轮系，如图 5-108(b)所示。

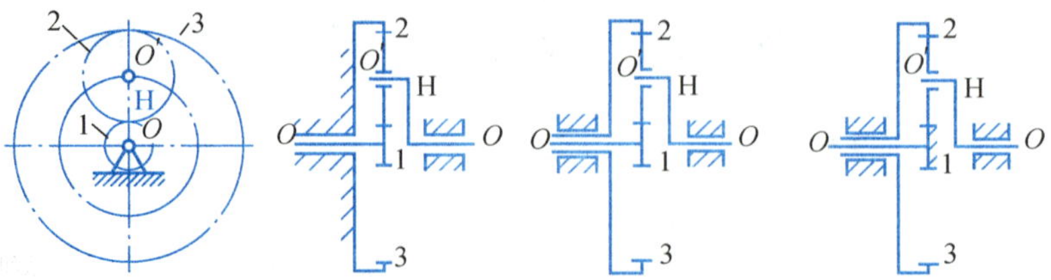

(a) 行星轮系　(b) 差动轮系之一　(c) 差动轮系之二

图 5-108　周转轮系

3. 复合轮系

工程中的轮系，有的既包含定轴轮系又包含周转轮系，或直接由几个周转轮系组合而成。机械传动中由定轴轮系和周转轮系构成的复杂轮系称为复合轮系。如图 5-109 所示的汽车后桥差速器和如图 5-110 所示的蜗轮螺旋桨发动机减速器，都是复合轮系的应用实例。

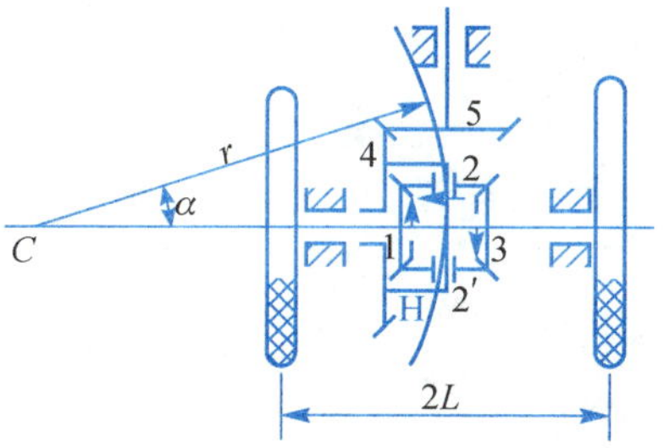

图 5-109　汽车后桥差速器

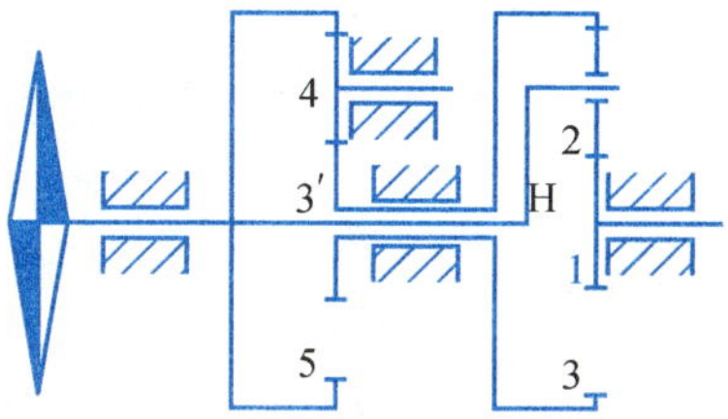

图 5-110　蜗轮螺旋桨发动机减速器

二、轮系的应用

轮系应用很广泛，常用于机构的换向、变速、远距离传动及运动的合成与分解等。

1. 用于换向

在主动轴转向不变的情况下，利用介轮可以改变从动轮的转向。如图 5-111 所示为车床上走刀丝杠的三星轮换向机构，扳动手柄可实现两种传动方案。

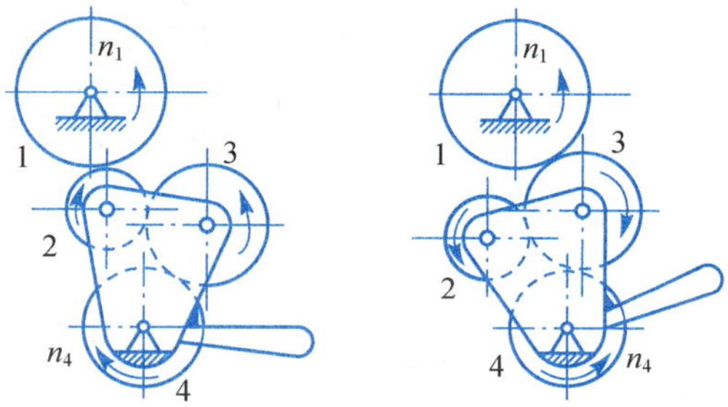

(a) 换向前　(b) 换向后

图 5-111　三星轮换向机构

2. 用于变速

轮系用于变速机构，用来改变从动轮转速。如图 5-112 所示为汽车齿轮变速机构。

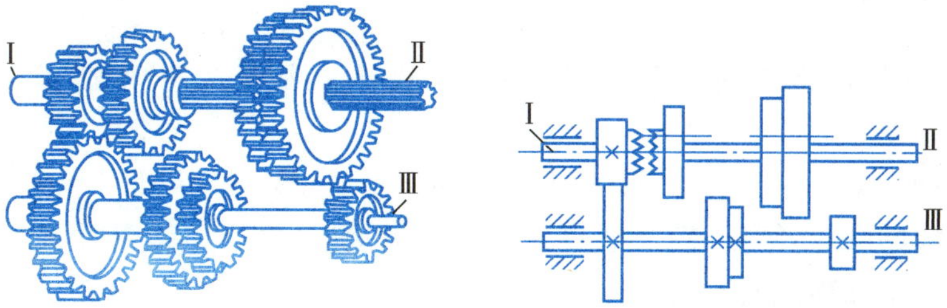

(a) 实体图　(b) 运动简图

图 5-112　汽车齿轮变速机构

3. 用于较远距离的传动

当两轴中心距较大时，若用一对齿轮传动，则两齿轮的尺寸必然很大，不仅浪费材料，而且传动机构庞大，给加工、安装带来不便。而采用轮系传动，则可使其结构紧凑，并能进行远距离传动，如图 5-113 所示。

图 5-113　较远距离的传动

4. 获得很大的传动比

用一对相互啮合的齿轮传动，受结构的限制，传动比不能过大，而采用轮系传动，就可以获得很大的传动比。例如，要求实现传动比为 100，若仅用一对齿轮，则大轮直径将为小轮直径的 100 倍；若采用三级的轮系，则大轮直径可大为减小。

5. 实现运动的合成与分解

采用差动轮系可以将两个独立的回转运动合成为一个回转运动，也可将一个回转运动分解为两个独立的回转运动。

图 5-114　圆锥齿轮差动轮系

(1) 实现运动的合成。差动轮系有两个自由度，只有给定三个基本构件中任意两个的运动后，第三个基本构件的运动才能确定。这就是说，第三个基本构件的运动为另两个基本构件运动的合成。

如图 5-114 所示的圆锥齿轮差动轮系，常用作运动的合成。差动轮系的这一性能，使其在机床、计算机和补偿装置中得到广泛的应用。

(2) 实现运动的分解。利用差动轮系还可以将一个基本构件的转动按所需的比例分解为另外两个基本构件的转动。

如图 5-109 所示的汽车后桥差速器中，构件 5 和轮 4 组成定轴轮系，轮 4 固连着行星架 H，H 上装有行星轮 2 和 $2'$。齿轮 1、2、$2'$、3 及行星架 H 组成一差动轮系，它可将发动机传给齿轮 5 的运动分解为太阳轮 1、3 的不同运动。

三、定轴轮系传动比计算

定轴轮系是机械工程中应用最为广泛的传动装置，可用于减速、增速、变速，实现运动和动力的传递与变换。

轮系的传动比是指轮系中首末两轮角速度或转速之比，常用字母 i_{1N} 表示，其右下角用下标表明其对应的两轮，例如，表示轮 1 与轮 7 的传动比为 i_{17}。确定一个轮系的传动比需要计算传动比的大小和确定输出轮的传动方向。

1. 传动比的计算

现以图 5-115 所示定轴轮系为例，讨论其传动比的计算方法。该轮系中齿轮 1、2，齿轮

3′、4，齿轮 4、5 是三对外啮合圆柱齿轮，齿轮 2′、3 是一对内啮合圆柱齿轮。如果齿轮 1 为首轮，齿轮 5 为末轮，那么此轮系的传动比为 $i_{15}=n_1/n_5$。

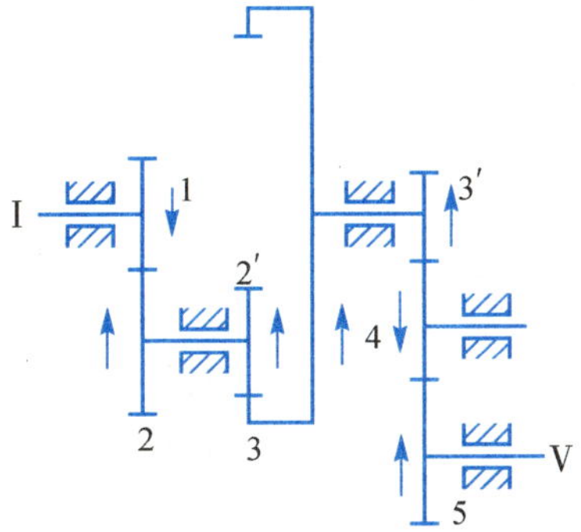

图 5-115　定轴轮系

设轮系中各齿轮的齿数分别为 z_1、z_2、$z_{2'}$、z_3、$z_{3'}$、z_4、z_5，各齿轮的转速分别为 n_1、n_2、$n_{2'}$、n_3、$n_{3'}$、n_4、n_5，则轮系中各对啮合齿轮的传动比如下：

$$i_{12}=\frac{n_1}{n_2}=\frac{z_2}{z_1}$$

$$i_{2'3}=\frac{n_{2'}}{n_3}=\frac{n_2}{n_3}=\frac{z_3}{z_{2'}}$$

$$i_{3'4}=\frac{n_{3'}}{n_4}=\frac{n_3}{n_4}=\frac{z_4}{z_{3'}}$$

$$i_{45}=\frac{n_4}{n_5}=\frac{z_5}{z_4}$$

将上述各对齿轮的传动比连乘，可得

$$i_{12}i_{2'3}i_{3'4}i_{45}=i_{15}$$

当用齿数来表示总传动比时，有

$$i_{15}=\left(\frac{z_2}{z_1}\right)\left(\frac{z_3}{z_{2'}}\right)\left(\frac{z_4}{z_{3'}}\right)\left(\frac{z_5}{z_4}\right)=\frac{z_2z_3z_5}{z_1z_{2'}z_{3'}}$$

上式表明：定轴轮系的传动比等于组成该轮系的各对啮合齿轮传动比的连乘积，其大小等于各对啮合齿轮中所有从动轮齿数的连乘积与所有主动轮齿数的连乘积之比。

2. 轮系中转向关系的确定

(1) 箭头法。轮系中首末两轮的转向关系可以用画箭头的方法表示。一对啮合传动的圆柱齿轮或圆锥齿轮在其啮合节点处的圆周速度是相等的，因此标志二者转向的箭头不是同时指向节点，就是同时背离节点。根据此法则，在上述轮系中，设首轮 1 的转向为已知，并如箭头所示，则其余各轮的转向可以依次用箭头标出，由图 5-115 可知，该轮系首末两轮的转向相反。

(2) 计算法。如图 5-116 所示，平面齿轮系中的一对外啮合圆柱齿轮传动，转向相反，在计算公式前面加“－”号；一对内啮合圆柱齿轮传动，转向相同，在计算公式前面加“＋”号。

若传动比的计算结果为正，则表示输入轴与输出轴转向相同；计算结果为负，则表示它们的转向相反。在图 5-115 所示轮系中，齿轮 4 同时与齿轮 3′、5 啮合，它既是主动轮又是从动轮，其齿数在传动比计算式中可以消去，它虽不影响传动比的大小，但改变了首末两轮的转向关系，这种齿轮称为惰轮。

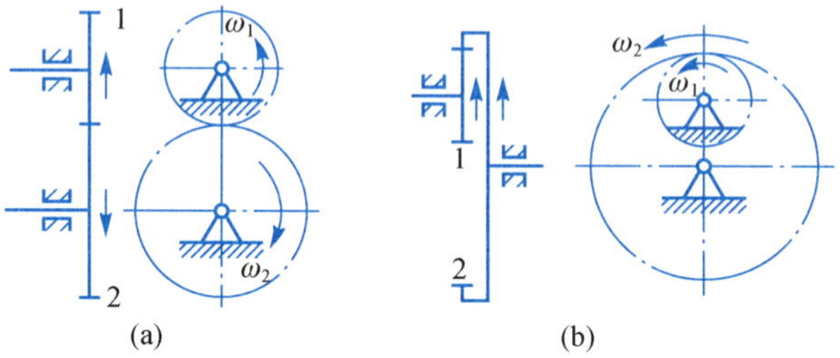

图 5-116　一对齿轮传动的转向关系

根据上述分析，若以 S 表示首轮，L 表示末轮，k 表示外啮合的次数，并用“±”表示首末轮的转向关系，则总传动比可表示成下列形式：

$$i_{\mathrm{SL}}=\frac{n_{\mathrm{S}}}{n_{\mathrm{L}}}=(-1)^k\frac{\text{从 S 到 L 间所有从动齿轮齿数乘积}}{\text{从 S 到 L 间所有主动齿轮齿数乘积}}$$

例 5-10　如图 5-117 所示的定轴齿轮系，已知 $z_1=20$，$z_2=30$，$z_{2'}=20$，$z_3=60$，$z_{3'}=20$，$z_4=20$，$z_5=30$，$n_1=100$ r/min，逆时针方向转动，求末轮的转速和转向。

解　根据定轴齿轮系传动比公式，并考虑首轮 1 到末轮 5 间有 3 对外啮合，故

$$i_{15}=\frac{n_1}{n_5}=(-1)^3\frac{z_2\ z_3\ z_4\ z_5}{z_1\ z_{2'}\ z_{3'}\ z_4}=-6.75$$

末轮 5 的转速

$$n_5=\frac{n_1}{i_{15}}=\frac{100}{-6.75}=-14.8\ \mathrm{r/min}$$

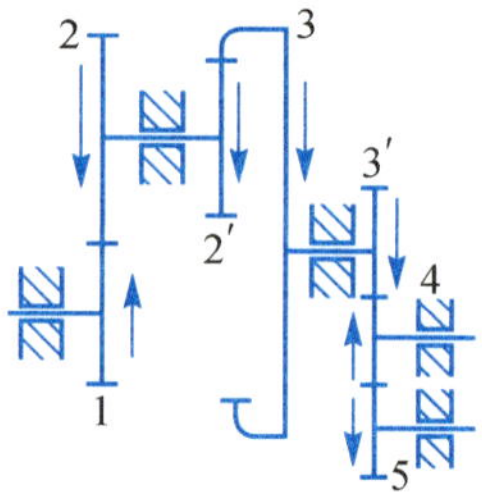

图 5-117　定轴齿轮系

负号表示末轮 5 的转向与首轮 1 的转向相反，即顺时针转动。

四、周转轮系的组成和传动比计算

1. 周转轮系的组成

在图 5-118 所示的周转轮系中，由太阳轮 1、3 及行星轮 2、构件 H 组成。

为了保持转动时的惯性力平衡及减轻轮齿上的载荷，常使几个完全相同的行星轮(图 5-118 所示为 3 个)均匀地分布在中心轮的周围且同时进行传动。因为这种行星轮的个数对研究周转轮系的运动没有任何影响，所以在机构简图中可以只画出一个，如图 5-118(b)所示。

如图 5-118(b)所示的周转轮系，有两个中心轮(2K－H 型)且两个中心轮都能转动。该

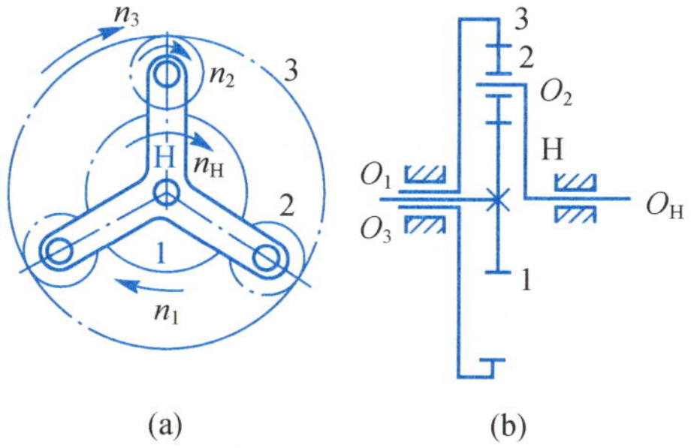

图 5-118　周转轮系及转化轮系

机构的活动构件 $n=4$，$P_L=4$，$P_H=2$，机构的自由度 $F=2$，需要两个原动件，可知其为差动轮系。

如图 5-118(c)所示的周转轮系，只有一个中心轮能转动。该机构的活动构件 $n=3$，$P_L=3$，$P_H=2$，机构的自由度 $F=1$，需要一个原动件，可知其为行星轮系。

2. 周转轮系传动比的计算

周转轮系中行星轮的转动不是绕固定轴线的简单转动，所以其传动比不能直接用求解定轴轮系传动比的方法来计算。但是，根据相对运动原理，如果给整个周转轮系加上一个绕太阳轮轴线转动、大小为 n_H、方向与 n_H 相反的公共转速 $-n_H$ 后，行星架就固定了，周转轮系就转化成一个假想的定轴轮系，便可由定轴轮系传动比计算公式列出该假想定轴轮系传动比的计算式，从而求出周转轮系的传动比。将周转轮系转化为定轴轮系来求任意两轴间的传动比的方法称为转化机构法。在如图 5-118(b)所示的周转轮系中，当加上一公共转速 $-n_H$ 后，原来的周转轮系就成了定轴轮系[图 5-118(d)]，这一定轴轮系称为原来周转轮系的转化轮系。现将各构件转化前后的转速变化列于表 5-34。

表 5-34　各构件转化前后的转速变化

构件代号	原来轮系中的速度	转化轮系中的速度
1	n_1	$n_1^H=n_1-n_H$
2	n_2	$n_2^H=n_2-n_H$
3	n_3	$n_3^H=n_3-n_H$
H	n_H	$n_H^H=n_H-n_H=0$

由表 5-34 可知，由于 $n_H^H=0$，所以该周转轮系已经转化为定轴轮系，各构件转速 n_1^H、n_2^H、n_3^H、n_H^H 右上方都有角标 H，表示这些转速是各构件对相对行星架 H 的相对转速。既然周转轮系的转化轮系是一个定轴轮系，就可应用求解定轴轮系传动比的方法，求出其中任意两个齿轮的传动比。

根据传动比定义，转化轮系中齿轮 1 和齿轮 3 的传动比 i_{13}^H 为

$$i_{13}^{H}=\frac{n_1^H}{n_3^H}=\frac{n_1-n_H}{n_3-n_H}$$

转化轮系是定轴轮系，且其起始主动轮 1 与最末从动轮 3 轴线平行，故由定轴轮系传动比计算式可得

$$i_{13}^{H}=(\pm)\frac{z_2 z_3}{z_1 z_2}$$

合并上述两式可得

$$i_{13}^{H}=\frac{n_1^H}{n_3^H}=\frac{n_1-n_H}{n_3-n_H}=(\pm)\frac{z_2 z_3}{z_1 z_2}$$

现将以上分析推广到一般情况，设 n_G 和 n_K 为周转轮系中任意两个齿轮 G 和 K 的转速，n_H 为行星架 H 的转速，则有

$$i_{GK}^{H}=\frac{n_G^H}{n_K^H}=\frac{n_G-n_H}{n_K-n_H}=(\pm)\frac{\text{转化轮系从 G 至 K 所有从动轮齿数的乘积}}{\text{转化轮系从 G 至 K 所有主动轮齿数的乘积}}$$

应用上式时，视 G 为起始主动轮，K 为最末从动轮，中间各轮的主从地位应按这一假定去判别。转化轮系中齿轮 G 和齿轮 K 的相对转向，用画箭头的方法判定。转向相同时，i_{GK}^{H} 为“+”；转向相反时，i_{GK}^{H} 为“−”。在利用上式求解未知转速或齿数时，必须先确定 i_{GK}^{H} 的正负。

上述这种运用相对运动的原理，将周转轮系转化成假想的定轴轮系，然后计算其传动比的方法，称为相对速度法或反转法。

例 5-11 在如图 5-119 所示的差动轮系中，已知 $z_1=15$，$z_2=25$，$z_{2'}=20$，$z_3=60$，又知 $n_1=200$ r/min，$n_3=50$ r/min。分别求在 n_1 与 n_3 转向相同和 n_1 与 n_3 转向相反时，行星架 H 的转速大小和方向。

解 所求的行星架 H 的转速的大小和方向即 n_H 的大小和方向，已知 n_1 与 n_3 的转向，利用公式先判断在转化轮系中轮 1 与轮 3 的相对转向，不难发现轮 1 与轮 3 的相对转向相反，所以 i_{13}^{H} 为“−”。

图 5-119 是一个具有 2 个自由度的差动轮系。它有一个行星架 H，需要一次转化。行星架 H 相对固定之后的转化机构传动比依据公式得

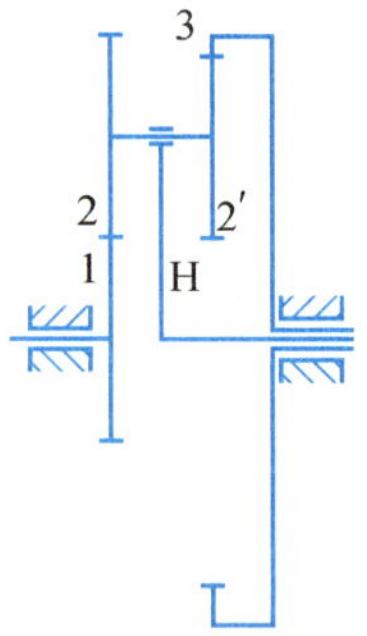

图 5-119　差动轮系

$$i_{13}^{H}=\frac{n_1-n_H}{n_3-n_H}=-\frac{z_2 z_3}{z_1 z_{2'}}=-\frac{25\times 60}{15\times 20}=-5$$

(1) 当 n_1 与 n_3 转向相同时，取它们的转速均为正值，可得

$$\frac{+200-n_H}{+50-n_H}=-5$$

求得 $n_H=+75$ r/min，其转向与 n_1 和 n_3 相同。

(2) 当 n_1 与 n_3 转向相反时，设 $n_1=+200$ r/min，$n_3=-50$ r/min，可得

$$\frac{+200-n_H}{-50-n_H}=-5$$

求得 $n_H=-8.33$ r/min，其转向与 n_3 相同。

任务实施

由图 5-104 可知，每个齿轮的轴线都固定，该提升机轮系为定轴轮系。要想计算出鼓轮 10 的提升速度，必须知道鼓轮 10 的转速。由于鼓轮 10 和齿轮 9 同轴，可根据定轴轮系的计算公式计算出齿轮 9 的转速。

（1）计算齿轮 9 的转速 n_9，得

$$i_{19}=\frac{n_1}{n_9}=\frac{z_2z_3z_4z_6z_7z_9}{z_1z_2z_{3'}z_5z_6z_8}=120$$

$$n_9=\frac{n_1}{i_{19}}=\frac{2\ 400}{120}=20\ \text{r/min}$$

（2）计算重物 G 每分钟移动的距离。鼓轮 10 和齿轮 9 同轴，转速相同，即

$$n_{10}=n_9=20\ \text{r/min}$$

可得

$$H=\pi d_{10}n_{10}=31\ 400\ \text{mm}$$

（3）确定重物 G 的运动方向。已知齿轮 1 向下转动，用箭头法判断蜗杆 8 向上旋转，由于蜗杆 8 右旋，所以用右手定则判断蜗杆所受轴向力方向向左，蜗轮旋转方向向右，如图 5-120 所示，故重物移动方向向上。

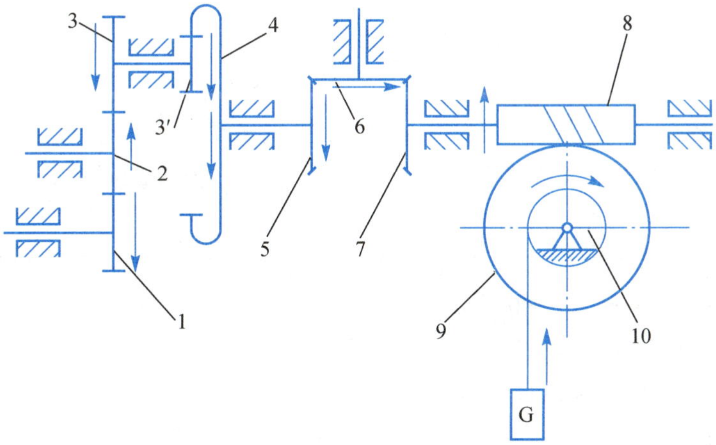

图 5-120　提升机轮系重物移动方向判别

1、2、3、3′—外齿轮；4—内齿轮；5、6、7—斜齿轮；8—蜗杆；9—蜗轮；10—鼓轮

任务总结

(1) 计算轮系传动比必须先判定该轮系是定轴轮系、周转轮系，还是由两种轮系组成的复合轮系。

(2) 对于定轴轮系，按定轴轮系传动比计算公式计算传动比或首末轮的转速；对于周转轮系，首先进行轮系转化，然后按公式计算传动比或者首末轮转速、行星架 H 的转速。

(3) 转动方向采用箭头法或者计算法(根据外啮合次数)判别。

思考与练习

一、简答题

(1) 轮系有几种类型?

(2) 如何确定轮系的转向关系?

(3) 如何区别定轴轮系、行星轮系和差动轮系?

(4) 什么是惰轮? 惰轮对轮系传动比的计算有什么影响?

二、判断题

(1) 轮系可分为定轴轮系和周转轮系两种。 (   )

(2) 至少有一个齿轮和它的几何轴线绕另一个齿轮旋转的轮系称为定轴轮系。 (   )

(3) 在周转轮系中，凡是有旋转几何轴线的齿轮，就称为中心轮。 (   )

(4) 定轴轮系可以把旋转运动转变成直线运动。 (   )

(5) 进行轮系传动比的计算时，不但要确定其数值，还要确定输入轴、输出轴之间的相对转向关系。 (   )

(6) 定轴轮系和周转轮系的主要区别在于系杆是否运动。 (   )

三、选择题

(1) 如图 5-121 所示轮系属于________。

A. 定轴轮系　　B. 行星轮系　　C. 组合轮系　　D. 差动轮系

(2) 定轴轮系有下列情况：①所有齿轮轴线都平行；②首、末两轮轴线平行；③首、末轮轴线不平行；④所有齿轮轴线都不平行。其中有________种情况的传动比冠以正负号。

A. 1　　B. 2　　C. 3　　D. 4

(3) 如图 5-122 所示轮系，若Ⅰ轴的转速和转向已定，则Ⅲ轴的转速和转向为________。

A. Ⅲ轴的转速、转向与Ⅱ轴相同

B. Ⅲ轴的转速、转向与轴相反

C. Ⅲ轴与Ⅰ轴的转速相同、转向相反

D. 无法确定

(4) 如图 5-123 所示轮系中，________为太阳轮________是行星轮。

A. 2 和 3，4　　B. 3，4 和 5

C. 1 和 3，4 和 5　　D. 无法确定

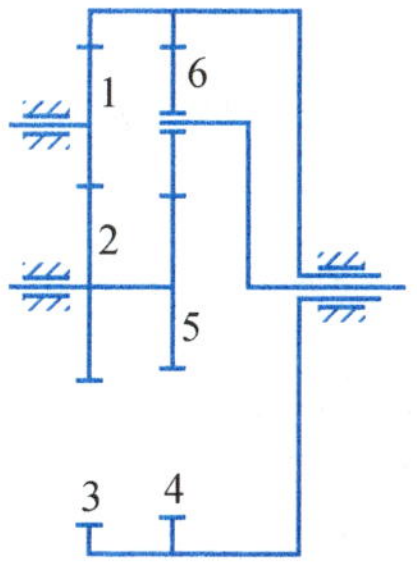

图 5-121　题三(1)图

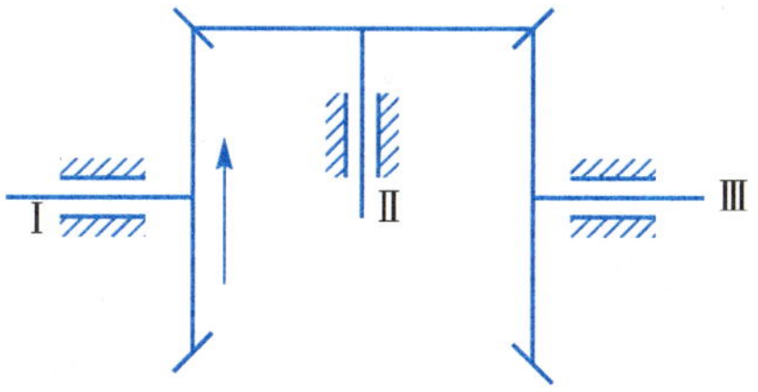

图 5-122　题三(3)图

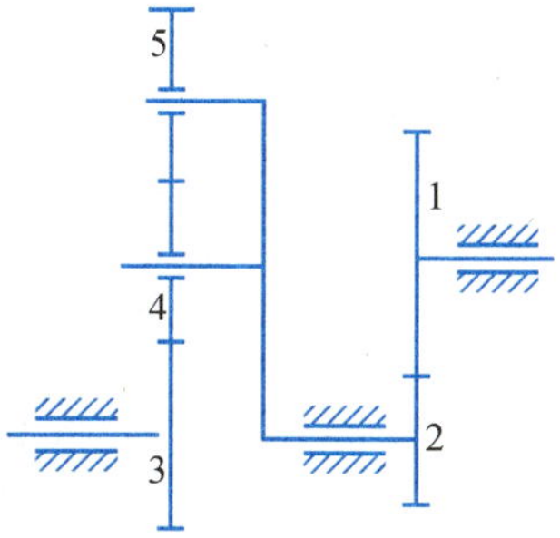

图 5-123　题三(4)图

四、填空题

(1) 在定轴轮系中,每个齿轮的回转轴线都是________的。

(2) 介轮对________并无影响,但却能改变从动轮的________。

(3) 周转轮系由________、________和________三种基本构件组成。

(4) 差动轮系的主要结构特点是________和________。

五、计算题

(1) 图 5-124 为蜗杆传动和圆锥齿轮传动的组合。已知输出轴上的锥齿轮 z_4 的转速为 n_4。试求:

① 欲使中间轴上的轴向力能部分抵消,试确定蜗杆传动的螺旋线方向和蜗杆的转向。

② 在图中标出各轮轴向力的方向。

(2) 如图 5-125 所示,设齿轮 $z_1=30$,$z_2=35$,$z_3=45$;当主动轮转速 $n_1=900$ r/min 时,从动轮转速 n_3 是多少?并在图中标出从动轮的旋转方向。

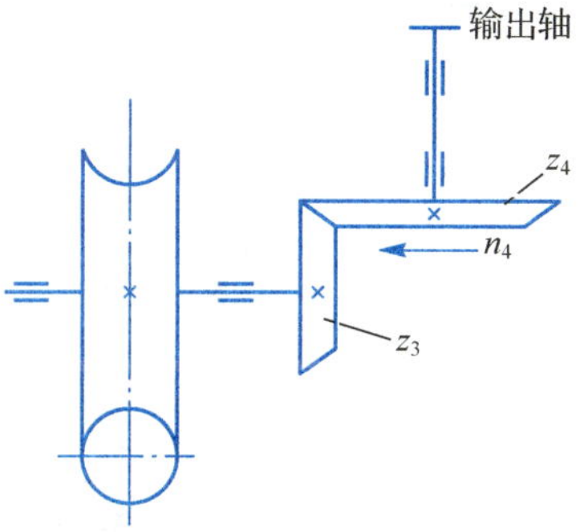

图 5-124　蜗杆传动和圆锥齿轮传动的组合

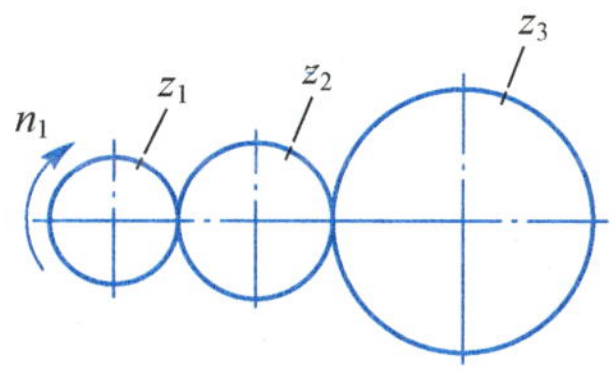

图 5-125　题五(2)图

(3) 如图 5-126 所示轮系中,已知 $z_1=16$,$z_2=32$,$z_3=20$,$z_4=40$,$z_5=4$,$z_6=40$,若 $n_1=800$ r/min,求蜗轮的转速 n_6 及各轮的转向,并将各轮转向标在图上。

(4) 如图 5-127 所示轮系中,已知各轮齿数分别为 $z_1=z_2'=z_3'=15$,$z_2=25$,$z_3=z_4=30$,$z_4'=2$(左旋),$z_5=60$,$z_5'=20$($m=4$ mm)。若 $n_1=500$ r/min,转向如图所示,求齿条 6 的线速度 v 的大小和方向。

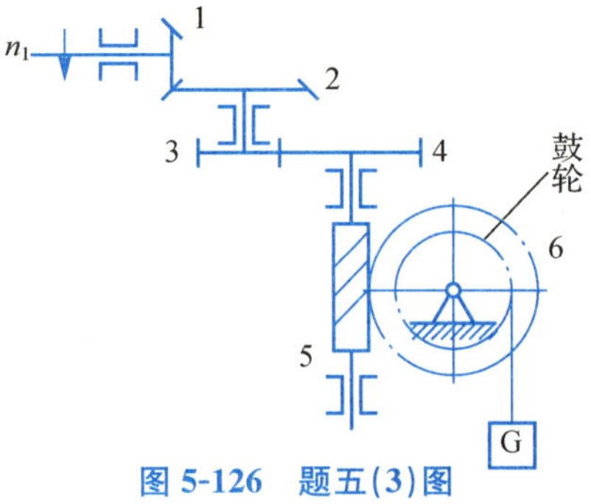

图 5-126　题五(3)图

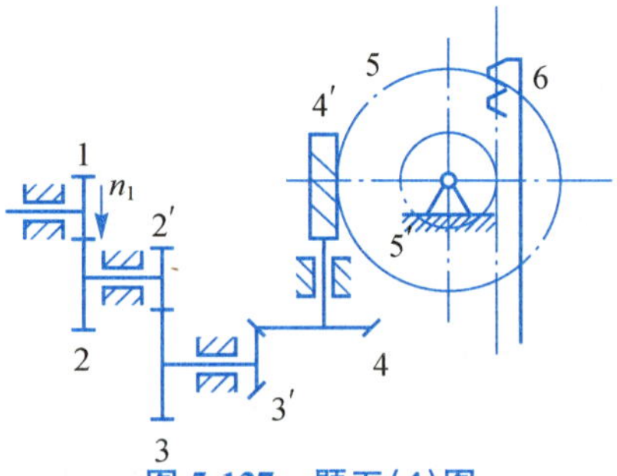

图 5-127　题五(4)图

(5) 如图 5-128 所示轮系中,已知 $n_1=55$ r/min,$n_3=190$ r/min,二者转向相同,$z_1=72$,$z_2=18$,$z_2'=36$,$z_3=18$,求行星架 H 的转速 n_H 和转向。

(6) 如图 5-129 所示的轮系中,已知各轮的齿数 $z_1=15$,$z_2=40$,$z_2'=20$,$z_3=30$,$z_4=80$,试计算其传动比 i_{1H}。

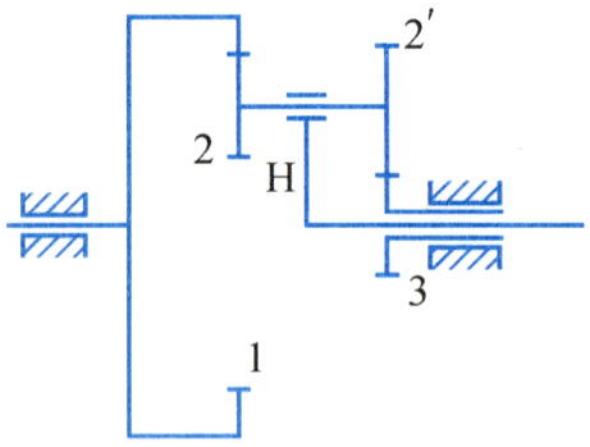

图 5-128　题五(5)图

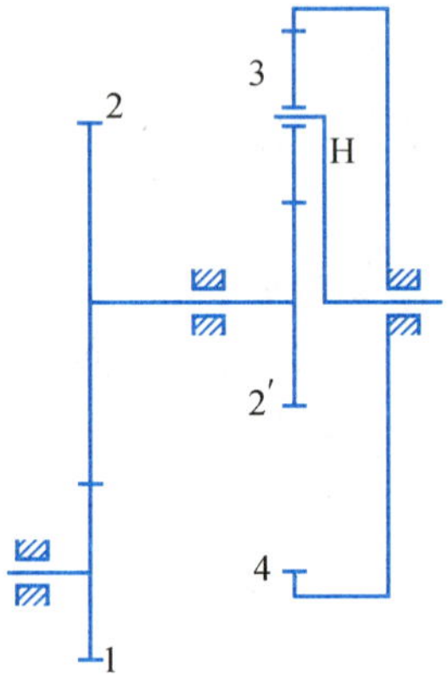

图 5-129　题五(6)图

学习情境六
输送机轴端连接装置设计

情境描述

如图 6-1 所示的带式输送机传动示意图中，虚线框部分为输送机轴端连接装置。齿轮减速器输出轴与输送机滚筒主轴采用联轴器连接，两半联轴器间用螺栓组连接。本学习情境主要解决如图 6-2 所示的轴间连接中联轴器及螺栓的设计与选用问题。

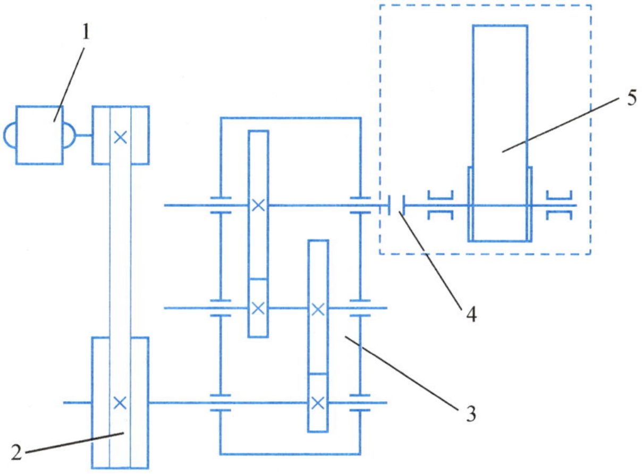

图 6-1　带式输送机传动示意图

1—电动机；2—带轮传动；3—齿轮减速器；4—联轴器；5—工作机

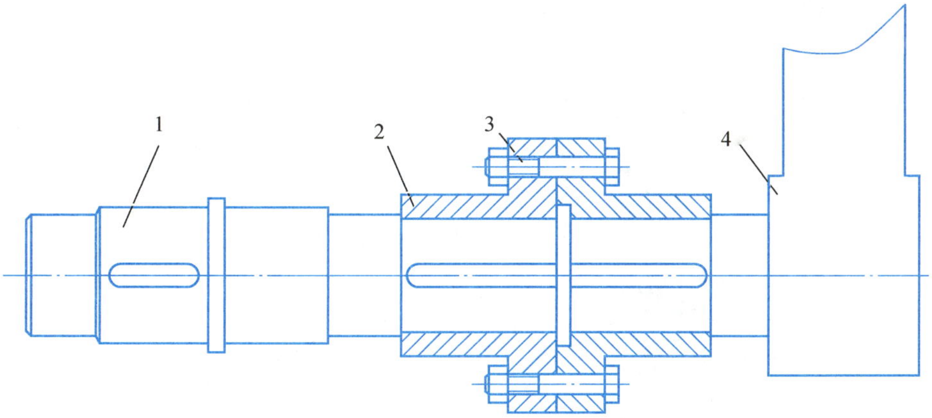

图 6-2　输送机轴端连接装置

1—输出轴；2—联轴器；3—螺栓；4—滚筒(带轮)

任务一　联轴器的设计

任务描述

如图 6-2 所示，已知减速器输出功率 $P_2=4.8\ \mathrm{kW}$，输出轴的转速 $n_2=94.5\ \mathrm{r/min}$，输出轴直径 $d_2=50\ \mathrm{mm}$，轴头长度 $L_2=110\ \mathrm{mm}$；工作机卷筒外伸轴直径 $d_3=45\ \mathrm{mm}$，轴头长度 $L_3=84\ \mathrm{mm}$。载荷平稳，工作中无相对位移。试选择减速器输出轴与工作机卷筒间的连接方式、联轴器的类型，确定其型号并标记。

任务分析

完成本设计任务，通过对输送机传动装置中减速器输出轴的轴端联轴器的设计与选用，了解联轴器的类型、特点和应用场合，掌握常用联轴器的类型、型号选用和结构尺寸确定的方法。学会通过查阅机械设计相关手册或联轴器相关标准手册确定联轴器的型号，并能进行有关尺寸设计和联轴器正确标记。

相关知识

联轴器通常用来连接两轴并在其间传递运动和动力，有时也可作为一种安全装置用来防止被连接机件承受过大的载荷，起到过载保护的作用。采用联轴器连接轴，两轴在机器运转时不能分离，只有在机器停止并将连接拆开后，两轴才能分离。

联轴器所连接的两轴，由于制造及安装误差、承载后的变形及温度变化等影响，往往存在着某种程度的相对位移，如图 6-3 所示。因此，设计联轴器时要从结构上考虑，使联轴器具有补偿位移量的性能，否则就会在轴、联轴器、轴承中引起附加载荷，导致工作情况的恶化。

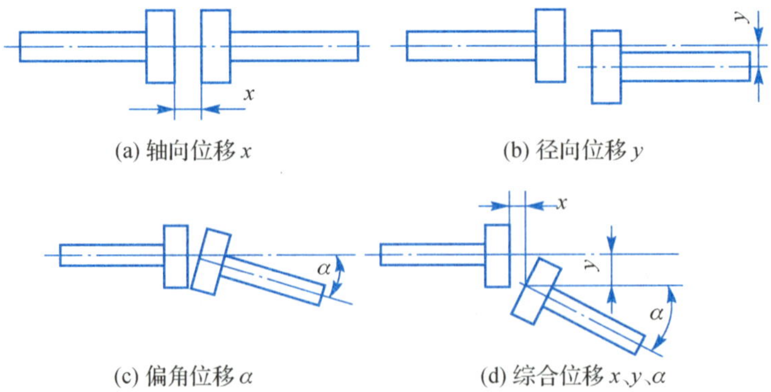

(a) 轴向位移 x　(b) 径向位移 y

(c) 偏角位移 α　(d) 综合位移 x、y、α

图 6-3　联轴器所连接两轴的位移形式

一、联轴器的类型及应用

联轴器根据补偿两轴位移能力的不同可分为两大类，即刚性联轴器和挠性联轴器。刚性联轴器不能补偿两轴的位移，适用于两轴能严格对中并在工作中不发生相对位移的场合；挠性联轴器具有一定的补偿两轴位移的能力。根据挠性联轴器补偿位移方法的不同又可将其分为无弹性元件挠性联轴器和有弹性元件挠性联轴器。普通联轴器的分类如图 6-4 所示。

- 联轴器
  - 刚性联轴器
    - 套筒联轴器
    - 凸缘联轴器
  - 挠性联轴器
    - 无弹性元件挠性联轴器（十字滑块联轴器、十字轴式万向联轴器、双向联轴器）
    - 有弹性元件挠性联轴器（弹性套柱销联轴器、弹性柱销联轴器）

图 6-4　普通联轴器的分类

1. 刚性联轴器

刚性联轴器不具有补偿被连接两轴轴线相对位移的能力，也不具有缓冲减振性能，但结构简单，价格便宜。只有在载荷平稳，转速稳定，能保证被连接两轴轴线相对位移极小的情况下，才可选用刚性联轴器。常见的刚性联轴器有套筒联轴器和凸缘联轴器。

(1) 套筒联轴器。套筒联轴器是最简单的联轴器，由连接两轴轴端的套筒和连接零件构成，其结构简单，径向尺寸小，但对两轴的轴线位移无补偿作用，且对安装条件要求高，无缓冲吸振功能。如图 6-5 所示，套筒联轴器由套筒和连接零件（键或销）组成，多用于两轴对中严格、低速轻载、工作平稳的场合。当用如图 6-5(b)所示的圆锥销作连接零件时，若按过载时圆锥销被剪断进行设计，则可用作安全联轴器。

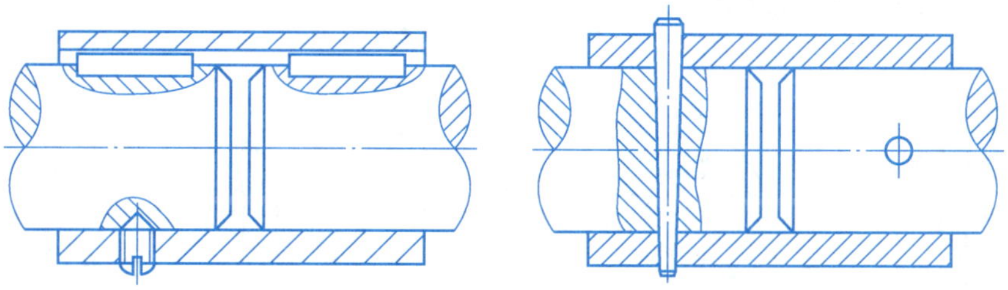

(a) 键连接　　(b) 销连接

图 6-5　套筒联轴器

(2) 凸缘联轴器。凸缘联轴器是应用最广泛的一种固定式刚性联轴器。它结构简单，使用方便，传递转矩较大，装拆较方便，可以连接不同直径的两轴，也可连接圆锥形轴伸。

如图 6-6 所示，凸缘联轴器由两个带凸缘的半联轴器和一组螺栓组成。这类联轴器按对中方式不同又可分为两种结构形式：一种为两半联轴器通过铰制孔用螺栓对中并实现连接，如图 6-6(a)所示，此种联轴器装拆较方便，且能传递较大转矩；另一种为有对中榫的凸缘联轴器，靠一个半联轴器的凸肩与另一个半联轴器上的凹槽相配合而对中，用普通螺栓实现连接，如图 6-6(b)所示，依靠接合面间的摩擦力传递转矩，对中精度高。装拆时，轴必须做轴向移动。

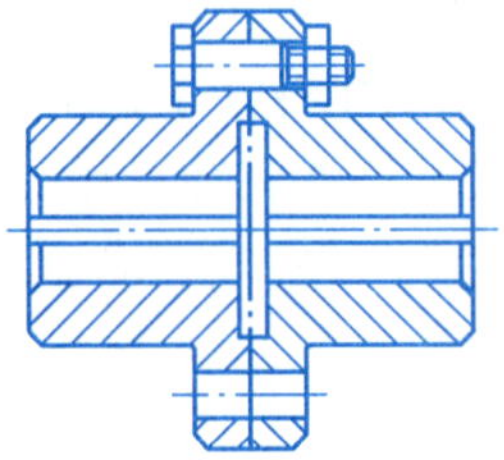

图 6-6　凸缘联轴器

凸缘联轴器结构简单，价格低廉，能传递较大的转矩，但不能补偿两轴线的相对位移，也不能缓冲减振，故只适用于连接的两轴能严格对中、载荷平稳的场合。这种联轴器已经标准化(GB/T 5843—2003)。

2. 挠性联轴器

挠性联轴器具有一定补偿被连两轴轴线相对位移的能力，最大量随型号不同而异。凡被连两轴的同轴度不易保证的场合，都应选用挠性联轴器。常用的挠性联轴器有无弹性元件挠性联轴器和有弹性元件挠性联轴器。

(1) 无弹性元件挠性联轴器。这类联轴器具有挠性，可补偿两轴的相对位移，但又因无弹性元件，故不能缓冲减振。常用的无弹性元件挠性联轴器有十字滑块联轴器、万向联轴器等。

① 十字滑块联轴器。如图 6-7 所示，十字滑块联轴器由两个端面开有凹槽的半联轴器和一个两端都具有互相垂直凸块的十字滑块构成。凸牙可在凹槽中滑动，因此可补偿安装及运动时两轴间的相对位移和偏心。

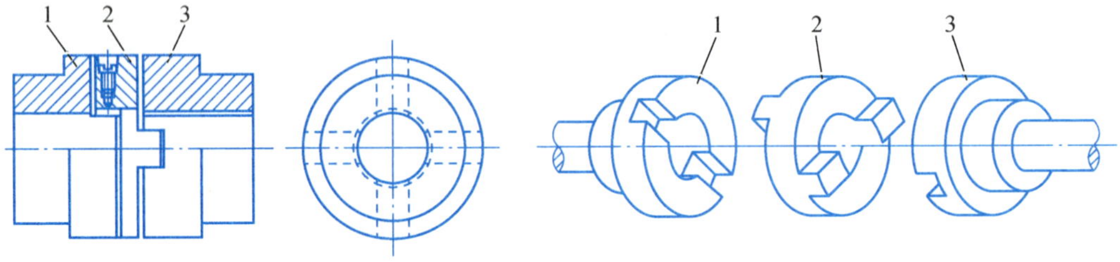

图 6-7　十字滑块联轴器

1、3—半联轴器；2—十字滑块

由于半联轴器与中间盘组成移动副，不能相对转动，故主动轴与从动轴的角速度相等。但在两轴间有位移的情况下工作时，中间盘会产生很大的离心力，因此十字滑块联轴器易磨损，适合低速、轴的刚性较大、冲击小的场合。

② 十字轴式万向联轴器。十字轴式万向联轴器的两轴线能成任意角度 α，而且在机器运转时，夹角发生改变后仍可正常传动。但 α 角越大，传动效率越低，所以一般 α 角为

35°～45°。

如图 6-8 所示，十字轴式万向联轴器结构紧凑、维护方便，广泛应用于汽车、拖拉机、组合机床等机械的传动系统中。小型十字轴式万向联轴器已标准化（GB/T 12458—2003），设计时可按标准选用。

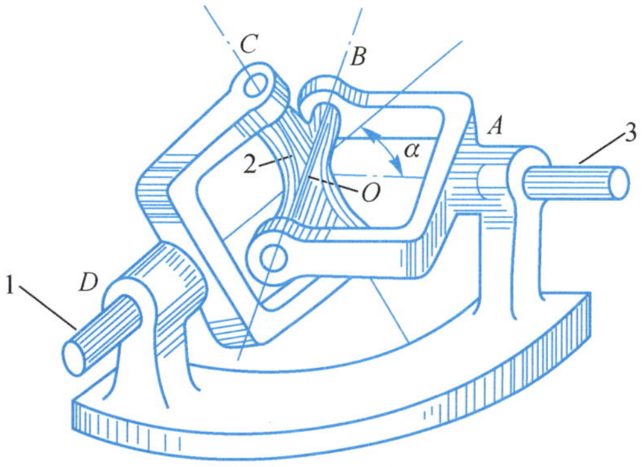

图 6-8　十字轴式万向联轴器

1、3—轴；2—中间十字形连接件

这种联轴器的缺点是当主动轴角速度为常数时，从动轴的角速度并不是常数，而是在一定范围内变化，这在传动中会引起附加载荷。所以两个万向联轴器常成对使用。

③ 双万向联轴器。使用双万向联轴器时，应使主、从动轴和中间轴位于同一平面内，两个叉形接头也位于同一平面内，而且使主、从动轴与连接轴所成夹角 α 相等（图 6-9），这样才能使主、从动轴同步转动，避免动载荷的产生。

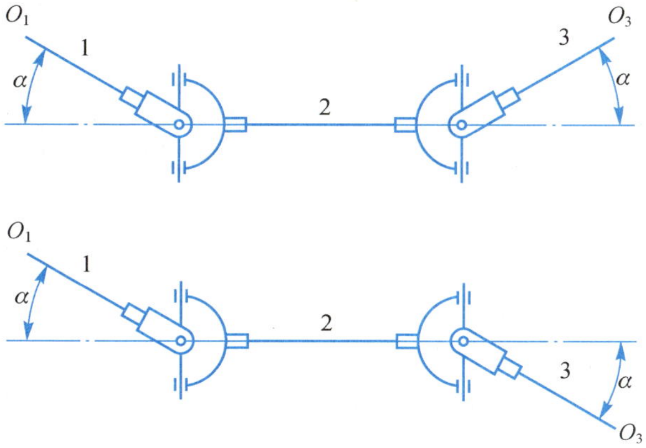

图 6-9　双万向联轴器的原理图示

（2）有弹性元件挠性联轴器。常用的有弹性元件挠性联轴器有弹性套柱销联轴器和弹性柱销联轴器等。

① 弹性套柱销联轴器。如图 6-10 所示，弹性套柱销联轴器的构造与凸缘联轴器相似，只是用套有弹性套的柱销代替了连接螺栓，利用弹性套的弹性变形来补偿两轴的相对位移。这种联轴器重量轻、结构简单，但弹性套易磨损，寿命较短，用于冲击载荷小、起动频繁的中小功率传动中。弹性套柱销联轴器已标准化（GB/T 4323—2002）。

② 弹性柱销联轴器。如图 6-11 所示，弹性柱销联轴器的结构与弹性套柱销联轴器相似，主要区别在于其用尼龙柱销代替了橡胶圈柱销。它传递转矩的能力更大，结构更简单，更换柱销方便，有一定的吸振能力，但补偿位移量不大。一般用于轴向窜动较大、轻载、双向运转、起动频繁、转速较高的场合。

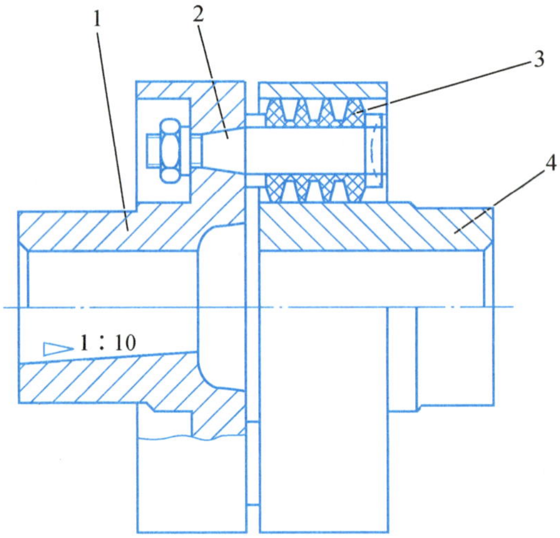

图 6-10　弹性套柱销联轴器

1、4—半联轴器；2—柱销；3—弹性套

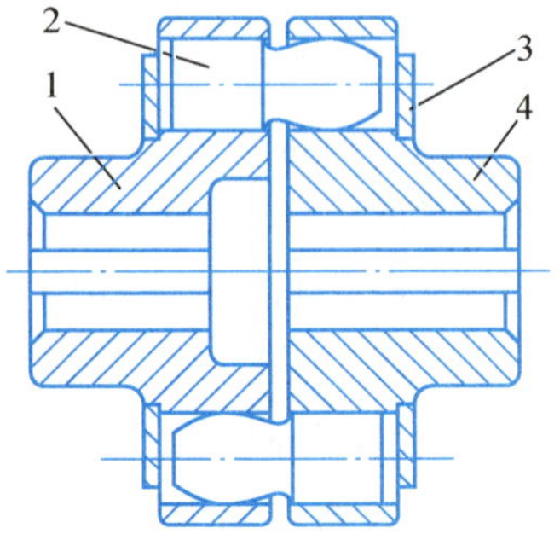

图 6-11　弹性柱销联轴器

1、4—半联轴器；2—柱销；3—盖板

二、联轴器轴孔形式、轴孔键槽形式及标记方法

1. 联轴器轴孔的主要形式及代号、轴孔键槽的主要形式及代号(GB/T 3852—2008)

联轴器轴孔形式及代号见表 6-1；轴孔键槽联结形式及代号见表 6-2。

表 6-1　轴孔形式及代号

名　　称	形式及代号	图　　示	备　　注
圆柱形轴孔	Y 型	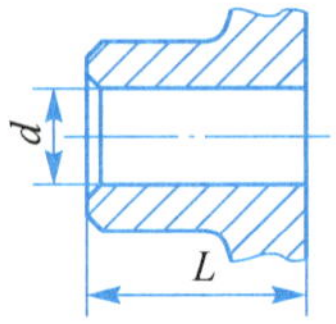	限用于长圆柱形轴伸电机端
有沉孔的短圆柱形轴孔	J 型	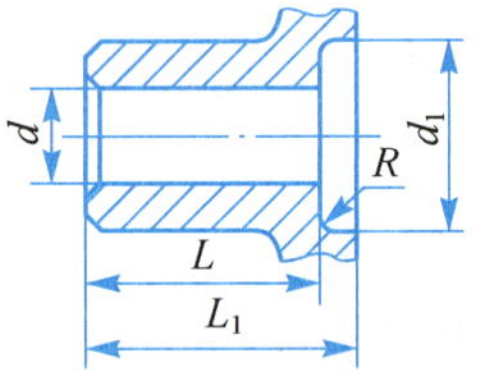	推荐选用
有沉孔的长圆锥形轴孔	Z 型	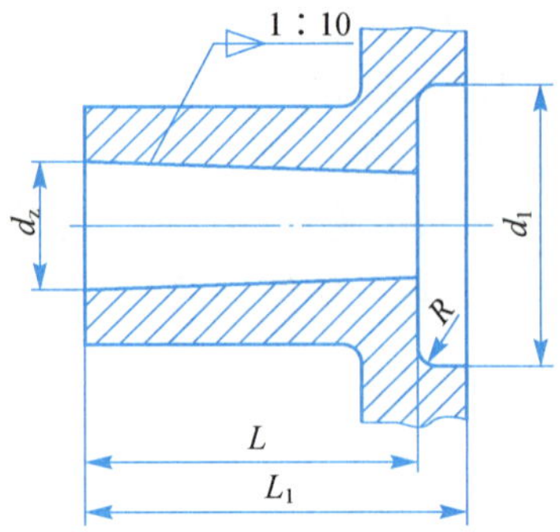	推荐选用

（续表）

名　　称	形式及代号	图　　示	备　　注
圆锥形轴孔	Z_1 型	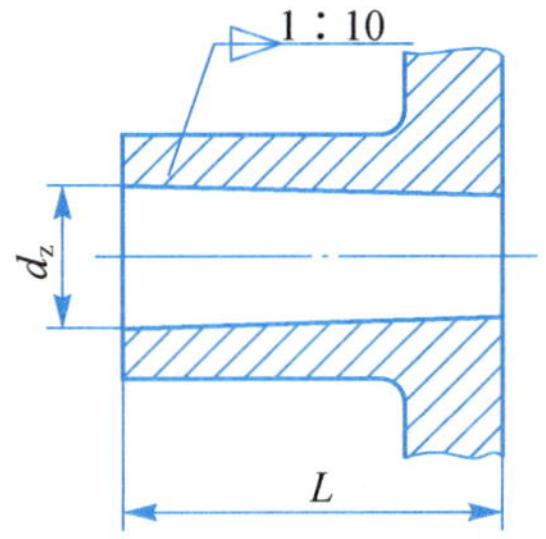	

表 6-2　轴孔键槽联结形式及代号

名　　称	形式及代号	图　　示
平键单键槽	A 槽	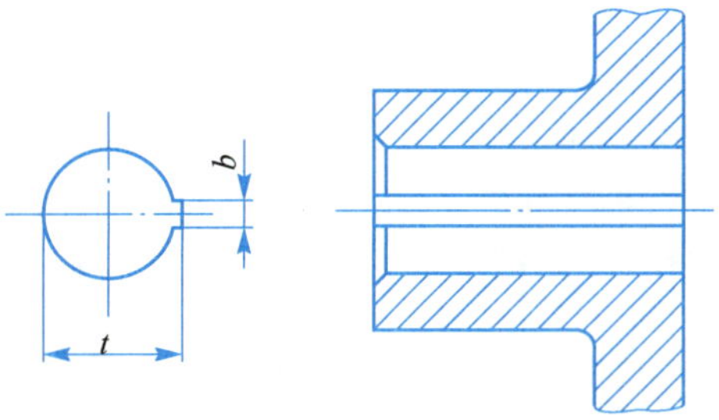
120°布置平键双键槽	B 型	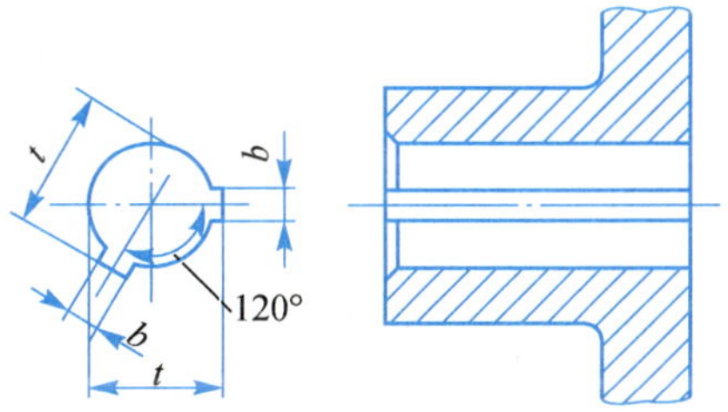
180°布置平键双键槽	B_1 型	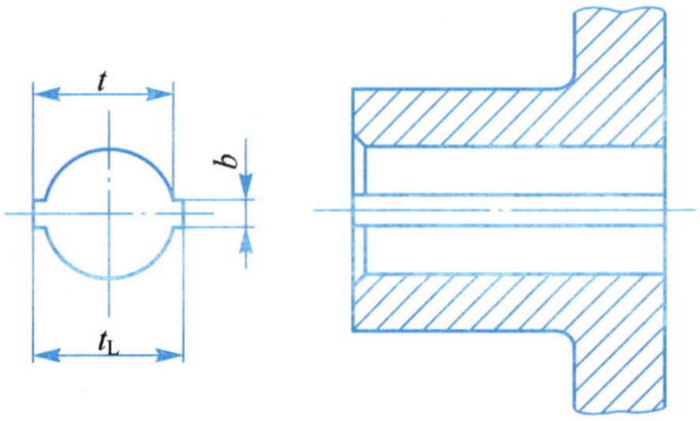

（续表）

名　　称	形式及代号	图　　示
圆锥形轴孔平键单键槽	C 型	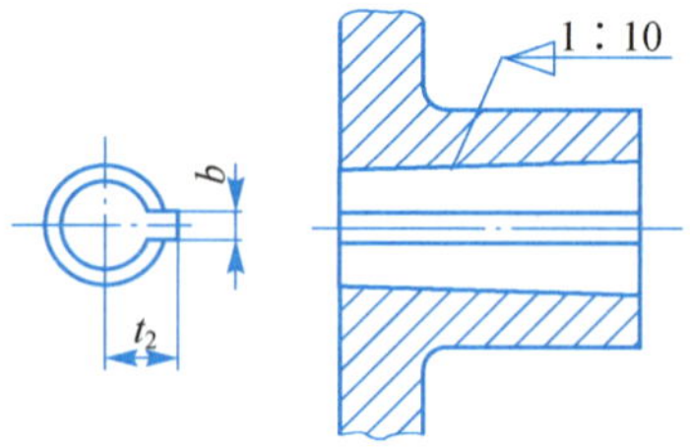
圆柱形轴孔普通切向键键槽	D 型	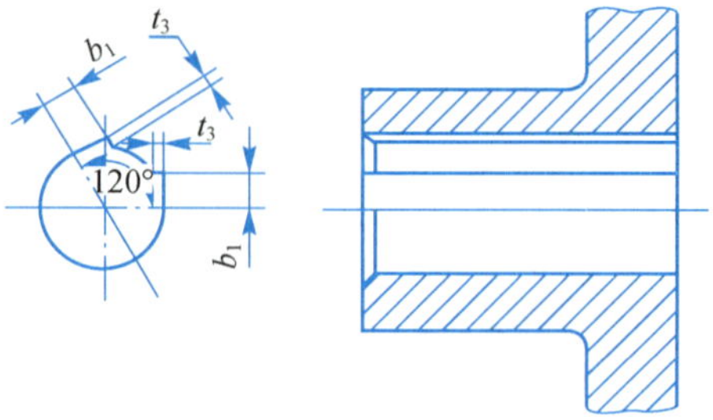

2. 联轴器的标记方法

Y 型孔、A 型键槽的代号在标记中可省略不注；联轴器两端轴孔和键槽的形式与尺寸相同时，只标记一端，另一端省略不注。如 HL2 联轴器 $\frac{J_1B20\times38}{JB_1 22\times38}$ GB/T 5014—2003，表示 HL2 弹性柱销联轴器，其中主动端：J_1 型轴孔，B 型键槽，$d=20$ mm，$L=38$ mm；从动端：J 型轴孔，B_1 型键槽，$d=22$ mm，$L=38$ mm，如图 6-12 所示。

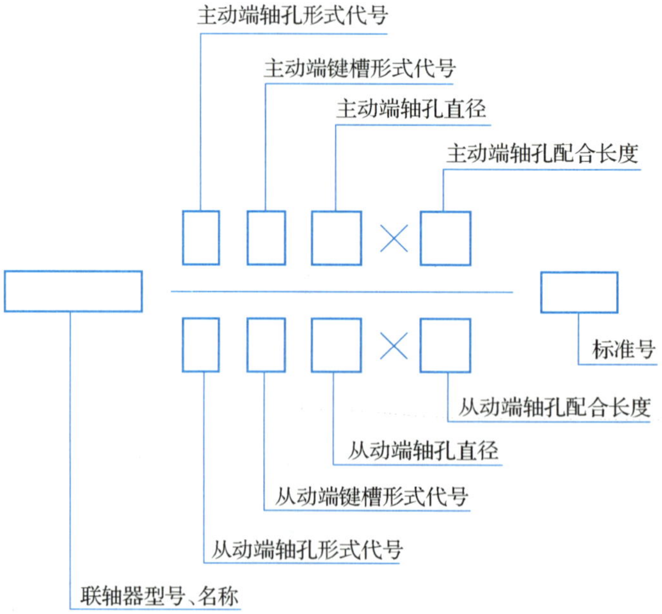

图 6-12　联轴器的标记方法

三、联轴器的选择

常用联轴器多已标准化，选用时，首先应根据工作条件选择合适的类型，然后再按转矩、轴径及转速选择联轴器的型号、尺寸，必要时应对个别薄弱零件进行强度核算。

1. 类型选择

根据机器的使用要求和工作条件选择合理的类型。如果要求两轴能精确对中、轴本身刚性较好，可选用凸缘联轴器；对中困难，轴的刚性差时，可选用具有补偿位移能力的联轴器；两轴成一定夹角时，可选用十字轴式万向联轴器；转速高，要求能吸振和缓冲的，可采用弹性联轴器。由于类型选择涉及因素较多，一般要参考以往使用联轴器的经验进行选择。

2. 型号(尺寸)选择

类型确定以后，根据轴的直径、工作转矩和转速查机械设计手册或有关标准选择具体的型号、尺寸。选择时应满足：计算转矩不超过联轴器的公称转矩；工作转速不超过联轴器的许用最高转速；轴径在所选型号的孔径范围内。

联轴器的计算转矩可按下式计算：

$$T_C = KT \tag{6-1}$$

$$T = 9\ 550\frac{P}{n} \tag{6-2}$$

其中，T_C 为轴的计算转矩，单位为 N · m；K 为工况系数，见表 6-3；T 为轴的名义转矩，单位为 N · m；P 为联轴器传递的功率，单位为 kW；n 为联轴器的转速，单位为 r/min。

表 6-3　联轴器和离合器的工况系数 K

原动机	工作机	K
电动机	皮带运输机、鼓风机、连续运转的金属切削机床	1.25～1.5
	链式运输机、刮板运输机、螺旋运输机、离心泵、木工机床	1.5～2.0
	往复运动的金属切削机床	1.5～2.5
	往复式泵、往复式压缩机、球磨机、破碎机、冲剪机	2.0～3.0
	锤、起重机、升降机、轧钢机	3.0～4.0
汽轮机	发电机、离心泵、鼓风机	1.2～1.5
往复式发动机	发电机	1.5～2.0
	离心泵	3～4
	往复式工作机(如压缩机、泵)	4～5

注：1. 刚性联轴器选用较大的 K 值，弹性联轴器选用较小的 K 值。
2. 牙嵌式离合器 $K=2～3$，摩擦离合器 $K=1.2～1.5$。
3. 从动件的转动惯量小，载荷平稳时 K 取较小值。

任务实施

根据任务，设计步骤如下：

1. 类型选择

带式输送机载荷平稳，无冲击，减速器输出轴刚性好，转速低，传递转矩大，工作过程中无相对位移，所以可以选择刚性联轴器。本任务选择最常用的凸缘联轴器。

2. 型号选择

已知 $P_2=4.8$ kW，$n_2=94.5$ r/min，查表 6-3 得到工况系数 $K=1.5$，根据式(6-1)、式(6-2)得

$$T_C=KT=K\times 9\ 550\frac{P}{n}=1.5\times 9\ 550\times\frac{4.8}{94.5}=727.6\ \text{N}\cdot\text{m}$$

根据机械设计手册选 GYS6 型凸缘联轴器，见表 6-4。

表 6-4 凸缘联轴器的基本参数和主要尺寸 单位：mm

型号	公称转矩 T_n/(N·m)	许用转速 $[n]$/(r·min^{-1})	轴孔直径 d_1、d_2	轴孔长度 L		D	D_1	b_1	s	转动惯量 I/(kg·m^2)	质量 m/kg
				Y 型	J_1 型						
GY5 GYS5 GYH5	400	8 000	30	82	60	120	68	52	8	0.007	5.43
			32								
			35								
			38								
			40	112	84						
			42								
GY6 GYS6 GYH6	900	6 800	38	82	60	140	80	56	8	0.015	7.59
			40	112	84						
			42								
			45								
			48								
			50								
GY7 GYS7 GYH7	1 600	6 000	48	112	84	160	100	56	8	0.031	13.1
			50								
			55								
			56								
			60	142	107						
			63								

轴孔直径 d 为 40～50 mm，轴孔长度 $L=112$ mm，而减速器输出轴直径 $d_2=50$ mm，轴头长度 $L_2=110$ mm，工作机卷筒外伸轴直径 $d_3=45$ mm，轴头长度 $L_3=84$ mm，符合使用要求。

3. 校核转矩和转速

$$T_C<[T_n](\text{公称转矩})=900\ \text{N}\cdot\text{m}$$

$$n=94.5\ \text{r/min}<[n]=6\ 800\ \text{r/min}$$

可知满足使用要求。

4. 联轴器标记

GYS6 联轴器$\frac{J_1B50\times110}{JB_145\times84}$GB/T 5843—2003。

任务总结

1. 选用标准联轴器

在选择联轴器时首先应在已经制定为国家标准、机械行业标准及获国家专利的联轴器中选择，只有在现有标准联轴器和专利联轴器不能满足设计需要时才可自行设计联轴器。

2. 选择联轴器的种类、形式

了解联轴器在传动系统中的综合功能，从传动系统总体设计考虑来选择联轴器的种类、形式。根据原动机类别和工作载荷类别、工作转速、传动精度、两轴位移状况、温度、湿度、工作环境等综合因素选择联轴器的种类。根据配套主机的需要选择联轴器的结构形式，当联轴器与制动器配套使用时，宜选择带制动轮或制动盘形式的联轴器；需要过载保护时，宜选择安全联轴器；与法兰连接时，宜选择法兰式联轴器；长距离传动，连接的轴向尺寸较大时，宜选择中间轴型或接中间套型联轴器。

3. 联轴器的转矩计算

根据工况系数 K、功率、转速、转矩，计算联轴器的计算转矩。转矩和转速成反比。

4. 初选联轴器型号

根据计算转矩 T_C，从标准系列中选择相近的公称转矩$[T_n]$，选型时应满足 $T_C\leqslant[T_n]$，初选联轴器型号，满足 $n\leqslant[n]$，同时查得轴向尺寸和径向尺寸。

5. 根据轴径调整型号

初步选定的联轴器连接尺寸，即轴孔直径 d 和轴孔长度 L，应符合主、从动端轴径的要求，否则还要根据轴径 d 调整联轴器的型号。主、从动端轴径不同时，应按大轴径选择联轴器型号。

6. 选择连接形式

联轴器连接形式的选择，取决于主、从动轴端与轴的连接形式，一般多采用键连接，为统一键连接形式及代号，在《联轴器轴孔和联结型式与尺寸》(GB/T 3852—2008)中规定了七种键槽形式、四种无键连接，用得较多的是 A 型键(平键单键槽)。

7. 选定联轴器种类、形式、型号

根据工作机和联轴器载荷类别、转速、工作环境等综合因素，选定联轴器种类；根据联轴器的配套、连接情况等因素选定联轴器形式；根据公称转矩、轴孔直径与轴孔长度做校核验算，最后确定联轴器的型号。

【知识拓展】

离合器的基本知识

离合器用来连接两轴，使其一起转动并传递转矩，在机器运转过程中可以随时进行接合或分离，通常用于机械传动系统的起动、停止、换向及变速等操作。另外，离合器也可用于过载保护等。

离合器工作可靠，接合平稳，分离迅速而彻底，动作准确，调节和维修方便，结构简单。

离合器的种类很多，按实现两轴接合和分离的操作手段可分为操纵离合器、自动离合器；按离合的工作原理可分为牙嵌式离合器、摩擦式离合器等。这里只介绍三种常见离合器。

1. 牙嵌式离合器

牙嵌式离合器是由两个端面带牙的套筒所组成的。如图 6-13 所示，半离合器Ⅰ紧配在轴上，半离合器Ⅱ可以沿导向平键在另一根轴上移动。利用操纵杆移动拨叉可使两个半离合器接合或分离。为便于对中，牙嵌式离合器装有对中环。

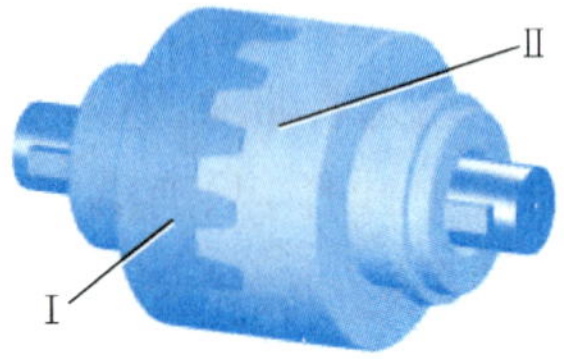

图 6-13　牙嵌式离合器

牙嵌式离合器结构简单，外廓尺寸小，连接后两轴不会发生相对滑转，能传递较大的转矩，故应用较多。但牙嵌离合器只宜在两轴不回转或转速差很小时进行接合，否则牙齿可能因受撞击而折断。

2. 摩擦式离合器

摩擦式离合器是利用主、从动半离合器摩擦盘接触面间的摩擦力传递转矩。为提高传递转矩的能力，通常采用多盘摩擦式离合器。它能在不停车或两轴有较大转速差时进行平稳接合，而且可在过载时因摩擦盘间打滑而起到过载保护作用。

如图 6-14 所示为多盘摩擦式离合器。

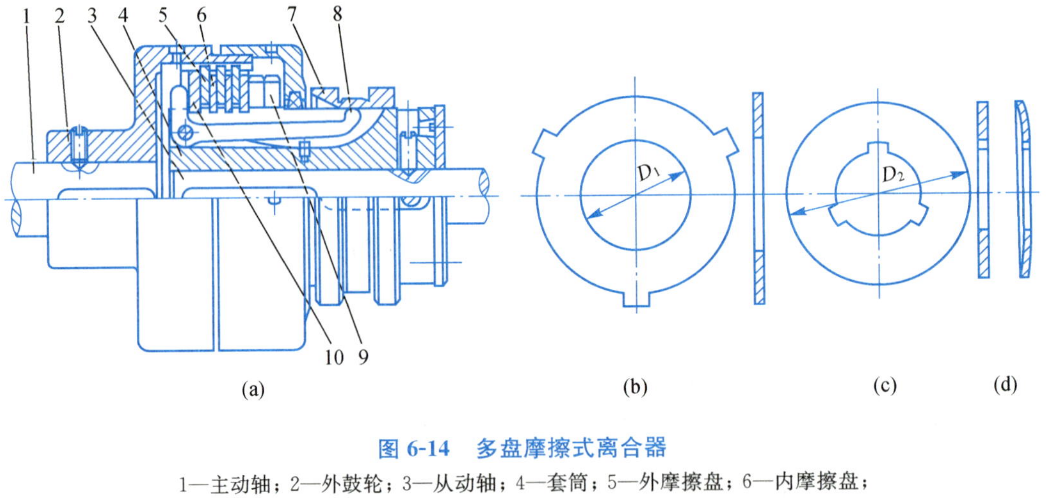

图 6-14　多盘摩擦式离合器

1—主动轴；2—外鼓轮；3—从动轴；4—套筒；5—外摩擦盘；6—内摩擦盘；7—滑环；8—曲臂压杆；9—调节螺母；10—压板

3. 超越离合器

超越离合器是利用主动件和从动件的转速变化或回转方向变换而自动接合和脱开的一种离合器。当主动件带动从动件一起转动时，称为接合状态；当主动件和从动件脱开以各自的速度回转时，称为超越状态。超越离合器有滚子式、楔块式等多种形式，主要用于速度转换、防止逆转、间歇运动等。

如图 6-15 所示为一种滚子超越离合器，它由星轮、外圈、滚子、顶杆和弹簧组成，星轮和外圈都可以作主动件。现在以星轮作主动件来分析，当星轮顺时针转动时，滚子就楔紧在槽内，带动外圈一起转动，离合器接合；当星轮逆时针转动时，滚柱退入宽槽部位，外圈则不动，离合器分离。若外圈为主动件时，情况正好相反。

超越离合器常用于汽车、机床等的传动装置中。这种离合器接合平稳，但传递转矩较小，寿命以接合次数计，可达 5×10^6 次，超越时极限转速可达 3 000 r/min。

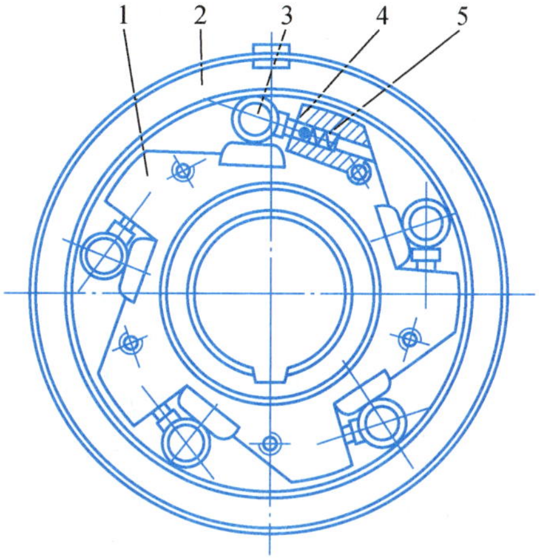

图 6-15　滚柱超越离合器

1—星轮；2—外圈；3—滚柱；4—顶杆；5—弹簧

制动器的基本知识

制动器是用来降低机械的运转速度或迫使机械停止运转的机械装置。大多数制动器采用的是摩擦制动方式。它广泛应用在机械设备的减速、停止和位置控制的过程中。下面介绍两种常见的基本结构形式。

1. 盘式制动器

盘式制动器主要由制动盘、制动摩擦片、制动钳、油缸、油管等部分构成。盘式制动器通过液压系统把压力施加到制动油缸上，使制动摩擦片与车轮毂固连，与随车轮转动的制动盘发生摩擦，从而达到制动的目的，如图 6-16 所示。盘式制动器散热快，重量轻，构造简单，调整方便，特别是高负载时耐高温性能好，制动效果稳定，而且不怕泥水侵袭，能够在冬季和恶劣路况下行车。

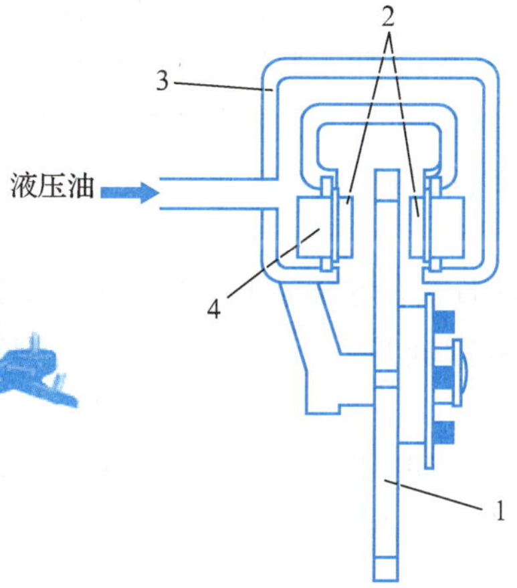

图 6-16　盘式制动器

1—制动盘；2—制动摩擦片；3—制动支架；4—活塞

2. 鼓式制动器

鼓式制动器是利用制动传动机构使制动蹄将制动摩擦片压紧在制动鼓内侧，从而产生制动力，根据需要使车轮减速或在最短的距离内停车，以确保行车安全，并保障汽车停放可靠而不能自动滑移，如图 6-17 所示。鼓式制动器不是敞开式的，制动过程中产生的热量不能及时散去，制动效能不如盘式制动器。

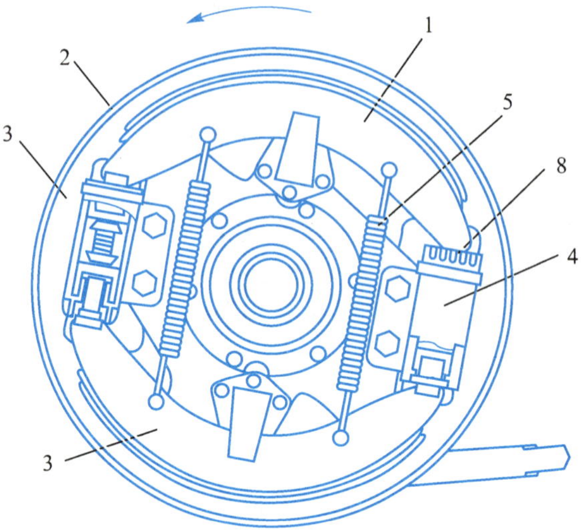

图 6-17　鼓式制动器

1,3—制动蹄；2—制动鼓；4—制动油缸；5—回位弹簧

思考与练习

一、简答题

(1) 联轴器和离合器的功用有何相同点和不同点？

(2) 刚性联轴器和弹性联轴器的区别是什么？各适用于什么工作条件？

(3) 联轴器的选择原则有哪些？如何确定其类型及尺寸？

(4) 离合器的类型有哪些？它们的特点是什么？适用于哪些场合？

(5) 制动器应满足哪些基本要求？

二、选择题

(1) 对低速、刚性大的短轴，常选用的联轴器为________。

A. 刚性固定式联轴器　　B. 刚性可移式联轴器

C. 弹性联轴器　　D. 安全联轴器

(2) 在载荷具有冲击、振动，且轴的转速较高、刚度较小时，一般选用________。

A. 刚性固定式联轴器　　B. 刚性可移式联轴器

C. 弹性联轴器　　D. 安全联轴器

(3) 联轴器的主要作用是________。

A. 缓冲、减振　　B. 传递运动和转矩

C. 防止机器发生过载　　D. 补偿两轴的不同心或热膨胀

三、填空题

(1) 当受载较大，两轴较难对中时，应选用________联轴器来连接；当原动机的转速高

且动力较不稳定时，其输出轴与传动轴之间应选用________联轴器来连接。

(2) 挠性联轴器按其组成中是否具有弹性元件，可分为________和________两大类。

(3) 传递两相交轴间运动而又要求轴间夹角经常变化时，可以采用________联轴器。

(4) 两轴线易对中、无相对位移的轴宜选________联轴器；两轴线不易对中、有相对位移的长轴宜选________联轴器；起动频繁、正反转多变、使用寿命要求长的大功率重型机械宜选________联轴器；起动频繁、经常正反转、受较大冲击载荷的高速轴宜选________联轴器。

四、计算题

试选择电动机和减速器之间的联轴器型号。已知电动机轴径 $d=50$ mm，轴伸长度 $L=110$ mm，额定功率 $P=15$ kW，转速 $n=970$ r/min。减速器输入轴直径 $d_1=42$ mm，轴头长度 $L_1=80$ mm，载荷平稳，有轻微冲击，空载起动。

任务二　螺栓的设计

任务描述

如图 6-2 所示为 GYS6 型凸缘联轴器。已知联轴器螺栓材料选用 35 钢，力学性能等级为 4.8 级，螺栓中心分布在直径为 120 mm 的圆周上，且安装时不控制预紧力，传递的转矩为 728 N·m(静载荷)，两半联轴器间的摩擦系数 $f=0.15$，连接的安全系数 $C=1.2$。本任务为确定连接螺栓的规格。

任务分析

完成本设计，需要掌握螺纹连接的相关知识，正确查阅机械设计手册，并能熟练进行螺栓组的简单选用与计算。普通螺栓连接的失效形式一般为螺栓杆的螺纹部分的塑性变形或断裂，所以一般需要进行拉伸强度计算。该设计任务需要根据强度条件计算螺栓直径，再根据各连接件的厚度确定螺栓的长度。

相关知识

在机械制造中，螺纹连接是应用最广泛的一种可拆连接。它具有结构简单、拆装方便、等优点。绝大多数螺纹紧固件已标准化，并由专业工厂大批量生产，故其质量可靠、价格低廉、供应充足。

螺纹是在圆柱表面上沿螺旋线切制出具有相同截面(三角形、梯形、锯齿形等)的连续凸起和沟槽而形成的。加工在零件外表面的螺纹称为外螺纹，加工在零件内表面的螺纹称为内螺纹。把内、外螺纹旋合在一起，可起到连接作用。

一、螺纹的类型

(1) 按螺旋线的旋向，螺纹分为左旋螺纹和右旋螺纹，如图 6-18 所示，一般采用右旋螺纹。

(2) 按螺旋线的数目，螺纹可分为单线螺纹[图 6-18(a)]和多线螺纹[沿两条或两条以上等距螺旋线形成的螺纹，如图 6-18(b)所示]。单线螺纹自锁性能好，常用于连接；多线螺纹常用于传动。

(3) 按母体的形状，螺纹可分为圆柱螺纹和圆锥螺纹。

(4) 按螺纹牙型断面形状的不同，螺纹可分为普通螺纹、矩形螺纹、梯形螺纹、锯齿形螺纹和管螺纹等，如图 6-19 所示。

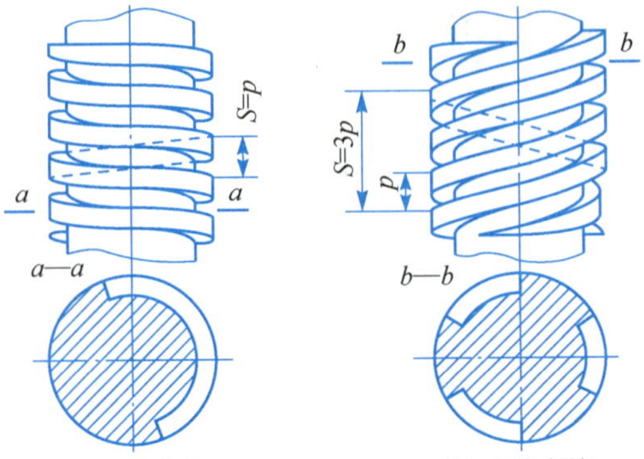

(a) 单线左旋　　(b) 多线右旋

图 6-18　螺旋螺纹

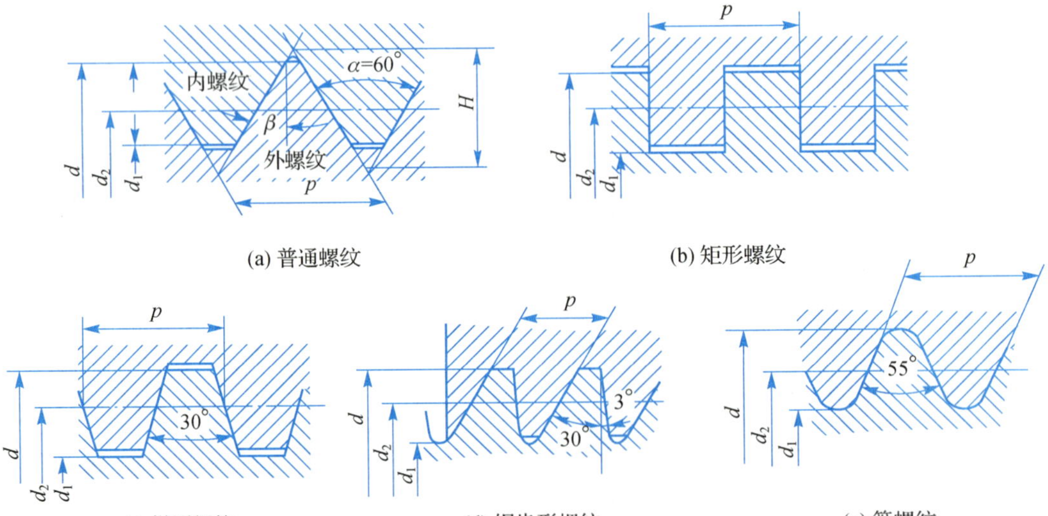

(a) 普通螺纹　　(b) 矩形螺纹

(c) 梯形螺纹　　(d) 锯齿形螺纹　　(e) 管螺纹

图 6-19　不同牙型螺纹

二、常用螺纹

(1) 普通螺纹的牙型为等边三角形,内外螺纹旋合后留有径向间隙。同一公称直径按螺距大小,可分为粗牙和细牙。细牙螺纹螺距小,自锁性能较好,连接强度高,但不耐磨。一般连接多用粗牙螺纹,细牙螺纹常用于细小零件、薄壁管件或受冲击、振动和变载荷的连接中以及精密机构的线距调节。

(2) 矩形螺纹的牙型为正方形,其传动效率较其他螺纹高,但牙根强度低,螺旋副磨损后的间隙难以补偿,使传动精度降低,目前已逐渐被梯形螺纹所代替。

(3) 梯形螺纹的牙型为等腰梯形,传动效率略低于矩形螺纹,但加工容易,对中性好,牙根强度高,采用剖分螺母时,磨损后的轴向间隙可以调整,是广泛应用的一种传动螺纹,如车床丝杠等。

(4) 锯齿形螺纹的牙型为非等腰梯形,它兼有矩形螺纹传动效率高和梯形螺纹牙根强度高的优点,但只能用于单向受力的螺纹连接和螺旋传动中,如螺旋压力机。

(5) 管螺纹属于英制螺纹,牙型为等腰三角形,牙型角 $\alpha=55°$,公称直径为管子的内径。管螺纹可分为圆柱管螺纹和圆锥管螺纹。前者用于低压场合,后者用于高温高压或密封性要求较高的管连接。

三、螺纹的主要几何参数

螺纹的主要几何参数如图 6-20 所示,具体如下:

(1) 大径 d。大径是指与外螺纹牙顶或内螺纹牙底相切的假想圆柱或圆锥的直径。标准规定它为公称直径。

(2) 小径 d_1。小径是指与外螺纹牙底或内螺纹牙顶相切的假想圆柱或圆锥的直径。

(3) 中径 d_2。中径是指牙型上沟槽和凸起宽度相等处的假想圆柱或圆锥的直径,是确定螺纹几何参数和配合性质的直径。

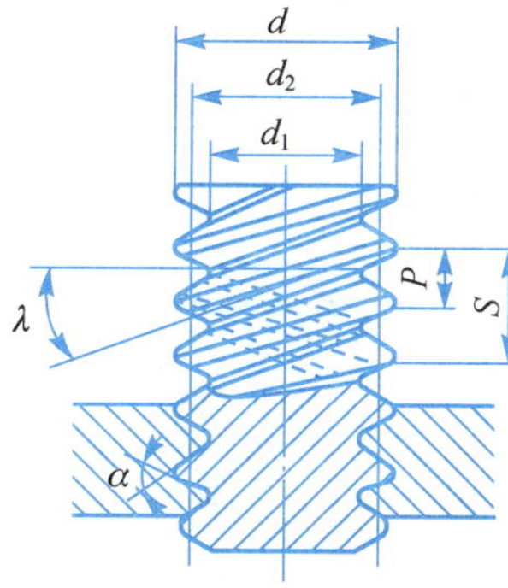

图 6-20　螺纹的主要几何参数

(4) 螺距 P。螺距是指相邻两牙体上的对应牙侧与中径线相交两点间的轴向距离。

(5) 导程 S。导程是指同一条螺旋线上最邻近的两同名牙侧与中径线相交两点间的轴向距离。设螺旋线数为 n,则 $S=nP$。

(6) 螺纹升角 λ。螺纹升角是指在中径圆柱或中径圆锥上,螺旋线的切线与垂直于螺纹轴线平面间的夹角。

(7) 牙型角 α、牙侧角 β。牙型角是指在螺纹牙型上两相邻牙侧间夹角，牙侧角是指牙型侧边与垂直于螺纹轴线平面间的夹角，对称牙型则有 $\beta=\alpha/2$，如图 6-19 所示。

四、螺纹连接的基本类型

根据所用紧固件和连接方式的不同，螺纹连接可以分为以下四种基本类型。

1. 螺栓连接

螺栓连接是将螺栓穿过被连接件上的光孔并用螺母锁紧。螺栓连接无须在被连接件上切制螺纹孔，结构简单，装拆方便，易于更换，应用广泛，适用于两个零件都不太厚并能钻成通孔的场合。螺栓连接分为普通螺栓连接和铰制孔用螺栓连接。

(1) 普通螺栓连接。由于普通螺栓连接中孔和杆之间留有间隙，可以补偿各孔之间的位置误差，且加工简单，装拆方便，故得到广泛的应用，如图 6-21(a)所示。

(2) 铰制孔用螺栓连接。铰制孔用螺栓连接多采用基孔制过渡配合，螺杆与通孔加工精度高，如图 6-21(b)所示。由于孔与杆之间是过渡配合，具有定位作用，可以承受横向载荷，但是加工成本高。

2. 双头螺柱连接

双头螺柱连接时，一个被连接件上制有螺纹孔，其他被连接件上则为通孔，如图 6-21(c)所示。这种连接主要用于被连接件较厚或受到空间位置尺寸限制，而又需要经常拆卸的情况。拆卸时，只需要把螺母拧下即可，而螺柱留在原位，以免因多次拆卸使内螺纹损坏(磨损失效)。

3. 螺钉连接

螺钉连接是在一个被连接件上加工有螺纹孔，装配时螺钉直接拧入螺纹孔中，不需要螺母。这种连接主要用在空间位置受到限制，而且连接不需要经常拆卸的场合，如图 6-21(d)所示。

4. 紧定螺钉连接

紧定螺钉连接主要用来固定被连接件的相对位置及传递扭矩。通常为防止轴向窜动加设紧定螺钉，如图 6-21(e)所示。

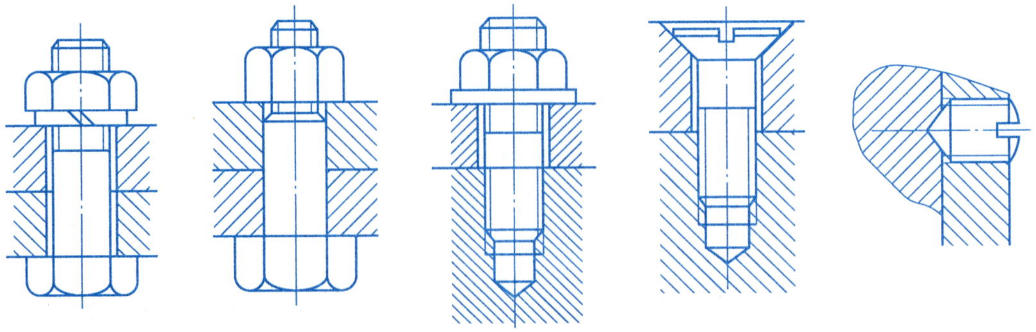

(a) 普通螺栓连接　(b) 铰制孔用螺栓连接　(c) 双头螺柱连接　(d) 螺钉连接　(e) 紧定螺钉连接

图 6-21　螺栓连接的基本类型

此外，还有吊环螺钉连接（图 6-22）和地脚螺栓连接（图 6-23）。吊环螺钉安装在机器外壳上，便于起吊、运输。地脚螺栓把机座固定在混凝土基础上，其埋入基础的一端具有特殊的形状。

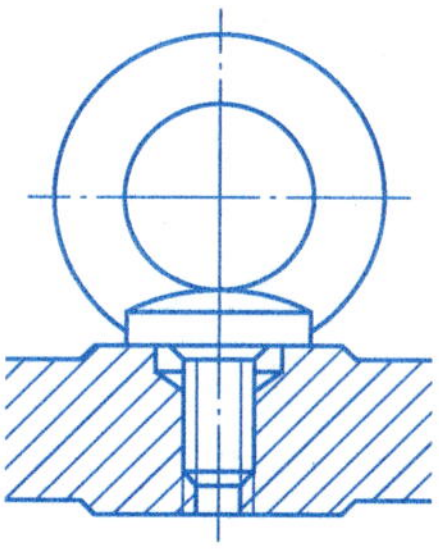

图 6-22　吊环螺钉连接

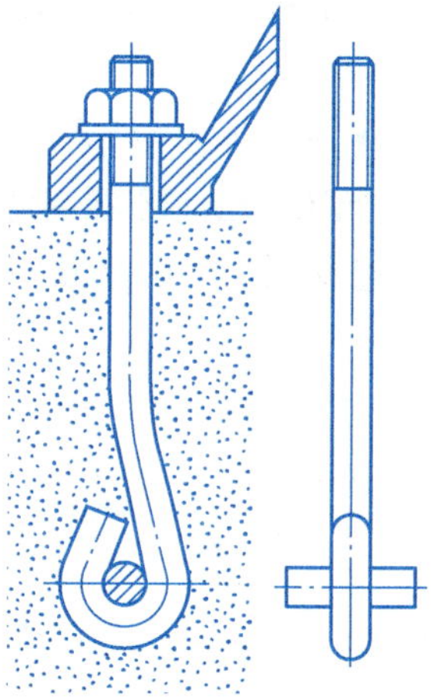

图 6-23　地脚螺栓连接

五、标准螺纹连接件

螺纹连接件品种繁多，已标准化，按加工精度分为 A、B、C 三个等级（加工精度依次降低），使用时可按标准选择。常见的螺纹连接件有螺栓、双头螺柱、螺钉、螺母、垫圈等，如图 6-24 所示。

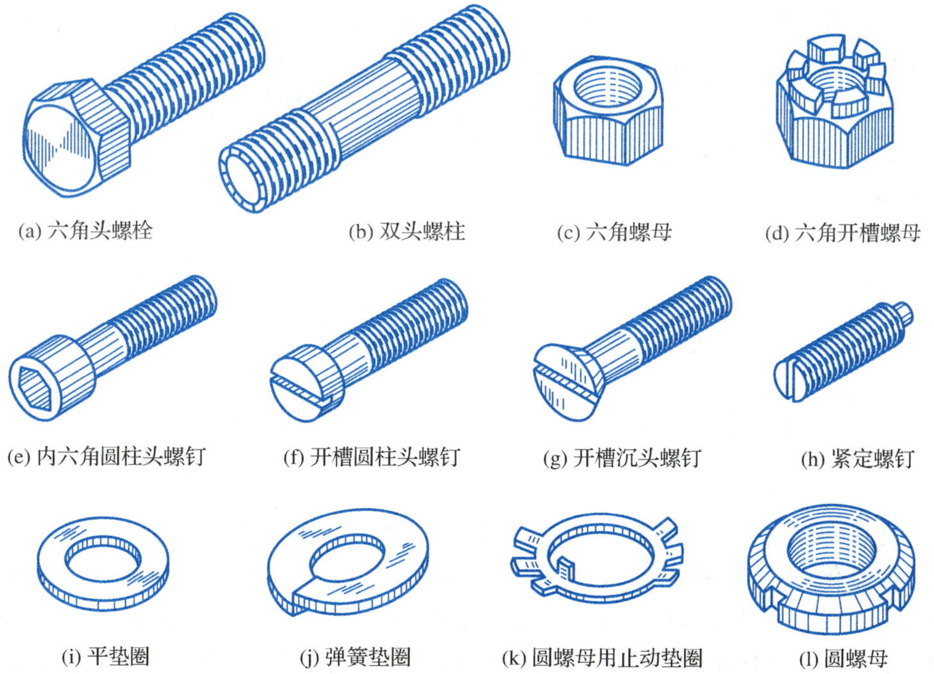

图 6-24　常见的螺纹连接件

六、螺纹连接的应用——螺栓组连接

一般情况下，大多数螺纹都是成组使用的，其中螺栓组连接是最具有典型的应用。设计螺栓组连接时，首先确定螺栓组连接的结构，即设计被连接件接合面的结构、形状，选定螺栓的数目和布置形式等。

1. 螺栓组连接的结构设计

(1) 尽量使连接接合面的几何形状对称、简单，如圆形、环形、矩形、框形、三角形等，使螺栓组的对称中心与连接接合面的形心重合，从而使连接接合面受力比较均匀，如图 6-25 所示。

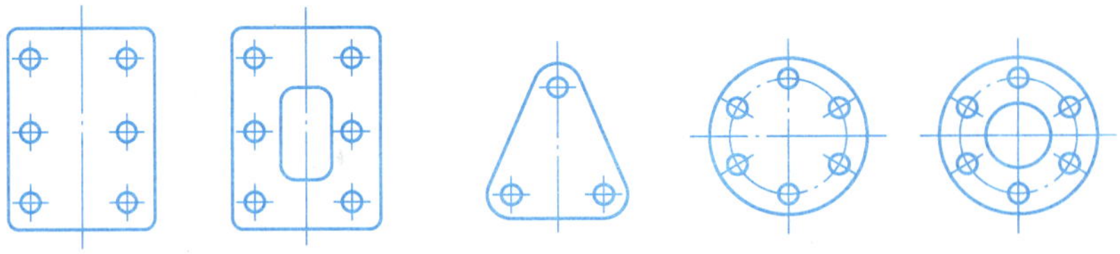

图 6-25 连接接合面常用的几何形状

(2) 间距、边距合理。螺栓的排列应有合理的间距、边距。根据扳手空间尺寸来确定各螺栓中心的间距及螺栓轴线到机体壁面间的最小距离，留有的扳手空间应使扳手的最小转角不小于 60°。

(3) 同一螺栓组连接中各螺栓的直径和材料均应相同。分布在同一圆周上的螺栓数目应取 4、6、8 等偶数，以便加工孔时分度与画线。

2. 螺纹连接的预紧与防松

大部分螺纹连接在装配时必须拧紧。螺纹连接在未加工作载荷时预先拧紧螺母，称为预紧。预紧的目的是增强连接的刚性、紧密性、可靠性和防松能力。连接件在承受工作载荷之前就预加上的作用力称为预紧力。对于普通场合使用的螺栓连接，预紧力的大小通常由工人用普通扳手凭经验决定。对于重要连接，可由测力矩扳手或定力矩扳手来控制，如图 6-26 所示。

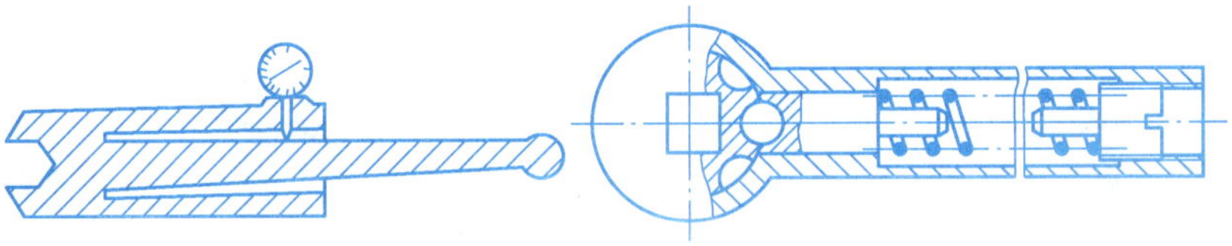

(a) 测力矩扳手　　(b) 定力矩扳手

图 6-26 控制预紧力的方法

一般连接螺纹具有一定的自锁性，在静载荷条件下并不会自动松脱。但由于连接的工作条件千变万化，不可避免地存在冲击、振动、载荷变化。在这些工况下，螺纹副之间的摩擦力会瞬时消失或减小；同时，在高温或温度变化较大的场合，材料的蠕变和应力松弛，也会使摩擦力减小。在多次作用下，连接逐渐松脱。机械中连接的失效（松脱），轻者会影响正常工作，重者会引起严重事故。因此，螺纹连接的防松是工程中必须考虑的问题。防松的关键是消除（或限制）螺纹副之间的相对运动，或增大相对运动的难度。常用的防松方法见表 6-5。

表 6-5　常用的防松方法

摩擦防松		
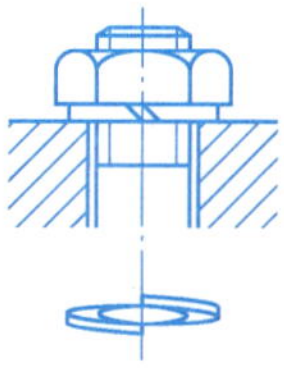 弹簧垫圈	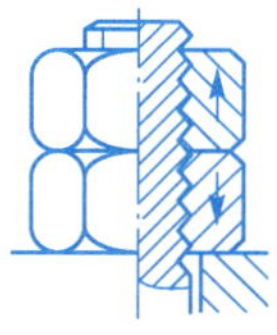 对顶螺母	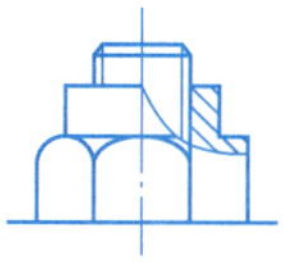 尼龙圈锁紧螺母
弹簧垫圈的材料为弹簧钢，装配后垫圈被压平，其反弹力能使螺纹间保持压紧力和摩擦力	利用两螺母的对顶作用使螺栓始终受到附加的拉力和附加的摩擦力。结构简单，可用于低速重载场合	螺母中嵌有尼龙圈，拧上后尼龙圈内孔被胀大，箍紧螺栓

机械防松			
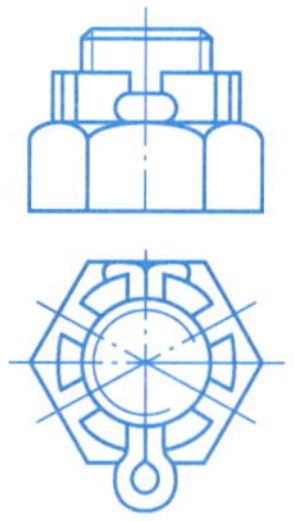 开口销与六角开槽螺母	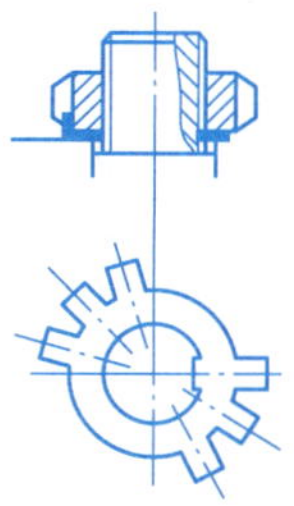 圆螺母与其止动垫片	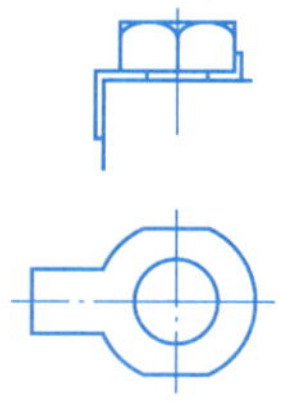 止动垫片	 串联金属丝
六角开槽螺母拧紧后，用开口销穿过螺栓尾部小孔和螺母的槽内，也可以用普通螺母拧紧后再配钻开口销孔	使垫片内翅嵌入螺栓（轴）的槽内，拧紧螺母后将垫片外翅之一嵌入螺母的一个槽内	将垫片折边以固定螺母和被连接件的相对位置	串联金属丝拉紧的方向与螺钉松脱的方向一致，从而阻止螺钉松脱

永久防松		
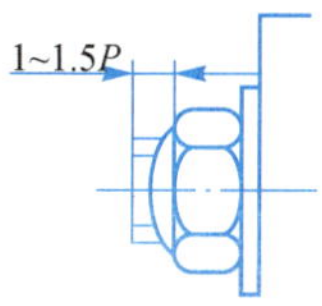 端铆防松	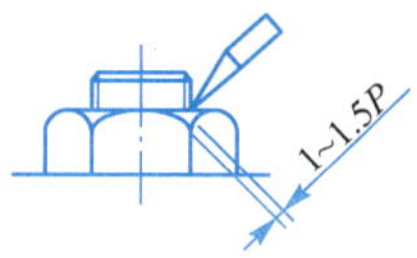 冲点、焊点防松	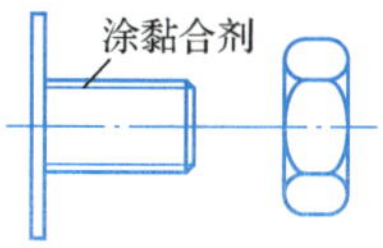 黏合防松
拧紧后螺栓露出 1～1.5 个螺距，打压这部分使螺栓头变大实现永久性防松	拧紧后在螺栓和螺母的旋合缝处用冲头冲打或用电焊点焊 2～3 点实现永久性防松	用厌氧性黏合剂涂于螺纹旋合表面，拧紧螺母后自行固化获得良好的防松效果

七、螺栓连接的强度计算

对于重要或特殊场合，螺栓连接在应用时应进行强度校核。从螺栓受力情况看，螺栓连接主要包括松螺栓连接（装配时不需要预紧）和紧螺栓连接（装配时需预紧）两种。

1. 松螺栓连接强度计算

松螺栓连接应用较少，起重滑轮、起重吊钩（图 6-27）的螺纹连接属此类。由于装配时没有预紧，所以承受工作载荷前，螺栓不受力，而只承受轴向工作静载荷 F。故螺栓强度的计算以螺纹小径 d_1 为危险剖面直径，按轴向拉伸条件进行计算。

$$\sigma=\frac{F}{\frac{\pi d_1^2}{4}}\leqslant[\sigma] \tag{6-3}$$

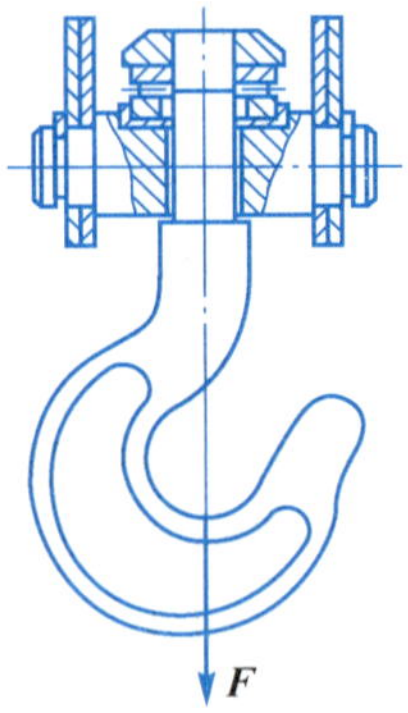

图 6-27 起重吊钩

其中，d_1 为螺纹小径，单位为 mm，查表 6-6 可知；F 为螺栓承受的轴向工作载荷，单位为 N；σ 为松螺栓连接的拉应力，单位为 MPa 或 N/mm^2；$[\sigma]$为许用拉应力，单位为 N/mm^2，查表 6-7、表 6-8 计算。

表 6-6 粗牙螺纹基本尺寸（摘自 GB/T 196—2003） 单位：mm

公称直径 D、d	中径 D_2、d_2	小径 D_1、d_1	公称直径 D、d	中径 D_2、d_2	小径 D_1、d_1
8	7.188	6.647	24	22.051	20.752
10	9.026	8.376	30	27.727	26.211
12	10.863	10.106	36	33.402	31.670
16	14.701	13.835	42	39.077	37.129
20	18.376	17.294	48	44.752	44.587

表 6-7 螺纹紧固件常用材料的力学性能

牌　　号	Q215	Q235	35	45	40Cr
强度极限 σ_b/MPa	340～420	10～470	540	650	750～1 000
屈服极限 σ_s/MPa	220	240	320	360	650～900

表 6-8 螺纹连接的许用应力和安全系数

连接情况	受载情况	许用应力和安全系数
松连接	静载荷	$[\sigma]=\sigma_s/S$，$S=1.2$～1.7
紧连接	静载荷	$[\sigma]=\sigma_s/S$，控制预紧力时 $S=1.2$～1.5，不严格控制预紧力时 S 查表 6-9
铰制孔用螺栓连接	静载荷	$[\tau]=\sigma_s/2.5$ $[\sigma_p]=\sigma_s/S$，连接件为钢时，$S=1.25$；连接件为铸铁时，$S=2$～2.5
	变载荷	$[\tau]=\sigma_s/3.5$～5 $[\sigma_p]$按静载荷的$[\sigma_p]$值降低 20%～30%

表 6-9　紧螺栓连接的安全系数(静载不控制预紧力时)

材　料	螺　栓		
	M6～M16	M16～M30	M30～M60
碳　钢	4～3	3～2	2～1.3
合金钢	5～4	4～2.5	2.5

2. 受横向力作用的紧螺栓连接强度计算

与松螺栓连接相比，紧螺栓连接在装配时应用场合更多。例如，内燃机连杆体和连杆盖的连接、压力容器盖的螺栓连接(图 6-28)。

图 6-28　压力容器盖的螺栓连接

图 6-29 所示为只受预紧力的紧螺栓连接。这种连接的螺栓与被连接件的孔壁间有间隙。拧紧螺母后，依靠螺栓的预紧力 $\boldsymbol{F}'$ 使被连接件相互压紧，当被连接件受到横向工作载荷 R 作用时[图 6-29(a)]，由预紧力产生的接合面间的摩擦力，将抵抗横向力 R 而阻止摩擦面间产生相对滑动。因此，这种连接的正常工作条件为被连接件彼此不产生相对滑动，即

$$F'zfm \geqslant CR \tag{6-4}$$

其中，f 为被连接件接合面间的摩擦系数，钢或铸铁零件干燥表面取 $f=0.10 \sim 0.16$；m 为被连接件接合面的对数；z 为连接螺栓的数目；C 为连接的可靠性系数，通常取 $C=1.1 \sim 1.3$。

图 6-29(b)所示受转矩作用的紧螺栓连接的预紧力按式(6-4)计算时，应将转矩转化为横向载荷 R，$R=2\,000T/D_0$，其中，T 为传递的转矩，单位为 N·m；D_0 为螺栓所分布圆周的直径，单位为 mm。

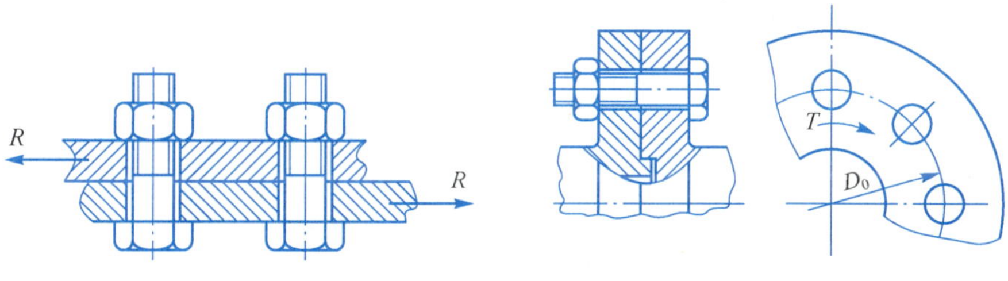

(a) 防相对移动　　(b) 防相对移动

图 6-29　只受预紧力的紧螺栓连接

预紧螺栓连接在拧紧螺母时，螺栓杆除沿轴向受预紧力 $\boldsymbol{F}'$ 的拉伸作用外，还受螺纹力矩 T_1 的扭转作用。$\boldsymbol{F}'$ 和 T_1 将分别使螺纹部分产生拉应力 σ 及扭转切应力 τ，由于一般螺栓采用塑性材料，故可用第四强度理论求其应力和。螺纹部分的强度条件为

$$\sigma=\frac{1.3F'}{\pi d_1^2/4} \leqslant [\sigma] \tag{6-5}$$

其中，F' 为螺栓承受的预紧力，单位为 N；d_1 为螺纹小径，单位为 mm；σ 为紧螺栓连接的应

力和，单位为 N/mm^2；$[\sigma]$为许用拉应力，查表 6-7、表 6-8 计算。

比较式(6-3)和式(6-5)可知，考虑扭转剪应力的影响，相当于把螺栓的轴向拉力增大 30%后按纯拉伸来计算螺栓的强度。

3. 受轴向力作用的紧螺栓连接强度计算

受轴向力作用的紧螺栓连接比较常见，图 6-30 所示的气缸盖螺栓连接就是典型的实例。由于螺栓和被连接件都是弹性体，在承受预紧力 $\boldsymbol{F}'$的基础上，因受到两者弹性变形的相互制约，故总拉力 F_0 并不等于预紧力 $\boldsymbol{F}'$与工作拉力 $\boldsymbol{F}$ 之和，而是等于工作拉力 $\boldsymbol{F}$ 与剩余预紧力 $\boldsymbol{F}''$之和，即

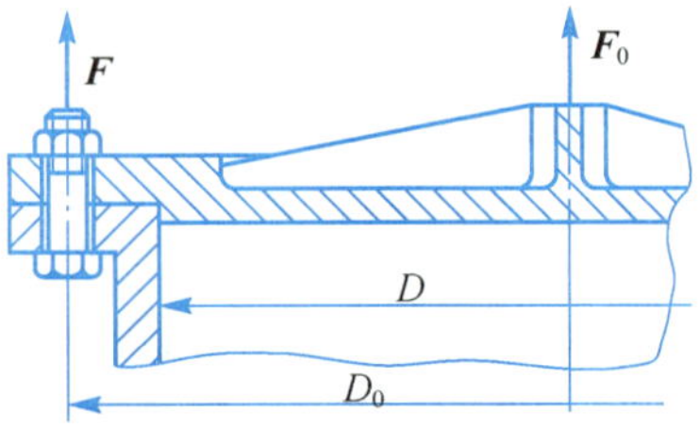

图 6-30　气缸盖螺栓连接受力情况

$$F_0=F+F'' \tag{6-6}$$

为保证螺栓连接的紧固性与紧密性，剩余预紧力 $\boldsymbol{F}''$应大于零，否则连接将失效，表 6-10 为剩余预紧力的推荐值。

表 6-10　剩余预紧力 $\boldsymbol{F}''$的推荐值

连接类型		剩余预紧力 $\boldsymbol{F}''$
一般紧固连接	工作拉力 F 无变化	$(0.2\sim0.6)F$
	工作拉力 F 有变化	$(0.6\sim1.0)F$
有密封要求紧密连接		$(1.5\sim1.8)F$
地脚螺栓连接		$\geqslant F$

考虑到螺栓工作时可能被补充拧紧，在螺纹部分产生扭转剪应力，所以将总拉力 F_0 增大 30%作为计算载荷，则受拉螺栓螺纹部分的强度条件为

$$\sigma=\frac{1.3F_0}{\pi d_1^2/4}\leqslant[\sigma] \tag{6-7}$$

设计公式为

$$d_1\geqslant\sqrt{\frac{4\times1.3F_0}{\pi[\sigma]}} \tag{6-8}$$

对于受有预紧力 $\boldsymbol{F}'$及工作拉力 $\boldsymbol{F}$ 作用的螺栓连接，其设计步骤为：根据螺栓受载情况，求出单个螺栓所受的工作拉力 $\boldsymbol{F}$；根据连接的工作要求，选定剩余预紧力 $\boldsymbol{F}''$，并按式(6-4)求得所需的预紧力 $\boldsymbol{F}'$；按式(6-6)计算螺栓的总拉力 $\boldsymbol{F}_0$；按式(6-8)计算螺栓小径 d_1，查阅螺纹标准，确定螺纹公称直径 d。

4. 铰制孔用螺栓连接强度计算

如图 6-31 所示，铰制孔用螺栓连接是将螺栓穿过与被连接件上的铰制孔并与之过渡配合。其受力形式为：螺栓杆表面与孔壁之间受挤压；在被连接件的接合面处螺栓杆受剪切。因此，应分别按挤压强度和剪切强度计算。

这种连接所受的预紧力很小，所以在计算中不考虑预紧力和螺纹摩擦力矩的影响。

螺栓杆与孔壁的挤压强度条件为

$$\sigma_p=\frac{F_S}{d_0\delta}\leqslant[\sigma_p] \tag{6-9}$$

螺栓杆的剪切强度条件为

$$\tau=\frac{F_S}{m\pi d_0^2/4}\leqslant[\tau] \tag{6-10}$$

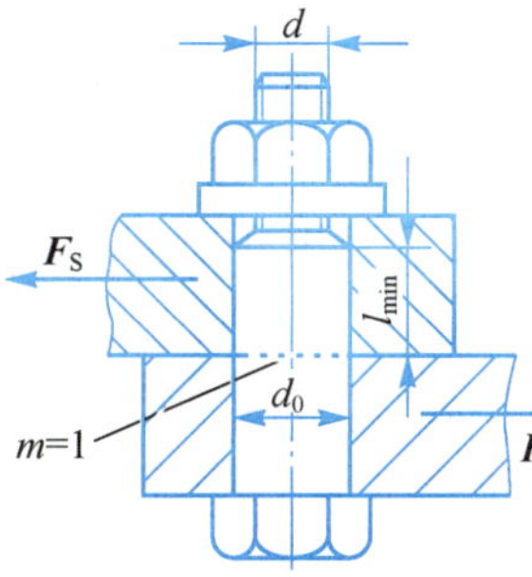

图 6-31　铰制孔用螺栓连接受力情况

式中，F_S 为单个螺栓所受的横向工作载荷，单位为 N；d_0 为螺栓剪切面的直径，单位为 mm；δ 为螺栓杆与孔壁挤压面的最小高度，单位为 mm；$[\sigma_p]$为螺栓或孔壁材料中较弱者的许用挤压应力，单位为 N/mm²，查表 6-7、表 6-8 可；m 为螺栓受剪面数；$[\tau]$为螺栓材料的许用切应力，单位为 N/mm²，查表 6-7、表 6-8。

任务实施

根据任务，设计步骤如下。

1. 求螺栓所受预紧力

该连接属于受横向工作载荷的紧螺栓连接，每个螺栓所受的横向工作载荷为

$$R=\frac{2\,000T}{D_0}=\frac{2\,000\times728}{120}=1.21\times10^4\ \text{N}$$

根据式(6-4)得

$$F'=\frac{CR}{zfm}=\frac{1.2\times1.21\times10^4}{4\times0.15\times1}=2.42\times10^4\ \text{N}$$

2. 确定许用应力

已知螺栓材料为 35 钢，查表 6-7 知，$\sigma_s=320$ MPa；查表 6-8 知，当不控制预紧力时，$[\sigma]=\frac{\sigma_s}{S}$，再根据表 6-9，材料为碳钢，估算螺栓直径为 M16～M30，故取安全系数 $S=2.5$，许用应力为

$$[\sigma]=\frac{\sigma_s}{S}=\frac{320}{2.5}=128\ \text{MPa}$$

3. 计算螺栓的直径

根据式(6-5)得

$$d_1\geqslant\sqrt{\frac{1.3\times4F'}{\pi[\sigma]}}=\sqrt{\frac{5.2\times2.42\times10^4}{3.14\times128}}=17.72\ \text{mm}$$

查表 6-6，若取 $d=20$ mm，$d_1=17.294$ mm，不满足要求，故取 $d=24$ mm，$d_1=20.752$ mm。

4. 确定螺栓的规格

可选用国家标准《六角头螺栓 C级》(GB/T 5780—2016)中C级六角头螺栓M24，并选用《1型六角螺母 C级》(GB/T 41—2016)中螺母M24及《平垫圈》(GB/T 97.1—2002)中垫圈24与之配合使用。螺母高 $m=22.3$ mm，垫圈厚 $h=4$ mm，螺栓长度 $L=b_1+b_2+m+h+(0.2\sim0.3)d=[20+20+22.3+4+(0.2\sim0.3)\times24]$ mm $=(71.1\sim73.5)$ mm，取 $L=80$ mm，即所用螺栓规格为：螺栓 GB/T 5780　M24×80。

如果该任务采用铰制孔用螺栓，其直径要比普通螺栓小很多。

任务总结

(1) 螺栓连接结构简单，装拆方便，类型多样，是机械机构中应用最广泛的紧固件连接。螺纹连接的主要类型有螺栓连接、双头螺柱连接、螺钉连接和紧定螺钉连接，其特点和应用各不相同。螺纹连接已标准化，根据使用要求选用。螺纹连接常用摩擦防松、机械防松和永久防松三种防松方法。

(2) 螺栓连接按承受工作载荷之前是否被拧紧可分为不预紧的松螺栓连接和有预紧的紧螺栓连接。螺栓的主要失效形式有螺栓杆拉断，螺纹压溃、剪断和因磨损而产生滑扣等。螺栓连接强度计算的目的是校核所使用的螺栓强度是否合适或根据工作条件选择合适的螺栓。螺栓连接的强度计算，主要是根据连接的类型、连接的装配情况(是否预紧)和受载状态等条件，确定螺栓的受力，然后按相应的强度条件计算螺栓危险截面的直径(螺纹小径)或校核其强度。

思考与练习

一、简答题

(1) 分析比较普通螺纹、管螺纹、梯形螺纹和锯齿形螺纹的特点，各举一例说明它们的应用。

(2) 普通螺栓连接和铰制孔用螺栓连接的主要失效形式是什么？设计准则是什么？

(3) 螺纹连接防松的目的是什么？常用的防松方法有哪些？

二、判断题

(1) 螺纹轴线铅垂放置，若螺旋线左高右低，可判断为右旋螺纹。　(　　)

(2) 细牙螺纹 M20×2 与 M20×1 相比，后者中径较大。　(　　)

(3) 直径和螺距都相等的单头螺纹和双头螺纹相比，前者较易松脱。　(　　)

(4) 拆卸双头螺柱连接，不必卸下外螺纹件。　(　　)

(5) 受拉螺栓连接只能承受轴向载荷。　(　　)

(6) 弹簧垫圈和对顶螺母都属于机械防松。　(　　)

(7) 双头螺柱在装配时，要把螺纹较长的一端旋紧在被连接件的螺孔内。　(　　)

三、选择题

(1) 当两个被连接件之一厚度过大，且连接不需经常拆卸时，往往采用________。

A. 螺栓连接　　B. 双头螺柱连接

C. 螺钉连接　　D. 紧定螺钉连接

(2) 普通螺栓连接的松连接和紧连接之间的主要区别是松连接的螺纹不承受________。

A. 拉伸作用　　B. 扭转作用

C. 剪切作用　　D. 弯曲作用

(3) 外载荷是轴向载荷的紧螺栓连接，设预紧力为 F'，外载荷为 F，则螺栓受的总拉力________。

A. $F_2=F'+F$　　B. $F_2<F'+F$

C. $F_2>F'+F$　　D. 不能确定

(4) 在螺纹连接中，按防松原理，双螺母属于________。

A. 摩擦防松　　B. 机械防松

C. 破坏螺旋副的关系防松　　D. 增大预紧力防松

(5) 重要的受拉螺栓连接中，不宜用小于 M12～M16 的螺栓，其原因是________。

A. 用不好材料，强度低　　B. 需要的螺栓个数多

C. 拧紧时容易过载　　D. 不能保证连接的刚度

(6) 在铰制孔用螺栓连接中，螺栓杆与孔的配合为________。

A. 间隙配合　　B. 过渡配合

C. 过盈配合　　D. 没有限制

(7) 螺纹连接预紧的目的之一是________。

A. 增强连接的可靠性和紧密性　　B. 增加被连接件的刚性

C. 防止螺纹副相对转动　　D. 增加螺纹连接的刚度

(8) 螺纹连接防松的关键在于________。

A. 增加螺纹连接的轴向力　　B. 增加螺纹连接的横向力

C. 增加螺纹连接的刚度　　D. 防止螺纹副相对转动

四、计算题

(1) 如图 6-32 所示的拉杆的螺栓连接，已知拉杆所受载荷 $F=50$ kN，载荷稳定，拉杆的材料为 Q235。试设计此螺栓连接。

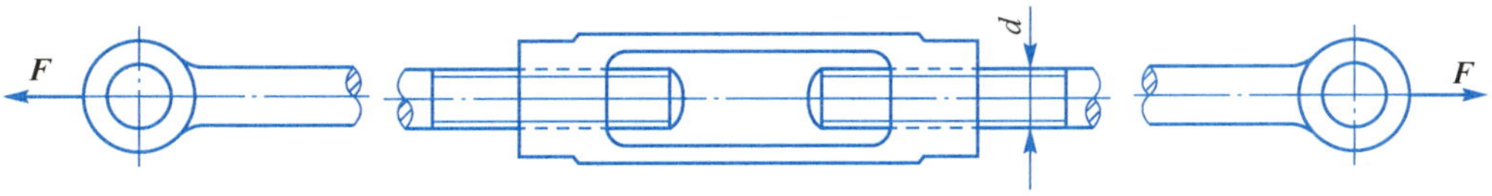

图 6-32　拉杆的螺栓连接

(2) 如图 6-33 所示，三块钢板采用 2 个 M16 的普通螺栓连接的结构，以传递横向载荷 R。连接螺栓材料的许用拉应力 $[\sigma]=120$ MPa，被连接件接合面之间的摩擦因数 $f=0.16$。试求该连接所能传递的最大横向载荷 R。

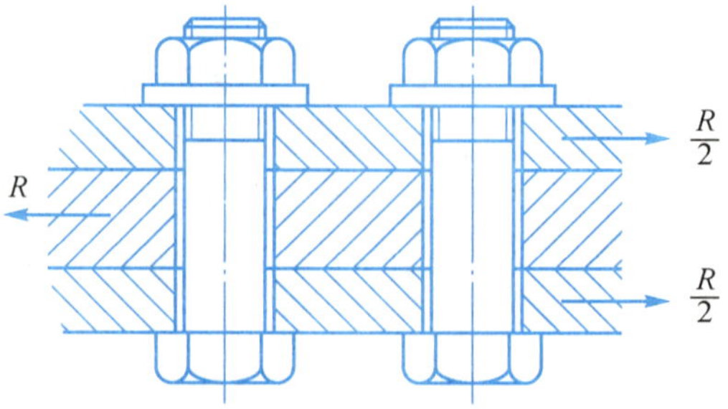

图 6-33 钢板间螺栓连接结构

(3) 如图 6-34 所示的凸缘联轴器，材料为 HT300，用 4 个普通螺栓连接(图中联轴器的上半部所示)，不控制预紧力。已知螺栓中心圆直径 $D_0=150$ mm。联轴器传递的扭矩 $T=1.5$ kN·m，螺栓材料为 Q235 钢，试确定螺栓的直径。如果用 4 个铰制孔螺栓连接(图中联轴器的下半部所示)，试确定螺栓的直径。

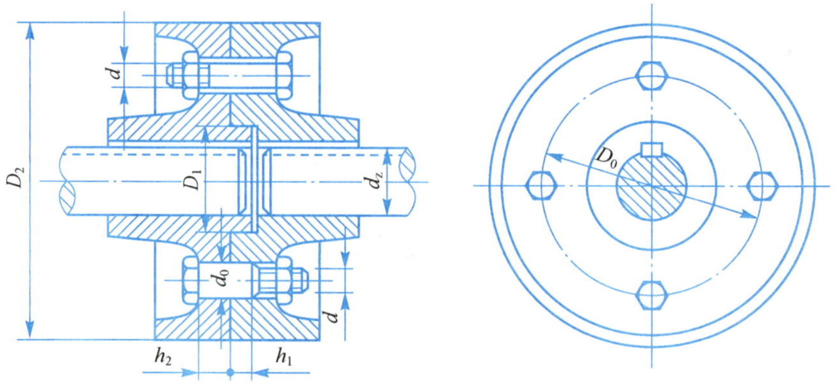

图 6-34 凸缘联轴器中螺栓连接

(4) 如图 6-35 所示压力容器用普通螺栓连接。已知容器内最大工作压力 $p=1$ MPa，容器的内径 $D=200$ mm，用 12 个螺栓连接，控制预紧力。试确定此螺栓的直径。

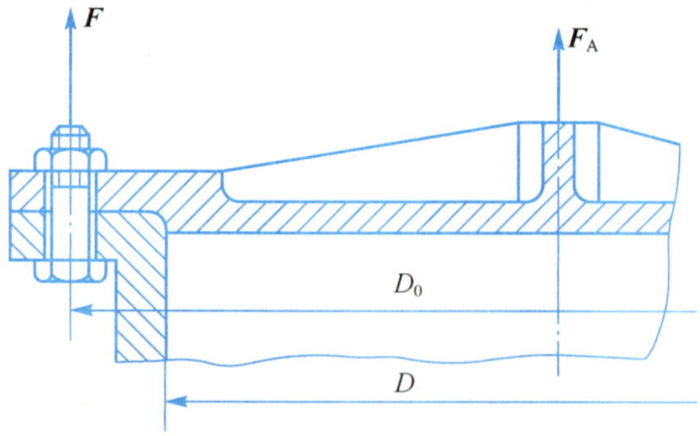

图 6-35 压力容器用普通螺栓连接